普通高等院校环境科学与工程类系列规划教材

土壤污染与修复
（第 2 版）

主　编　施维林
副主编　史广宇

中国建材工业出版社
北　京

图书在版编目(CIP)数据

土壤污染与修复/施维林主编．——2版．——北京：中国建材工业出版社，2024.6

普通高等院校环境科学与工程类系列规划教材

ISBN 978-7-5160-4077-5

Ⅰ.①土… Ⅱ.①施… Ⅲ.①土壤污染－修复－高等学校－教材 Ⅳ.①X53

中国国家版本馆 CIP 数据核字（2024）第 051153 号

内容简介

污染土壤修复是我国近年来备受关注的领域，本书在相关理论的基础上，总结了土壤污染修复的方法与工程管理经验，为读者提供了丰富的理论知识和应用实践经验。本书主要内容如下：第一章绪论；第二章土壤理化性质与土壤生物；第三章土壤中碳、氮、硫、磷与环境效应；第四章土壤污染物概述；第五章土壤和地下水中污染物的迁移；第六章场地环境调查；第七章土壤污染物检测分析；第八章土壤污染修复技术；第九章地下水污染修复；第十章建设用地土壤污染修复管理体系。

本书可供环境科学与工程相关专业的学生使用，也可作为土壤修复领域、环境保护领域从业人员的参考用书。

土壤污染与修复（第 2 版）
TURANG WURAN YU XIUFU（DI-ER BAN）
主　编　施维林
副主编　史广宇

出版发行：	中国建材工业出版社
地　　址：	北京市西城区白纸坊东街 2 号院 6 号楼
邮　　编：	100054
经　　销：	全国各地新华书店
印　　刷：	北京印刷集团有限责任公司
开　　本：	787mm×1092mm　1/16
印　　张：	21.5
字　　数：	500 千字
版　　次：	2024 年 6 月第 2 版
印　　次：	2024 年 6 月第 1 次
定　　价：	**59.80 元**

本社网址：www.jccbs.com，微信公众号：zgjcgycbs
请选用正版图书，采购、销售盗版图书属违法行为
版权专有，盗版必究。本社法律顾问：北京天驰君泰律师事务所，张杰律师
举报信箱：zhangjie@tiantailaw.com　举报电话：（010）63567684
本书如有印装质量问题，由我社事业发展中心负责调换，联系电话：（010）63567692

编写委员会

主　　编：施维林

副 主 编：史广宇

参编人员：贺志刚　许　伟　程媛媛　蔡　慧
　　　　　　刘　阳　孟宪荣　陈　洁　王佳斌

前言（第2版） Preface

《中华人民共和国土壤污染防治法》于2019年1月1日起实施，随之而来的是一系列强制性要求，推动了土壤污染调查和修复管控工作，将土壤修复的重要性推向了高点。虽然早在2012年环境保护部（2018年改名为生态环境部）、工业和信息化部等，就颁发了《环境保护部、工业和信息化部、国土资源部、住房和城乡建设部关于保障工业企业场地再开发利用环境安全的通知》（环发〔2012〕140号），明确了场地土壤调查、修复等相关工作；2014年环境保护部颁发了《关于加强工业企业关停、搬迁及原址场地再开发利用过程中污染防治工作的通知》（环发〔2014〕66号）；2014年国务院办公厅印发了《国务院办公厅关于推行环境污染第三方治理的意见》（国办发〔2014〕69号）。以上文件都充分说明土壤污染治理、修复的重要性和紧迫性。2016年5月国务院印发《土壤污染防治行动计划》（简称"土十条"）不仅是土壤污染修复的标志性事件，更是土壤修复进程中更具实操性的文件制度。"土十条"之后《污染地块土壤环境管理办法（试行）》的施行，对实践过程中环保监管、调查修复治理、监测及风险管控给出了进一步的要求和说明，也为实践过程留出更多的探索空间。

针对我国土壤污染状况，全国范围的土壤污染基本情况，污染土壤对人体健康的影响程度，管理制度（办法）、标准、基准的完善问题，责任主体如何确认与理顺，政府管理职责的划分，咨询服务机构与工程实施机构的监管问题，理论研究与实践工程的结合问题，有针对性的修复技术，资金调配与监管等问题，都需要集成理论、实践方面的成果、经验加以解决。这些问题需要在完整建立学科体系的基础上才能解决。

近年来，全国范围的土壤污染调查、修复治理项目逐年增多，相关工作在快速推进，但专业技术人员特别是高级人才极度缺乏。学界一直期望建立土壤污染学这门学科，并形成系统的体系，当然更期望有一本系统的教材。本书正是在此形势下编纂的，并试图建立土壤污染学科体系，对实践中常用、实用修复技术加以总结，同时为土壤污染管理构建明确、清晰的框架体系。

土壤污染学融合了土壤学、环境科学、生态学、环境工程、分析化学、地质水文等多学科。土壤污染治理修复需要材料、污染控制、设备装备、工程管理等多领域交叉合作。要系统地综合上述内容，并形成一个完整体系，无疑具有极大难度。在本书中，编者尝试按照土壤污染学的基本内容，加入土壤修复治理技术的内容，对一般的修复技术进行了阐述，同时结合修复工程中常用的技术进行了相应补充，进而提出了土壤污染管理体系。

全书对污染物的阐述按照实践过程常用分类分为重金属和有机污染物，其中第一章绪论针对环境系统中的土壤及土壤污染基本概念进行了阐述；第二章围绕土壤理化性质、土壤生物，着重阐述了土壤生态系统功能；第三章阐述了土壤中碳、氮、硫、磷与环境效应；第四章对土壤中常见的重金属和有机污染物进行了阐述；第五章对土壤和地下水中污染物的迁移途径、规律进行了阐述；第六章阐述了场地调查的方法和质量控制要求；第七章阐述了土壤污染物的检测分析；第八章对常用土壤污染的修复技术进行了阐述；第九章对常用地下水污染修复技术进行了阐述；第十章基于实践工作经验总结，提出了较为系统的场地土壤污染修复管理体系。

扫码获取
本书配套PPT

由于土壤污染学学科体系的构建是一种尝试，加之编者对土壤污染、修复技术、管理体系认知的不足，本书对土壤污染、修复治理、管理的阐述仅是抛砖引玉；而此次修编也是根据当前形势对一些内容进行了补充，对一些调查技术、质控做了一些介绍，仍然很难完整构建土壤污染学体系。对书中不妥之处，敬请广大读者不吝赐教，以期共同推动土壤污染学学科体系的完善，提升土壤修复技术，完善土壤污染管理体系，加快我国土壤污染学科专业、人才培养和污染土壤修复与管理水平的提升。

主　　编
2023年12月于石湖之畔

前言（第1版）

很多人都认为《土壤污染防治行动计划》（国发〔2016〕31号，简称"土十条"）是土壤污染修复的标志性事件，但早在2012年，四部委就颁发了《关于保障工业企业场地再开发利用环境安全的通知》（环发〔2012〕140号，简称"140号文件"），明确了场地土壤调查、修复等相关工作。2014年环境保护部颁发了《关于加强工业企业关停、搬迁及原址场地再开发利用过程中污染防治工作的通知》（环发〔2014〕66号，简称"66号文件"），2014年国务院公布了《关于推行环境污染第三方治理的意见》（国办发〔2014〕69号，简称"69号文件"），这些都充分说明土壤污染的重要性和紧迫性。"土十条"之后的《污染场地土壤环境管理办法（试行）》对实践过程中环保监管调查修复治理、监测及风险管控给出了进一步的要求和说明。

针对我国土壤污染状况，全国范围的土壤污染基本情况，污染土壤对人体健康的影响程度，管理制度（办法）、标准、基准的完善问题，责任主体如何确认与理顺，政府管理职责的划分，咨询服务机构与工程实施机构的监管问题，理论研究与实践工程的结合问题，有针对性的修复技术，资金调配与监管等问题，都需要集成理论、实践方面的成果、经验加以解决。这些问题需要在完整建立学科体系的基础上才能解决。

近年来，全国范围的土壤污染调查、修复治理项目逐年增多。2017年开展的农田土壤普查，2018年开展的工业企业普查及重点监管企业的调查，都是对"土十条"所列内容的具体执行。虽然土壤污染调查、修复治理工作在快速推进，但需要的高级人才则极度缺乏。到目前仍然没有一所高校或研究院所有专门培养土壤修复专业的高级人才，特别是工业企业场地土壤污染、修复的专门人才，一些高校逐步在环境专业中增加了土壤污染学的内容，有些则增加了修复土壤污染与修复技术的课程，但这些无法满足市场对土壤污染修复的高级人才的需求。根本原因之一还是在于土壤污染学学科体系还未系统构建，学界一直期望建立土壤污染学这门学科，并形成系统的体系，当然更期望有一本系统的教材。本教材正是在此形势下编纂的，并试图建立土壤污染学科体系，对实践中常用、实用修复技术加以总结，同时对土壤污染管理给出明确、清晰的框架体系。

土壤污染学是集合了土壤学、环境科学、生态学、环境工程、分析化学、地质水文等的多学科综合，土壤污染治理修复需要材料、污染控制、设备装备、工程管理等多方交叉合作。要系统地综合上述内容，并形成一个完整体系，无疑具有极大难度。本书编者想尝试性地开展此项工作，按照土壤污染学的基本内容，增加了土壤修复治理技术的内容，对一般的修复技术进行了阐述，同时结合修复工程中常用的技术进行了相应补充，进而提出了土壤污染管理体系。

全书对污染物的阐述按照实践过程常用分类分为重金属和有机污染物，其中第一章绪论针对环境系统中的土壤及土壤污染基本概念进行了阐述；第二章围绕土壤理化性质、土壤生物，着重阐述了土壤生态系统功能；第三章阐述了土壤中碳、氮、硫、磷与环境效应；第四章对土壤污染物进行了阐述，主要依照实践工作分为两大部分——重金属和有机污染物；第五章对土壤和地下水中污染物的迁移途径、规律进行了阐述；第六章则阐述了土壤污染物的检测分析；第七章对常用土壤污染的修复技术进行了阐述；第八章对常用地下水污染修复技术进行了阐述；第九章则是基于实践工作经验总结，提出了较为系统的场地土壤污染修复管理体系。

本书在编纂过程中得到了中科院南京土壤所周东美研究员、上海交通大学曹心德教授、同济大学付融冰教授、生态环境部南京环境科学研究所林玉锁研究员和何跃副研究员的支持和帮助。在此对他们的支持和辛劳表示衷心感谢！

由于土壤污染学学科体系的构建是一种尝试，以及编者对土壤污染、修复技术、管理体系认知的不足，本书对土壤污染、修复治理、管理仅是抛砖引玉，对书中不妥之处，敬请广大读者不吝赐教，以期共同推动土壤污染学学科体系的完善，提升土壤修复技术，完善土壤污染管理体系，加快我国土壤污染学科专业、人才培养和污染土壤修复与管理水平的提升。

主　编
2018 年 6 月于石湖之畔

目录 | Contents

第一章　绪论 ·· 1
　　第一节　环境系统中的土壤 ·· 1
　　第二节　土壤污染概况 ·· 9
　　第三节　土壤污染与修复研究进展 ·· 21

第二章　土壤理化性质与土壤生物 ·· 25
　　第一节　土壤的形成 ··· 25
　　第二节　土壤性质 ·· 41
　　第三节　土壤微生物 ··· 51
　　第四节　土壤动植物 ··· 73

第三章　土壤中碳、氮、硫、磷与环境效应 ·· 80
　　第一节　土壤中的碳与环境效应 ·· 80
　　第二节　土壤氮循环与环境效应 ·· 85
　　第三节　土壤中硫素与环境效应 ·· 92
　　第四节　土壤中磷素与环境效应 ··· 101

第四章　土壤污染物概述 ··· 107
　　第一节　土壤中的重金属 ·· 107
　　第二节　土壤有机污染物概述 ·· 119

第五章　土壤和地下水中污染物的迁移 ·· 126
　　第一节　污染物迁移方式 ·· 126
　　第二节　污染物的迁移及转化 ·· 127
　　第三节　土壤和地下水中污染物迁移的流体力学 ·· 140

第六章　场地环境调查 ··· 171
　　第一节　场地环境调查概述 ··· 171
　　第二节　场地土壤环境调查 ··· 177

第七章 土壤污染物检测分析 ... 191
第一节 土壤中典型无机污染物的分析方法 ... 191
第二节 土壤中典型有机污染物的分析方法 ... 205

第八章 土壤污染修复技术 ... 214
第一节 土壤修复技术体系 ... 214
第二节 国内场地土壤修复技术现状及趋势 ... 214
第三节 常见土壤污染修复技术详述 ... 218

第九章 地下水污染修复 ... 260
第一节 地下水污染修复概述及发展趋势 ... 260
第二节 地下水污染修复技术 ... 265

第十章 建设用地土壤污染修复管理体系 ... 299
第一节 建设用地土壤修复管理需求分析 ... 299
第二节 建设用地土壤修复管理基本流程 ... 301
第三节 明确各方责任与权益 ... 311
第四节 建设用地土壤修复工作管理切入点 ... 314

参考文献 ... 326

第一章 绪 论

第一节 环境系统中的土壤

一、土壤的基本概念

土壤是孕育万物的摇篮，人类文明的基石。人类生活于地球，每时每刻都与土壤发生着密切关系，"土壤"一词在大多数语言中均可找到，但不同学科的科学家对什么是土壤有着各自的观点和认识。工程专家将土壤看作建筑物的基础和工程材料的来源；生态学家从生物地球化学观点出发，认为土壤是地球系统中生物多样性最丰富、能量交换和物质循环最活跃的层面；经典土壤学家和农业科学家则强调土壤是植物生长的介质，含有植物生长所必需的营养元素、水分等适宜条件，将土壤定义为"地球陆地表面能生长绿色植物的疏松层，具有不断、同时为植物生长提供并协调营养条件和环境条件的能力"；环境科学家认为，土壤是重要的环境要素，是具有吸附、分散、中和、降解环境污染物功能的缓冲带和过滤器。2005 年 ISO（国际标准化组织）从土壤组成和发生考虑，认为土壤是"由矿物颗粒、有机质、水分、空气和活的有机体以发生层的形式组成，是经风化和物理、化学以及生物过程共同作用形成的地壳表层"。运用当代土壤圈物质循环的观点，人们对土壤的认识和理解有不同程度的深化与拓展，对土壤的功能、作用等方面的论述更接近于对土壤本质的反映。然而截至目前，如何给出一个更为科学而全面的有关土壤的定义，一直是科学家关注的重点，要解决这一问题，要靠对土壤的组成、功能与特性较为全面的理解，主要包括以下几项。

（1）是历史自然体

土壤是由母质经过长时间的成土作用而形成的三维自然体，是考古学和古生态学信息库；是自然史文库，是基因库的载体。因此，土壤对理解人类和地球的历史至关重要。

（2）具有生产力

土壤含有植物生长所必需的营养元素、水分等适宜条件，是农业、园艺和林业等生产的基础，建筑物与道路的基础和工程材料。

（3）具有生命力

土壤中生物多样性最丰富，土壤是能量交换和物质循环最活跃的地球表层，是植物、动物和人类的生命基础。

(4) 具有环境净化能力

土壤是具有吸附、分散、中和及降解环境污染物功能的环境仓；只要土壤具有足够的净化能力，地下水、食物链和生物多样性就不会受到威胁。

(5) 中心环境要素

土壤是由矿物颗粒、有机质、水、气体和生物组成的地球表面疏松而不均匀的聚积层。它是一个开放的系统，是自然环境要素的中心环节。作为生态系统的组成部分，土壤可调控物质循环和能量流动。

基于以上认识，考虑到土壤抽象的历史定位（历史自然体）、具体的物质描述（疏松而不均匀的聚积层）以及代表性的功能表征（生产力、生命力、环境净化），可将土壤做如下定义：土壤是历史自然体，是位于地球陆地表面和浅水域底部具有生命力、生产力的疏松而不均匀的聚积层，是地球系统的组成部分和调控环境质量的中心要素。这是一个相对来说比较综合的定义，较充分地反映了土壤的本质和特征。

二、土壤在环境系统中的作用与地位

土壤与水质、土壤与大气环境质量、土壤与植物品质以及人体和动物健康有着十分密切的关系。

（一）土壤与水质

1. 土壤与水质的关系

水是人类生存不可缺少的物质，没有水就没有生命，同时，水在人类文明发展中也起着重要的作用。我国江河众多，流域面积>100km² 的河流约 5 万条，流域面积>1000km² 的河流有 1500 多条。水资源通常是指逐年可以得到恢复和更新的淡水量，中国水资源总量为 $2.9×10^{12}m^3$，少于巴西、加拿大、美国和印度尼西亚，但我国人均水资源量仅为 $2098.5m^3$，约为世界人均量的四分之一，因而水资源的保护任务十分艰巨。为了保护水资源必须重视土壤质量的保护与提高，因为水质与土壤质量有着十分密切的关系（表 1-1）。

表 1-1 土壤质量与水质的关系

	土壤性质与过程	对水质的影响
直接影响	母质	盐浓度、软硬度
	有机质含量	色度
	土壤结构与可侵蚀性	浊度
	CEC	可溶物负荷
	厌氧条件	BOD、COD
	质地	悬浮物负荷
间接作用	耕作方法	沉积物浓度与悬浮物负荷
	化学品输入	可溶物负荷、富营养化
	农作制度	生物量
	排水	可溶物负荷

注：CEC 即阳离子交换容量，BOD 即生化需氧量，COD 即化学需氧量。

土壤性质直接与水质有关的指标主要包括：

(1) 可侵蚀性，影响水体沉积物的负荷或浑浊程度；

(2) 阳离子交换容量（CEC）和养分储量，影响淋溶强度和可溶性物质的负荷；

(3) 土壤有机质的含量，影响淋溶容量。

水的软硬度、色度、浊度、可溶物负荷以及水体富营养化等均与土壤性质和过程有着直接或间接的关系。由土壤性质可以概略地推测流经地河流水质的基本性质，如地表水的浑浊度是由水中含泥沙、黏土和有机物等造成的，不同河流因流经地区的土壤和地质条件不同，浑浊度可能有很大差别。水中离子的种类和流经地土壤性质有关，因而影响水的嗅和味，如浑浊河水常有泥土气和涩味；含氧较多或含硫酸钙的水略带甜味，含氯化钠的水带咸味，含硫酸镁、硫酸钠的水带苦味，含铁的水微涩。

2. 土壤对水中污染物的控制

土壤控制着其中饱和或非饱和层水中的有害物质浓度。这些控制主要表现在以下几方面：

(1) 土壤作为一种含有固体、气体和水的不均匀物质，具有独特的物理和化学性质，具有一定的化学活性，从而影响水中有害物质的浓度。

(2) 土壤固体具有较大的表面积，可作为多种物理和化学反应的媒介，如水解、氧化、还原、键合残留和多种吸持与固定反应。人们注意到，水始终与土壤表面紧密接触，那么水、土壤环境质量之间的相互关系也就不难理解了。

(3) 土壤含有大量的水，在土壤中亦可发生许多水化反应。

(4) 土壤含有大量的微生物，它们所具有的各种各样的酶可催化有机和无机分子的转化。

(5) 土壤具有一定的孔隙度，是许多挥发性有害物质的通路。

(6) 土壤体系中可能有多种反应同时出现。对许多有害物质来说，土壤是一个复杂的缓冲体系，能够调节水中许多有害物质的浓度，但如果有害物质保持在土壤的交换位和有机质与矿物的吸附位上，则有可能重新释放到水中，使土壤成为二次污染源。

应当注意到，不同土壤中所出现的反应可能有着很大的差别，如PCBs（多氯联苯）在沙土中可能迁移到地下水中；而在富含蒙皂石的表土中，这种迁移可以完全忽略。

河流悬浮物与其流域土壤性质关系密切，而且对水中有害物质如重金属浓度有很大影响。废水或污染物进入水体后，立即产生两个互相关联的过程：一是水体污染过程；二是水体自净过程。水体污染的发生和发展，即水质是否恶化，要视这两个过程的进行强度和净化效果而定。这两个过程的进行强度与污染物性质、污染源大小和受体三方面及相互作用有关。重金属离子进入水体后，往往被水中的悬浮物所吸附，从而起到不同程度的净化作用。研究表明，悬浮物的吸附作用使许多污染物特别是各种重金属离子由水中转入底泥，是水环境污染自净的重要方式。Cd的吸附和解吸最有可能是控制天然水中Cd浓度的主要因子，其他重金属亦有类似的行为，因而悬浮物对重金属的吸附能力在一定程度上可反映河流对重金属的净化能力。但是，河流因其地域差异，其悬浮物的组成、性质各不相同，其吸附行为亦不一样。此外，吸附还受到pH值、温度、矿化物和悬浮物含量的影响。重金属吸附试验中的"泥沙效应"显示，在吸附质浓度固定时，单位吸附量随吸附剂含量的增大而减少，因而如何用河流漂浮物的吸附作用来比较相互之间，或同一河流的不同地段，或同一地段丰、枯水期的净化能力，就成为一个相当复杂的问题。我国主要河流悬浮物样品对 Cd 离子吸附作用的研究表明，当将不同含量的悬浮物所测得的分配系数进行比较时，有必要考虑其含量的影响，否则相互之间的比较可能是无意义的。但在实际情况中，各河流泥沙含量均有差异，为了排除这种"泥沙效应"的影响，对河流之间悬浮物的净化能力进行有效的比较，可用吸附势这一强度因子来比较各河流之间、同一河流不同地段、同一河流不同地段以及同一地段丰、枯水期的相对净化能力。

（二）土壤与大气环境质量

土壤与大气环境质量有着密切的关系。土壤圈与大气圈之间不断地进行着固、液和气三相物质的交换。土壤通过绿色植物固定大气中的 CO_2，释放 O_2；通过固氮植物固定大气中的 N_2。植物的枯枝落叶在土壤微生物的作用下，一部分转化成土壤有机质，另一部分则以 CO_2 的形式排入大气。降雨为土壤补充水分，土壤水的蒸发和蒸腾作用是大气中水蒸气的来源之一。大气中的悬浮颗粒主要来源于土壤的风蚀过程，而大气降尘又是一些地区土壤物质的重要来源，例如我国的黄土区，美国中部的大平原，欧洲中部、以色列及尼罗河谷沉积黄土发育的土壤与地质历史上风力搬运物质的沉降有关。现今一些地区沙尘暴的产生在本质上亦属于土壤风蚀结果。风吹走了表土中的细小颗粒，从而使土壤贫瘠化、粗质化，进而沙漠化，它是我国西北地区土壤荒漠化最重要的因素。

大气环境与土壤质量相互依存，要改善大气环境必须重视土壤环境质量的保护。从绝对质量来衡量，土壤尘埃是大气悬浮颗粒最主要的组成部分，因而大气悬浮颗粒对大气质量的影响，在很大程度上取决于土壤尘埃的理化性质。我国大气颗粒物对酸的缓冲能力呈现北高南低的趋势，这与我国土壤的地带性分布相一致。

1. 温室气体

人们将大气中存在的某些含碳和含氮气体（如 CO_2、CH_4 和 N_2O）、某些含硫气体如二甲硫、氧硫化碳和二硫化碳以及含氯氟烃系列气体化合物称为温室气体。它们可以吸收来自太阳、地表的热辐射或改变云层的光学性质，因而这些气体含量的变化可影响地球表面热平衡，从而影响到气候变化。这种由温室气体引起的地表热辐射的变化称为"温室效应"。土壤在调节温室气体浓度中起重要作用，它是最大的陆地碳库，约为 1550pg，还有 95TgN，如果土壤发生碳和氮库消耗，意味着增加了大气的碳和氮库消耗，也意味着增加了大气的碳和氮库（主要以 CO_2、CH_4 和 NO_x 的形式而存在）。土壤质量通过有关的土壤过程在调节与土壤有关的气体通量方面起着十分重要的作用，耕作措施、施肥和作物轮作均可影响气体通量。

直接影响土壤温室气体排放的土壤性质包括有机碳、土壤温度、土壤水和通气程度。和世界上多数国家一道，我国对全球变化的研究亦十分重视，对作为陆地碳和氮库主要组成部分的土壤碳和氮库亦进行了较多的研究，例如相关研究计算了我国不同类型土壤中有机质和氮的库存量，其计算深度为 0～200cm。

土壤碳和氮库是地球碳和氮库的重要组成部分，在其循环中产生 CO_2、CH_4 和 NO_x 等温室气体，从而影响气候的变化；而气候的变化又反过来影响有机质的分解速率，从而影响温室气体。在自然条件下，温度的升高有利于甲烷的排放，对海南东寨港和福建厦门西港两个红树林土壤 CH_4 产生率及其土壤理化因子影响的研究结果指出，相隔约五个维度的两个红树林的土壤CH_4产生率均表现为暖季较高而冷季较低的季节性变化模式,表现出温度对湿地甲烷排放影响的重要性。土壤含水量、有机质、Ca^{2+}、Mg^{2+}和SO_4^{2+}对海南红树林土壤CH_4产生率有影响,而厦门红树林土壤CH_4产生率的主要影响因素是土壤含水量、全氮和Cl^-/SO_4^{2-}之比。海南红树林与厦门红树林CH_4产生的差异性,说明土壤性质与大气环境质量之间有密切的关联。土壤质地对稻田平均CH_4产生率、氧化和排放皆受土壤水分历史条件的强烈影响,非水稻生长期土壤水分含量越高,随后水稻生长期CH_4排放量越大,产生率和氧化能力也越强。

2. SO_2的影响

除了土壤中气体的释放受制于各种条件和土壤性质之外,土壤质量亦受到大气环境质量的影响。SO_2作为形成酸雨的最重要的前体物之一,经气相氧化形成酸雨或硫黄烟雾,或经液相氧化附着于大气颗粒物表面沉降至地面,可能对土壤质量有一定影响。辽宁葫芦岛锌厂排放的SO_2使附近土壤中有效硫的含量与对照相比均有一定的提高,说明锌厂排放的SO_2对土壤质量产生了一定的规律性影响,它与锌厂烟囱的高度和风力有关,依据距离的远近呈现低、高、低的变化。由于距锌厂8km的采样点是强风向落点,因而有效硫含量的增高特别明显。

(三)土壤与作物品质

"民以食为天、食以土为本",土壤与食物链的安全有着十分密切的关系。当今食品安全有着十分丰富的内涵,它包括食品的数量安全、质量安全、经济安全和生态安全。数量安全是食品安全的最基本要求,是指具有足够的食品以满足日益增长的人口需求;质量安全是指营养质量和安全质量;经济安全是指对生产者收益的保障;而生态安全则强调清洁生产的重要性。土壤污染对农产品产量和质量有着明显的影响,植物可从污染土壤中吸收污染物,从而引起代谢失调、生长发育受阻或遗传变异。如辽宁省沈阳市曾经利用炼油厂未经处理的废水灌溉。田间观察发现,水稻严重矮化,初期症状是叶片披散下垂,叶尖变红;中期症状是抽穗后不能开花授粉,形成空壳,或者根本不抽穗;后期仍继续无效分蘖。这种现象被认为是污水中油、酚等有毒物质和其他因素综合作用的结果。被重金属Cd、Hg等污染的农田所产生的粮食不能食用。

随着生活水平的不断提高,在确保数量的基础上,人们更加重视土壤质量。土壤质量的好坏直接影响到作物的产量与品质,有关土壤与作物品质的研究导致"土宜学"的形成,强调了土壤质量对作物产量与品质的适宜性。

土壤质量与稻、麦、茶、麻等和蔬菜等作物产品质量有着密切的关系。研究表明晚稻米的蛋白含量与土壤有机质显著正相关。有机肥作为基肥单施,不仅使稻谷产量比对照组显著增加,而且使糙米的含氮量、蛋白质氮和氨基酸总量都分别比单施尿素有明显提高。长期定位试验表明施用有机肥的小麦籽粒中17种氨基酸中的谷氨酸、丙氨酸和异亮氨酸的含量均比施化肥者含量高。

(四)土壤与人体和动物健康

土壤可从多种途径影响人体健康,一些疾病是由吞食土壤所引起的,如吸入含有石棉状矿物的土壤时可导致恶性健康问题;病原体可导致破伤风和十二指肠疾病;被病原体污染的土壤能传播伤寒、副伤寒、痢疾和病毒性肝炎等传染病。被传染病的病原体污染的土壤又会污染水源，还可通过飘尘等途径传播疾病，造成疾病流行。被有机废物污染的土壤，是蚊蝇孳生和鼠类繁殖的场所，而蚊、蝇和鼠类又是很多传染病的媒介。因此，被有机废物污染的土壤，在流行病学上被视为特别危险的物质。污染土壤中的致癌物苯并芘也给人类健康带来威胁。公园和庭院花园中的土壤污染，可直接对人特别是儿童造成伤害，污染土壤可以通过食物链威胁人的健康。土粒经过破损处进入身体后可能导致皮肤病变；一些癌症与来自土壤的氡有关；一些地区发现婴儿的死亡率与排水不良的土壤有关。

光合植物形成了地球上的生命基础和支撑动物生命的食物链，植物支持了动物，而动物为人类提供了食物链中肉、奶类食物。植物吸收的大部分营养元素是土壤中溶解于水的矿物盐。然而，人类在消费植物和动物产品的同时，有可能改变土壤的生物、化学和物理学性质。土壤中营养元素的过量或缺乏，以及外源有毒化学品的侵袭、累积或污染，在其循环过程中将有可能影响植物、动物和人类食物链的组成成分，从而影响植物、动物和人类的正常生长与发育。土壤食物网与土壤健康见图1-1。

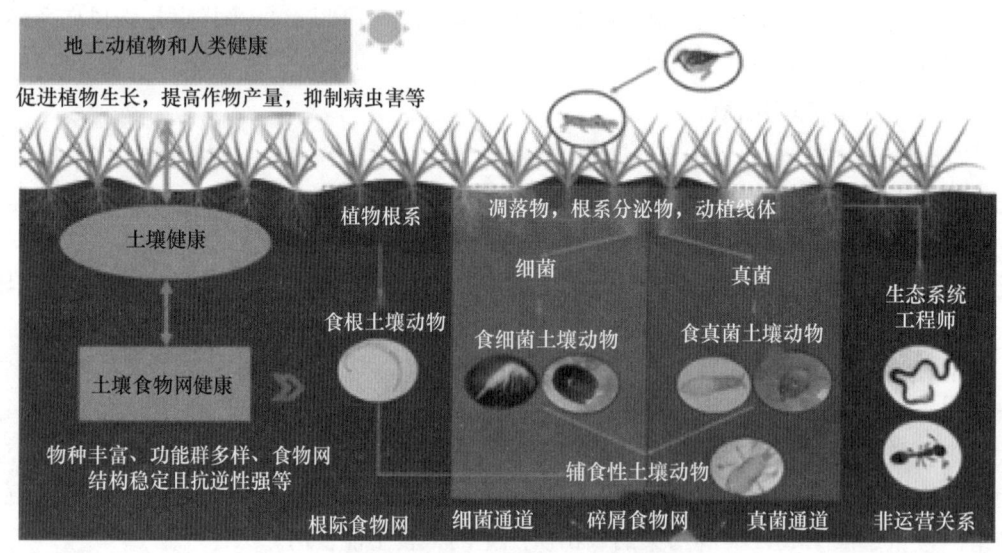

图1-1　土壤食物网与土壤健康

1. 土壤影响人体和动物健康的途径
（1）土壤中化学品的直接中毒

直接因土壤中的化学品而中毒的现象可能是人为事故或地质过程所引起。人为事故的例子包括工业废物、化学品的不当施用，废弃物土地处理中的处置失当，土壤被重金属、有机化学品、石油产品和农药等污染。许多污染物，如重金属中的Hg、Cd和Pb等，有机污染物中的农药等都可存留于人的器官或脂肪中，并长期积累直至引起生理和营养混乱，甚至癌症。污染物进入土壤后，可危及农作物的生长和土壤生物生存。

地质过程也可形成地方性疾病。贵州某地曾发生一种不明原因的疾病，患者主要症状为头晕、耳鸣、乏力、四肢酸痛、食欲不振、视力减退和毛发脱落等，当地居民称之为"鬼剃头"。水土病因调查发现，病区土壤中铊（Tl）的含量为非病区的40余倍，是一种罕见的慢性铊中毒。病区人群尿液、头发和指（趾）甲中铊含量均很高。

（2）土壤作为次生污染源的间接影响

土壤作为次生污染源可间接影响人体和动物的健康，土壤作为污染物的源与汇具有净化和污染环境的双重性。当水通过土壤时，土壤可作为吸附剂而去除许多元素和化合物。在土壤剖面中，水中的一些化合物特别是带正电荷的化合物在进入地下水之前已被土壤吸附或沉淀。通常情况下，土壤表层富含有机质，因而水中一些有机污染物均为土壤上层所吸附。土壤亦可能吸附污染气体，将其储藏于富含有机质的土壤表面。然而，当外源物质的浓度超过土壤的净化容量时，这些富集于土壤中的污染物，在适当的条件下可通过雨水污染水体，通过风力引起飘尘而污染空气，引发生态及人体健康问题。通过土壤而进入水中的硝酸盐可能带来潜在而致命的血红蛋白缺乏症、蓝婴综合征，如在人体内转化成亚硝酸盐，则有强烈的致癌作用。飘尘和沙尘暴对人的视力和呼吸道系统的影响尤为明显。污染土壤还可通过水体和风力作用的传输导致其他地区表层土壤的污染。

（3）作物品质对人体和动物的影响

生长于土壤中的植物可从其中获得不足、适量或过量的必需或非必需元素，在不足和过量的情况下，通过作物品质的降低而影响人体和动物的健康。通过长期研究，人们发现某些土壤中硒的含量低于作物生长最佳需要量的地区正好与肺癌、乳腺癌、直肠癌、肾癌、食管癌和子宫癌等高发区相吻合，尽管其直接的因果关系尚需进一步研究，但也不能否认这之间有较高的相关性。在我国亦常发现一些奇特的地方病，其病因也与土壤中某些微量元素的缺乏或过多有关。

2. 土壤类型与人体和动物的健康

早在两千年前，中国就有了关于土壤与人类健康问题的研究。《淮南子》一书称："土地各以类生，是故山气多男，泽气多女……轻土多利，重土多迟……是故坚土人刚，弱土人脆……"它说明了地形、土壤类型与质量不同，人类的健康、姿态及性格也有明显的差异。虽然这样的观察具有明显的局限性，但亦说明了人类文明和素养与土壤质量之间有着紧密的联系。明代李时珍提出"人乃地产"，人类的美、恶、寿、夭与水土环境密切相关。研究表明，灰化土、沼泽土、泥炭土、腐殖土和冰碛土地区心血管病的发病率（或死亡率）较高；而在棕色土、棕钙土和黑钙土地带的发病率（或死亡率）较低；在石灰岩母质上发育的土壤中碳酸钙含量高，这些地区很少发生地方病，因而认为黑钙土和碳酸盐土是一种健康的土壤。

由于土壤类型的不同，土壤中所含生物必需元素有着较大差异，对生长于其中的作物元素的含量及品质有着直接的影响，进而影响人类和牲畜的健康。一些必需元素的缺乏与过量均可能引起植物和人体健康问题，例如 Se 在高浓度时有毒，而低 Se 或缺 Se 又会造成地方性疾病，病区植物所吸收的 Se 往往小于 0.1mg/kg。在土壤中施用肥料和改良剂可影响 Se 的有效性，施用石灰石增加 Se 的有效性；而硫酸盐会抑制植物对 Se 的吸收；磷肥的施用表现出一种混合效应。某些元素的过量或不足有可能引起地方性疾病，它们与土壤质量有密切的联系。土壤遭受农药废水污染后，对种类的影响主要是稀有和常见类群的减少或消失以及机会种的出现等。

三、土壤在环境系统中的功能

土壤圈是覆盖于地球和浅水域底部的土壤所构成的连续体或覆盖层,它处于地圈系统(大气圈、生物圈、岩石圈、水圈)的交界面(图1-2),是地圈系统的重要组成部分,既是这些圈层的支撑者,又是它们长期共同作用的产物。

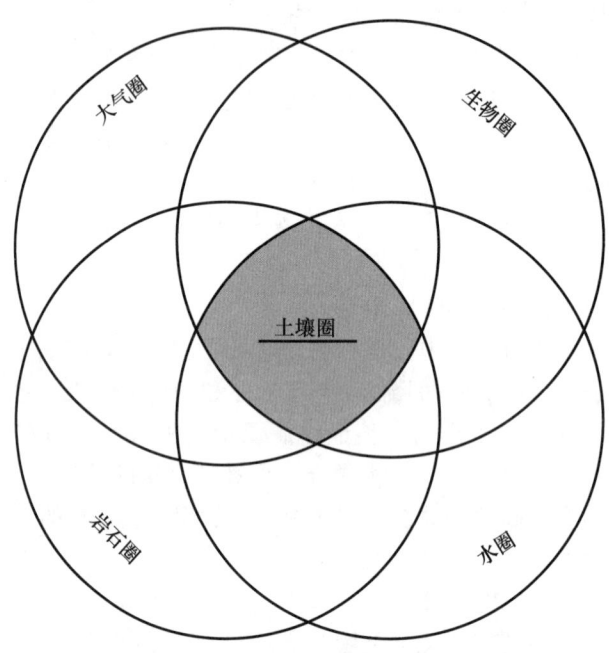

图1-2 土壤与各圈关系

考察土壤在环境系统中的功能,主要是看它与其他几个子系统,即地球表面各个圈层之间的相互关系。具体功能简要介绍如下。

(一)土壤圈与大气圈的关系

在近地球表层,土壤与大气间进行着频繁的水、气、热的交换并形成平衡。土壤是庞大复杂的多孔隙系统,能接受并存储大气降水以供生物生命需要。土壤从大气吸收氧,向大气释放CO_2、CH_4、H_2S和NO_x等温室气体,温室气体的排放与人类的耕作、施肥和灌溉等土壤管理活动有密切的关系。

(二)土壤圈与水圈的关系

水是地球上一切生命生存的源泉。土壤的高度非均质性会影响地球表面水体的重新分配,也影响元素的生物地球化学行为以及水圈的水循环与水平衡。土壤水分及其有效性在很大程度上取决于土壤的理化和生物学过程。

(三)土壤圈与岩石圈的关系

土壤是岩石经过风化过程和成土作用的产物,土壤位于岩石圈和生物圈之间,属于风化壳的一部分。虽然土壤的平均厚度只有几十厘米,甚至有的地方只有几厘米,但它对岩石圈起着一定的保护作用,能减小各种外营力对岩石的破坏。

（四）土壤圈与生物圈的关系

土壤是动物、植物、微生物和人类生存的最基本环境和重要的栖息场所。土壤为绿色植物的生长提供水分、养分等物理和化学条件，不同类型的土壤养育着不同类型的生物群落，对地球生态系统的稳定具有重要意义。

除了以上介绍的几项功能以外，土壤环境还起着重要的净化、稳定和缓冲作用。土壤环境具有较强的净化能力、较大的环境容量，人类很早就把它作为处理动物粪便、有机废物和垃圾的天然场所，现代发展起来的污水灌溉、污泥施田和垃圾处理等各种土地处理系统，更是在有意识、有目的地利用土壤的环境功能和环境容量。然而土壤环境的稳定与缓冲作用是有限的，如果输入土壤环境的污染物质数量和速度超过土壤的自净能力和容纳能力，土壤环境将遭到严重破坏。一旦受到污染，不但土壤本身的治理难度大、周期长，污染物质还会通过各种迁移途径向大气、水和生物环境中迁移，产生"次生污染"。土壤三相物质组成见图 1-3。

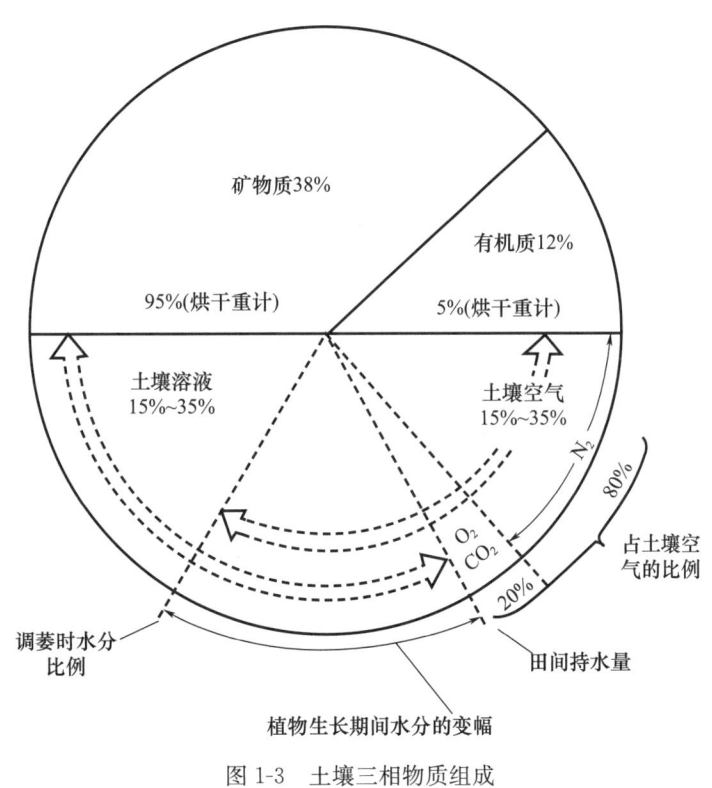

图 1-3 土壤三相物质组成

第二节　土壤污染概况

一、土壤污染

土壤是一个开放的生态系统，它和外界进行着连续、快速、大量的物质和能量交换。在进入土壤的物质中，植物落叶和动物残骸等可以被土壤环境快速转化利用，成为维持自身功能的一部分，这些物质对于土壤环境基本上不会造成危害。而有些物质可以被土壤吸附或降解而达到稳定状态，但当远远超出土壤吸附和降解能力的大量物质进入土壤后则可能成为土壤的污染物。那些并非土壤需要的，会损坏、降低土壤质量和肥力、影响植物生物量和生长状态，以及有害于人体健康的物质统称为土壤环境污染物。土壤环境污染直接影响土壤的结构和功能。在功能上，土壤环境污染导致土壤肥力下降，对营养物质、水分及其他物质的运输能力下降，致使植物生长缓慢或无法生长；在结构上，土壤环境污染可以导致土壤板结、透水能力下降、pH 值发生较大变化等。

（一）土壤污染的影响因素

土壤与大气、水、植物、动物和微生物之间具有紧密的联系。土壤对污染物具有较强的缓冲能力，同时土壤对污染物的转化也十分活跃。土壤可以对污染物进行吸附，进而使污染物的化学性质变得较为稳定，而不发生污染。污染物质还可以通过与土壤中的物质发生化学或生物转化变成无污染或低污染的物质，也可以转化成高毒性物质而造成更严重的污染。在土壤环境中，污染物的迁移转化效应与土壤内在特征紧密相关，同时植被、pH 值、气候和人类活动等外部因素对土壤污染物的归宿和效应也具有较大影响。

1. 内部因素

影响土壤污染迁移转化的内部因素主要有土壤孔性、土壤黏粒、土壤阳离子交换量、氧化还原电位、土壤有机质和 pH 值等因素。

（1）土壤孔性

土壤孔性是土壤孔隙的特征，包括土壤孔隙的数量、大小、分布状况等。土壤孔性是衡量土壤结构质量的重要指标，土壤孔性能够调节土壤的通气性、透水性和保水性而且可以决定生物能否正常活动，而生物的活动性对于土壤化学物质的迁移转化具有十分重要的作用。

土壤的孔隙特征对进入土壤的污染物的迁移有着重要的影响。密实、孔隙度小的土壤，对污染物截流效果好，但透气性差导致生物活性不强，对有机物降解能力较弱，容易引起有机污染。土质疏松的土壤孔隙度较大，微生物活动强烈，可以使有机污染物迅速降解，不致产生土壤有机污染。但该类土壤不能截流污染物，很容易使污染物向土壤深处迁移，对于防止无机污染物和重金属十分不利。

（2）土壤黏粒

土壤黏粒对污染物有很强的吸附作用，可以使污染物阻留在土壤的表层；黏粒的强吸附作用还可以降低重金属等污染物的活性，使重金属的毒性降低。此外，土壤黏粒可以保持水分和肥力，含黏粒较多的土壤适合植物和微生物生长，生物活动性的增加可有效促进有机物降解。当土壤黏粒含量较低而砂粒含量较高时，土壤吸附污染物作用就会减弱，致使污染物向深层土壤迁移；而当黏粒含量很高时，土壤透气性受阻，土壤中好氧微生物的生存受到抑制。

（3）土壤阳离子交换量

在土壤中，吸附-解吸和沉淀-溶解是化学物质迁移转化的两个重要平衡过程。如果吸附和沉淀占据主导地位，那么污染物就会向稳定形态转化，其迁移能力降低、毒性减弱；如果解吸和溶解占据主导地位，那么污染物活动能力增强，污染物迁移能力提高，毒性增强。

土壤阳离子交换能力是土壤胶体吸附能力的重要组成部分，阳离子交换量是表征土壤阳离子交换能力的量度。阳离子交换量与土壤黏土矿物和有机质含量紧密相关。由于胶体和有机质常常带有较多的负电荷，黏土和有机质的含量越大，交换量就越大。在阳离子有较强吸附能力的土壤中，重金属很容易被土壤吸附，使重金属的迁移能力下降，降低了重金属污染扩散的可能性。

（4）氧化还原电位

土壤的氧化还原电位也是决定化学物质活动性的重要指标，它对金属元素的价态和活性具有显著影响。在氧化氛围土壤中，铬呈现高毒性的六价态，铜、铁呈现低毒性的稳定高价态；在还原氛围土壤中，铬以毒性较低的三价形态存在，铜、铁表现为活性较强的低价态。

（5）土壤有机质

土壤有机质即可以被植物吸收利用的有机物。土壤有机质可以在微生物作用下分解生成比较简单的有机物（如氨基酸、脂肪酸等），或者与土壤中重金属结合生成较为稳定的形态，也可以与农药、化肥等反应，转化成其他形态。

（6）pH 值

酸碱度是土壤化学性质的又一重要指标，它与土壤化学元素的状态密切相关，酸碱度的改变可以引起化学物质发生剧烈变化。当 pH 值降低时，土壤中稳定盐金属离子能够以离子的形式释放，土壤胶体吸附的金属离子能够被氢离子取代而释放，土壤中可溶态金属离子浓度会增加，金属对植物危害可能随之增大；当 pH 值升高时，土壤中金属的形态、数量和效应则会产生与上述相反的变化。

2. 外界因素

影响土壤污染迁移转化的外界因素主要有气候和人类活动。

（1）气候

在气候要素中，气温和降水是影响土壤环境的两个重要因素，它们与土壤温度和湿度直接相关，而土壤温度和湿度影响着土壤污染物化学反应条件。当气温升高时，土壤温度也随之升高，可以直接提高化学反应的速度，也会提高微生物的活动能力，进而加快与微生物相关的化学反应速率。高强度降水可以大大提高土壤水分，进而增大土壤污染物的迁移可能性，提高土壤溶液中的污染物溶解量，增强污染物对植物的毒害作用。

（2）人为活动

人类对土壤进行大规模改造的同时，对土壤环境也造成了严重影响：大量矿山尾矿造成土地大面积重金属污染，污水灌溉造成农田重金属污染，无节制施用化肥导致土壤理化性质发生改变，土壤沙漠化使土壤功能和肥力减弱，酸雨使土壤酸度升高，工业企业搬迁遗留下大量被重金属或有机物污染的场地。

（二）土壤环境背景值和环境容量

1. 土壤环境背景值

（1）概念

土壤环境背景值是指未受或很少人类活动及污染影响的土壤环境本身化学元素的组成及其含量。土壤环境背景值不是一个不变的量，而是随成土因素、气候条件和时间因素变化而变化的。当今世界，人类的影响几乎已经遍及世界的每一个角落，地球已经很难找到没有人类活动影响的土壤，土壤环境背景值一般是相对的并具有历史范畴的一组数值。土壤环境背景值是土壤的重要属性和特征，研究土壤环境背景值可以为土壤环境质量评价提供科学依据，为确定土壤环境容量和土壤环境标准提供服务。

(2) 计算程序

土壤环境背景值的测定是一项技术含量高、工作量大的工作，从情报收集、样品采集到数据处理都有着严格的系统要求。

1) 土壤环境特征资料搜集

土壤环境特征资料搜集包括两个方面：一方面为宏观上了解成土因素，土地利用类型、土壤剖面结构对土壤环境背景值的影响，这是做好区域环境土壤背景值的测定的基本资料；另一方面为目标土壤特征收集，包括研究区域的面积、地理位置、气候、水文、地形地貌、地质、植被等文字、图片和电子信息。全面、准确、详实的资料有助于研究工作的顺利开展。

2) 采样点布设和样品采集

采样点布设应根据调查研究的实际需要和实际情况来确定，有以下几个方面要求：土壤采样点布设要覆盖全部研究范围，保证布点采到的样品能反映全部目标土壤的背景值；布点要均匀，整个布设采用相同的布点密度，并对每一个样点进行编号；布点密度要适当，密度大小不能反映全部土壤的特征，密度太大则会使工作量显著增大，数据处理难度也会增加；布点数量要满足统计学需要，一般每个调查单元的点数不低于 30 个。

为保证背景值的精度，需要确定最低的样本数量 n，n 值可用下式计算

$$n=\frac{U_n^2 S^2}{\Delta^2} \tag{1-1}$$

式中，n 为样本数；U_n 为置信概率，一般置信水平 $\alpha=0.05$，相应概率为 95%；S 为统计标准离差；Δ 为背景允许误差。

采样点可采表层样或土壤剖面。一般监测采集表层土，采样深度 0~20cm，对于特殊要求的监测必要时选择部分采样点采集剖面样品。剖面的规格为长 1.5m，宽 0.8m，深 1.2m。挖掘土壤剖面要使观察面向阳，表土和底土分两侧放置。一般每个剖面采集 A、B、C 共计三层土样。地下水位较高时，剖面挖至地下水出漏为止；山地丘陵土层较薄时，剖面挖至风化层。对 B 层发育不完整的山地土壤，只采 A、C 两层；干旱地区剖面发育不完整的土壤，可在表层 5~20cm、心土层 50cm、底土层 100cm 左右采样，采样方法主要有网格法、蛇形法和随机法等多种方法。

3) 样品处理与分析

在采集的样品中，需要去除很多杂质。去除树叶、草根、砖块等明显杂质后将样品置于清洁空气中风干，而后再将土壤研碎过细筛备用。

2. 土壤环境容量

土壤环境容量亦称污染物的土壤负载容量，是指在一定环境单元、时间内遵循环境质量标准，既能保证土壤质量，又不产生次生污染时，土壤所能容纳污染物的最大负荷量。如果从土壤圈物质循环来考虑，可定义为"在保证土壤圈物质良性循环的条件下，土壤所能容纳污染物的最大允许量"。由于影响因素的复杂性，土壤环境容量不是一个固定的值，而是一个范围值。

(1) 土壤负载容量的研究方法

土壤负载容量的研究通过对自然环境、社会经济与污染状况调查，对污染物生态效应、环境效应、物质平衡的研究，确定土壤临界含量。在此基础上，建立土壤的物质平衡数学模型，计算出相应元素的土壤环境容量。

1) 自然环境、社会经济与污染状况调查

土壤环境容量具有显著的自然环境与社会环境的依存性。保持良好的自然环境和社会经济的持续发展，是土壤环境容量研究的主要目标之一。自然环境与社会经济的发展，可能对容量的制定产生重要的影响，因而土壤环境容量具有显著的区域性特征。污染源的调查，是预测区域环境污染的种类、来源与污染物控制所必需的内容，与环境质量现状有着十分密切的关系。

2) 污染物生态效应的研究

外源物质进入土壤生态系统后，不仅可能影响作物的产量和品质，亦可能影响土壤动物、微生物以及霉菌的组成与活性。进入土壤的外源物质生态效应是通过研究不同浓度的物质对生物生长的影响和在生物各器官中残留积累的量来考察的。研究表明，不同污染载体、同样浓度的重金属进入土壤后的植物效应有着明显的差异，当以土壤直接添加纯化学物质为污染载体时，植物受到的影响最大；而以尾矿和污泥为载体时受到的影响较小。这是因为尾矿砂的重金属有效态较低，而污泥对重金属的毒性有较大的缓冲性。重金属以纯化学试剂的形式添加到土壤中时，其可提取量最大，植物吸收的重金属最多；而以污泥为污染载体的土壤中，植物吸收的重金属最少。农田系统中重金属的生态循环与外来物质来源是密切相关的，但在土壤环境容量研究中，采用指定形态的化学试剂是一种较易统一、可取的方法，并在区域环境评价中有一定的可比性，由此确定的土壤环境容量亦较为安全。

3) 污染物环境效益研究

主要是指土壤作为次生污染源对地表水、地下水和大气环境质量的影响，而在土壤负载容量的研究中，应着重考察外源物质进入土壤后对地表水和地下水的影响。通过模拟试验和研究区的实际调查与监测来获得临界含量，亦可利用陆地水文学中地表径流研究的成果和水文站观测资料，结合实际污染物进行综合分析与比较。

4) 物质平衡研究

土壤接受来自外源的所有的污染物，同时通过自身的净化功能，包括外源物质在土壤中的迁移转化、形态变化及其影响因素，以及向水、大气和生物体的输出，使土壤中的物质处于动态平衡过程中，从而影响土壤的环境容量。

5) 土壤污染物临界含量的确定

土壤临界含量又称为基准值，是土壤所能容纳污染物的最大浓度，也是决定土壤环境容量的关键因子。临界含量是以特定的参比手段来获取的，是特定条件下的结果，随着环境条件的改变，该值有较大的变化。目前比较通用的方法是利用土壤中物质的剂量-效应关系获取，并采用剂量-植物产量或可食部分的卫生标准来确定。

6) 土壤环境容量的计算

在实际工作中，将土壤环境容量分为静容量和动容量。土壤静容量是指在一定的环境单元和一定的时间内，假定特定物质不参与土壤圈物质循环情况下能容纳污染物的最大负荷量，可表示为：

$$Q_{si} = W(C_{ei} - C_{oi}) \quad (1-2)$$

式中，Q_{si} 为特定物质 i 的静环境容量；W 为耕层土重；C_{ei} 为特定物质 i 的临界含量；C_{oi} 为特定物质 i 的原有含量。

当 C_{oi} 等于土壤背景值时，即为区域土壤背景静容量。将 Q_{si} 除以预测年限（t），即可获得在一定时限内的年静容量。土壤静负载容量虽与实际容量有差距，但参数简单而具有一定的参考价值。

土壤动容量是指一定的环境单元和一定时限内，假定特定物质参与土壤圈物质循环时，土壤所能容纳污染物的最大负荷量，其通式可表示为：

$$Q_{di} = W\{C_{ci} - [C_{pi} + f(I_1, I_2, \cdots, I_n) - f'(O_1, O_2, \cdots, O_n)]\} \quad (1-3)$$

式中，Q_{di} 为特定物质 i 土壤动容量；C_{ci} 为特定物质 i 的临界含量；C_{pi} 为土壤中特定物质 i 的实测浓度；I 和 O 分别为输入项和输出项，各输入和输出项可分别建立各自的子函数方程。通过计算可获得一定时限（t）内的动容量，将 Q_{di} 除以 t，并假定每年的输入和输出量不变，即可得年动容量。

(2) 土壤环境容量的影响因子

土壤环境容量受多重因素的影响，包括土壤性质、指示物、外源物质的侵袭、累积或污染历程和化合物类型等。

1) 土壤性质的影响

不同类型土壤对环境容量有显著的影响，中国土壤 Cd、Cu 和 Pb 的容量大体上由南到北随土壤类型的变化而逐渐增大，而 As 的变动容量在南方酸性土壤中一般较高，北方土壤一般较低。即使同一母质发育的不同地区的黄棕壤，对重金属的土壤化学行为的影响和生物效应均有显著差异。

2) 指示物的影响

土壤环境容量的制定中，多选用特定的参照物作为指示物，由于指示物不同，所得的临界含量有很大的差异。例如，下蜀黄棕壤中添加相同浓度的重金属时，麦粒中 Pb 和 Cd 含量大于糙米，而糙米中 As 和 Cu 含量大于麦粒。因而若以糙米和麦粒来确定临界含量时，必然会产生容量值的差异。

3) 污染物历程的影响

外源物质进入土壤后，可溶解在土壤溶液中，吸附于胶体表面，闭蓄于土壤矿物中，与土壤中其他化合物产生沉淀，这些过程均与外源物质的侵袭、累积和污染历程有关。随着时间的推移，土壤中重金属的溶出量、形态和积累均会发生变化。土壤中重金属的溶出浓度越来越小，对生物的危害亦越来越小。

4) 环境因素的影响

植物对一些重金属的吸收为被动吸收，温度变化趋势必影响水分的蒸腾作用，从而影响土壤-植物系统中重金属的迁移。例如，进入土壤的外源 As 浓度为 40mg/kg 时，早稻、中稻和晚稻糙米中 As 含量分别为 0.67、0.43 和 0.33mg/kg。

一般情况下，随着土壤 pH 值的升高，土壤对重金属阳离子的"固定"能力增强。例如下蜀黄棕壤对 Pb 的吸收随着 pH 值的上升，土壤对 Pb 的吸持能力明显增加。而 As 为变价元素，以阴离子形式存在；随着土壤渍水时间的延长，pH 值上升和 Eh 下降，从而使水溶性 As 在一定时间内明显上升。

5）化合物类型的影响

化合物类型对土壤环境容量有明显的影响。例如当红壤中添加 Cd 浓度为 10mg/kg 的 $CdCl_2$ 和 $CdSO_4$ 时，糙米中 Cd 浓度分别为 0.65mg/kg 和 1.26mg/kg。

此外复合污染和农产品质量的标准对土壤环境容量均有明显的影响。若国家相关部委制定的粮食卫生标准发生变化，则土壤环境容量也要做出相应调整。

(3) 土壤环境容量确定中存在的问题

土壤环境容量确定的基础是建立在"黑箱"理论上，即只考虑输入和输出而不涉及所发生的过程，而重金属或有机物的环境容量决定或受控于"黑箱"中许多化学过程，在当前的土壤环境容量研究模式中缺乏这些过程的参数。

存在的主要问题：缺乏长期试验结果；选用化合物的类型有一定的局限性；缺乏复合污染试验；没有反映"总量"和"可提取态"关系中一系列反应和过程；没有适用于不同类型土壤的从"表观容量"到"实际容量"的修正方法。

3. 土壤环境自净能力

土壤环境自净作用即土壤环境的自然净化作用（或净化功能的作用过程），指在自然因素作用下的土壤通过自身作用使土壤环境中污染物的数量、浓度或毒性、活性降低的过程。

土壤环境的自净作用按照其作用机理的不同，可以分为物理净化作用、化学净化作用、物理化学净化作用、化学净化作用和生物净化作用四种过程。

(1) 物理净化作用

物理净化就是利用土壤多相、疏松、多孔的特点，通过吸附、挥发、稀释、扩散等物理作用过程使土壤污染趋于稳定，毒性或活性减小，甚至排出土壤的过程。土壤犹如天然大过滤器的多相多孔体，固相中的各类胶态物质——土壤胶体颗粒具有很强的表面吸附能力，土壤难溶性固体污染物可被土壤胶体吸附；可溶性污染物也可能被土壤固相表面吸附（物理吸附），被土壤中水分稀释而迁移至地表水或地下水层，如硝酸盐、亚硝酸盐以及中性粒子和阴离子形态存在的某些农药等具有较大迁移能力；某些污染物可挥发或转化成气态物质从土壤空隙中迁移扩散至大气。这些物理过程不能降低污染物总量，有时还会使其他环境介质受到污染。土壤物理净化效果取决于土壤的温度、湿度、质地、结构及污染物性质。

(2) 化学净化作用

化学净化作用主要是指通过溶解、氧化、还原、化学降解和化学沉降等过程，使污染物迁移出土壤或转化为不被植物吸收的难溶物，并不改变土壤结构和功能的作用方式。在土壤中，污染物可能发生凝聚与沉淀反应、氧化还原反应，或者经太阳光中紫外线辐射的光化学变化；或污染物被转化成难溶性或难解离的物质，或者分解为无毒物或营养物质。例如，农药在土壤中可以通过化学净化作用而消除。

(3) 物理化学净化作用

所谓的土壤物理化学净化作用，是指污染物的阳、阴离子与土壤上原来吸附的离子交换吸附作用。

此种净化作用为可逆的离子交换反应，且遵守质量守恒定律（同时，此种净化作用也是土壤环境缓冲作用的重要机制)。其净化能力的大小可用土壤阳离子交换量或阴离子交换量的大小来衡量。污染物的阳、阴离子被交换吸附到土壤胶体上,降低了土壤溶液中这些离子的浓度,相应减轻了有害离子对植物生长的不利影响。由于一般土壤中带负电荷的胶体较多,因此,一般土壤对阳离子或带正电的污染物净化能力较强。当污水中污染物离子浓度不大时,经过土壤物理净化作用后,可达到很好的净化效果。增加土壤中胶体的含量,特别是有机胶体的含量,可以相应提高土壤的物理化学净化能力。此外,土壤pH值增大,有利于对污染物的阳离子进行净化;相反,则有利于对污染物阴离子的净化。对于不同的阳离子、阴离子而言,其相对交换能力大的,则更容易被土壤物理化学净化。

物理化学作用的净化效果与胶体自身的性质和污染物离子的性质有关。黏土胶体吸附金属离子的顺序是:$Cu^{2+}>Pb^{2+}>Ni^{2+}>Co^{2+}>Zn^{2+}>Ba^{2+}>Rb^{2+}>Sr^{2+}>Ca^{2+}>Mg^{2+}>Na^+>Li^+$;有机胶体对金属离子的吸附顺序是:$Pb^{2+}>Cu^{2+}>Cd^{2+}>Zn^{2+}>Ca^{2+}>Hg^{2+}$。我国常见土壤对As的吸附能力是:红壤>砖红壤>黄棕壤>黑土>碱土>黄土。

(4) 生物净化过程

生物净化过程主要是指依靠土壤生物使土壤有机污染物发生分解或化合而转化的过程。当污染物进入土壤中后,土壤中大量微生物体内酶或分泌酶可以通过催化作用发生各种各样的分解反应,这是土壤环境自净的重要途径之一。

由于土壤中的微生物种类繁多,各种有机污染物在不同条件下的分解形式也是多种多样,主要有氧化、还原、水解、脱烃、脱卤、芳香烃基化、环破裂等过程,最终转化为对生物无毒的残留物和二氧化碳。在土壤中,某些无机污染物也可以通过微生物的作用发生一系列的变化而降低活性和毒性。

二、土壤污染防治

近30年来,随着我国工业化、城市化、农业高度集约化的快速发展,土壤环境污染日益增加,并呈现多样化的特点。我国土壤污染点位在增加,污染范围在扩大,污染物种类在增多,出现了复合型、混合型的高风险区,呈现出城郊向农村延伸、局部向流域及区域蔓延的趋势,形成了点源面源污染共存,工矿企业排放、肥药污染、种植养殖业污染与生活污染叠加,多种污染物相互复合、混合的趋势。土壤环境污染已对我国粮食和食品安全、饮用水安全、区域生态安全、人居环境健康、全球气候变化以及经济社会可持续发展构成了严重威胁。在今后相当长的一段时期里,土壤环境安全将面临更严峻的挑战。

基于我国土壤污染呈现出多样性、复合性、流域性、区域化特征,面对现阶段和未来相当长一段时期显性或潜在的土壤污染问题,应以创新土壤科学、技术与管理体系为宗旨,以土壤环境调查与检测、风险评估、基准与标准制定、污染防控与修复、信息集成与应用及环境监管等关键技术为重点内容,统筹土壤污染治理与农业安全生产、生态及人居环境健康保障。坚持以预防为主、点治、片控、面防结合;坚持土壤污染分区分类保护;依靠科技进步,推动土壤环境保护法治建设,提高社会公众的土壤污染防护意识;分阶段、分步骤,全面、系统地构建适合我国国情的土壤污染防治体系。

（一）土壤污染防治中长期战略的总体思路

我国的土壤环境保护与污染防治应该以确保食物与生态安全、保障人体健康为目标，通过实施保护基本农田土壤环境质量、监控区域土壤污染变化趋势、监管城乡污染场地土壤利用方式的战略，从而达到"控源防污染、控污降风险、修复除危害"的目的。

1. 保护基本农田土壤环境质量，保障粮食安全

开展全面、系统、准确的全国农田土壤资源数量与质量及污染源的动态普查，掌握我国农田土壤资源数量、质量动态变化和突出环境问题，建立全国农田土壤环境质量长期监测网络及农田土壤资源和土壤质量数据信息系统；尽快制定农田土壤环境质量标准和污染土壤修复标准，为农田土壤资源功能恢复和粮食安全产生奠定科学基础；加强土壤污染源头控制，实施各种废弃物的清洁化、减量化、资源化处理，科学施用和管理农药、化肥和农膜，研发高效、低毒、低残留的新型农药，慎重使用污水灌溉和污泥农用技术，切断或限制"含毒"废弃物进入农田土壤；充分挖掘和发挥农田生态系统的自身"循环净化"功能，采取工程、生物学及物理化学等综合措施，实现污染退化农田土壤的生态修复；加强新型农村环境保护，切实加大农业主产区基本农田的土壤环境质量保护力度，加强农田土壤环境保护的宣传与科普工作，进一步提高全民生态安全和食品安全意识。

2. 监控区域土壤污染变化趋势，保障环境安全

根据我国土壤类型的区域特征，围绕国家区域协调发展和主体功能区规划对我国区域土壤及重要成矿带矿产资源开发及重大工程的潜在生态环境风险与环境承载力进行评价，研究与环境相协调的土壤质量评估指标体系；建立国家、省级、县/市、乡镇等不同尺度、多层次的土壤环境变化监测网络和综合评价体系，编制不同尺度的、复合本区域的实际土壤环境质量图，实现土壤资源科学保护和信息化管理；国家尺度的监测网络应以15年为周期进行定期监测，获得全国土壤环境质量变化的连续记录。合理施用农业化学物质，加强污染源头控制；加强区域土壤酸化及其农业面源污染控制，针对已经污染的地区要加强对土壤环境污染的修复研究和技术试点与推广。制定和完善区域性土壤环境质量标准，增加其中的污染物指标，尤其是有机污染物指标，同时考虑土壤种类和母质复杂性，以生物可利用污染物量作为控制基础；增加居住、农田、采矿用地、工业建设项目相关的环境质量基准，建立区域性的土壤环境质量标准体系。加强和完善土地转型中土壤环境影响、风险评估制度。土地利用方式实施转型以前应首先依据未来计划的利用方式对场地实施调查与评估，而后实施该项目的环境影响评价工作，尽快完善土壤环境评价制度。研究制定和完善土壤生态保护经济政策，将土壤生态系统破坏和环境污染损失纳入国民经济核算体系，建立土壤生态补偿机制，构建土壤生态系统监测体系，建立重大生态破坏事故应急处理系统。研究能够全面、准确、及时地对多种土壤环境问题进行预测预警的体系，包括借助现代信息技术在数据管理、空间分析和决策支持等方面的强大功能，为土壤环境管理提供决策支持系统；建立区域土壤环境质量数据库、评价模块以及经济社会与环境变化预测预警模块，形成智能化土壤环境管理决策支持系统。

3. 监管城乡污染场地土壤利用方式，保障国民健康

针对我国城乡污染场地的特点及污染场地管理上存在的问题，应充分借鉴国外先进

管理理念和经验，结合我国国情，从建立或完善相应的监管、融资、技术和宣传教育政策着手，充分调动政府、污染者、受益者、公众等各方面的积极性，利用宏观调控和市场"两只手"，推动中国污染场地管理逐渐走向科学化、制度化和标准化。监管政策反面，要制定和完善履行公约所需的法律法规与标准体系，加强监管体制、监管能力和监管平台建设；建立污染场地的筛选方法、国家级档案、清单和信息管理系统；结合城乡发展布局，加强污染场地开发利用的空间规划。融资政策方面，要完善相应的融资管理体制，建立多渠道融资机制；通过建立适合我国国情的"污染场地治理与修复基金"制度，明确基金的筹集机制、管理与使用。技术政策方面，完善污染场地的环境调查和风险评估技术标准或导则。针对我国土壤类型多样、理化性质差异大等特点，各地在全国层面上制定基于风险评估的标准制定方法，并结合现实状况和条件，制定符合当地的场地标准，实行有所区别的场地环境标准政策。在综合考虑技术可行性、社会经济发展程度和区域发展不平衡等特点的基础上，进行污染场地的危害等级划分，建立类似美国危险废物场地"国家优先名录"的中国国家污染场地清单及优先治理目录，以加快风险不可接受场地的治理与修复，使有限的资金得到最有效的利用。通过科技创新，形成适用于不同类型污染场地的控制与修复的新技术和新装备，实行场地风险控制与可持续利用；根据场地的污染状况、所处的地域及其经济社会发展程度，选择风险消减、消除和预防的途径。开展项目示范与宣传教育工作，提升可持续管理水平，促进场地修复产业发展。

（二）土壤污染防治战略主要任务

1. 制定土壤环境质量标准体系和土壤污染防治政策法规

执行国家土壤环境科技创新任务、标准体系建设和环境管理技术体系建设任务。研究我国土壤环境管理政策框架体系；研究我国土壤污染评价标准、修复标准和监管体系；在充分借鉴发达国家和地区土壤环境标准框架体系和标准制定方法论的基础上，结合我国实际情况与需要，针对我国农业、居住、娱乐、工业、商业等不同用地方式及高背景土壤，制定基于生态风险评估或人体健康风险评估的土壤环境基准制定方法；开展土壤环境基础理论、环境标准和高新技术推广应用研究，创建国家土壤环境科技创新体系；加强对我国土壤污染成因与质量演变规律的认识和掌握；构建生态毒性和生物测试技术、污染物形态分析技术、污染物形态及结构与生物有效性预测模型技术平台，建设污染物基本理化性质与毒性参数数据库、暴露模型库、暴露参数数据库、毒性参数数据库等数据库，制定主要污染物的土壤环境基准及其技术导则。在环境基准值研究的基础上，结合经济社会发展情况，技术可行性等方面，系统建立我国土壤环境质量的标准体系。

建立和完善国家土壤环境保护法制、体制和机制，构建基于风险的我国土壤环境保护体系，研究并颁布土壤环境保护的国家法律和地方性法规，制定相关政策，实施土壤环境质量标准战略；研究我国土壤污染环境管理急需的法律法规和技术规范等体系框架与制定方法。建立污染土壤环境修复的资金筹措机制；建立国家优先控制污染物名录；研究污染场地动态清单调查、排序及分类管理方法；建立修复技术规范、修复技术档案、修复示范工程信息数据库；开发多污染物、多行业场地类型、多目标修复决策支持系统；研究土壤环境功能区划的方法学，土地功能置换的支撑标准与管理办法；建立土壤污染事故应急预案的框架体系以及实施程序等。完善国家和地方土壤环境保护监管机构，建立有效的土壤环境监测网络；培养土壤环境保护的市场经济机制，加强土壤环境保护宣传教育，提高人们的土壤环境保护意识和生态文明素养。

明确管理部门和利用部门，特别是环境保护部门与农业、国土资源、水利等部门之间的职责分工，建立相应的管理机构；制定土壤环境保护规划、计划或行动纲领；加强土壤环境行政管理组织机构立法，规范政府行政行为，完善行政决策程序；制定相关政策，鼓励和促进土壤环境保护非政府组织发展，提高社会公众对环境保护的参与能力；建立土壤、水体、大气环境保护与土壤资源利用相协调的管理模式；建立与我国社会经济快速发展相适应的土壤保护机制。针对我国土壤-土地质量分属自然资源部、生态环境部、农业农村部管理的现状，建议由国务院牵头成立跨部门的土壤资源联合办公室和国家土壤环境技术咨询委员会，采用定期会商与咨询的机制，协调重大土壤环境质量、土壤地球化学灾害或土壤污染的管理对策。

2. 开展土壤环境质量基础调查，提升土壤环境监测能力

明确我国耕地及场地土壤污染状况、分布规律及成因，重视土壤污灌、污泥使用、干湿沉降、酸雨等污染来源解析，加强对各种污染来源解析方法、土壤环境质量变化规律的研究；强化土壤环境分析测试平台建设，研究土壤主要污染物形态、预测模型及其软件系统；研究新型污染物的风险筛查与毒性测试技术；建立土壤主要污染物的参比物质、标准物质及应用技术规范，构建我国土壤环境参考物质库；研发具有自主知识产权的新型高效采样设备、消化、萃取、净化处理技术与装置等；研发土壤污染化学、生物与生态监测方法技术与设备，原位土壤固、液、气相监测技术与设备，在线与联网监测技术与设备，土壤环境电化学和生物传感器监测技术与设备，土壤污染事故应急自动监测设备，大范围土壤环境遥感技术与设备，土壤环境过程系统模拟技术与设备，土壤环境污染预测、预警、预报方法与技术，区域土壤及场地环境定位监测技术、设备与支撑平台；构建国家、省、市三级土壤环境监测网络体系；建设全国不同行政级别、多属性的土壤环境数据；研究土壤环境信息的多尺度转化技术，土壤环境信息远程传输技术，土壤环境信息与污染场地修复决策支持系统；完成污染场地的登记工作，建立污染场地档案、清单、数据库、信息管理系统以及土壤环境信息共享平台，实现土壤环境信息的动态发布，建立国家、省、市三级突发土壤环境事件应急预案。

3. 编制全国土壤污染防治规划与功能区划

根据全国土壤污染状况和污染调查结果，编制土壤污染防治规划，并对长江三角洲地区、珠江三角洲地区、东北老工业基地、京津冀、山东半岛、成都平原、渭河平原、闽东南、海南岛、主要矿产资源型城市的土壤、大型湖泊、大型河流流域和大型水利工程辐射区土壤环境进行功能划分，建立区域协调的土壤污染防治机制。针对全国不同地区的重污染企业周边地区，工业企业遗留或遗弃场地，固体废弃物集中填埋、堆放、焚烧处理处置等场地及周边地区，工业（园）区及周边，油田、采矿区及周边，污灌区，主要蔬菜基地和规模化畜禽养殖场周边，大型交通干线两侧以及其他社会关注的环境热点区域的土壤开展土壤污染风险评估与安全性划分，确定土壤环境安全级别并提出相应的整治对策。

4. 做好耕地和场地土壤污染控制和修复试点示范

针对我国面临的耕地污染问题，应加紧研究耕地土壤污染来源、发生机制与调控

机理；各种加快研发耕地土壤环境与污染监控预警技术；研发针对不同污染源与不同利用方式类型土壤污染控源与风险防控技术；针对耕地土壤典型重金属和典型有机污染物污染，研发物化稳定、生物或物化阻隔等污染控制技术；研发植物吸收、生物转化、根际生态修复、强化原位微生物修复、定向生态调控、农艺调控等修复与调控技术；研发高效生物修复制剂、物化或生物助剂及耕地施用设备；研发修复植物无害化资源化设备；研发农产品产地土壤污染监测技术与无线监控预警技术，以及耕地土壤环境-农产品安全监管机制；选择不同蔬菜类型和我国华中、东北、华北等粮食主产区，开展耕地土壤污染防治与修复技术集成研究与示范，形成我国耕地土壤污染的成套技术体系、监管机制与综合管理体系，建立我国耕地土壤污染防治与修复的技术支撑体系。

针对目前我国冶金、化工、农药等行业的工业企业搬迁遗留场地、加油站、电子产品拆解场地等重金属、有机污染物及复合污染问题，研发场地特征污染调查、监测与风险评估技术；研发绿色固化/稳定化、梯度淋洗、脉冲低温等离子氧化、催化还原、空气吹脱技术、负压热脱附、涡流双相生物降解、回转连续堆制、双蒸馏等一批场地土壤污染防治与修复关键技术；研发场地土壤含水层优化原位淋洗、双相真空气提-原位消减及纳米修复等污染防治与修复关键技术；开发单元模块集成的、固定式或移动式大型成套修复设备；建立工业场地土壤信息数据库，研究工业场地土壤污染监控预警技术和监管机制；针对不同类型场地土壤，开展场地土壤污染防治与修复技术集成研究与示范，构建我国工业场地土壤污染的成套技术体系、监管机制与综合管理体系。

针对我国各类矿区和油田区土壤及废弃地土壤酸化、重金属与有机污染物问题，研发矿区和油田区土壤及废弃地污染源动态监测技术与污染应急预警技术；研发针对矿区土壤及废弃土壤酸化的生物固硫、抑制氧化等酸化控制技术与设备；开发矿区和油田区土壤及废弃地污染物的植物或物化稳定与原位控制技术；研制包含连续脱附、原油回收及脱附剂循环利用在内的成套处理技术与设备；研发物化、生物原位生态修复关键技术及设备；研发油田区土壤含水层污染控制与修复技术；在我国典型重要矿区和油田区进行源控-稳定-生态修复的技术集成示范，建立矿区和油田区土壤及废弃地污染防治与生态修复成套技术体系，以及矿区和油田区污染源动态监测预警应急体系。

5. 加强流域和区域土壤污染综合试点与示范

针对我国土壤污染的流域性特点，研发流域土壤污染调查、监测与风险评价技术方法；研究典型流域土壤污染分布规律、成因及危害；研究流域土壤污染防治、修复与调控机理；研发流域土壤污染监测与控制技术；研发流域土壤污染防治与综合治理修复关键技术，并选择我国典型流域进行技术集成研究与示范，建立流域土壤污染监控预警与防治、综合治理与修复的技术体系。

以我国东南沿海地区、环渤海地区、东北老工业基地、中西部地区、西南高背景区等为重点，建立区域尺度土壤污染调查监测与风险评估技术方法；研究重点区域土壤污染状况与成因，并进行重点区域土壤环境功能区划示范；研究重点区域土壤污染规律与调控原理；研发重点区域土壤污染监控、预警与监管技术；研发重点区域土壤污染防治与修复关键技术，并选择我国典型重点区域进行技术集成研究与示范，建立我国重点区域土壤污染监控预警与防治、修复的技术体系。

第三节　土壤污染与修复研究进展

一、土壤污染与修复的研究内容与热点

(一) 土壤污染与修复的定义、定位和特点

土壤是人类赖以生存的物质基础，土壤污染与修复是在土壤学和环境科学基础上发展起来的综合性的交叉学科，它起源于土壤污染防治的理论与实践的研究。土壤污染与修复是研究自然因素和人为条件下土壤环境质量的变化、影响及其调控的一门学科。土壤污染与修复涉及土壤质量与生物品质，即土壤质量与生物多样性以及食物链的营养价值和安全问题；涉及土壤与水和大气质量关系，即土壤作为源与汇对水质和大气质量的影响；涉及人类居住环境问题，即土壤元素丰缺与人类健康的关系；涉及土壤与其他环境要素交互作用，即土壤圈、水圈、岩石圈、生物圈和大气圈的相互关系；涉及土壤质量的保护和改善等土壤修复工程的相关研究及应用。

土壤污染与修复是一门新兴的，与土壤学、化学、生态学、生命科学和环境科学等学科内容相关的综合性交叉学科，是土壤学和环境科学的重要组成部分，由此可见，土壤污染与修复所涉及的层面如此之多、之广及之深。它不但是对该领域专家在知识、能力和思维等诸方面的严峻挑战，亦需要联合土壤科学以外的其他领域的科学家，紧密配合，共同解决所面临的土壤污染问题。在解决土壤污染问题的同时，还必须尽量获取明显的物质、经济和审美方面的效益，以服务社会、满足公众的实际需求。

土壤污染与修复从环境科学和土壤圈物质循环的角度和观点出发，着眼于土壤环境质量的保护、利用和改善，研究土壤和环境的协调关系及土壤的可持续利用。由于土壤污染与修复的研究主体是土壤，因而它与其他土壤学分支学科一样，是现代土壤科学发展的产物和重要组成部分，在学科上归属于土壤学，对提高土壤学的学科地位、维系土壤学的生存和发展、发挥土壤学在环境中不可替代的作用至关重要。土壤污染与修复又是环境科学的重要组成部分，是完善环境科学教学与科研体系的关键学科之一。近年来，土壤学各分支学科都在扩充环境方面的研究内容，从而丰富和发展了环境土壤学的研究范畴。我国土壤科学工作者深切地体会到土壤环境保护的重要性，因为"绿色贸易壁垒"使我国在贸易方面遭遇不同程度的限制与挑战；随着我国国民生活质量的提高，对绿色食品和有机食品的需求越来越大；对居住环境问题亦倍加关注。所有这一切，无一不与土壤环境质量相关，为土壤环境科学工作者提供了良好的发展机遇，同时亦倍显使命的重大。这一使命至少包括两个方面的内涵，即土壤环境保护的理论和实践与学科的发展。

土壤污染与修复具有两大特征：第一，它是一门交叉的界面科学，研究的理论基础来源于近代土壤学、环境科学、生态学、生物地球化学、化学、生物学等学科；第二，在研究环境中化学物质的生物小循环与地质大循环结合交点上兼有生命与非生命科学的双重内涵。

(二) 主要研究内容

1. 土壤环境现状及其演变

土壤元素背景值与土壤负载容量的研究是土壤环境现状及其演变的重要内容。对土

壤环境现状的研究十分重要，因为这是检验过去和预测未来土壤环境演化的基础性资料，也是判断土壤中化学物质的行为与环境质量必要的基础数据。它包括土壤和植物的元素背景值、有机化合物的类型与含量、动物区系、微生物种群和活性等生物多样性资料以及对外源化学物质的负载容量等。在原始资料大量积累的基础上，建立土壤环境资料数据库，以保证研究资料的系统性、完整性、准确性和可比性，并在此基础上，将其发展成一个实用的、具有数据检索、环境质量模拟和评价、环境规划和决策辅助功能的国家土壤环境信息系统，从而使土壤环境管理工作逐步科学化、程序化和规范化。

2. 外源物质在土壤环境系统中的反应行为

外源物质包括化学物质和外来生物，它们在土壤环境系统中的迁移、转化、反应、归属及其影响因素的研究是土壤污染与修复的重要研究内容。土壤是重要的环境仓，高负载容量的土壤与低负载容量的土壤相比，能够容纳更多的某一特定的外源物质。土壤中毒害物质的生物有效性依赖于它们在环境中的反应行为和归属。控制土壤中化学物质归属的过程包括吸附、解吸、沉淀、溶解、氧化、还原、配位、催化、异构化、光化学反应和生物过程等，研究这些过程及其影响因素有助于加深对土壤负载容量这一系统工程的理解。在研究中应注意：黏粒矿物的表面效应；土壤组分和性质与污染物迁移、转化、危害的关系；有机污染物的结构、性质与在土壤中的滞留、降解的关系；元素或物质之间的交互作用及反应动力学等。在综合研究的基础上确立土壤环境质量的标准和指标体系，相关物质在土壤中迁移、转化的数学模型，并在实践中进行检验与修正，使其具有较为准确而可靠的预测、预报性。

3. 土壤环境与人体健康

土壤环境与人体健康研究主要研究土壤异常与地方病的关系，研究与人类和动物健康有关的疾病和营养问题的土壤因素，这些因素与土壤环境化学、矿物学和生物学等性质关系密切。土壤胶体是微量元素和持久性有机污染物的储藏库，它能影响微量元素和有机污染物的生物效应和动态变化，而许多微量元素和有机化合物又关乎动物营养、人类的健康、繁衍与福祉。

4. 人为活动对土壤环境的冲击

研究人为活动对土壤环境的冲击注重点源与面源污染对整体环境质量的影响；研究与温室效应和全球变化的关系；经济开发与土壤生态和环境的演变；工矿开发和重大工程对土壤环境质量的影响；土壤质量变化及其对其他环境要素、社会经济、人文环境、生态结构和功能影响等方面的基础性与应用基础性研究；同时注重其研究成果在生态恢复、环境治理和持续发展等方面的应用。

5. 土壤环境工程

土壤环境工程关注的内容有城市建设、工业和农业园区土壤环境质量的监测与评价；有机食品、绿色食品和清洁生产中的土壤环境建设；污染土壤的物理、化学、微生物和植物修复；土壤净化功能的开发，特别是污水和固体废弃物的土地利用和土地处理等。

（三）研究方法特点

土壤污染与修复是一门多学科和跨学科的科学，目前已初步形成自己的学科体系和独特的方法论，当然在一个很长的时间内还需不断地充实和完善。它的研究方法借鉴与融合了土壤学、化学、环境科学、生态学和数学等学科，体现了自身的研究特点。

1. 分析测试技术要求高

由于土壤是一个十分复杂的体系，测试工作的预处置难度大。对测试仪器要求其敏感度高、干扰少，定性与定量准确；监测过程中的时空观念强。

2. 宏观与微观相结合

土壤污染与修复工作注重量化，采用系统分析的原理与方法，比较全面地观察与研究土壤圈所发生的能流、信息流与物质循环过程，在工作中既有对宏观区域的定点观察，又有对微观机理的深入剖析。

3. 模型与模拟

土壤污染与修复工作需要充分发挥模型与模拟的作用，不断提高研究成果在宏观决策与实践中的应用，这就要求提高模型与模拟的准确性与可靠性，逐步从经验模型向理论模型发展。

4. 人员素质要求高

完成土壤污染与修复工作需要大量高素质的综合性人才和研究群体。由于研究工作涉及的学科多、知识广，单一学科的研究很难适应土壤污染与修复研究的需求，因而培养综合性人才和组织综合性人才研究群体便成为当今环境土壤学发展的重要任务。

二、土壤污染与修复研究前沿展望

（一）土壤防治监管领域

土壤防治监管领域主要包括加强区域土壤资源数量和土壤环境质量监测及其网络与信息共享平台建设；研究我国土壤环境管理政策框架体系；研究我国土壤污染评价标准、修复标准和监管体系；研究我国土壤污染环境管理急需的法律法规和技术规范体系框架与制定方法学；明确土壤污染防治的体制、机制与法制；制定颁布土壤污染防治的国家法律和地方性法规及制定相关政策；建立国家土壤优先控制污染物名录，污染场地动态清单调查、排序及分类管理方法；建立修复技术规范、修复技术档案、修复示范工程信息数据库；开发多污染物、多行业场地类型、多目标修复决策支持系统；研究土壤环境功能区划的方法学，土地功能置换的支持标准与管理办法；建立土壤污染事故应急预案的框架体系以及实施程序等；加强各级政府及相关部门之间的监管体制与机制建设，明确监管职责；建立污染土壤修复的资金筹措机制，建立污染场地申报、登记、清单、许可、认证、税收等制度，规范管理程序和行为；积极开展土壤环境保护宣传教育活动，提高人民群众的土壤环境保护意识。

（二）场地土壤污染详查、评估与修复领域

场地土壤污染详查、评估与修复领域主要涉及完成我国场地土壤污染状况调查，对重要敏感区和浓度高值区进行加密监测、跟踪监测，对土壤污染进行全方位评价。完成这项工作，需要建立场地土壤污染的档案、污染物清单、土壤环境质量信息数据库、土壤污染物生态毒理数据库等，开发污染场地的信息管理系统，服务于场地的风险管理与决策；研发污染场地土壤的生物修复、多目标联合修复、原位修复、基于环境功能修复材料的修复、基于设备化的快速场地修复、土壤修复决策支持系统及修复后评估，以高

浓度、高风险、重金属污染为主，选择典型地区开展典型类型污染场地土壤修复试点示范，建立技术路线体系，形成修复及后评估技术规范。

（三）耕地土壤污染识源、控污与修复领域

耕地土壤污染识源、控污与修复需加强对东北、华北、东南、华中、西南和西北等农业主产区基本农田土壤环境保护，研究耕地土壤污染来源、发生机理与调控原理；研发针对不同污染源与不同利用方式类型耕地土壤污染源与风险防控技术；建立耕地土壤环境监测与污染监控预警技术体系；研发物化稳定、生物或物化阻隔等污染控制技术；植物吸收、生物转化、根际生态修复、强化原位微生物修复、定向生态调控、农艺调控等修复与调控技术；研发高效生物修复制剂、物化或生物调剂及其农田施用设备；开展粮食主产区耕地土壤污染防治与修复技术集成研究与示范，形成我国耕地土壤污染的成套技术体系、监管机制与综合管理体系，建立我国耕地土壤污染防治与修复技术支撑体系。

第二章 土壤理化性质与土壤生物

第一节 土壤的形成

一、土壤形成因素

在影响土壤形成的主要因素中,成土母质决定土壤的最初状态,气候决定土壤的发展方向,生物使土壤具有活力,而人类活动则对土壤有深刻的影响。

(一) 成土母质

成土母质的机械组成直接影响到土壤的机械组成,也会影响土壤中物质的存在状态和迁移转化过程,从而对土壤的发育、性状和肥力产生巨大的影响;虽然母质和土壤的化学组成并不完全相同,但母质的化学组成是成土物质的主要来源,在风化和成土过程的初级阶段有重要的影响。例如由花岗岩、片麻岩风化形成的母质含有抗风化能力强的石英等浅色矿物质,使土壤环境中含有相当数量的石英颗粒,致使土壤机械组成中砂粒多、质地粗、孔隙大,容易透水;并且这种母质中的矿物含有的盐基成分较少,在降水多的环境条件下很容易发生淋溶作用,导致营养物质和矿物元素大量淋失,形成微酸性或酸性土壤。从环境学的角度看,一方面,这类母质形成的土壤重金属元素含量低,土壤容易吸收重金属而受到污染;另一方面,重金属元素容易被淋洗,被污染后的土壤容易改良。

(二) 气候

土壤和大气之间不停地进行着水分和热量的交换,因此。大气气候状况直接影响着土壤的水热状况,主要体现在大气温度和湿度的差异。气候也影响着土壤中物质的累积、迁移和转化。

气候对于土壤形成的影响,表现为直接影响和间接影响两个方面。直接影响指通过土壤与大气之间经常进行的水分和热量交换,对土壤水、热状况和土壤中物理、化学过程的性质和强度的影响。通常温度每增加10℃,化学反应速率平均增加1~2倍;温度从0℃增加到50℃,化合物的解离度增加7倍。在寒冷的气候条件下,一年中土壤冻结达几个月之久,微生物分解作用非常缓慢,使有机质累积起来;而在常年温暖湿润的气候条件下,微生物活动旺盛,全年均能分解有机质,使得有机质含量趋于减少。

气候还可以通过影响岩石风化过程、外力地貌形态以及动、植物和微生物的活动间接地影响土壤的形成和发育。一个显著的例子是,从干燥的荒漠地带或低温的苔原地带到高温多雨的热带雨林地带，随着温度、降水、蒸发以及不同植被生产力的变化，化学与生物风化逐渐增强，有机残体归还逐渐增多，风化壳逐渐加厚。

（三）生物

生物作用使太阳能引进成土的过程，使分散在岩石圈、水圈、大气圈的营养要素汇聚于土壤。在土壤形成的过程中，植物的最重要作用表现在其与土壤之间的物质和能量交换。植物可把分散于母质、水圈和大气圈中的营养元素选择性地吸收起来，通过光合作用合成有机质，这些有机质在植物死亡后回归土壤被分解、转化，变成简单的矿质营养元素或比较复杂的腐殖质。

在土壤中，蚯蚓、昆虫等动物的生命活动对土壤的形成也有重要的意义。一方面，动物可以将土壤中的复杂有机质变为简单的营养物质，然后排泄到土壤中去，加速了土壤物质的生物循环，提高了养分的有效性；另一方面，土壤中动物的挖掘活动对土壤的透水性、通气性和松紧度均有很大的影响，可以大大改善土壤的物理性质。

土壤微生物是土壤物质循环和能量流动不可或缺的一环。土壤中微生物能够充分分解动植物残体，甚至使之完全矿质化；分解有机质、释放营养元素；还能合成腐殖质，提高土壤的有机-无机胶体含量，改善土壤的物理化学性质。固氮微生物能固定大气中游离态的氮素，化能微生物能分解、释放矿物中的元素，提高土壤中营养物质的含量。

（四）人类活动

自人类诞生以来，人类活动就对土壤产生了极为深刻的影响。人类可以通过改变某一成土因素或各因素之间的比例关系来控制土壤发育的方向。例如，砍伐原有自然植被，代之以人工栽培作物或人工育林，可以直接或间接影响到物质的生物循环方向和强度；再如，通过灌溉和排水可以改变自然土壤的水热条件，从而改变土壤中的物质运动过程；通过耕作、施肥等农业措施，可直接影响土壤发育以及土壤的物质组成和形态变化。

人类对土壤的干预有有利的一面，但不利的一面不容小觑。例如，破坏自然植被和不合理利用土地会引起土壤侵蚀；在干旱、半干旱地区无节制的垦荒会造成土壤沙化；大量的引水灌溉引起土壤盐渍化；大量的使用农药和污水灌溉导致土壤污染等。我们应该控制这些干预朝着有利于土壤的方向发展，尽量避免不利影响的产生；对于已产生的不利影响，则要尽快治理。

二、土壤物质组成

土壤是由固相（包括矿物质、有机质和活的生物有机体）、液相（土壤水分或溶液）和气相（土壤空气）等不同物质、多种成分共同组成的多相分散体系。按容积计，在较理想的土壤中固相物质约占总容积的50%，其中矿物质占38%~45%，有机质占5%~12%，液相和气相共同存在于固相物质之间的性状大小不一的孔隙中，各占土壤总体积的20%~30%，总和占50%。按质量计，矿物质占固相部分的90%~95%，有机质占1%~10%。由此可见，从土壤物质组成的总体来看，是以矿物质为主的多组分体系。

（一）土壤矿物质

土壤矿物质是土壤固相的主体物质，构成了土壤的"骨骼"，占土壤固相总质量的

90%以上。而土壤矿物质胶体是土壤矿物质中最活跃的组分，其主体是黏粒矿物。土壤黏粒矿物胶体表面在大多数情况下带负电荷，比表面积大，能与土壤固、液、气相中的离子、质子、电子和分子相互作用，影响土壤中的物理、化学、生物学过程与性质。分析土壤矿物质及其组成对鉴定土壤类型、识别土壤形成过程有重大意义。

1. 土壤矿物质的矿物组成和化学组成

矿物是天然产生于地壳中具有一定化学组成、物理性质和内在结构的物质，是组成岩石的基本单位。矿物的种类很多，已确认的达5900个。

表2-1列出了地壳和土壤的平均化学组成，据此可将土壤矿物的元素组成特点归纳如下。

表 2-1　地壳和土壤的平均化学组成　　　　　　　　　　　　　质量分数,%

元素	地壳中	土壤中	元素	地壳中	土壤中
O	47	49	Mn	0.1	0.085
Si	29	33	P	0.093	0.08
Al	8.05	7.13	S	0.09	0.085
Fe	4.65	3.8	C	0.023	2
Ca	2.96	1.37	N	0.01	0.1
Na	2.5	1.67	Cu	0.01	0.002
K	2.5	1.36	Zn	0.005	0.005
Mg	1.37	0.6	Co	0.003	0.0008
Ti	0.45	0.4	B	0.003	0.001
H	0.15	—	Mo	0.003	0.0003

首先，主要组成有10余种，包括O、Si、Al、Fe、Ca、Mg、Ti、K、Na、S以及一些微量元素如Mn、Zn、Cu和Mo等。其中，氧和硅是地壳中含量最多的两种元素，分别占地壳质量的47%和29%，铝、铁次之，四者合计共占地壳质量的88.7%，而其余90多种元素合在一起，也不过占地壳质量的11.3%。所以地壳组成中，含氧化合物占了极大比例，其中又以硅酸盐最多。其次，土壤矿物质的化学组成充分反映了成土过程中元素的分散、富集特性和生物积累作用。一方面，它继承了地壳化学组成的遗传特点；另一方面，有的化学元素如氧、硅、碳和氮等在成土过程中增加了，而有的则显著降低了，如钙、镁、钾和钠。此外，土壤矿物质中的元素的组成还与风化产物的淋溶强度有关，根据风化壳中元素的迁移特点，可以分为以下几类：强移动性，以阴离子形态强移动的元素（包括S、Cl、B和Br）；中性移动，包括以阳离子形态移动的Ca、Na、Mg、Sn和Ra等元素以及以阴离子形态移动的F等元素；弱移动性，其中以阳离子形态弱移动的元素有K、Ba、Rb、Li、Be、Cs和Ti等，此外还包括Si、P、Sn、As、Ge等主要以阴离子形态弱移动的元素；环境依赖性，在氧化环境中可移动，而在还原环境中移动性低的元素，在氧化环境中随酸性水强烈移动；而在中性、碱性水中移动性低的元素（主要呈阳离子形态迁移）Zn、Ni、Pb、Ca、Hg和Ag等，在酸性和碱性水中都强烈迁移的元素（主要呈阴离子形态迁移）如V、U、Mo、Se和Re等，在还原环境可移动，而在氧化环境中移动性低的元素，如Fe、Mn和Go等；微移动，在大多数环境

中难移动的元素，形成化合物的微迁移元素，例如 Al、Zn、Cr、Y、Ga、Nb、Th、Se、Ta、W、In、Bi 和 Te 等，不形成或几乎不形成化合物难移动元素（天然金属）例如 Os、Pd、Ru、Pt、Au、Rh 和 Ir 等。

各种元素迁移的特点，不仅直接影响土壤矿物质的元素组成，而且与土壤质量密切相关。

按照矿物的来源，可将土壤矿物分为原生矿物和次生矿物。原生矿物是直接来源于母岩的矿物，其中岩浆岩是其主要来源，而次生矿物是由原生矿物分解、转化而来的。

土壤原生矿物是指那些经过不同程度的物理风化，未改变化学组成和结晶结构的原始成岩矿物，主要分布在土壤砂粒和粉砂粒中，以硅酸盐和铝硅酸盐占绝对优势。常见的有石英、长石、云母、辉石、角闪石和橄榄石以及其他硅酸盐类和非硅酸盐类。

土壤次生矿物是指原生矿物在母质或土壤形成过程中，经化学分解、破坏（包含水合、氧化和碳酸化等作用）而形成的。土壤中次生矿物的种类繁多，包括次生层状硅酸盐类、晶质和非晶质的含水氧化物类以及少量残存的简单盐类（如碳酸盐、重碳酸盐、硫酸盐和氯化物等）。其中，层状硅酸盐类和含水氧化物类是构成土壤黏粒的主要成分，因而土壤学上将此两类矿物称为次生黏粒矿物（对土壤可简称黏粒矿物，对矿物可简称黏土矿物），是土壤矿物中最活跃的组分。

2. 黏粒矿物

（1）构造特征

层状硅酸盐黏粒矿物一般粒径<5μm，X 射线衍射结果揭示其内部由一千多个层组所构成，而每个层组由硅（氧）片和（水）铝片叠合而成。硅片由硅氧四面体连接而成。四面体基本的结构由一个硅离子（Si^{4+}）和四个氧离子（O^{2-}）组成，砌成一个三角锥形的晶格单元，共有四个面，故称为硅氧四面体（简称四面体）。

从化学上看，四面体为$[SiO_4]^{4-}$，不是化合物，在形成硅酸盐黏粒矿物之前，四面体可自聚合，聚合的结果，在水平方向上四面体通过共用底层氧离子的方式在平面二维方向无限延伸排列成近似六边形的蜂窝状四面体片，这就是硅片。硅片顶端的氧仍然带负电荷，硅片可用 $n[Si_4O_{10}]^{4-}$ 表示。

铝片则是由铝氧八面体连接而成。八面体基本结构是由一个铝离子（Al^{3+}）和六个氧（O^{2-}）离子（或氢氧离子）所构成。六个氧离子（或氢氧离子）排列成两层，每层都有三个氧离子（或氢氧离子）排列成三角形，但上层氧的位置与下层氧交错排列，铝离子位于两层氧的中心孔穴内。其晶格单元具有八个面，故称为铝氧八面体（简称八面体）。

在水平方向上的相邻八面体通过共用两个氧离子的方式，在平面二维方向无限延伸，排列成八面体，从而构成铝片，铝片两层氧都有剩余的负电荷，铝片可以用 $n[Al_4O_{12}]^{12-}$ 表示。

硅片和铝片都带有负电荷，不稳定，必须通过重叠化合才能形成稳定的化合物，硅片和铝片以不同的方式在竖直方向上堆叠，形成层状铝硅酸盐的单位晶层。两种晶片的配合比例不同，而构成 1:1 型、2:1 型和 2:1:1 型晶层。

1:1 型单位晶层由一个硅片和一个铝片构成。硅片顶端的活性氧与铝片底层的活性氧通过共用的方式形成单位晶层。这样 1:1 型层状铝硅酸盐的单位晶层有两个不同的层面，一个是具有六角形空穴的氧离子层面，另一个是有氢氧构成的层面。

2:1型单位晶层由两个硅片夹一个铝片构成。两个硅片顶端的氧都向着铝片，铝片上下两层氧分别与硅片通过共用顶端氧的方式形成单位晶层。因此，2:1型层状硅酸盐的单位晶层的两个层面都是氧离子面。

2:1:1型单位晶层是在2:1单位晶层的基础上多了一个八面体水镁片或水铝片，这样2:1:1型单位晶层由两个硅片、一个铝片和一个镁片（或铝片）构成。

（2）同晶置换

矿物形成时，性质接近的元素，在矿物晶格中相互替换而不破坏晶体结构的现象，称为同晶置换。在硅酸盐黏粒矿物中，最普通的同晶置换现象是晶体中的中心离子被低价的阳离子所替代，如四面体中Si^{4+}被Al^{3+}离子所代替，八面体中Al^{3+}被Mg^{2+}替代，所以土壤黏粒矿物一般以带负电荷为主。同晶置换现象在2:1型和2:1:1型的黏粒矿物中较为普遍，而1:1型的黏粒矿物中则较少。

低价阳离子同晶置换高价阳离子会产生剩余负电荷，为达到电荷平衡，矿物晶层之间常吸附阳离子。阳离子同晶置换的数量会影响晶层表面电荷量的数量，而同晶置换的部位不管是发生在四面体片还是发生在八面体片，都会影响晶层表面电荷强度。这些都是影响层间结合状态和矿物特征的主要因素。同时，被吸附的阳离子通过静电引力被束缚在黏粒矿物表面而不易随水流失。因此，从环境的角度对同晶置换进行评价，其结果可能导致某些重金属等外源物质在土壤中的不断积累以致超过环境容量而引发土壤污染。

（3）黏粒矿物的种类及一般特性

根据其构造特点和性质，土壤黏粒矿物可以归纳为五个类组：高岭组，蒙蛭组，水化云母组，绿泥石组和氧化组。其中除氧化组属非硅酸盐黏粒矿物外，其余四个类组均属硅酸盐黏粒矿物。

高岭组是硅酸盐黏粒矿物中结构最简单的一类。包括高岭石，珍珠陶土及埃洛石等，其单位晶胞分子可用$Al_4Si_4O_{10}(OH)_8$表示，是水铝片和硅氧片相互重叠组成的1:1型矿物，无膨胀型，所带电荷数量少，胶体特性较弱。在南方热带和亚热带土壤中普遍而且大量存在。

蒙蛭组又叫作2:1型膨胀性矿物，由两片硅氧片中间夹一水铝片组成，其单位晶体胞分子可用$(Al, Fe, Mg)_4(Si, Al)_8O_{20} \cdot nH_2O$表示，包括蒙脱石、绿脱石、拜来石和蛭石等。与高岭组相区别的是，蒙蛭组具有膨胀性，所带电荷数量多且胶体特性突出。蒙蛭组在我国东北、华北和西北地区的土壤中分布广。蛭石广泛分布于各大土类中，但以风化不太强的温带和亚热带排水良好的土壤中最多。

水化云母组属2:1型非膨胀性矿物，以伊利石为主要代表，故又称伊利组矿物，它的特征近似蒙脱石，主要区别在于相邻晶层之间有K^+的引力作用而使晶层间结构较之蒙脱石更为紧密，故膨胀性较小，广泛分布于我国多种土壤中，尤其是在西北、华北干旱地区土壤中含量很高。

绿泥石组以绿泥石为代表，绿泥石是富含镁、铁及少量的铬的硅酸盐黏粒矿物，具有2:1:1型晶层结构、同晶置换较普遍和颗粒较小等特征。土壤中的绿泥石大部分是由母质残留下来的，但也可由层状硅酸盐矿物转变而来。沉积物和河流冲击物含较多的是绿泥石。

氧化物组包括水化程度不等的各种铁、铝氧化物及硅的水氧化物。其中有的为结晶型，如三水铝石、水铝石、针铁矿和褐铁矿等；有的则是非晶质无定形的物质，如凝胶态物质水铝石英等。无论是结晶质还是非结晶质的氧化物，其电荷的产生都不是通过同晶置换获得的，而是由于质子化和表面羟基中 H^+ 的离解。氧化物组除水铝石英外，一般对阳离子的静电吸附力都很强，但是，铁铝氧化物，特别是它们的凝胶态物质，都能与磷酸根作用，固定大量的磷酸根。红壤中这类矿物含量较多，因此红壤的固磷能力很强。同时它们具有专性吸附作用，影响外源物质的行为与归宿。

（二）土壤有机质

土壤有机质是土壤中各种含碳化合物的总称，与矿物质一起构成土壤固相部分，土壤中有机质含量并不多，一般只占固相总量的 10% 以下，耕作土壤多在 5% 以下，但它是土壤的重要组成部分，是土壤发育过程中的重要标志，对土壤性质的影响重大。

一般来说，土壤有机质主要来源于动植物及微生物的残体，但不同土壤的有机质来源亦有差别。自然土壤的有机质主要来源是长期生长其上的植物残体（地上部的枯枝落叶和地下部的死根与根系分泌物）及土壤生物；耕作土壤的情况则不同，由于自然植被已不复存在，栽培作物的大部分又被收获带走，因而进入土壤中的有机残体一般远不及自然土壤丰富，其有机质来源主要是人工施入的各种有机肥料和作物根茬以及根的分泌物，其次才是各种土壤生物。

有机质含量在不同的土壤中差异很大，高的可达 200g/kg 甚至 300g/kg 以上（如泥炭土、一些森林土壤等），低的不足 5g/kg（如一些沙漠土和砂质土壤）。在土壤学中，一般把耕作层含有机质 200g/kg 以上的土壤，称为有机质土壤；含有机质不足 200g/kg 的土壤，称为矿质土壤。耕作土壤中，表层有机质含量通常在 50g/kg 以下。土壤中有机质的含量与气候、植被、地形、土壤类型、耕作措施等影响因素密切相关。

土壤有机质的主要元素组成是 C、O、H 和 N，其次是 P 和 S，C/N 比为 10 左右。土壤有机质主要的化合物组成是类木质素和蛋白质，其次是半纤维素、纤维素以及乙醚和乙醇等可溶性化合物。与植物组织相比，土壤有机质中木质素和蛋白质含量显著增加，而纤维素和半纤维素含量明显减少。大多数土壤有机质组分为非水溶性。

土壤腐殖质是除未分解和半分解动、植物残体及微生物以外的有机质总称。土壤腐殖质由非腐殖物质和腐殖物质组成，通常占土壤有机质的 90% 以上。非腐殖物质为有特定物理化学性质、结构已知的有机化合物，其中一些是经微生物代谢后改变的植物有机化合物，而另一些则是微生物合成的有机化合物。非腐殖物质占土壤腐殖质的 20%~30%，其中，碳水化合物（包括糖、醛和酸）占土壤有机质的 5%~25%，平均为 10%，它在增加土壤团聚体稳定性方面起着极其重要的作用。此外还包括氨基糖、蛋白质和氨基酸、脂肪、蜡质、木质素、树脂、核酸和有机酸等。腐殖质是经土壤微生物作用后，由多酚和多醌类物质聚合而成的含芳香环结构的、新形成的黄色至棕黑色的非晶形高分子有机化合物。它是土壤有机质的主体，也是土壤有机质中最难降解成分，一般占土壤有机质的 60%~80%。

1. 土壤腐殖质

腐殖质是一类组成和结构都很复杂的天然高分子聚合物，其主体是各种腐殖酸及其与金属离子相结合的盐类，它与土壤矿物质密切结合形成有机无机复合体，因而难溶于水。因此，要研究土壤腐殖酸的性质，首先必须用适当的溶剂将它们从土壤中提取出来。理想的提取剂应满足：对腐殖酸的性质没有影响或影响极小；获得均匀的组分；具有较高的提取能力，能将腐殖酸几乎完全分离出来。但是，由于腐殖酸的复杂性以及组成上的非均质性，满足所有这些条件的提取剂尚未找到。

目前一般所用的方法，是先把土壤中未分解或部分分解的动植物残体分离掉，通常是用水浮选、手选和静电吸附法移去这些动植物残体，或者采用相对密度1.8或2.0的重液（例如溴仿-乙醇混合物）可以更有效地去除动植物残体，被移去的这部分有机物称为轻组，而留下的土壤组则称为重组。然后根据腐殖质在碱、酸溶液中的溶解度可划分出几个不同的组分，传统的分组方法是将土壤腐殖物质划分为胡敏酸、富啡酸和胡敏素三个组分，其中胡敏酸是可溶于碱、不溶于水及酸，颜色和分子质量中等；富啡酸可溶于水、酸及碱，颜色最浅和分子质量最轻；胡敏素则不溶于酸、碱及水，颜色最深分子质量最高，但其中一部分可被热碱提取。再将胡敏素用95%乙醇回流提取，可溶于乙醇的部分称为吉马多美郎酸。目前对富啡酸和胡敏酸的研究最多，它们是腐殖质中最重要的组成，但需要特别指出的是，这些腐殖质组分仅仅是操作定义上的划分，而不是特定化学组分的划分。

腐殖酸在土壤中的功能与分子的形状和大小有密切的关系。腐殖酸的分子量（相对分子质量）因土壤类型及腐殖酸组成的不同而异，即使同一样品用不同方法测得的结果，也有较大差异。腐殖酸分子量的变动范围为几至几百万。但共同的趋势是，同一土壤中，富啡酸的平均分子质量最小，胡敏素的平均分子质量最大，胡敏酸则为富啡酸和胡敏素之间，我国几种主要的土壤胡敏酸和富啡酸的数均分子量分别为890~2500和675~1450。

土壤胡敏酸的直径范围为0.001~1μm，富啡酸则更小些。腐殖酸的整体结构并不紧密，整个分子表现出非晶质特征，具有较大的比表面积，高达$2000m^2/g$，远大于黏性矿物的比表面积，腐殖酸是一种亲水胶体，有强大的吸水能力，单位质量腐殖物质的持水量是硅酸盐黏粒矿物的4~5倍，最大吸水量超过其本身质量的500%。

腐殖酸的主要元素组成是C、H、O、N和S，此外还有少量的Ca、Mg、Fe和Si等灰分元素，不同土壤中腐殖酸的元素组成不完全相同，有的甚至相差很大。腐殖酸含碳量为55%~60%，平均为58%；含氮量为3%~6%，平均为5.6%，其中C/N比值为10:1~12:1。但不同的腐殖酸的含碳量和含氮量均以富啡酸、胡敏酸和胡敏素的次序增加，其增加幅度大致分别为4.5%~6.2%和2%~5%。富啡酸的氧、硫含量大于胡敏酸，C/H比和C/O比小于胡敏酸。

腐殖酸分子中含有各种官能团，其中主要是含氧的酸性官能团，包括芳香族和脂肪族化合物的羟基（R—COOH）和酚羟基（酚—OH），其中羧基是最重要的。此外，腐殖物质中还存在一些中性和碱性官能团，中性官能团主要有醇羟基（R—OH）醚基（—O—）、酮基（—O＝O—）、醛基（—CHO）和（ROOC—）；碱性官能团主要有胺（—NH_3）和酰胺（—$CONH_2$）。富啡酸的羟基和酚羟基含量以及羟基的解离度均较胡敏酸高，醌基较胡敏酸低；胡敏素的醇羟基较富啡酸和胡敏酸高，但富啡酸中羟基含量最高。我国各主要土壤中胡敏酸的羟基含量为270~480cmol/kg，醇羟基为220~430cmol/kg。富啡酸的羟基含量为640~850cmol/kg，是胡敏酸的2倍左右，富啡酸的醇羟基和醌基的含量分别在500~600cmol/kg和50~60cmol/kg之间。

腐殖物质的总酸度通常是指羟基和酚羟基的总和。总酸度是以胡敏酸、胡敏素和富啡酸的次序增加的，富啡酸的总酸度最高，主要与其较高的羟基含量有关。总酸度的数值大小与腐殖质的活性有关，一般较高的总酸度意味着有较高的阳离子交换量（CEC）和配位容量。羟基在pH值=3时、酚羟基在pH值>7时质子开始解离，产生负电荷，由于羟基、酚羟基等官能团的解离以及胺基的质子化，腐殖酸分子具有两性胶体的特征，在分子表面上既带负电荷又带正电荷，而且电荷随着pH值的变化而发生变化，在通常的土壤pH值条件下，腐殖酸分子带净负电荷。正是由于腐殖酸中存在各种官能团，腐殖酸表现出多种活性，如离子交换、对金属离子的配位作用、氧化-还原性以及生理活性等。

2. 土壤有机质转化以及影响因素

有机质进入土壤后，在以土壤微生物为主导的各种作用综合影响下，向着两个方向转化：一是在土壤微生物生物酶的作用下发生氧化反应，彻底分解成最终的CO_2、H_2O和能量；所含N、P和S等营养元素在一系列特定反应后，释放为植物可利用的矿质养料，这一过程称为有机质矿化过程。

另一个转化方向则是各种有机化合物通过土壤微生物的合成或在原植物组织中的聚合转变为组成和结构比原来有机化合物更为复杂的新的有机化合物，这一过程称为腐殖化过程。有机残体的矿化和腐殖化是同时发生的两个过程，矿化过程是进行腐殖化过程的前提，而腐殖化过程是有机体矿化过程的部分结果，矿化和腐殖化在土壤形成中是对立统一的两个过程。

有机质是土壤中最活跃的组成部分。一方面，外来有机质不断地输入土壤，并经微生物的分解和转化形成新的腐殖质；另一方面，土壤原来有机质不断地分解和矿化，离开土壤。进入土壤的有机质主要由每年加入土壤中动植物残体的数量和类型决定，而土壤有机质的损失则主要取决于土壤有机质的矿化及土壤侵蚀程度。进入土壤的有机质与有机碳从土壤中损失之间的平衡决定了土壤有机质含量。

有机质进入土壤后由其一系列转化和矿化过程所构成的物质流通称为土壤有机质的周转。由于微生物是土壤有机物质分解和周转的主要驱动力，因此，凡是能影响微生物活动及其生理作用的因素都会影响有机质的转化。

（1）温度

温度影响到植物的生长和有机质的微生物降解。一般来说在0℃以下，土壤有机质的分解速率很小。在0~35℃，提高温度能促进有机物质的分解，加速土壤微生物的生物周转。温度每升高10℃，土壤有机质最大分解速率提高2~3倍。一般土壤微生物活动的最适宜温度范围为25~35℃，超出这个范围，微生物的活动就会受到明显的抑制。

（2）土壤通气情况

土壤水分对有机质分解和转化的影响是复杂的。土壤中微生物的活动需要适宜的土壤含水量，但是过多的水分又会导致进入土壤的氧气减少，从而改变土壤有机质的分解过程和产物。当土壤处于嫌气状态时，大多数分解有机物的好氧微生物停止活动，从而导致未分解有机物的积累。植物残体分解的最适水势为-0.1~0.03MPa，当水势降到-0.03MPa以下，细菌呼吸作用迅速降低，而真菌一直到-5~-4MPa时可能还有活性。

土壤有机质的转化也受到土壤干湿交替作用的影响,一方面,干湿交替作用使土壤呼吸强度在很短时间内大幅度提高,并使其在几天内保持稳定的土壤呼吸强度,从而增加土壤有机质的矿化作用。另一方面,干湿交替作用会引起土壤胶体,尤其是蒙脱石、蛭石等黏性矿物的收缩和膨胀作用,使土壤团聚体崩溃,其结果一是使原先不能被分解的有机质因团聚体的分散而能被微生物分解;二是干燥引起部分土壤微生物死亡。

(3) 植物残体特征

新鲜多汁的有机物比干枯稿秆容易分解,因为前者含有较高比例的简单碳水化合物和蛋白质,后者有较高比例的纤维素、木质素、脂肪和蜡质等难以降解的有机物。有机物质的细碎程度影响其与外界因素的接触面,因而影响其矿化速率。同样,致密的有机物的分解速率比疏松有机物质缓慢。

有机物质组成的碳氮比(C/N)对其分解速率影响很大,植物体内的 C/N 变异很大,豆科植物和幼叶的在 10∶1 到 30∶1,而一些植物的锯屑的 C/N 可高达 1000∶1。它与植物种类、生长时期和土壤养分状况等有关。与植物相比,土壤微生物的 C/N 要低得多,稳定在 5∶1~10∶1,平均为 8∶1。但无论有机物质的 C/N 大小如何,当它被翻入土壤中,经过微生物的反复作用后,在一定条件下,它的 C/N 或迟或早都会稳定在一定的数值。

除了氮之外,硫、磷等元素也都是微生物活动所必需的,当缺乏这些养分时也会抑制土壤有机物的分解。土壤中加入新鲜的有机物会促进土壤原有有机物的降解。这种矿化作用称为新鲜有机质对土壤有机质的激发效应。激发效应可以是正,也可以是负。正激发效应存在两大作用:一是加速土壤生物碳的周转,二是由新鲜有机物质引起土壤微生物活性增强,从而加速土壤原有有机质分解。但一般情况下,微生物生物量的增加超过分解腐殖质量,因此净效应促使土壤有机质的增加。

(4) 土壤特性

气候和植被在较大范围内影响土壤有机质的分解和积累,而土壤质地在局部范围内影响土壤有机质的含量。土壤有机质的含量与其黏粒含量存在极显著的正相关。

土壤 pH 值也通过影响微生物的活性而影响有机质降解。各种微生物都有其最适宜于生活的 pH 值范围,大多数细菌活动的最适 pH 值在中性附近(pH 值为 6.5~7.5),放线菌的最适 pH 值略偏向碱性一侧,而真菌最适于酸性条件下(pH 值为 3~6)活动。pH 值过低(<5.5)或过高(>8.5)时一般的微生物都不大适宜。

3. 土壤有机质的作用及其生态与环境意义

基础土壤学中,就土壤有机质的作用而言,着重探讨的是其在土壤肥力方面的功效。有机质是土壤肥力的基础,它在提供植物需要的养分和改善土壤肥力特性上均有不可忽略的重要意义。其中,它对土壤肥力特性的改善又是通过影响土壤物理、化学及生物学性质而实现的,就环境科学而言,人们着重关注土壤有机质的生态与环境效应。

(1) 有机质与重金属离子的作用

土壤腐殖质含有多种官能团,这些官能团对重金属离子有较强的配位和富集能力。土壤有机质与重金属离子的配位作用对土壤和水体中重金属离子的固定和迁移有极其重要的影响。各种官能团对金属离子的亲和力为:

$$烯醇基>胺基>偶氮化合物>环氮>羧基>醚基$$

如果腐殖质中活性官能团（—COOH、酚—OH、醇—OH 等）的空间排列适当，那么可以通过取代阳离子水化圈中的一些水分子与金属离子结合形成螯合复合体。两个以上官能团（如羧基）与金属离子螯合，形成环状结构的配合物，亦称为螯合物。胡敏酸与金属离子的键合总量大约在 $200\sim600\mu mol/kg$，其中约有 33% 是由阳离子在复合位置上的固定，而主要复合位置是羧基和酚基。

腐殖质-金属离子复合体的稳定常数反映了金属离子与有机配位体之间的亲和力，对重金属环境行为的了解有重要价值。一般金属-富啡酸复合体稳定常数的排列次序为：$Fe^{3+}>Al^{3+}>Cu^{2+}>Ni^{2+}>Co^{2+}>Pb^{2+}>Ca^{2+}>Zn^{2+}>Mn^{2+}>Mg^{2+}$，其中稳定常数在 pH 值为 5.0 时比 pH 值为 3.5 时稍大，这主要是由羧基等官能团在较高 pH 值条件下有较高的解离度。在低 pH 值时，由于 H^+ 与重金属离子一起竞争配位体的吸附位，因而与腐殖酸配位的金属离子较少。金属离子与胡敏酸之间形成的复合体极有可能是不移动的。

重金属离子的存在形态也受腐殖物质的配位反应和氧化还原作用影响。胡敏酸可作为还原剂将有毒的 Cr^{4+} 还原为 Cr^{3+} 作为 Lewis 硬酸，Cr^{3+} 能与胡敏酸上的羧基形成稳定的复合体，从而可限制动植物对它的吸附性。腐殖物质还能将 V^{5+} 还原为 V^{3+}，Hg^{2+} 还原为 Hg。此外，腐殖质还能起催化作用，促成 Fe（Ⅲ）变成 Fe（Ⅱ）的光致还原反应。

腐殖酸对无机矿物也有一定的溶解作用。胡敏酸对方铅矿、软锰矿、方解石和孔雀石的溶解度比硅酸盐矿物大。胡敏酸对 Pb^{2+}、Zn^{2+}、Cu^{2+}、Ni^{2+}、Co^{2+}、Fe^{3+} 和 Mn^{4+} 等各种金属硫化物和碳酸盐化合物的溶解度从最低的 ZnS（$95\mu g/g$）到最高的 PbS（$2100\mu g/g$）。腐殖酸对矿物的溶解作用实际上是其对金属离子的配位、吸附和还原作用的综合结果。

（2）有机质对农药等有机污染物的固定作用

土壤有机质对农药等有机污染物有强烈的亲和力，对有机污染物在土壤中的生物活性、残留、生物降解、迁移和蒸发等过程有重要的影响。土壤有机质是固定农药的最重要的土壤组分，其对农药的固定与腐殖物质官能团的数量、类型和空间排列密切相关，也与农药本身的性质有关，一般认为极性有机污染物可以通过离子交换和质子化、氢键、范德华力、配位体交换、阳离子桥和水桥等各种不同机理与土壤有机质组合。对于非极性有机污染物可以通过分配机理与之结合。

腐殖质的分子结构既有极性亲水基团，也有非极性疏水基团，可以假定其以玻璃质态和橡胶质态存在。目前，土壤有机质的玻璃态与橡胶态的概念已为许多研究所证实。橡胶态有机质结构相对疏松，其对有机污染物的吸附以分配作用为主，速度缓慢，呈线性且无竞争；而玻璃态有机质结构不仅致密紧实，内部还存在诸多纳米孔隙，其对有机物的吸附除了分配吸附外，还存在相当数量的孔隙填充作用，因而吸附较快，呈非线性，且存在竞争吸附现象。

可溶性腐殖质能增加农药从土壤向地下水的迁移，富啡酸有较低的分子质量和较高酸度，比胡敏酸更容易注水，能更有效地促使农药和其他有机物的移动。腐殖质还能作为还原剂而改变农药的结构，这种改变因腐殖质中羧基、醇羟基、杂环和半醌的存在而加强。一些有毒有机化合物与腐殖质结合后，可使其毒性降低或消除。

(3) 土壤对全球碳平衡的影响

土壤有机质也是全球碳平衡过程中非常重要的碳库。据估计全球有机质总碳量为 $14\times10^{17}\sim15\times10^{17}$ g，大约是陆地生物总碳量（5.6×10^{17}）的 2.53 倍。而每年因土壤有机质生物降解释放到大气的总碳量为 68×10^{15} g。全球每年因焚烧燃料释放到大气的碳仅为 6×10^{15} g，是土壤呼吸作用释放碳的 $8\%\sim9\%$。可见，土壤有机质的损失对地球自然环境具有重大影响。从全球来看，土壤有机碳水平的不断下降，对全球气候变化的影响将不亚于人类活动向大气排放的影响。

（三）土壤水

土壤水是土壤的重要组成部分之一，由于形成土壤剖面的土层内各种物质的运移，主要是以溶液形式进行的，这些物质随同液态土壤水一起运动，因此，土壤水在土壤形成过程中起着极其重要的作用。同时，土壤水在很大程度上参与了土壤内进行的许多物质转化过程，如矿物质风化、有机化合物合成和分解等。不仅如此，土壤水是作物吸水的最主要来源，它是自然界水循环的一个重要环节，处于不断地变化和运动中，势必影响到作物的生长和土壤中许多化学、物理和生物学过程。

1. 土壤水的物理形态

水在土壤中受到各种力（如重力、土粒表面分子引力和毛管力等）的作用，因而表现出不同的物理状态，这决定了土壤水分的保持、运动及对植物的有效性。在土壤学中，一般按照存在状态将土壤水划分为：气态水（存在于土壤空气和水汽）；固态水（化学合成水、土壤水冻结形成的冰）；液态水分为吸附水和自由水，吸附水又称束缚水，包括吸湿水（紧束缚水）和膜状水（松束缚水），自由水包括毛水管（毛管悬着水和毛管上升水）、重力水和地下水。

（1）吸湿水

由干燥土粒的吸附力所吸附的气态水而保持在土粒表面的水分称为吸湿水。吸附力主要指土粒分子引力（土粒表面分子和水分子之间的吸引力）以及胶体表面电荷对水的极性引力。土粒分子引力产生的主要原因是土粒表面的表面能，其吸附能力可达上万个大气压。极性引力是因为水分子是极性分子，土粒吸引水分子的一个极，另一个被排斥的极本身又可作为固定其他水分子的点位。

土粒对吸湿水的吸持力很大，最内层可达 1.01325×10^9 Pa，最外层约为 3.1408×10^6 Pa，因此不能移动。它的相对密度为 $1.2\sim2.4$，平均达 1.5，其固态水性质，对溶质无溶解能力。由于植物根细胞的渗透压一般为 $1.01325\times10^6\sim2.02650\times10^6$ Pa，所以，吸湿水不能被作物根系吸收。

（2）膜状水

把达到吸湿系数的土壤，再用液态水来继续湿润，土壤吸湿水层外可吸附液态水分子而形成水膜，这种由吸附力吸附在吸湿水层外面的液态水膜叫做膜状水。膜状水的形成是由于土粒表面吸附水分子形成吸附水层以后，尚有剩余的吸附能力，它不能再吸附动能较大的气态水分子，只能吸附动能较小的液态水分子，在吸湿水层外面形成水膜。膜状水所受吸力比吸湿水小，其吸力范围为 $6.33\times10^5\sim3.14\times10^6$ Pa。

膜状水的性质和液态水相似，但黏滞性较高而溶解能力较小。它能移动，是以湿润的方式从一个土粒水膜较厚处向另一个土粒水膜较薄处移动，速度非常缓慢，一般为

0.2~0.4nm/h。

(3) 毛管水

土壤中粗细不同的毛管孔隙连通一起形成复杂的毛管体系。毛管水是土壤自由水的一种，其产生主要是土壤中毛管力吸附的结果。其实质是毛管内气水界面上产生的弯月面力。根据土层中地下水与毛管水相连与否，可以分为毛管悬着水和毛管上升水两类。

在地下水较深的情况下，降水或灌溉水等地面水进入土壤，借助毛管力保持在上层土壤中毛管孔隙中的水分，它与来自地下水上升的毛管水并不相连，好像悬挂在上层土壤中一样，称为毛管悬着水。毛管悬着水是山区、丘陵等地势较高地区植物吸收水分的主要来源。

借助毛管力由地下水上升进入土壤中的水称为毛管上升水。从地下水面到毛管上升水所能到达的相对高度称为毛管水上升高度。毛管水上升的高度和速度与土壤孔隙粗细有关，在一定的孔径范围内，孔径越粗，上升的速度越快，但上升的高度较低；反之，孔径越细，上升的速度越慢，但上升的高度较高。但若土壤中孔隙过细，毛管水上升极慢，上升高度也有限。砂土的孔径粗，毛管上升水上升快，高度低；无结构的黏土，孔径细，非活性孔多，上升速度慢，高度也有限；而壤土上升速度较快，上升高度最高。

(4) 重力水

当土壤水分超过田间持水量，多余的水分就受重力作用沿土壤大孔径向下移动，这种受重力支配的水称为重力水，其不受土壤吸附力和毛管力的作用。当土壤被重力水所饱和，即土壤的大小孔隙全部被水分充满时的土壤含水量称为饱和持水量，亦称全蓄水量或最大持水量。

(5) 地下水

土壤上层的重力水流至下层遇到不透水层，积聚起来形成地下水。它是重要的水力资源。当土壤中重力水向下移动，遇到第一个不透水层并在其上长期聚集起来形成的水称为潜水。潜水具有自由表面，在重力作用下能自高处向低处流动，潜水面地表面的深度称为地下水位。潜水位过高会引起土壤沼泽化或盐渍化，过深则引起土壤干旱。

上述各种水分类型，彼此密切交错联结，很难严格划分。在不同的土壤中，其存在形态也不尽相同。如粗砂土中毛管水只存在砂粒与砂粒之间触点上，称为触点水，彼此呈孤立状态，不能形成连续的毛管运动。因此粗砂土中含水量较少。在无结构的黏质土中，非活性孔多，无效水含量较高。而在质地适中的壤土和有良好结构的黏质土中，孔隙分布适宜，水、气比例协调，毛管水含量高，有效水较多。

2. 土壤水的有效性

土壤水的有效性是指土壤水能否被植物吸收利用及其难易程度。不能被植物吸收利用的水称为无效水，能被植物吸收利用的水称为有效水。其中因吸收难易程度又分为速效水和迟效水。土壤水的有效性实际上是以生物学的观点来划分的。

(1) 土壤水分常数

土壤水分从完全干燥到饱和持水量，按其含水量的多少及土壤水能量的关系，可分为若干阶段，每一阶段即代表一定形态的水分，表示这一阶段的水分含量，称为土壤水分常数，包括吸湿系数、萎蔫系数、田间持水量、饱和持水量和毛管持水量等。就质地和结构相同或相似的土壤而言，其数值变化很小或基本固定，可作为土壤水分状况的特征性指标。

把干燥的土壤放入水汽饱和的容器中，土壤吸附气态水分子的最大含量称为吸湿系数，此时土粒表面有15~20层水分子，厚45nm，吸湿系数的大小和土壤质地以及有机物含量有关。质地越黏重，有机质含量越高，吸湿系数质也越高。

当植物根因无法吸水而发生永久萎蔫时的土壤含水量，称为萎蔫系数或萎蔫点，它因土壤质地、作物和气候等不同而不同。一般土壤质地越黏重，萎蔫系数越大。

土壤毛管悬着水达到最多时的含水量称为田间持水量。在数量上它包括吸湿水、毛管悬着水和膜状水。当一定深度的土体储量达到田间持水量时，若继续供水，则不能使该土体的持水量再增大，而只能进一步湿润下层土壤，田间持水量是确定灌水量的重要依据，也是土壤学的重要水分常数之一，田间持水量主要受土壤质地、有机质含量、结构和松紧状况的影响。

（2）土壤有效水的范围及其影响因素

人们通常将土壤萎蔫系数看作土壤有效水的下限，低于萎蔫系数的水分，土壤无法吸收利用，所以属于无效水。一般把田间持水量作为土壤有效水的上限。因此，土壤有效水范围的经典概念是从田间持水量到萎蔫系数，田间持水量与萎蔫系数之间的差值即土壤有效水的最大含水量。土壤有效水最大含水量因土壤不同作物而异。

随着土壤质地由砂变黏，田间持水量与萎蔫系数也随之增高，但增高的比例不大。黏土的田间持水量最高，但萎蔫系数也高，所以其有效水最大含量并不一定比壤土高，因而在相同的条件下，壤土的抗旱能力反而比黏土强。

一般情况下土壤含水量往往低于田间持水量。所以有效水含量就不是最大值，而只是当时土壤含水量与萎蔫系数之差。在有效水范围内，其有效程度也不同。在田间持水量至毛管水断裂量之间，由于含水多，土水势高，土壤水吸能力低，水分运动迅速，容易被植物吸收利用，所以称为"速效水"。当土壤水低于毛管水断裂量，粗毛管中的水分已不连续，土壤水吸力逐渐增大，土水势进一步降低，毛管水移动变慢，根吸水困难增加，这一部分水属于"迟效水"。

（四）土壤空气

土壤空气是土壤的重要组成之一，它对土壤微生物活动、营养物质、土壤污染物转化以及植物的生长发育有着重大的作用。

1. 土壤空气的数量及其影响因素

空气和水分共存于土壤的孔隙系统中，在水分不饱和的情况下孔隙中总有空气存在。土壤空气主要从大气中渗透进来，其次，土壤内部进行的生物化学过程也能产生一些气体。

土壤空气的数量取决于土壤孔隙的状况和含水量。在土壤固、液和气三相体系中，土壤空气存在于土壤体内为被水分占据的空隙中，在一定容积的土体内，如果孔隙度不变，土壤含水量增加，则空气含量必然减少，所以土壤孔隙状况不变的情况下，二者是此消彼长关系。土壤质地、结构和耕作状况都可影响土壤孔隙状况和含水量，进而必然影响土壤空气的数量。轻质土壤的大孔隙较多，因此具有较大的容气能力和较好的通气性；黏质土壤的大孔隙少，相应地降低了容气能力和通气性。

2. 土壤空气的组成

土壤空气的成分与大气成分有一定的区别。由于土壤生物（根系、土壤动物和土壤微生物）的呼吸作用和有机质分解等原因，土壤空气的 O_2 含量则明显低于大气。但土壤通气不良时，或当土壤中的新鲜有机质、温度和水分状况有利于微生物活动时，都会进一步提高土壤空气中 CO_2 的含量和降低 O_2 的含量。同时当土壤通气不良时，微生物对有机物进行厌氧分解，产生大量的还原性气体，如甲烷、氢气等，而大气中一般还原性气体较少。此外，土壤空气的组成中，经常含有与大气污染相同的污染物质。

土壤空气的含量和组成不是固定不变的，土壤孔隙状况的变化和含水量的变化是土壤空气数量发生变化的主要原因。土壤空气组成的变化则受同时进行的两组过程制约，一组过程是土壤中的各种化学和生物化学反应，其作用结果是产生 CO_2 和消耗 O_2；另一组过程是土壤空气与大气相互交换，即空气运动。这两组过程，前者趋于扩大土壤气组成与大气差别，后者趋于使土壤空气与大气成分一致，总体表现为动态平衡。

3. 土壤空气的运动

土壤是一个开放的体系，时时刻刻与外界进行着物质交换和能量流动。土壤空气并不是静止的，它在其内部不停地运动，并不断地与大气进行交换。如果土壤空气和大气不进行交换，土壤空气中的氧气可能在 12~40h 内消耗殆尽。土壤空气运动的方式有对流和扩散，凭借这两种运动，土壤中的空气得以更新。

（1）土壤空气的对流

土壤空气的对流是指土壤与大气间由总压力梯度推动的气体整体流动，也称为质流。土壤与大气间的对流总是由高压区向低压区流动。

许多原因可能引起土壤与大气间的压力差，从而引起土壤空气与大气的对流，如大气中的气压变化、温度梯度、土壤表面的风力、降水及灌溉等。大气压上升，一部分大气进入土壤孔隙。大气压下降，土壤空气膨胀，使一部分土壤空气进入大气；温度的昼夜变化引起土壤空气的膨胀和收缩，推动空气整体排出或进入；地面风力可以加速蒸发和带走近地表部分土壤空气中的部分气体；降水或灌溉也能排出土壤大孔径中的空气，而重力水排走后，空气又可整体进入，导致土壤空气的整体流动。

（2）土壤空气的扩散

扩散是促进土壤空气与大气间气体交换最重要的物理过程。在此过程中，各个气体成分按照它们各自的气压梯度而流动。由于土壤中的生物活动总是使 O_2 和 CO_2 分压与大气保持差别，所以对 O_2 和 CO_2 这两种气体来说，扩散过程总是持续不断地进行的。因此，土壤学中把这种土壤从大气中吸收 O_2，同时排出 CO_2 的气体扩散作用，称为土壤呼吸。

（五）土壤生物

土壤生物是土壤具有生命力的主要成分，在土壤形成和发育过程中起主导作用。同时，它是净化土壤有机污染的主力军。因此，生物群体是评价土壤质量和健康状况的重要指标之一。

1. 土壤生物的类型和组成

土壤生物是栖居在土壤（包括枯枝落叶层和枯草层）中的生物体的总称，主要包括土壤动物、土壤微生物和高等植物根系。它们有多细胞的后生动物，单细胞的原生动物，真核细胞的真菌（酵母、霉菌）和藻类，原核细胞的细菌、放线菌和蓝细菌及没有细胞结构的分子生物等。

（1）土壤动物

土壤动物是指在土壤中度过全部或部分生活史的动物，种类繁多、数量庞大，几乎所有的动物门、纲都可在土壤中找到它们的代表。按照系统分类，土壤动物可分为脊椎动物、节肢动物、软体动物、环节动物、线性动物和原生动物。

（2）土壤微生物

在土壤-植物整个生态系统中，微生物分布广、数量大及种类多，是土壤生物最活跃的部分。其分布与活动，一方面反映了土壤生物因素对生物的分布、群落组成及其种类间关系的影响和作用；另一方面也反映了微生物对植物生长、土壤环境和物质循环与迁移的影响和作用。

目前已知的微生物绝大多数是从土壤中分离、驯化和选育出来的，但只占土壤微生物实际总数的10%左右。一般1kg土壤可含有$5×10^8$个细菌、$1.0×10^{10}$个放线菌、近$1.0×10^9$个真菌和$5×10^{16}$个微小生物，其种类主要有原核微生物、真核微生物和非细胞型生物。

2. 土壤微生物的根际效应及其环境意义

（1）土壤微生物的根际效应

根际微生物是土壤微生物研究的一个重要方面，根际是土壤微生物活动特别旺盛的区域。有别于一般土体，根际中根系分泌物提供的特定碳源及能源使根际微生物数量和活性明显增加，一般为非根际土壤的5～20倍，最高可达到100倍。而且植物根的类型、年龄、不同植物的根和根毛的多少等，都可影响根际微生物的数量、种群结构及丰富特征。此外，根际微域中土壤pH值、E_h及土壤湿度、养分状况及酶活性也是植物生存的影响参数。根与土壤理化性质的不断变化，导致土壤结构的相应变化，土壤微生物环境也随之变化。

根际微生物与根系组成的一个特殊的生态系统。许多根际微生物能分泌特定的物质改变根的形态结构。有些细菌还能分泌胞外酶，如酸性磷酸酶等能促进根际难溶磷溶解，提高其有效性。植物根系与真菌共生的菌根，可以使根系吸收土壤养分的能力显著提高。此外，根系与微生物之间还存在某种程度的专一性，可利用这种关系来防治有害生物对根的伤害。

植物的营养状况可从多方面影响根际微生物的活性，而根基微生物活动反过来又制约着植物的生长发育及其养分火化与摄取能力。例如缺铁或钾时，根际细菌数量均有所增加；施用铵态氮肥也有同样的趋势。根际环境条件对根际微生物的组成和活性也有明显影响。例如施用硝态氮肥，可以直接抑制菌丝发育或间接促进根际细菌生长而抑制病原菌的蔓延。

植物根际促生细菌（PGPR）是存在于根际内的一些对植物生长有促进和保护作用的微生物，它们主要包括假单胞菌属、芽孢杆菌属和固氮螺菌属的某些种，特别是某些自身固氮细菌和根际联合固氮细菌等。近年来科研人员在小麦、甘蔗、甜玉米、水稻和棉花等健康植株发现了有内生细菌和真菌。几十年来对PGPR的应用研究一直未间断，人们已将它们制成菌剂接种于小麦、水稻、玉米和甘蔗等作物，胡萝卜、黄瓜等蔬菜以及甜菜、棉花和烟草等经济作物的根际，或用它们处理种子或马铃薯种块等，都取得了显著的增产和生物防治效果。但是由于土著菌的竞争及其他土壤环境因子干扰了PGPR的繁殖和活性，在应用于田间时效果不稳定或不显著。PGPR对植物的促进作用是多种效应综合的结果，可分为以下几个方面：改善植物根际的营养环境；产生多种生理活性物质刺激作物生长；对根际有害微生物的生物防治作用。

（2）土壤微生物根际效应的环境意义

根际效应主动营造的土壤根际微生物种群及活性的变化，成为土壤重金属及有机农药等污染物根际快速消减的可能机理，并由此促使相关研究者对其进行深入探索，推动环境土壤学、环境微生物等相关学科的不断前进。目前，土壤微生物学研究已成为环境土壤学的活跃领域。

近年来，土壤微生物的根际效应成为污染土壤根际微生物修复的理论前提，挖掘根际微生物降解菌资源和原位激发其活性，是根际微生物修复的主要目标。大量研究表明，根际土壤中典型持久性有机污染物多环芳烃（PAHs）降解菌数量大于非根际土壤，多环芳烃降解菌在根际土壤中有选择性地增加。Miya等（2000）研究了一年生的燕麦土壤对菲的降解，发现根际土壤中菲降解菌数量显著高于非根际土壤。Kruts等（2005）研究表明，狼牙草根际土壤芘降解菌数量显著高于非根系土壤。科研人员将高酥油草和三叶草种到PAHs污染土壤，经12个月后高酥油草和三叶草根系土壤中PAHs降解菌数量是非根系的100多倍。磷脂脂肪酸分析表明微生物群落结构随着生长时期发生了改变以杂酚油为目标污染物，考察了高酥油草根系微生物修复PAHs的效果，36个月后，根际土壤中，以芘为唯一碳源的微生物是非根际土壤的2倍。

三、土壤剖面分化与特征

土壤剖面是一个具体的土壤垂直断面，其深度一般达到基岩或达到地表沉积体相当深度为止。一个完整的土壤剖面应包括土壤形成过程中所产生的发生学层次（发生层）和母质层，不同发生层相互结合，可构成不同类型的土壤构型，由此产生各种土壤类型的分化。

（一）土壤发生层和土体构型

土壤发生层是指土壤形成过程中形成的具有特定性质的组成、大致与地面相平行的，并具有尘土过程特征的层次。作为一个土壤发生层，至少应能被肉眼识别，并不同于相邻的土壤发生层。识别土壤发生层的形态特征一般包括颜色、质地、结构、新生体和紧实度等。

土壤发生层分化越明显，即上下层之间的差别越大，表示土体非均一性越显著，土壤的发育度越高，但许多土壤剖面中发生层之间是过渡性的，有时母质的层次性会残留在土壤剖面中。

土壤构型（土壤剖面构型）是各土壤发生层（亦包括残留的具层次特征的母质层）有规律的组合、有序的排列状况，是土壤剖面最重要的特征，它是鉴别土壤的重要依据。

（二）基本土壤发生层

依据土壤剖面中物质累积、迁移和转化的特点，一个发育完全的土壤剖面，从上至下可划分为三个最基本的发生层，组成典型的土壤构型。

1. 淋溶层（A层）

淋溶层处于土体最上部，故又称为表土层，它包括有机质的积聚层和物质的淋溶层。该层中生物活动最为强烈，进行着有机质的积聚或分解转化过程。在较湿润的地区，该层内发生着物质淋溶，故称为淋溶层。它是土壤剖面中最为重要的发生层，除强烈侵蚀土壤外，任何土壤都具有这一层。

2. 淀积层（B层）

淀积层处于A层下面，是物质淀积作用造成的，淀积的物质可以来自土体的上部，也可来自下部地下水的上升，可以是黏粒，也可以是Ca、Fe、Mn、Al等，淀积层位置可以是土体的中部也可以是土体的下部。一个发育完全的土壤剖面必须具备这一重要土层。

3. 母质层（C层）

母质层处于土壤最下部，没有产生明显的成土作用的土层，其组成物就是母质。

第二节 土壤性质

一、土壤物理性质

从物理学角度观看，土壤是一个极其复杂的，具有三相物质的分散系统。它的固相基质包括大小、形状和排列不同的土粒。这些土粒相互的不同排列与组合，决定着土壤结构与孔隙特征，水和空气就在孔隙中保存和传导。土壤三相物质的组成和它们之间强烈的相互作用，表现出土壤的各种物理性质。

（一）土壤质地

土壤质地在一定程度上反映矿物组成和化学组成，同时，土壤颗粒的大小与土壤的物理性质有密切关系，并且影响土壤孔隙状况，从而对土壤水分、空气、热量的运动和物质的转化均有很大的影响。因此，质地不同的土壤表现出不同的性状。

关于土壤质地的定义，在早期土壤学研究中，常把它与土壤机械组成直接等同起来，这实际上是把两个相互紧密联系而不同的概念混淆了。每种质地的机械组成都有一定的变化范围。因此，土壤质地应是根据土壤机械组成划分的土壤类型。土壤质地主要继承了成土母质的类型和特点，一般分为砂土、黏土和壤土三组，不同质地组反映不同的土壤性质。而根据此三组质地中机械组成的组内变化范围，又可细分出若干种质地名称。质地反映了母质来源及成土过程的某些特征，是土壤的一种十分稳定的自然属性；同时，其黏、砂程度对土壤中物质的吸附、迁移及转化均有很大影响，因而在土壤污染物环境行为的研究常是首要考察因素。

土壤颗粒（土粒）是构成土壤固相骨架的基本颗粒，其形状和大小多种多样，可以呈单粒，也可能结合成复粒存在。根据单个土粒的当量粒径（假定土粒为圆球形的直径）的大小，可将土粒分为若干组，称为粒级。如何把土粒按其大小分级、分成多少个粒级，各粒级间的分界点定在哪里，至今尚无公认的标准。但各种粒级制都把大小颗粒大致分为石砾、砂粒、粉粒和黏粒（包括胶粒）四组。

(1) 石砾,由母岩碎片和原生矿物粗粒组成,其大小和含量直接影响耕作难易。

(2) 砂粒,由母岩碎片和原生矿物细粒(如石英等)组成,通气性好,无膨胀性。

(3) 黏粒,是各级土粒中最活跃的部分,主要由次生铝硅酸盐组成,呈片状,颗粒很小,有巨大的比表面积,吸附能力强。由于黏粒孔隙很小,膨胀性大,所以通气和透水性差。黏粒矿物类型和性质能反映土壤形成条件和形成过程的特点。

(4) 粉粒,其矿物组成以原生矿物为主,也有次生矿物。氧化硅和铁硅氧化物的含量分别为60%~80%及5%~18%。就物理性质而言,粒径0.01mm,是颗粒物理性状发生明显变化的分界线,亦即物理性砂粒与物理性黏粒的分界线。粉粒颗粒的大小和性质均介于砂粒和黏粒之间,有微弱的黏结性、可塑性、吸湿性和膨胀性。

(二) 土壤孔性与结构性

土壤孔隙性质(简称孔性)是指土壤孔隙总量及大、小孔隙分布。其好坏决定于土壤的质地、松紧度、有机质含量和结构等。土壤结构性是指土壤固体颗粒的结合形式及其相应的孔隙性和稳定性。可以说,土壤结构性的反映,结构性好则孔性好,反之亦然。

1. 土壤孔性

土壤孔隙的数量及分布,可分别用孔(隙)度和分级孔度表示。土壤孔度一般不直接测定,而以土壤容重和土壤比重计算而得。土壤分孔度,亦即土壤大小孔隙的分配,包含其连通情况和稳定程度。

土壤相对密度:单位容积的固体土粒(不包括粒间孔隙)的干重与4℃时同体积水质量之比,称为土壤相对密度,无量纲,其数值大小主要取决于其矿物组成,有机质含量对其也有一定影响。土壤学中,一般把接近土壤矿化相对密度(2.6~2.7)的数值2.65作为土壤表层平均比重值。

土壤密度:单位容积的土体(包括粒间孔隙)的烘干重,称为土壤密度,单位为g/cm^3。受土壤质地、有机质含量、结构性和松紧度的影响,土壤密度值变化较大。土壤密度大小是土壤学中十分重要的基础数据,可作为粗略判断土壤质地、结构、孔隙度和松紧状况的指标,并可根据其计算任何体积的土重。

土壤孔度:土粒与团聚体之间以及团聚体内部的孔隙,称为土壤孔隙。土壤中孔隙的容积占整个土体容积的百分数,称为土壤孔度,也叫作总孔度。它是衡量土壤孔隙数量的指标,一般通过土壤密度与相对密度来计算,可由式(2-1)推导:

$$\text{土壤孔度}(\%) = \frac{\text{孔隙容积}}{\text{土壤容积}} \times 100 = \frac{\text{土壤容积}-\text{土粒容积}}{\text{土壤容积}} \times 100$$

$$= \left(1 - \frac{\text{土粒容积}}{\text{土壤容积}}\right) \times 100$$

$$= \left(1 - \frac{\frac{\text{土壤质量}}{\text{相对密度}}}{\frac{\text{土壤质量}}{\text{密度}}}\right) \times 100 \quad (2\text{-}1)$$

$$= \left(1 - \frac{\text{密度}}{\text{相对密度}}\right) \times 100$$

砂土的孔隙粗大,但孔隙数目少,故孔度小;黏土的孔隙狭细数目众多,故孔度大。一般来说，砂土的孔度为30%～45%，壤土为40%～50%，黏土为45%～60%，结构良好的表土孔度高达55%～65%，甚至在70%以上。

土壤孔度分级：土壤孔度仅反映土壤孔隙"量"的问题，并不能说明土壤孔隙"质"的差别。即使两种土壤的孔度相同，如果大小孔隙的数量分配各异，土壤性质亦会有很大差异。故此，按照土壤中孔隙的大小及功能进行了孔隙分类，并以分级孔度表示。

但由于土壤固相骨架内的土粒大小，形状和排列多样，粒间孔隙的大小、形状和连通情况极为复杂，难以找到有规律的孔隙管道来测量其直径以进行大小分级。因此，土壤学中常用当量孔隙及其直径——当量孔径（或称为有效孔径）代替。它与孔隙的形状及其均匀性无关。土壤吸水力与当量孔径的关系按（2-2）计算。

$$d=\frac{3}{T} \tag{2-2}$$

式中，d 为孔隙的当量孔径（mm）；T 为土壤吸水力（mbar 或 mH_2O）。

当量孔径与土壤水吸力成反比，孔隙愈小则土壤水吸力越大。每一当量孔径与一定的土壤水吸力相对应。按当量孔径大小不同，土壤孔隙可分为三级：非活性孔、毛管孔和通气孔。其中，非活性孔为土壤最细微的孔隙，当量孔径在 0.002mm 以下，几乎总被土粒表面的吸附水所充满，又称为无效孔隙；毛管孔是土壤中毛管水所占据的孔隙，当量孔径为 0.002～0.02mm，通气孔则孔隙较粗，当量孔径大于 0.02mm，其中水分受重力支配可排出，不具毛管作用，故又称非毛管孔。

2. 土壤结构性

了解土壤结构性可从土壤结构体及其分类着手。自然界中土壤固体颗粒很少完全呈单粒状存在，多数情况下，土粒（单粒和复粒）会在内外因素综合作用下相互团聚成一定形状和大小且性质不同的团聚体（亦即土壤结构体），由此产生土壤结构。因此，土壤结构性定义为土壤结构体的种类、数量及其结构体内外的孔隙状况等产生的综合性质。

土壤结构体的划分主要依据它的形态、大小和特征等。目前国际上尚无统一的土壤结构体分类标准。最常用的是根据形态和大小等外部性状来分类，较为精细的分类则结合外部性状与内部特征（主要是稳定性、多孔性）同时考虑。

（三）土壤黏结性与黏着性

土壤黏结性是土粒与土粒之间由于分子引力而相互黏结在一起的性质。这种性质使土壤具有抵抗外力破坏的能力，是耕作阻力产生的主要原因。干燥土壤中，黏结性主要由土粒中分子引起。而在湿润时，由于土壤中含有水分，土粒与土粒黏结常是通过水膜为媒介的，实际上它是土粒-水膜-土粒之间的黏结作用。同时粗土粒可以通过细土粒为媒介而黏结在一起，甚至通过各种化学胶结剂为媒介而黏结。土壤黏结性的强弱，可用单位面积上的黏结力来表示。土壤的黏结力，包括不同来源和土壤本身的内在力。有范德华力、库仑力以及水膜的表面张力等物理引力，有氢键的作用，还往往有如化学胶结剂的胶结作用等化学键能的参与。

土壤黏着性是土壤在一定含水量范围内，土粒黏附在外物上的性质，即土粒-水-外物相互吸引的性能，土壤黏着力的单位为 g/cm^2。土壤开始呈现黏着力的最小含水量称为黏着点；土壤丧失黏着力时的最大含水量，称为脱黏点。

二、土壤化学性质

(一) 土壤胶体特性及吸附性

土壤胶体为土壤中颗粒最细小而最活跃的部分。土壤胶体是土壤中所有化学过程和化学反应物质的基础深刻影响着土壤中的矿物形成演化、土壤结构稳定性、土壤养分有效性、土壤污染物的毒性以及污染土壤的修复等一系列物理、化学和生物过程。按成分和来源，土壤胶体可分为无机胶体、有机胶体和有机无机复合胶体三类。

1. 土壤胶体特征

土壤胶体是土壤中最活跃部分，由微粒核及双电层两部分构成，这种构造使土壤胶体产生表面特性及电荷特性，表现为具有较高的比表面积并带有电荷，能吸持各种重金属等污染元素，可以产生较大的缓冲作用，对土壤中元素的保持和忍受酸碱变化以及减轻某些毒性物质的危害有重要作用。此外，受结构的影响，土壤胶体还具有分散、絮凝、膨胀和收缩等特性，这些特性与土壤结构的形成及污染元素在土壤中的行为均有密切关系。而土壤胶体所带的表面电荷则是土壤具有一系列化学、物理化学性质的根本原因。土壤中的化学反应主要是界面反应，这是由于表面结构不同的土壤胶体所产生的电荷，能与溶液中的离子、质子和电子发生相互作用。土壤表面电荷数量决定着土壤所能吸附的离子数量，而由土壤表面电荷数量与土壤表面所确定的表面电荷密度，则影响着对这些离子的吸附强度。所以，土壤胶体特性影响着污染元素、有机污染物等在土壤固相表面或溶液中的积聚、滞留、迁移和转化，是土壤对污染物有一定自净作用和环境容量的根本原因。

2. 土壤吸附性

土壤是永久电荷表面与可变电荷表面共存的体系，可吸附阳离子，也可吸附阴离子。土壤胶体表面能通过静电吸附的离子与溶液中的离子进行交换反应，也可能通过共价键与溶液中的离子发生配位吸附。因此，土壤学中将土壤吸附定义为：土壤固相或液相界面上离子或分子的浓度大于整体溶液中该离子或分子浓度的现象，有时称为正吸附。在一定的条件下也会出现与正吸附相反的现象，即称为负吸附。负吸附是土壤吸附性能的另一种表现。土壤吸附性是重要的土壤化学性质之一。它取决于土壤固相物质的组成、含量、形态和溶液中离子的种类、含量、形态以及酸碱性、温度和水分状况等条件及其变化，影响着土壤中物质形态、转化、迁移和有效性。

3. 土壤胶体特性及吸附性的环境意义

土壤和沉淀物中的锰、铁、铝和硅等氧化物及其水化物，对多种微量重金属离子起富集作用，其中以氧化锰和氧化铁作用更为明显。例如，红壤和黄壤的铁锰结合中 Zn、Co、Ni、Ti、Cu、V 和 Mn 都有富集，其中 Zn、Co 和 Ni 含量与锰呈正相关，Ti、Cu、V 和 Mn 含量与铁呈正相关。这些被铁、锰氧化物吸附的所有重金属离子都不能被取代提取交换性阳离子的通用试剂如 CH_3COONH_4、$CaCl_2$ 等提取，也就是说这种富集现象是氧化胶体转性吸附的结果。由于转性吸附对微量金属离子具有富集作用的特性，因此，其逐渐成为地球化学领域及环境等学科的重要研究内容。

氧化物及其水合物对重金属离子的专性吸附，起着控制土壤溶液中金属离子浓度的重要作用，土壤溶液中 Zn、Cu、Co 和 Mo 等微量重金属离子的浓度主要受吸附-解吸作用所支配，其中氧化物专性吸附所起的作用更为重要，因此，专性吸附在调控金属元素的生物有效性和生物毒性方面起着重要作用。

土壤是重金属元素的一个汇，一方面，当外源重金属进入土壤或河流底泥时，易为土壤氧化物、水化物等胶体专性吸附所固定，对水中的重金属污染起一定的净化作用，并在一定程度上缓冲和调节这些重金属离子从土壤溶液流向植物体内的迁移和积累。另一方面，专性吸附作用也给土壤带来了污染风险。因此，在研究专性吸附的同时，还必须探讨通过土壤胶体专性吸附的重金属离子的生物效应问题。

由于土壤胶体特性影响农药等化合物在土壤环境中的转化过程，从而导致化学物质的环境滞留等问题。进入土壤的农药等可能被黏粒矿物吸附而失去药性，而当条件改变时又释放出来，有些有机化合物可能在黏粒表面发生催化降解而实现脱毒，一般地说带负电的、非聚合分子有机农药，在有水的情况下，不能被黏性矿物吸附；相反，黏粒矿物对带有正电荷的有机物则有很强的吸附力。

黏粒吸附阳离子态有机污染物的机制是离子交换作用，例如，杀草快和百草枯等除莠剂是强碱，易溶于水而完全离子化，黏粒对这类污染物的吸附与其交换量有着十分密切的关系。很多有机农药是较弱的碱类。呈阳离子态，其与黏粒上金属离子相交换的能力决定于农药从介质中接受质子的能力，同时易受 pH 值的影响，黏粒矿物表面可提供 H^+ 使农药质子化。

有机污染物与黏粒的复合，必然影响其生物毒性，影响能力取决于其吸附能力与降解能力。例如，蒙脱石吸附白枯草很少呈现植物毒性，而吸附于高岭石和蛭石的白枯草仍有毒性。不同交换性阳离子对蒙脱石所吸附农药的释放程度影响也不同。铜-黏粒-农药复合最为稳定，农药只少量逐步释放；而钙-黏粒-农药复合体很不稳定，差不多立即释放全部农药；铝体系的释放情况介于二者之间。农药解吸的难易，直接决定土壤中残留农药的生物毒性大小。

（二）土壤酸碱性

土壤酸碱性与土壤固相组成和吸收性能有着密切的关系，是土壤的一个重要化学性质，其对植物生长和土壤的生产力以及土壤污染与净化都有较大的影响。

1. 土壤 pH 值

土壤酸碱度常用土壤溶液的 pH 值表示。土壤 pH 值常被看作土壤性质的主要变量，它对土壤的许多化学反应和化学过程都有很大的影响，对土壤中氧化还原、沉淀溶解、吸附、解吸和配位反应起支配作用。土壤 pH 值对微生物和植物所需养分元素的有效性有显著影响，在 pH 值大于 7 的情况下，一些元素，特别是微量金属阳离子 Zn^{2+}、Fe^{3+} 等溶解度降低，植物和微生物会蒙受此类元素缺乏而带来的负面影响；pH 值为 5.0~5.5 时，铝、锰等众多重金属离子的溶解度提高，对许多生物产生毒害；更极端的 pH 值预示着土壤将出现特殊的离子和矿物质，例如 pH 值大于 8.5，一般会有大幅度的溶解性 Na^+ 或交换性 Na^+ 存在，而 pH 值小于 3 则往往会有金属硫化物存在。

2. 土壤酸度

土壤总酸度是用碱，如 $Ca(OH)_2$，进行滴定而获得的，它包括各种形态的酸，其大小顺序如下。

土壤潜在酸：是与固相有关的土壤全部滴定酸，其大小等于土壤非交换酸和交换酸之和。

土壤非交换性酸：是不能被浓中性盐（一般是浓度为 1.0mol/L 的 KCl）置换或极慢置换进入溶液的结合态 H^+、Al^{3+}。非交换性酸与腐殖质的弱酸性基、有机质配合的铝及矿物表面强烈保持的羟基铝等有密切关系。

土壤交换性酸：是按能被浓中性盐（一般是浓度为 1.0mol/L 的 KCl）置换进入溶液的结合态 H^+。交换性酸与有机质配合铝、腐殖质的易解离酸性基及保持在黏土交换点位上的有关。矿质土壤的交换性酸主要由交换性 Al^{3+} 组成，有机质土壤的交换性酸主要由交换性 H^+ 组成。有些土壤交换性酸超过非交换性酸的量。

3. 土壤 pH 值与土壤潜在酸度

保持在土壤固相上的，形态明显的酸度和潜在形态（产生质子）的酸度与土壤 pH 值密切相关。土壤固体表面酸度的重要形态包括：解离而释放酸的有机质；水解而释放酸的有机－Al^{3+} 配合物；被阳离子交换和水解作为酸释放的交换性 H^+、Al^{3+}；矿物上的非交换性酸，主要是指铁、铝氧化物，水铝石英及层状硅酸盐矿物表面吸附的羟基铁和羟基铝聚合物等可变电荷矿物表面产生的非交换性酸。

以上这些形态的酸共同组成土壤潜在酸，因为这些酸性离子在土壤微孔隙中扩散缓慢，铝配合物的解离也相当缓慢，所以它们对土壤溶液中 H^+ 和 Al^{3+} 浓度（土壤活性酸）变化的化学过程反应迟钝。

4. 土壤碱度

土壤碱性反应及碱性土壤形成是自然成土条件和土壤内在因素综合作用的结果。土壤中的碱性物质主要是 Ca、Mg 及 Na 的碳酸盐和重碳酸盐，以及胶体表面吸附的交换性钠离子。形成碱性反应的主要机理是碱性物质的水解反应，如碳酸钙的水解、碳酸钠的水解及交换性钠离子的水解等。

和土壤酸度一样，土壤碱度也常用土壤溶液（水浸液）的 pH 值表示，据此可进行碱性分极。由于土壤的碱度在很大程度上取决于胶体吸附的交换性 Na^+ 的相对数量，所以通常把交换性 Na^+ 的饱和度称为土壤碱化度，它是衡量土壤碱度的重要指标。

土壤碱化与盐化有着发生学上的联系。盐土的积盐过程中，胶体表面吸附有一定数量的交换性钠离子，但因土壤溶液中可溶性盐浓度较高，防止交换性钠水解，所以盐土的酸碱度一般在 8.5（pH 值）以下，物理性质也不会恶化，不显现碱土特征。只有当盐土脱盐到一定程度后，土壤交换性钠发生解吸，土壤才出现盐化特征，但土壤脱盐并不是土壤碱化的必要条件。土壤简化过程是在盐土积盐和脱盐频繁交替发生时，促进钠离子取代胶体上吸附的钙、镁离子，从而演变为碱化土壤。

5. 影响土壤酸碱度的因素

土壤在一定的成土因素作用下具有一定的酸碱度范围，并随着成土因素的变迁而发生变化。

（1）气候

温度、雨量多的地区，风化淋溶作用较强，盐基易淋失，容易形成酸性的自然土壤。半干旱或干旱地区的自然土壤，盐基不易淋失，又由于土壤水分蒸发量大，下层盐基易通过毛管水而聚积到土壤的上层，使土壤具有石灰性反应。

(2) 地形

在同一气候小区域内，处于高坡地形位置的土壤，淋溶作用较强，所以其pH值也较低地低。半干旱或干旱地区的洼地土壤，由于承纳高出流入的盐碱成分较多，或因地下水矿化程度高而接近地表，使土壤呈碱性。

(3) 母质

在其他成土因素相同的条件下，酸性的母岩（如砂岩、花岗岩）常较碱性的母岩（如石灰岩）形成的土壤pH值低。

(4) 植被

针叶林的灰分组成中盐基成分较阔叶林少，因此发育针叶林下的土壤酸性较强。

(5) 人类耕作活动

耕作土壤的酸碱度受人类活动影响很大，特别是施肥。施用石灰石、草木灰等碱性肥料可以中和土壤酸度；而长期施用硫酸铵等生理酸性肥料，会遗留酸根导致土壤变酸。排灌也可以影响土壤的酸碱度。

此外，土壤的某些性质也会影响土壤的酸碱度，例如盐基饱和度、盐离子种类和土壤胶体类型。当土壤胶体为氢离子饱和的氢质土时呈酸性，为钙离子饱和的钙质土时接近中性，而为钠离子饱和的钠质土时呈碱性反应。当土壤盐基饱和度相同而胶体类型不同时，土壤酸碱度也各异。这是因为不同胶体类型所吸收的H^+具有不同的解离度。

6. 土壤酸碱性的环境意义

土壤酸碱性对土壤微生物的活性、对矿物质和有机质分解起重要作用。它是通过对土壤中进行的各项化学反应的干预作用而影响组分和污染物的电荷特性，以及沉淀-溶解、吸附-解吸和配位-解离平衡等，从而改变污染物的毒性；同时，土壤酸碱性还通过土壤微生物的活性来改变污染物毒性。

土壤溶液中大多数金属元素（包括重金属）在酸性条件下以游离态或水化离子态存在，毒性较大，而在中、碱条件下易生成难溶性氢氧化物沉淀，毒性大为降低。以污染元素Cd为例，在高pH值和高CO_2含量条件下，Cd大量形成碳酸盐而使其有效度降低。但在酸洗土壤中同一水平下的溶解性Cd，即使增加二氧化碳分压，溶液中的Cd^{2+}仍保持很高水平。土壤酸碱性的变化不但直接影响金属离子的毒性，而且也改变其吸附、沉淀和配位反应的特性，从而间接地改变其毒性。

土壤酸碱性也显著影响含氧酸根离子（如Cr、As）在土壤溶液中的形态，影响它们的吸附、沉淀等特性。在中性或碱性条件下，Cr^{3+}可被沉淀为$Cr(OH)_3$。在碱性条件下由于OH^-的交换能力大，能使土壤中可溶性砷的百分率显著增加，从而增加As的生物毒性。

此外，有机污染物在土壤中积累、转化和降解也受到土壤酸碱性的影响和制约。例如，有机氯农药在酸性条件下性质稳定，不易降解，只有在强碱条件下才能加速代谢；持久性有机污染物五氯酚（PCP），在中性及碱性土壤环境中呈离子态，移动性大，易随水流失，而在酸性条件下呈分子态，易为土壤吸附而降解，半衰期增加；有机磷和氨基甲酸酯农药虽然大部分在碱性环境中易于水解，但地亚农则易于发生酸性水解反应。

(三) 土壤氧化性和还原性

与土壤酸碱性一样，土壤氧化性和还原性是土壤又一个重要化学性质。电子在物质之间的传递引起氧化还原反应，表现为元素价态的变化。土壤中参与氧化还原反应的元素有 C、H、N、O、S、Fe、Mn、Aa 和 Cr 及其他一些变价元素，较为重要的是 O、S、Fe、Mn 和一些有机化合物，并以氧和有机还原性物质较为活泼，S、Fe 和 Mn 等的转化主要受氧和有机质的影响。土壤中的氧化还原反应在干湿交替下进行得最为频繁，其次是有机质的氧化和生物机体的活动，土壤氧化还原影响着土壤形成过程中物质的转化、迁移和土壤剖面的发育，控制着土壤元素的形态和有效性，影响着土壤环境中某些污染物的形态、转化和归趋。因此，氧化还原反应在土壤环境中具有十分重要的意义。

1. 土壤氧化还原反应的环境意义

从环境科学的角度看，土壤氧化性和还原性与有毒物质在土壤环境中的消长密切相关。

针对有机污染物，在热带、亚热带地区间歇性阵雨或干湿交替对厌氧、好氧细菌的增殖均有利；比单纯的还原或氧化条件更有利于有机农药分子结构的降解。特别是有环状结构的农药，因其环开裂反应需要氧参与，如 DDT 的开环反应，地亚农的代谢产物嘧啶环的裂解。

有机氯农药大多数在还原环境下才能加速代谢，例如六六六（六环己烷）在旱地土壤中分解缓慢，在蜡状芽孢菌参与下，经脱氯反应后快速代谢为五环己烷中间体，后者在脱去氯化氢后生成四氯环己烯和少数氯苯类代谢物。分解 DDT 适宜的 E_h 值为 $0 \sim -250 \text{mV}$，艾氏剂也只有在 $E_h < -120 \text{mV}$ 才快速降解。

针对重金属，土壤中大多数重金属污染元素是亲硫元素，在农田厌氧还原条件下易生成难溶性硫化物，降低了重金属元素的毒性和危害。土壤中低价 S^{2+} 来源于有机质的厌氧分解和硫酸盐的还原反应。水田土壤 E_h 低于 -150mV 时 S^{2+} 的生成量在 100g 土壤中可达 20mg。当土壤转为氧化状态如落干或者干旱时难溶硫化物转化为易溶硫酸盐，其生物毒性增加。如黏土中添加 Cd 与 Zn 等情况下，淹水 58 周后，可能存在 CdS。在同一土壤 Cd 含量相同的情况下，若水稻在全生育期淹水种植，即使土壤含 Cd 量为 100mg/kg，糙米中 Cd 浓度大约为 1mg/kg（Cd 食品卫生标准为 0.2mg/kg）；但若在幼穗形成前后此水稻落水搁田，则糙米中 Cd 浓度大约为 5mg/kg。这是土壤中 Cd 溶出量下降与 E_h 下降同时发生，这就说明，土壤淹水条件下，Cd 的浓度降低是因为生成硫化镉的缘故。

2. 土壤中的配位反应

金属离子和电子供体结合而成的化合物，称为配位化合物。如果配位体与金属离子形成环状结构的配位化合物，则称为螯合物，它比简单的配合物稳定性更强。在土壤这个复杂的体系中，配位反应广泛存在。

土壤中常见的无机配位体有 Cl^-、SO_4^{2+}、HCO_3^- 和 OH^-，以及特定土壤条件下存在的硫化物、磷酸盐和 F^- 等，它们均能取代水合金属离子中的配位分子，而和金属离子形成稳定的螯合物或配离子，从而改变金属离子（尤其是某些重金属离子）在土壤中的生物有效性。此外，土壤中能产生螯合作用的有机物则更多，参与螯合作用的基团包括羟基、羧基、氨基、亚氨基和硫醚等。富含这些基团的有机质包括腐殖质、木质素、多糖类、蛋白质、单宁、有机酸和多酚等，最重要的是腐殖质，它不仅在数量上占优，而且形成的螯合物也稳定。

在土壤中能被螯合的金属离子主要有 Fe^{3+}、Al^{3+}、Fe^{2+}、Cu^{2+}、Zn^{2+}、Ni^{2+}、Pb^{2+}、Co^{2+}、Mn^{2+}、Ca^{2+} 和 Mg^{2+} 等。各种元素形成的螯合物稳定性不同，一般随着土壤 pH 值而变化。在酸性土壤中，Fe^{3+}、Al^{3+}、Mn^{2+} 和 H^+ 等浓度的增加，对其他离子产生较强的竞争力；相反，在碱性土壤中，Ca^{2+} 和 Mg^{2+} 等浓度的增加，而 Fe^{3+}、Mn^{2+}、Cu^{2+} 和 Zn^{2+} 则生成氢氧化物沉淀，使浓度降低，从而受到 Ca^{2+} 和 Mg^{2+} 等离子的强烈竞争，因此螯合物的比例也差异很大。一些元素，如具有污染性的金属离子，在形成配合物后，其迁移和转化等特性发生改变，螯合态可能是其在溶液中的主要形态。据此，已有许多研究涉及人工螯合剂的开发，并通过其在土壤中的实施，降低污染元素在土壤中的生物毒性。

三、土壤生物学性质

（一）土壤酶特性

土壤酶指土壤中的聚积酶，包括游离酶，胞内酶和胞外酶。在土壤成分中，酶是最活跃的有机成分之一，驱动着土壤代谢过程，对土壤圈中养分循环和污染物代谢有重要作用，土壤酶活性值的大小可以较灵敏地反映土壤中生化反应的强度和方向，它的特性是重要的土壤生物学性质之一。土壤中进行的各种生化反应，除受微生物本身活动影响外，实际是各种相应的酶参与下反应完成的。同时，土壤酶活性的大小还综合反映土壤的理化性质和重金属浓度的高低，特别是脲酶的活性可用于监测土壤重金属污染。土壤酶主要来自微生物、植物根，也来自土壤动物和进入土壤的动植物残体。植物根跟许多微生物一样能分泌胞外酶，并能刺激微生物分泌酶。在土壤中已发现的酶有 50～60 种，研究较多的包括氧化还原酶、转化酶和水解酶等。

1. 土壤酶的存在形态

土壤溶液中游离态土壤酶较少，主要是吸附在土壤有机质和矿质胶体上，并以复合物状态存在，土壤有机质吸附酶的能力大于矿物质，土壤微团聚体酶活性比大团聚体高，土壤细粒级部分比粗粒级部分吸附的酶多。酶与土壤有机质或黏粒结合，固然对酶的动力学性质有影响，但它也因此受到保护，增强它的稳定性，防止被蛋白酶或钝化剂降解。

酶是有机体的代谢动力，因此，酶在土壤中起重要作用，其活性大小及变化可作为土壤环境质量的生物学表征之一。土壤酶活性受多种土壤环境因素的影响。

2. 土壤理化性质与土壤酶活性

不同土壤中酶活性的差异，不仅取决于酶的存在量，而且与土壤的质地、结构、水分、温度、pH 值、腐殖质、阳离子交换量、黏粒矿物及土壤中 N、P、K 含量等有关。土壤酶活性与土壤 pH 值有一定的相关性，如转化酶的最适 pH 值为 4.5～5.0，在碱性土壤中受不同程度的抑制；而在碱性、中性和酸性土壤中均可检测出磷酸酶的活性，最适 pH 值为 4.0～6.7 和 pH 值为 8.0～10；脲酶在中性土壤中活跃度最高；脱氢酶在碱性土壤中活跃性最大。土壤酶活性的稳定也受土壤有机质含量和组成及其有机无机复合胶体组成、特性的影响。此外，小分子量的土壤酶活性强，而渍水条件引起转化酶活性降低，但却能提高脱氢酶活性。

3. 根际土壤环境与土壤酶活性

由于植物根系生长释放根系分泌物于土壤中，使根际土壤酶活性产生较大变化，一一般而言，根际土壤酶活性要比非根际土壤大。同时，不同植物的根系土壤中，酶活性也有很大差异。例如，在豆科植物根际土壤中，脲酶活性要比其他根际土壤高，三叶草根际土壤中蛋白酶、转化酶、磷酸酶及接触酶的活性均比小麦根际高。此外，土壤酶活性还与植物生长过程和季节变化有一定的相关性，在作物生长最旺盛期，酶活性也最活跃。

4. 外源污染物与土壤酶活性

许多重金属、有机化合污染物包括杀虫剂、杀菌剂等外源污染物均对土壤活性有抑制作用。重金属与土壤酶的关系主要取决于土壤有机质、黏粒等含量的高低及它们对土壤酶的保护容量和对重金属缓冲容量的大小。

（二）土壤微生物特性

前已述及，微生物乃土壤重要组成部分，土壤中普遍分布着数量众多的微生物。土壤微生物是土壤有机质、土壤养分转化和循环的动力；同时，土壤微生物对土壤污染具有特别的敏感性，它们是代谢降解农药等有机污染物和修复环境的先锋。土壤微生物特性特别是土壤生物多样性是土壤的重要生物学性质之一。

土壤微生物多样性包括其种群多样性、营养类型多样性及呼吸类型多样性三个方面。以下仅就营养类型多样性及呼吸类型多样性予以说明。

1. 土壤微生物营养类型多样性

根据微生物对营养和能量的要求，一般可将其分为化能有机营养型、化能无机营养型、光能有机营养型、光能无机营养型四大类型。

化能有机营养型，又称化能异养型，所需能量和碳源直接来自土壤有机质。土壤中大多数细菌和几乎全部真菌以及原生动物都属于此类。其中细菌又分为腐生和寄生两类，即腐生型细菌能分解死亡的动植物残体获得营养、能量而生长发育；寄生型细菌必须寄生在活的动植物体内，以活的蛋白质为营养，离开寄主便不能生长繁殖。

化能无机营养型，又称化能自养型，无需现成的有机质，能直接利用空气中的 CO_2 和无机盐类生存的细菌。这类微生物的种类和数量并不多，但在土壤物质转化中起重要作用。根据它们氧化不同底物的能力，可分为亚硝酸细菌、硝酸细菌、硫氧化细菌、铁细菌和氢细菌五种主要类群。

光能有机营养型，又称光能异养型，所需要能量来自光，但需要有机化合物作为供氢体以还原 CO_2，并合成细胞物质。

光能无机营养型，又称光能自养型，利用光能进行光合作用，以无机物做供氢体以还原 CO_2 合成细胞物质。藻类和大多数光合细菌都属于光能自养微生物。藻类以水做供氢体，光合细菌如绿硫细菌、紫硫细菌都以 H_2S 作为供氢体。

上述营养类型的划分是相对的。在异养型和自养型之间，光能型和化能型之间都有中间类型存在。上述营养类型微生物在土壤中均可找到，土壤具有适宜各类型微生物生长的环境条件。

2. 土壤微生物呼吸类型多样性

根据土壤微生物对氧气的需求不同，可分为好氧、厌氧和兼性三类。好氧微生物是指生活中必须有游离氧气的微生物。土壤中大多数细菌如芽孢杆菌、假单胞菌、根瘤菌、固氮菌、硝酸化细菌、硫化细菌等以及霉菌、放线菌、藻类和原生动物等都属于好氧微生物；在生活中不需要游离氧气而能还原矿物质、有机质的微生物被称为厌氧微生物，如梭菌、产甲烷细菌和脱硫弧菌等；兼性微生物在有氧条件下进行有氧呼吸，在微氧环境下进行无氧呼吸，但在两种环境中呼吸产物不同，这类微生物对环境的适应能力较强，最典型的离子就是酵母菌和大肠埃希菌。同时，土壤中存在的反硝化假单胞菌、某些硝酸还原细菌和硫酸还原细菌是一类特殊型的兼性细菌。在有氧环境中，与其他好氧性细菌一样进行有氧呼吸。在微氧环境中，能将呼吸基质彻底氧化，以硝酸或硫酸中的氧作为受体，使硝酸还原为亚硝酸或分子氮，使硫酸转换为硫或硫化氢。

（三）土壤动物特性

与土壤特性及微生物特性一样，土壤动物特性也是土壤生物学特性之一。土壤动物特性包括土壤动物组成、个体数或生物量和种类丰富度、群落的均匀度和多样性指数等，是反映环境变化的敏感生物学指标。

土壤动物作为生态系统物质循环的重要分解者，在生态系统中具有生物调节的功能，一方面积极同化各种有用物质构造其自身，另一方面又通过排泄产物不断地改造环境。它们同环境因子间存在相对稳定、密不可分的关系。因此，当前研究多侧重于应用土壤动物进行土壤生态与环境质量评价方面，如依据蚯蚓对重金属元素有很强的富集能力这一特性，已普遍采用蚯蚓作为指示生物，将其应用于重金属污染及毒理学研究。对于农药等有机污染物质的土壤动物监测、富集、转化和分解，探明有机污染物在土壤中快速消解途径及机理的研究，虽然刚刚起步，但却备受关注。有些污染物的降解是几种土壤动物以及土壤微生物密切协同作用的结果，所以土壤动物对环境的保护和净化作用将会受到更大关注。

第三节 土壤微生物

一、土壤微生物种类

土壤中微生物种类繁多，本节主要阐述细菌、真菌和藻类等微生物。

（一）细菌

细菌属于原核微生物，自然界中细菌家族庞大，种类繁多，是降解有机污染物的主力军。细菌中有很多种类都可以对有机物进行降解，参见表2-2。它包括真细菌、蓝细菌和古菌，即使是进行光合作用的颤蓝菌也有一定的降解萘的能力。

表2-2 细菌及其降解作用基质

类群和代谢种群	作用基质
好氧革兰阴性杆菌和球菌	
假单胞菌属	石油烃、苯甲酸、PAHs、氯代脂肪烃、PCP、DDT、氯苯
甲基球菌属	2, 4-D、有机磷农药、甲草胺、克百威
甲基单胞菌属	石油烃、卤代脂肪烃
莫拉氏菌属	石油烃、氯代苯胺
不动杆菌属	石油烃、PCBs

续表

类群和代谢种群	作用基质
黄杆菌属	石油烃、PAHs、氯代脂肪烃、PCB、2-4-D
产碱菌属	石油烃、PAHs、PCBs、2-4-D
兼性厌氧革兰氏阴性杆菌	
埃希氏菌属	林丹
肠杆菌属	DDT
气单胞菌属	PAHs
弧菌属	石油烃
异化性硫酸盐或硫还原菌	
脱硫细菌类	烃类、卤代烃类
革兰氏阳性产芽孢杆菌和球菌	
芽孢杆菌属	石油烃、偶氮染料
梭菌属	氯代脂肪烃、偶氮染料、林丹、DDT
放线菌和相关微生物	
棒杆菌属	石油烃、PCBs
节杆菌属	石油烃、氯代脂肪烃、PCP、PCBs
放线菌属	石油烃
分枝杆菌属	石油烃、烷基苯、PAHs、氯代脂肪烃、PCP
洛卡氏菌属	石油烃、PAHs
红球菌属	PAHs、氯酚
小单胞菌属	石油烃
带附器的细菌	
生丝微菌属	氯代烷烃
化能自养菌	
亚硝化单胞菌属	卤代脂肪烃
古细菌	
产甲烷菌类	烃类、卤代烃类

(二) 真菌

真菌是一大类真核异养微生物，在实践中一般将它们分为酵母、霉菌和白腐菌三类。现列出一些能降解有机物的真菌，见表2-3。

表2-3 几类有机污染物降解真菌举例

种类	种属	作用基质
酵母	假丝酵母属	石油烃
	酵母属	石油烃、克菌丹、氨氯吡啶酸
	丝孢酵母属	石油烃
	红酵母属	石油烃

续表

种类	种属	作用基质
霉菌	曲霉菌	石油烃、莠去津、2,4-D、利谷隆、2甲4氯、敌百虫
	葡萄孢属	石油烃、莠去津、扑草净、西草净
	枝孢属	石油烃、莠去津、扑草净、西草净
	小克银汉霉属	石油烃、PAHs、甲霜灵
白腐菌	黄孢原毛平革菌	PAHs、TCDD
	云芝	PCP

（三）藻类

藻类是含有叶绿素并能产氧的光能自养菌，它们主要生活在水中，利用 CO_2 合成有机物，但在无光照条件下也会利用少量有机物。在自然界中藻类和菌类共栖降解有机物，氧化塘就是人类利用这一特性降解有机物的很好例证。藻类可以用来降解多种酚类化合物，如苯酚、邻甲酚、1,2,3-苯三酚等。据报道，在萘存在条件下，有20种不同的藻类培养物具有氧化降解萘的能力。

小球藻对33种偶氮染料中的大部分都有一定的脱色能力，藻类对偶氮染料的脱色程度与染料化学结构有关。藻类在生物降解偶氮过程中，对pH值、光强度及温度均有较宽的适应范围。因此，在一定条件下，藻类能保证较高的降解偶氮染料的活性。

藻类的生物降解，一般要在水中和藻菌共生体系中彻底矿化，故在生物修复系统中应用尚不足。

二、土壤微生物生态功能

（一）微生物的降解作用

1. 基质代谢原理

异生素作为基质的代谢基本过程和其他化合物的代谢相似，包括以下过程：向基质接近、对固体基质的吸附、分泌胞外酶、基质的跨膜运输和细胞内代谢。通常采用的方法是用单一菌种在高浓度纯品下进行的间歇式培养，这种方法虽然很重要，但会掩盖自然界很多真相。

（1）向基质接近

生物体要降解某种基质必须先与之接近，而接近就意味着微生物处于这种物质的可扩散范围之内；胞外酶处于这种物质可扩散范围之内；或微生物处于细胞外消化产物的扩散距离之内。因此，混合良好的液体环境（湖泊、河流、海洋）与基本不相混合的固体环境（土壤、沉积物）之间有很大的差别，后者存在着运动扩散障碍。在土壤中，相差几厘米就会有很大的差别。

某些细菌和其他微生物表现出朝向基质的趋向性。许多丝状真菌表现为朝向基质生长，如原毛平革菌属能够"探查"环境，找到没有接种过的木块，然后在上面繁殖。

（2）对固体基质的吸附

吸附作用对于保证化合物代谢是必不可少的。纤维素消化需要有物理附着。在沥青降解菌的分离过程中发现细菌和固体基质之间有着非常紧密的结合。

(3) 胞外酶分泌

不溶性的多聚体，无论是天然的（如木质素）还是人工合成的（如塑料）都难降解，不能降解的原因之一是分子太大。生物采取的办法就是分泌胞外酶将其水解成小分子量的可溶性产物，但是由于胞外酶被吸附、胞外酶变性、胞外酶蛋白生物降解，以及产物被与之竞争的生物所利用等一些原因使胞外酶的活动不能奏效。

(4) 基质的跨膜运输

基质通常由特定的、诱惑性的运输系统吸收到细胞内，这在自然环境中尤其重要。在环境中基质浓度很低，通常只有微摩尔级，而微生物生理学家的研究经常在毫摩尔级。在低浓度下需要有累积机制，而高浓度下则是不必要的，甚至是有害的。营养物质必须通过细胞膜才能进入细胞，细胞膜为磷脂双分子层，其中整合了蛋白质分子；细胞膜控制着营养物进入和代谢物的排除。一般认为，细胞膜以四种方式控制物质的运输，即单纯扩散、促进扩散、主动运输和基团转位，其中以主动运输为主要方式。

单纯扩散又称被动运输。细胞膜这层疏水性屏障可以让很多小分子、非电离分子尤其是亲脂性分子通过物理扩散方式被动通过。主要包括氧、二氧化碳、乙醇等小分子。这种扩散方式不需要载体蛋白，不需要提供能量，扩散动力是内外浓度梯度差，这种情况在自然环境中不多，因此它不是主要的基质转移方式。

促进扩散和单纯扩散一样，必须是从环境中的高浓度向细胞内的低浓度扩散，同样不需要额外提供能量。它与单纯扩散主要的差别是基质越过细胞膜要依靠膜上特异性载体蛋白。载体蛋白具有酶的性质，又称透性酶、移位酶或移位蛋白，是通过诱导产生的。因此，这种方式只能在高营养物浓度时发挥作用。

主动运输是微生物吸收基质的主要方式，其特点是：需要特异性载体蛋白作为载体；需要能量；溶质和载体结合发生构相变化；可以逆浓度梯度运输，从而使生活在低基质环境中的微生物获得营养物。运送的营养物有无机物离子、有机物离子和一些糖类。不动杆菌属以这种方式浓缩烷烃。

基团转位是一种既需要特异性载体蛋白又要耗能的运送方式，但基质在运送前后分子结构会发生变化，因此不同于主动运输。基团转位主要用于葡萄糖、果糖、甘露糖、核苷酸等物质的运输。

(5) 细胞内代谢

一旦异生素进入细胞，就可以通过周边室代谢途径被降解。这类代谢通常是有诱导性的，并且有些是由质粒编码的。初始代谢产物通常汇集到少数一些中央室代谢途径之中，如在芳香族化合物的代谢中，通过β-酮己二酸盐途径，所产生的芳香化合物进入中央室代谢途径。

基质生物降解，除去完全矿化或共代谢作用外，还可以有溢流代谢物产生，它们可以被其他生物作为代谢基质或作为共代谢基质所利用。甚至像葡萄糖这样的基质在间歇式培养大肠杆菌的生长过程中，都会有乙酸盐暂时积累，何况像异生素这样的难降解物质更会有溢流代谢产物。

另外还会有终死产物、副反应产物和致死性代谢物产生。终死产物，如芳香化合物上的甲基氧化产物的甲醇，会短暂地积累。终产物本身就是持久性的，如多聚二苯酚。

副反应产生的产物，如果可以被其他生物利用将是有益的，但如不被利用就会是有害的，如卤代酚由微生物的甲氧化反应形成，有很强的生物积累性并且有毒。致死性代谢物典型的例子是氟代乙酸盐，是由氟取代的基质通过酶促反应形成，它抑制三羧酸循环。这种致死性的后果可以通过突变作用避免产生，这样有机体不形成致死代谢物或可以抵抗致死代谢物，不幸的是，这样的突变将产生不能代谢氟代盐的有机体。

2. 污染物生物降解动力学

在评价微生物系统降解有机物质的能力时，需要了解系统的动力学。所谓动力学是指标靶化合物的微生物降解速率。由于生物系统包含许多不同的微生物，每种微生物又有不同的酶系，因此经常用总的速率数来描述降解速率，这个常数一般在实验室模拟测定。

通过研究基质浓度与降解速率之间的关系，提出两类常用的经验模式。这两类模式是幂指数定律（不考虑微生物生长的基质降解模式）、双曲线定律（考虑微生物生长的基质降解模式）。

（1）幂指数定律

在基质降解过程中，如果不考虑微生物生长这一因素，可以用幂指数定律来描述基质的降解速率与基质浓度的关系。

根据幂指数定律，降解速率与基质浓度 n 次幂成正比：

$$-\frac{\mathrm{d}S}{\mathrm{d}t}=kS^n \tag{2-3}$$

式中，S 为基质浓度；k 为生物降解速率常数；n 为反应级数。

反应可以是零级反应，即反应速率与任何基质浓度无关，即式（2-3）可以用下式表示：

$$-\frac{\mathrm{d}S}{\mathrm{d}t}=kS_0=k \tag{2-4}$$

对式（2-4）积分，速率定律的形式为

$$S_t-S_0=-kt \tag{2-5}$$

式中，S_0 为基质的起始浓度；S_t 为任意时间 t 的基质浓度。

在单一的反应物转为单一的生成物的情况下，或在基质浓度很高的情况下可以考虑零级反应。

在基质浓度很低，又不了解系统动力学关系的情况下，可以假定 $n=1$，以及一级反应关系。一级反应速率与基质浓度成正比。由于降解速率取决于基质浓度，而基质浓度又随时间变化，因此在一级反应中基质浓度随时间的变化在普通坐标图上得不到像零级反应那样的线性结果。而在半对数坐标图上，即对浓度 S 取对数会得到线性结果。

在一级反应中，式（2-3）也可表示为

$$-\frac{\mathrm{d}S}{\mathrm{d}t}=kS_1=kS \tag{2-6}$$

对式（2-6）积分，得到速率的积分形式为

$$\ln(S_t/S_0)=-kt \tag{2-7}$$

根据 $\ln(S_t/S_0)$ 和时间 t 的斜率即可求出 k 值。

原始基质浓度降解一半所需要的时间称为半衰期。半衰期 $t_{1/2}$ 为

$$t_{1/2}=\ln2/k \tag{2-8}$$

根据有机物在环境中的半衰期对它们的生物降解性进行分类见表2-4。当然，它们的生物降解性与环境因素有很大的关系。

表 2-4 有机物生物降解作用与半衰期

类别	半衰期
生物降解快	1～7d
生物降解较快	7～28d
生物降解慢	4～24 周
生物降解较慢	6～12 月

在多种基质的混合废水中，每种基质的去除虽然以恒速进行，不受其他基质的影响，但基质的总去除量则为每个单一基质去除量之和，所以一般可以认为整个系统的动力学循环为一级反应关系。

反应还可以是二级反应，即反应速率与基质浓度的二次方成正比：

$$-\frac{dS}{dt}=kS_2 \tag{2-9}$$

式（2-9）的积分形式为

$$1/S_t-(1/S_0)=kt \tag{2-10}$$

在下列反应中，反应会呈二级反应，即

$$2A（反应物）\rightarrow P（产物） \tag{2-11}$$

在不同的环境中反应级数不同，可根据特定的一组浓度 S 和时间 t 的试验数据，根据式（2-5）、式（2-7）和式（2-10）来判断其反应级数。

（2）双曲线定律

在基质降解过程中，经常会考虑到微生物的生长，基质浓度与微生物生长速率之间的关系，可用双曲线定律来描述。

双曲线定律由 Monod 于 1949 年提出的，它的形式与 MichaelisMenten 方程类似。

$$\mu=S\mu_{max}/(K_S+S) \tag{2-12}$$

式中，μ 为微生物的比增长速率，即单位生物量的增长速率；μ_{max} 为微生物的最大增长速率；K_S 为饱和常数，当 $\mu=\mu_{max}/2$ 时所对应的基质浓度。

在基质浓度较低时，微生物的比增长速率随基质浓度的增加而线性增加；在基质浓度较高时，比增长率接近最大值，微生物的比增长速率与基质浓度无关。微生物对基质的降解作用及微生物的生长都要靠各种各样酶的催化作用。

K_S 也代表微生物与支持其生长的有机营养物质的亲和力，数值越小，细菌对该分子的亲和力越大。

（二）共代谢作用

早在 20 世纪 60 年代，人们在研究中已经发现一株能在一氯乙酸上生长的假单胞菌能够使三氯乙酸脱卤，而不能利用后者作为碳源生长。微生物的这种不能利用基质作为能源和组分元素的有机物转化作用称为共代谢。具体来讲，微生物不能从共代谢中受益，既不能从基质的氧化代谢中获取足够的能量，又不能从基质分子所含的 C、N、S

或P中获得营养进行生物合成。在纯培养中,共代谢是微生物不受益的终死转化,产物为不能进一步代谢的终死产物。但在复杂的微生物群落,终死产物可能被另外的微生物种群代谢或利用。

学者们对共代谢这一术语有不同的理解。一些认为,共代谢这一术语只适用于在支持生长的第二种基质存在下的不能进行生长繁殖的基质代谢。按照这一观点,共代谢不适用于在支持生长繁殖的化学物质不存在情况下的基质转化过程。

1. 共代谢基质与共代谢微生物

有许多化学品在培养物中进行共代谢,这些化合物有环己烷、PCBs、3-三氟甲基苯甲酸、几种氯酚、3,4-二氯苯胺、1,3,5-三硝基苯和农药毒草胺、甲草胺、禾草敌、2,4-D和麦草畏等。

在实验室培养基中进行共代谢反应的微生物细菌有假单胞菌属、不动杆菌属、洛卡氏菌属、芽孢杆菌属、分枝杆菌属、无色杆菌属、甲基弯曲菌属、节杆菌属、产碱菌属、红球菌属、黄色杆菌属和亚硝化单胞菌属等。真菌有青霉属和丝核菌属等。

在进行共代谢转化时,可能会涉及单个酶,它们进行着羟基化、氧化、去硝基、去氨基、水解、酰化或醚键裂等作用。但更多的转化是复杂的,会涉及一系列酶系。

异养细菌和真菌进行的共代谢反应是多种多样的,仅甲基营养菌的甲烷单加氧酶就能够氧化烷烃、烯烃、仲醇、二(或三)氯甲烷、二烷基醚、环烷烃和芳香族等多种化合物。单单一个珊瑚状洛卡氏菌就可以代谢三(或四)甲基苯、二乙基苯、联苯、四氢化萘和二甲基萘并产生多种产物。

共代谢产生有机产物,但这些有机产物不能转化为典型的细胞组分。在纯培养时和自然环境下均有这样的试验证据。例如,产碱菌和不动杆菌的菌株可以共代谢用^{14}C标记的2,5,2'-三氯联苯,但不能将^{14}C掺入细胞,也不能产生$^{14}CO_2$,在研究毒草胺的共代谢时也得到同样的结果。还有研究表明,来源于污水或湖水的两细菌菌株或自然微生物区系可以代谢双糖,但是基质碳不能掺入生物量中。

实践中,需特别注意,不能因为没有从环境中分离到降解菌就得出结论说是共代谢。许多细菌不能在简单的培养基中生长,是因为没有氨基酸、B维生素和其他生长因子。假如在环境中能代谢试验化学品的微生物需要生长因子,而分离时没有加入生长因子,则分离不到降解菌株,就得出结论说这种化合物实行共代谢,显然这是个错误结论。

2. 混合菌株作用

共代谢产物在培养液中积累,在自然界未必会积累。产物在第二个菌株的作用下继续共代谢或完全矿化。

混合菌株能使基质完全矿化,实际上是互补分解代谢,使得基质完全降解。菌株互不分解代谢途径的出现启发人们通过遗传工程技术构建能够矿化母体化合物的新菌株。

3. 共代谢的原因

一种有机物可以被微生物转化为另一种有机物,但它们却不能被微生物所利用,原因有以下几个方面。

(1) 缺少进一步降解的酶系

微生物第一个酶或酶系可将基质转化为产物,但该产物不能被这个微生物的其他酶系进一步转化，故代谢中间产物不能供生物合成和能量代谢作用，这是共代谢的主要原因。

细胞中微生物酶对有机物矿化作用的过程如下：

$$A \xrightarrow{a} B \xrightarrow{b} C \xrightarrow{c} D \longrightarrow CO_2 + 能量 + 细胞-C$$

在正常代谢过程中，a 酶参与 A→B 的转化，b 酶参与 B→C 的转化。如果第一个酶 A 底物专一性较低，它可以作用许多结构相似的底物，如 A' 或 A''，产物分别为 B' 或 B''。而 b 酶却不能作用于 B' 或 B'' 使其转化为 C' 或 C''，结果造成 B' 或 B'' 的积累。

简而言之，这种现象是由于最初的酶系作用的底物较宽，后面酶系作用的底物较窄而不能识别前面酶系形成的产物造成的。

这种解释的最初的证据来自除草剂 2,4-D 代谢的研究。2,4-D 首先转化为 2,4-二氯酚，但是只有部分酶或很少的酶能进一步代谢 2,4-氯酚。当发生这种情况时，共代谢产物大多积累，至少在纯培养时是这样。还有细菌将 3-氯苯甲酸转化为 4-氯二苯酚，98%的产物都是 4-氯二苯酚。

(2) 中间产物的抑制作用

最初基质的转化产物抑制了在以后起矿化作用酶系的活性或抑制该微生物的生长。例如，恶臭假单胞菌能代谢氯苯形成 3-氯二苯酚，但不能将后者降解，这是因为它抑制了进一步降解的酶系；恶臭假单胞菌可以将 4-乙基苯甲酸转化为 4-乙基二苯酚，而后者可以使之后的代谢步骤必要的酶系失活。由于抑制酶的作用造成恶臭假单胞细菌不能在氯苯或 4-乙苯甲酸上生长。又如假单胞杆菌可以在苯甲酸上生长而不能在 2-氟苯甲酸上生长，是由于后者转化后的含氟产物有高毒性的缘故。

(3) 需要另外的基质

有些微生物需要第二种基质进行特定的反应，第二种基质可以提供当前细胞反应中不能充分供应的物质，如转化需要电子供体。有些第二种基质是诱导物，如一株铜绿假单胞菌要经过正庚烷诱导才能产生羟化酶系，使链烷羟基化转为相应的醇。

4. 与共代谢相关的酶

在以上的内容中，讨论到有些酶的专一性较差，可以作用于多种底物，这样导致了共代谢。现在列举作用于一系列底物的单一酶系。

(1) 甲烷营养细菌的甲烷单加氧酶

甲烷营养细菌生长在甲烷、甲醇和甲酸中时，能够共代谢多种有机物，其中包括一些主要污染物的分子在这些反应中，甲烷单加氧酶起催化作用，发孢甲基弯曲菌可以转化氯代脂肪烃为反式和顺式 1,2-二氯乙烯、1,1-二氯乙烯、1,2-二氯丙烷和 1,3-二氯丙烯。生长在甲烷中的其他一些细菌，该酶可以催化正烷烃、正烯烃、单或双氯脂肪烃。

(2) 甲苯双加氧酶

许多好氧细菌有甲苯双加氧酶，该酶可以使甲苯与 O_2 结合，但该酶专一性较低，可以降解 TCE，转化 2-硝基甲苯、3-硝基甲苯为对应的醇，使 4-硝基甲苯羟化。

(3) 甲苯单加氧酶

一些好氧细菌有甲苯单加氧酶，只能使 O_2 中的一个原子和甲苯结合形成邻甲苯。该酶可以使 TCE 共代谢，将 3-硝基甲苯、4-硝基甲苯转化为对应的苯甲基醇、苯甲基醛，使其他芳香化合物加羟基。

（4）丙烷利用菌加氧酶

利用丙烷作为碳源和能源的好氧菌加氧酶对作用的底物较宽。该酶共代谢 TCE、氯乙烯、1，1-二氯乙烯、顺-1，2-二氯乙烯和反-1，2-二氯乙烯。

（5）欧洲亚硝化单胞菌的氨单加氧酶

欧洲亚硝化单胞菌是化能自养菌，在自然界以 NH_3 和 CO_2 为能源，其氨单加氧酶对下列化合物共代谢：TCE、1，1-二氯乙烯、二氯乙烷、四氯乙烷、氯仿、一氯乙烷、氟乙烷、溴乙烷和碘乙烷、各种单环芳烃、硫醚及氟甲烷和乙醚。

（6）卤素水解酶

卤素酶作用于简单卤代脂肪酸，这种酶可以裂解乙酸、氯乙酸、碘乙酸、裂解二氯乙酸、2-氯丙酸、2-氯丁酸，可以去除 1-碘甲烷、1-碘乙烷、1-氯丁烷、1-溴丁烷、1-氯乙烷中的卤素转化为对应的正构醇，依不同的菌而定。

（7）脱卤酶

脱卤酶去除 CH_2Cl_2、CH_2BrCl、CH_2Br_2 和 CH_2I_2 的卤素，作用于 4-氯苯甲酸、4-溴苯甲酸、4-碘苯甲酸。

（8）二苯酚双加氧酶

二苯酚双加氧酶氧化二苯酚、3-和 4-甲基儿苯酚、3-氟二苯酚。

（9）苯甲酸羟化酶

苯甲酸羟化酶代谢苯甲酸、4-氨基苯甲酸、4-硝基苯甲酸、4-氯苯甲酸、4-甲基苯甲酸。

（10）磷酸酯酶

磷酸酯酶水解对硫磷、对氧磷、毒死蜱和杀螟硫磷。

5. 共代谢的环境意义

从某种意义上来说，共代谢只是微生物转化的一种特殊的类型，它不仅有学术上的意义，而且在自然界有相当重要的意义。对于环境污染物来说，它会造成不良的环境影响，其原因简要介绍如下：

（1）进行共代谢的微生物数量在环境中不会增加，物质转化速率很低，不像可以进行基质代谢的微生物随微生物繁殖而增加代谢率。

（2）共代谢使有机产物积累。产物是持久性的。由于在结构上经常和母体化合物差别不大，如果母体化合物是有毒的，共代谢产物也是有害的。

对自然界能进行共代谢各个基质微生物的数量研究不多。据有关报道，土壤中能共代谢 2，4-D 的细胞数为 $0.3×10^6 \sim 0.8×10^6$ 个/g；从污水中分离到的细菌中有 20%～75% 细菌能共代谢 DDT，污水中有 $90×10^6$ 个/mL 的细胞可供代谢农药。

一种化合物在同样的环境下，在某一浓度被共代谢，在另一浓度下则可以被矿化；或者一种化合物在同样的浓度下，在某一环境中被共代谢，在另一环境中则被矿化。这提示共代谢的有机产物只在某一浓度下或某一环境下积累。例如，农药苯胺灵在湖泊中含量 10mg/L 时共代谢，0.4μg/L 时矿化；灭草隆在污水中 10mg/L 时可明显共代谢为 4-氯苯胺，10μg/L 时矿化；乙酯杀螨醇在湖水样品中共代谢，而在淡水沉积物微生物区系下矿化。因此，预测共代谢要考虑浓度和环境。

目前,人们对共代谢的动力学研究还不够重视。如果微生物群体不能生长也不衰退,进行共代谢的基质浓度低于活动微生物的 K_m 值,转化反应将是一级。毒草胺在湖水或污水中的转化反应可以是一级或零级。在生物膜反应器中接种甲烷氧化细菌,TCE、1,1,1-三氯乙烷、顺-和反-1,2-二氯乙烯在浓度达到 1mg/L 是一级反应。然而在转化速率很低的环境中,用于生长的碳源可能正在殆尽,动力学反应类型可能随时改变。

由于共代谢作用使基质降解缓慢,所以人们十分关注提高降解速率的问题。试验向土壤中或污水中添加多种有机化合物以促进 DDT、多种氯代芳香烃和氯代脂肪酸的共代谢速率,但对这种添加的响应是不可预测的。目前尚不清楚添加的可矿化基质降解的代谢途径与共代谢的化合物之间的相互关系。试验中添加的分子是随意选择的,它们有时可以刺激有时不能刺激共代谢。在刺激的情况下,使微生物生物量出现了意想不到的增加,刚好有些微生物可以共代谢这种化合物。

另一种方法是添加和共代谢基质结构类似的可矿化物质。条件是生长在可矿化化合物上的微生物区系含有转化类分子的酶系。这种类似物富集的方法已经用于添加联苯,促进 PCBs 的共代谢,因为无氯的联苯易矿化、无毒,可以充当共代谢 PCBs 微生物的碳源。相似的方法有添加烷基甲酸促进三氟甲基苯甲酸的共代谢,添加苯胺促进土壤中 2,4-二氯苯胺的代谢。用类似物富集法也可以用来筛选共代谢菌株。

(三) 微生物的去毒作用

微生物不但可以使污染物分子在结构上发生变化,如发生转化、降解、矿化、聚合和腐殖酸结合等,而且微生物同样还可以使污染物在毒性上发生改变,如去毒和激活。

去毒作用指使污染物迁移的分子结构发生改变,从而降低或去除其对敏感物种的有害性。敏感物种包括人、动物、植物和微生物,其中最为关注的是人。

1. 去毒后的产物转归

去毒作用导致钝化作用,即将在毒理学上具有活性物质转化为无活性的产物,由于毒理学活性与化学晶的本体、取代基团和作用方式有关,所以去毒作用也包括不同类型的反应。

促使活性分子转化为无毒产物的酶反应通常在细胞内进行,形成的产物有三种转归。

(1) 直接分泌到细胞外。

(2) 经进一步或几步特殊的酶反应,进入正常代谢途径,然后以有机废物的形式分泌到细胞外。

(3) 经过一步或几步特殊的酶反应,进入正常代谢,但最后的碳以 CO_2 的形式释放出来。

在这里着重讨论活性物质的第一步反应,特别是非典型产物的生成,这类基质不能作为生长基质进行代谢。

2. 去毒作用的方式

(1) 水解作用

在微生物的作用下,酯键或酰胺水解,使得毒物脱毒。经过羧酯酶水解的通式为:

$$\text{RCOR}' + \text{H}_2\text{O} \longrightarrow \text{RCOH} + \text{HOR}'$$

例如，有机磷农药马拉硫磷在羧酯酶作用下，水解成一酸或二酸。经过氨酯酶水解的通式为：

$$\text{RNHCH}_2\text{R}' + \text{H}_2\text{O} \longrightarrow \text{RNH}_2 + \text{HOCCH}_2\text{R}'$$

例如，酰胺类除草剂敌稗的水解以此种方式进行，产物为3，4-二氯苯胺和丙酸。

（2）羟基化作用

在苯环上或脂肪链上发生羟基化，即由—OH代替—H使毒物失去毒性，其通式为

$$\text{RH} \longrightarrow \text{ROH}$$

例如，本病嘧唑类内吸杀菌剂多菌灵和苯氧羧酸类除草剂2，4-D的羟化。2，4-D羟化后变成为2，5-二氯-4羟基苯氧乙酸。

（3）脱卤作用

许多杀虫剂和有毒工业废弃物含有氯或其他卤素，去除卤元素可使有毒化合物转化为无毒无害产物，转化所涉及的酶是脱卤酶。脱卤酶有三种：由氢取代；由羟基取代；卤元素及其相邻的氢同时被脱去，其反应通式分别为：

$$\text{RCl} \xrightarrow{+\text{H}_2} \text{H} + \text{HCl}$$

$$\text{RCl} \xrightarrow{+\text{H}_2\text{O}} \text{ROH} + \text{HCl}$$

$$\text{RCH}_2\text{CHClR}' \longrightarrow \text{RCH}=\text{CHR}' + \text{HCl}$$

在上述反应中用氯原子表示卤原子，它们也可以是氟、溴和碘。

在脱氢脱卤酶的作用下，有机氯杀虫剂DDT可以转化为DDE，有机氯杀虫剂林丹转化为2，3，4，5，6-五氯-1-环己烷，氯代脂肪酸除草剂茅草枯双脱卤转化为丙酮酸。但是，DDE再进一步降解很难进行。

（4）去甲基

许多杀虫剂含有甲基或其他烷基，这些烷基与氮、氧和硫相连，在微生物作用下会脱去这些基团变为无毒性的，如苯脲类除草剂敌草隆，在微生物作用下依次脱去两个N-甲基变为无毒的化合物，地茂散由于微生物的去O-甲基作用被转化为无毒产物。三氮苯类除草剂莠去津在土中去N-乙基和N-异丙基，推测是由于微生物作用的结果。

（5）甲基化

对有毒的酚类加入甲基可以使酚类钝化，其通式为

$$\text{ROH} \longrightarrow \text{ROCH}_3$$

例如，广泛使用的杀菌剂五氯酚及四氯酚，它们的O-甲基化形成无毒的物质。

（6）硝基还原

硝基化合物对各种高等或低等生物都是有害的，将硝基还原为氨基减轻了基质的毒性，其通式为：

$$\text{RNO}_2 \longrightarrow \text{RNH}_2$$

例如，有毒性的2，4-硝基酚转化为2-氨基-4-硝基酚和4-氨基-2-硝基酚，取代苯类

杀菌剂五氯硝基苯转化为五氯苯胺，杀虫剂对硫磷转化为氨基对硫磷。

（7）去氨基

有毒的杀虫剂醚草通在微生物的作用下脱氨形成对植物无毒害的产物。

（8）醚键断裂

卤代苯氧羧酸类除草剂含有醚键（C—O—C），醚键裂解可以消除它们对植物的毒性，如2,4-D的醚键断裂。C—O之间的键能很高，达到357.86kJ/mol，需微生物提供能量断裂此键。

（9）腈转化为酰胺

腈类转化为酰胺类可使毒性降低，其通式为：

$$R-C\equiv N \longrightarrow R-\overset{O}{\underset{\|}{C}}-NH_2$$

例如，腈类除草剂2,6-二氯苯甲腈在土壤微生物的作用下转化为2,6-二氯苯酰胺，后者对植物无毒。

（10）轭合作用

生物体内的中间代谢产物和异生素可以进行合成反应，称为轭合作用，它们结合后形成的产物一般没有毒性。动植物体内的糖类、谷胱甘肽、氨基酸、硫酸酯与异生素经常有这样的作用，但对于微生物体内的这类反应注意得不够。雅致小克银汉霉可以使芘与葡萄轭合产生无毒的葡萄糖苷轭合物，一些微生物种可以使杀菌剂二甲基二硫代氨基甲酸酯转化为毒性较低的物质。近些年的研究表明，几种真菌产生的葡萄糖和葡萄苷酸可以分别与菲轭合，细菌产生的谷胱甘肽可以与EPTC轭合，细菌产生的谷胱甘肽可以与异丙甲草胺轭合。

由此可见，一种微生物或一个微生物群落能以几种不同的方式作用于一种毒物使其去毒，如马拉硫磷就可以以不同的方式去毒，反应涉及不同的酶系，钝化的产物也不同。

上述这10种方式并没有包括全部的去毒反应，还有许多反应，特别是一些氧化反应还没有涉及，如加氧反应。

应当了解并不是所有的反应都是去毒作用，有一些反应的产物比前体化合物的毒性更强，而且毒性的含义是有范围的、有条件的，对某一物种是无毒的，但对另一物种可能是有毒的。

（四）微生物的激活作用

微生物对有机物的转化作用，除去毒以外，还有另一种作用，即激活作用。激活作用指无害的前体物质形成有毒产物的过程。从这种意义上说，微生物群落也可以产生新的污染物。因为生物修复分解了靶标化合物未必就是消除了有害物质的危险性，所以需要密切监视废物生物修复系统中有机物分子降解的中间产物和最终产物及其毒性。

激活作用可以发生在微生物活跃的土壤、水、废水和其他任何环境中。产生的产物可能是短暂的，是矿化过程中的中间产物；也可能持续很长时间，甚至引起环境问题。激活作用的结果是生物合成致癌物、致畸物、致突变物、神经毒素、毒植物素、杀虫剂和杀菌剂。激活的产物有时会改变迁移性或更容易迁移，或不易迁移。

先前的研究特别重视农药的激活作用是因为有些农药本身并不对靶标生物有害，只有在进入有害生物体内以后分子结构发生改变，才会对生物体引起伤害乃至死亡，而后发现在环境中的微生物也有类似的作用。

在鉴定激活产物以前，人们是用生物测定的方法揭示杀虫剂在土壤中被激活的情况，即观察随时间的增加土壤中的特定杀虫剂使敏感物种死亡率上升的情况。例如，杀虫剂线磷、毒壤磷和克百威加入土壤后毒性发生变化，杀虫剂甲拌磷、丰索磷、地虫硫磷和毒虫畏的毒性也会增加，还有毒植物素的形成，用抑草津处理红松生长的土壤在80d时没有中毒症状，但以后迅速发展出受损伤的症状。近来发现除草剂草枯醚在河水中的微生物区系作用下转化的胺基衍生物是一种致癌物。应该了解环境中的激活作用并不都是微生物代谢结果，但大部分与微生物活动有关。

1. 激活反应

常见的有代表性的激活反应有以下几种。

(1) 脱卤作用

三氯乙烯（TCE）在微生物的降解过程中会发生重要的激活作用，TCE使用很广泛，许多含水层受其污染。TCE降解的主要产物是氯乙烯，后者为强致癌物。

$$Cl_2C=ClHCl \longrightarrow ClHC=CH_2$$

在受TCE污染的地下水中，以及进行厌氧细菌生物修复过程中经常可检出氯乙烯。在厌氧代谢中还可以形成1,1-二氯乙烯和反-1,2-二氯乙烯，它们也同样是致癌物。TCE在甲烷营养的培养物中不进行脱卤反应，不会形成氯乙烯，氯原子会向邻近碳原子上转移，形成2,2,2-三氯乙醛。三氯乙醛既是致癌物又有急性毒性，如果和乙醇饮料一起摄入会立即失去知觉。

$$Cl_2C=CHCl \longrightarrow Cl_3C-CHO$$

(2) 亚硝胺的形成

亚硝胺类化合物是很强的致癌、致畸和致突变物。亚硝胺的形成即仲胺的N-亚硝化作用。它的母体化合物是仲胺和亚硝酸盐，仲胺既是常见的工业合成产品又是生物合成的天然产物，亚硝酸主要在天然水中和土壤中形成，而仲胺和亚硝酸盐结合后形成亚硝胺。

微生物在激活中的作用通过酶反应分别促使仲胺和亚硝酸的形成，再通过酶反应或其他方式形成N-亚硝胺。

仲胺和叔胺类产品在工业上被大量应用，在洗涤剂中和一些农药中含有，在植物体、鱼体、腐败的物质等天然产物中也会含有，有时含量相当高。因此它们在河水中、废水中和土壤中普遍存在。

植物残体的腐败及污水中的肌酸酐、胆碱和磷脂酰胆碱都可形成仲胺和叔胺。某些杀虫剂在土壤中也可转化为仲胺；在土壤钠、污水和微生物培养液中叔胺经过脱烷基作用，可以转化为仲胺。

研究最透彻的是三甲胺向二甲胺的转化，这个过程是微生物作用的结果：

$$(CH_3)_3N \longrightarrow (CH_3)_2NH$$

简单的仲胺和叔胺及复杂含氮化合物前体有毒性的很少。

亚硝酸盐在自然界的含量很低，它实际上是微生物作用下的氨氧化为硝酸盐，硝酸盐再反硝化形成亚硝酸盐。

$$NO_3^- \longrightarrow NO_2^-$$

尽管环境中的亚硝酸盐浓度很低,但这样低的浓度已足以发生激活反应。仲胺和亚硝酸盐结合发生 N-亚硝化作用,形成高毒性的 N-亚硝基化合物。

此反应可以在污水、湖水、废水和土壤中发生,参加反应的仲胺有二甲胺和二乙醇胺等。

实际上亚硝胺作用可以是非酶作用,是胺和亚硝酸盐与某些代谢产物或细胞组分的自发反应。在自然 pH 值下,胺向亚硝胺转化的程度很低,如果人为降低 pH 值可以提高产率。

仲胺被激活后会引起污染。例如,在加拿大安大略省一家农药厂无控制地排放二甲胺,几年以后发现此处所有自来水厂的水中均含有 N-亚硝基二甲胺,含量大大超过饮用水标准。

亚硝胺反应否定了"凡是合成就是危险的,凡是天然就是安全的"这一说法。如前所述,植物和鱼体内都含有仲胺和叔胺,而且鱼是三甲基胺和二甲基胺 N-氧化物的重要来源。在消化道内微生物的转化使叔胺转化为仲胺,并使饮水和蔬菜中的硝酸盐转化为亚硝酸盐,亚硝酸胺可以由微生物作用或在低 pH 值的胃中经非生物作用形成。

(3) 环氧化作用

微生物可以使一些带双键的化合物形成环氧化物。例如,有一些农药的产物比前体对动物更具有毒性。又例如,七氯在土壤、培养液中转化为环氧七氯,艾氏剂在土壤微生物和在培养液中转化为环氧物狄氏剂。

由于狄氏剂的毒性和持久性,用于防治地下害虫的艾氏剂和狄氏剂已被禁止使用,有些地方的土壤中在 20 年前使用过艾氏剂,至今还有狄氏剂残留。

(4) 硫代磷酸酯转化为磷酸酯

硫代磷酸酯农药是广泛适用的一类杀虫剂,这类物质本身没有毒性,但转化为对应的磷酸酯成为很毒的杀虫剂,并对人畜有毒害。激活反应能在动物体内发生,也能在自然环境中和农业土壤中发生。毒虫畏在土壤中发生激活作用,氧化脱硫生成很强的胆碱酶抑制剂,其毒性增加大约 1 万倍。对硫磷转化为氧化类似物对氧磷的反应在土壤中和微生物培养物中均可发生。

一种类似的化合物称为二硫代磷酸酯,氧化时 P=S 转化为 P=O,如乐果氧化为氧化乐果,对昆虫的毒性有很大的提高。

(5) 苯氧羧酸的代谢

苯氧羧酸中的 2,4-D 是很著名的除草剂,其结构的类似物不具活性,但它们在植物体内的转化物 2,4-D 就具有活性,并会进入土壤。例如,ω(2,4-二氯苯氧)己酸为母体化合物,经过二次 β 氧化转化,先转化为 4-(2,4-二氯苯氧)丁酸(2,4-DB),最后转化为 2,4-D。细菌培养物可有此反应,土壤中微生物可有此反应,非生物不可能有此反应。

废水污泥的微生物可将表面活性剂聚乙氧基壬酚去除侧键变为 4-壬酚,后者对鱼和其他水生生物具有毒性,并且是弱的雌激素。

(6) 硫醚的氧化

许多杀虫剂含有醚键(—C—S—C—),被氧化为对应的亚砜或砜,毒性比硫醚更高。硫醚化合物氧化的通式为：

$$-C-S-C- \longrightarrow -C-\overset{O}{\underset{}{S}}-C- \longrightarrow -C-\overset{O}{\underset{O}{S}}-C-$$

这类反应可以在微生物的纯培养物中发生，也可以在土壤中发生。商业上广泛使用的农药有涕灭威、甲拌磷、乙拌磷，每种农药靠近 CH_3- 或 CH_3CH_2- 一端的硫被氧化为对应的亚砜和砜。它们进入土壤后会进行转化。已发现有微生物可以使涕灭威和甲拌磷转化为对应的亚砜和砜。

（7）酯的水解

一些酯类除草剂经水解酶作用成为游离酸，发挥其毒植物素的作用为

$$RCOOR' \longrightarrow RCOOH + R'OH$$

麦草氟甲酯、新燕灵和禾草灵在施入土壤中会有此反应。在这些农药的名称中均标明 R'-是甲基或是乙基，其水解产物分别为甲醇或乙醇。

（8）甲基化

微生物甲基化激活作用的典型例子是金属汞、砷和锡的甲基化。

汞甲基化后，在鱼体内富集可比水环境中的汞高几个数量级。有机汞的特点是有毒、代谢缓慢及易为生物积累。汞-甲基健在生物体内十分稳定，烷基增大了汞化合物的脂溶性，使得这类化合物在有机体内有很长的半衰期。甲基汞能穿过血脑屏障损害中枢神经系统。

在好氧和厌氧环境下，汞可形成甲基汞和二甲基汞。

亚砷酸盐和砷酸盐本身有毒，变为有机砷后毒性可能会变大，也可能会变小，以结构而定，如甲砷酸毒性就会减弱，所以它不是真正意义上的激活。人们关注砷酸盐甲基化的挥发性，微生物生长在含砷的壁纸上释放出甲基砷，人吸入后会引起中毒，而土壤中形成一甲砷、二甲砷和砷化三氢都可以挥发。另外，在海洋和淡水中及微生物培养液中还可有甲砷酸、二甲砷酸和三甲砷酸。

无机锡本身不具毒性，但甲基锡具有很高的毒性。例如，三甲基锡在很低浓度下就可以造成不可逆转的神经坏死，它可以经胃、肠道甚至经皮肤吸收。沉积物中的微生物和纯培养的许多微生物种可以将无机锡转化为一甲基锡、二甲基锡和三甲基锡。试验证实，灭菌后的沉积物不能形成甲基锡，因此说明这个过程是一个微生物过程。在天然水中也有甲基锡的存在，但浓度较低。目前还不清楚这种微生物转化后的锡是否对人体健康构成威胁。

（9）去甲基化

绿色木霉和亮白曲霉可使双苯酰草胺（即 N，N-二甲基-2，2-二苯基乙酰胺）转化为一甲基和无甲基的二苯基乙酰胺。前体物质是无毒的，两种产物均为毒植物素。用土壤处理的双苯酰草胺也会产生类似的产物。

（10）其他激活方式

在污染物的代谢中，其实激活作用并不普遍，但种类却很多，往往以特有的方式进行。

许多微生物可以分解硫酸酯，产物一般是无毒的，但是土壤细菌蜡芽孢杆菌可以将无毒的2，4-二氯苯氧乙基硫酸酯转化为2，4-D。据推测，中间产物为2，4-二氯苯氧乙醇。

微生物可将杀真菌剂苯菌灵转化为苯并芘咪唑氨基甲酸甲酯，其前体和产物均是杀菌剂。由于某些真菌对其产物很敏感，因此对这些真菌来说是激活。

多氯二苯并二噁英和多氯二苯并呋喃是最毒的化合物，其中以2，3，7，8-四氯二苯并二噁英为最。它们可以在过氧化物酶的作用下由3，4，5-三氯苯酚和2，4，5-三氯苯酚形成。过氧化酶还能把PCP转化为八氯二苯并-P-二噁英，然而，这种生物合成在自然界或微生物中还未发现。

许多氯酚是有毒的持久性化合物，它们可能在自然界为微生物产生，因为发现真菌氯过氧化物酶能使酚卤化形成一氯酚，进而形成二氯酚，以此类推，直至产生五氯酚。真菌过氧化物酶也可以由3，4-二氯苯胺二聚化形成3，4，3'，4'-四氯偶氮苯，这是一种类似于TCDD的化合物。

2. 激活作用类型

(1) 典型激活

在上节引用的例子中大部分是严格意义上的激活，即产物比前体更具有毒性，其实对生物体的代谢毒害还可以表现在迁移性和持久性上。产物更具有迁移性和持久性，危害更大，有些微生物产物就是这样。在地下水中产物比前体更容易检测到，这是因为产物比前体化合物在自然界降解得慢。例如，艾氏剂施用转化为狄氏剂后更持久，能形成长期的污染；从二甲胺转化为N-亚硝基二甲胺不仅使致癌性提高，而且更容易穿过土壤进入地下水，并具有持久性。

(2) 缓解

有时一种化合物（A）会具有两种前途：它可以转化为更有毒化合物B，即激活，也可以转化为无毒化合物C，由于A向C的转化而避免了A向B的激活，故称为缓解。缓解的原意为去引信，比喻A如果像炸弹一样去掉引信，炸弹就不会再伤害人。

缓解的例子不少，如4-（2，4-二氯苯氧）丁酸（2，4-DB）可以经β氧化而形成2，4-D，它也可以在细菌的作用下脱去丁酸侧链而形成2，4-二氯苯酚；又如二嗪磷其P═S键转化为P═O键被激活，而在土壤和培养物中则会将其裂解为两个分子的化合物以缓解这种激活作用。

(3) 生物毒性谱的变化

对一类生物有毒的化合物，在分子结构改变后会对完全不同的另一类生物有害，这就是毒性谱发生变化。它不是严格意义上的激活，而是对另一类生物的激活。

日本有这样一个例子，用于控制稻瘟病的五氯苯醇，对许多植物的毒害作用较大。经研究发现，五氯苯醇在土壤中转化为无氯苯甲酸、2，3，4，6-四氯苯甲酸、2，3，5，6-四氯苯甲酸和2，4，6-三氯氯苯甲酸，仅用极少量即可对多种植物发生毒害。因此不得不立即停止这种农药的生产和销售。

毒性谱变化的例子很多，它们在微生物的作用下变化很大，参见表2-5，但是也有的作用是非生物的。有些化合物的母体化合物及其一两种代谢产物均只对一种生物有毒性，如莠去津在土壤中去乙基后，母体及其产物均只对植物有害，而2，6-二氯苄腈在土壤微生物作用下代谢产物为 2，6-二氯苯酰胺，这两种化合物都对植物有毒。又如阿维菌素 B2a 在土壤中由微生物转化为其 2，3-酮基的衍生物，由一种杀线虫剂转变为另一种杀线虫剂，在某些条件下代谢物比原来物质更持久。有许多杀真菌剂在微生物转化下成为对其本身有毒性的抗真菌剂，如苯菌灵在啤酒酵母的作用下转化为抗真菌的苯并咪唑氨基甲酸甲基酯；粗糙脉孢菌将杀菌剂克菌丹转化为抗真菌的羰基硫化物。上述抗真菌剂到抗真菌剂的转化只是在微生物培养基中的研究成果，但是杀菌剂百菌清生物降解为杀菌剂 1，3-二氨基甲酰基-2，4，5，6-四氯苯的过程则是在土壤中进行的。

表 2-5　化学结构变化引起的毒性谱的改变

毒性谱的变化	化学反应举例	毒性谱的变化	化学反应举例
抗真菌剂→致癌物前体	福美双→二甲胺	除草剂→基因毒性产物	2，4，5-T→2，4，5-三氯酚
杀虫剂→鱼类毒素	DDT→1，1-二氯-双乙烷	除草剂→基因毒性产物	敌稗→3，3'，4，4'-四氯偶氮苯
杀虫剂→杀螨剂	DDT→1，1-二氯-双乙烷		

（五）环境条件对微生物降解污染物的影响

环境中的多种物理、化学和生物因素会影响微生物的生命活动、微生物的种群类型、生物化学转化速率和生物降解产物等，进而影响微生物分解环境污染的行为和活力。

环境条件可以决定某种污染物是否能被降解。例如，根据报道在 43 个水和土壤样品中只有 1 个样品中的土著微生物可以代谢 TCE；富营养湖的水样可以使 2，4-二氯苯氧乙酸矿化，而贫营养的水样则不能；芳香族化合物的还原性脱卤只发生在厌氧条件下的某些污水污泥、池塘沉积物和含水层中；有些邻苯二甲酸酯和氯代苯甲酸只在污水消化池中厌氧降解，填埋处理时则不能降解。有时一种化合物在一种环境下为矿化，而在另一种环境下只能是共代谢。

1. 生物因子的影响

（1）协同

许多生物降解作用需要多种微生物的共同作用，这种合作在最初的转化反应和以后的矿化作用中都可能存在。协同有不同的类型，一种情况是单一菌种不能降解，混合以后可以降解；另一种情况是单一菌种都可以降解，但是混合以后降解的速率超过单个菌种的降解速率之和。

协同作用的例子很多。例如，节杆菌属和链霉菌属在一起才能矿化二嗪磷；假单胞菌和节杆菌混合后才可以降解除草剂 2，4，5-涕丙酸；两种混合菌在一起比单菌株可以迅速降解表面活性剂十二烷基-1-癸乙氧基。协同作用的机制有很多种，具体内容如下。

1) 提供生长因子

一种或几种微生物向其他微生物提供维生素 B、氨基酸或其他生长因子。一株假单胞菌分泌的生长因子对能利用溴化十二烷基三甲基铵的黄单胞菌属的生长和降解很必要。分泌维生素 B_{12} 的菌对在三氯乙酸上生长和脱氯的细菌很必要。

2) 分解不完全降解物

一种微生物可对某种有机物进行不完全降解，第二种微生物则使前者的产物矿化。许多合成有机物在纯培养条件下只能进行生物转化，很少矿化，然而在自然环境下会被许多菌降解为多种有机物。

3) 分解共代谢产物

一种微生物只能共代谢有机物形成不能代谢的产物，另一种微生物则可以分解这些产物。

4) 分解有毒产物

一种微生物产生的产物对自身有毒害作用，但是另一种微生物可以解除这种毒害，并能将其作为碳源和能源利用。例如，鱼肝油青霉可以将 N-（3,4-二氯苯基）丙酰胺（敌稗）转化为 3,4-二氯苯胺，后者可以抑制敌稗的进一步降解，但是白地霉可以使其转化为二聚物 3,3',4,4'-四氯偶氮苯，降低了毒性。代谢硝基化合物的物种经常产生对自身有毒的亚硝酸盐，但是许多细菌和真菌能够分解亚硝酸盐，使之转化为氧、氮氧化物、氮气和硝酸盐。

类似的情况还有种间氢转移，即一种细菌产生的氢或其他还原物质被另一种细菌使用，这是一种独特的协同作用类型，表明在厌氧条件下不同种群之间的相互依赖关系，如

$$2CH_3CH_2OH + 2H_2O \longrightarrow 2CH_3COOH + 4H_2$$
$$4H_2 + CO_2 \longrightarrow CH_4 + 2H_2O$$

总反应为

$$2CH_3CH_2OH + CO_2 \longrightarrow 2CH_3COOH + CH_4$$

在两种不同种群的作用下乙醇形成甲烷和乙酸，第一个种群产生的有毒害氢被第二个种群分解。

产氢菌是一类很特殊的真菌，每个专门代谢有限的几种有机物，如共养单胞菌属只能氧化 $C_4 \sim C_7$ 脂肪酸为乙酸、CO_2 和 H_2，共养杆菌属专门氧化丙酸盐的乙酸、CO_2 和 H_2。它们还需要产甲烷菌作用以解除 H_2 的毒害。

在厌氧降解产甲烷的代谢过程中，往往不只有种间氢转移，还会有更多的微生物参与。例如，3-氯苯甲酸转化为甲烷的过程有三种菌参与，即 3-氯苯甲酸→苯甲酸；苯甲酸→乙酸、CO_2 和 H_2；$CO_2 + H_2$→甲烷。

(2) 捕食

在环境中会有大量的捕食、寄生微生物，还有裂解作用的微生物，这些微生物会影响到细菌和真菌的生物降解作用。影响经常是有害的，也可以是有益的。

在土壤、沉积物、地表水和地下水中发现的捕食和寄生微生物有原生动物、噬菌体、真菌病毒、分枝杆菌、集胞黏菌和能分泌分解细菌、真菌细胞壁酶的微生物，但是目前仅对原生动物了解得比较多。现在讨论一下捕食作用对生物降解性的影响：原生动物是典型的以细菌为食的微生物，一个原生动物每天需要消耗 $10^3 \sim 10^4$ 个细菌才能生长繁殖，因此在环境中有大量原生动物时细菌数目显著下降。原生动物还可以促进有限的无机营养的循环并分泌出必要的生长因子。

在有大量原生动物活动的环境中，原生动物的影响取决于捕食速率和降解速率。如果捕食速率高，导致生物降解的特殊微生物的生长繁殖速率低，对原生动物的影响会很大。在低有机物浓度下，细菌生长缓慢是其特征。在低浓度下，生物降解的物种密度会下降。例如，硝基苯酚利用菌棒杆菌接种的湖水中，固有的原生动物不会对 50mg/L、

75mg/L 和 100mg/L 的 4-硝基苯的矿化作用发生影响,但在 4-硝基苯浓度为 26mol/L 时原生动物就可以明显地抑制转化作用和阻止细菌生长。原生动物捕食时仍会有足够的细菌存活下来,当捕食期结束后,具有代谢能力的细菌又可生长并分解化学品。

原生动物有时也可以刺激微生物活动,如纤毛虫形虫存在时可以促进混合细菌分解原油。在有许多纤毛虫和鞭毛虫时可以促进植物组织或颗粒物的降解,促进降解主要与氮、磷再生有关。在环境中,氮、磷浓度很低限制了微生物的生长,氮、磷被各种微生物同化后,缺少氮、磷供降解菌利用,所以影响了转化速率。原生动物捕食了一些生物量并排出无机氮、磷以后,这部分氮、磷可供生物降解菌再利用。这种氮、磷再生或氮、磷矿化过程在土壤、淡水和海洋生态系统中很重要。原生动物消化细菌的同时可以分泌生长因子,促进维生素、氨基酸营养缺陷型菌的生物降解作用。

2. 非生物因子的影响

(1) 理化因子

每个微生物菌株对影响生长和活动的生态因素(如温度、pH 值、盐分等)均有耐受范围,即耐受上限和耐受下限。如果某一环境中有几种降解微生物,就比在同一环境中只有一种降解微生物的耐受范围要宽,但如果环境条件超出所有定居微生物的耐受范围,降解作用就不会发生。

1) 温度

温度是一个十分重要的因素,位于土壤表层的化合物的降解速率受温度影响很大。在北方冬季,土壤冻结时有机物分子不能降解,随着气候变暖,微生物开始活动,使有机物迅速降解。一般来说,气温上升降解反应加快,气温下降降解反应减慢,但也会出现相反的情况,即气候转凉降解代谢反而加快,关键取决于代谢活动的限制因子。例如,在寡营养的湖泊中,2,4-D 在秋、冬季的降解速率反而加快,这是因为落叶进入湖水中带来了丰富的微生物及有机质,环境中生物量增加的影响超过了低温带来的不利影响。

2) pH 值

在极端酸性或碱性的条件下,微生物活性降低,而在合适的 pH 值环境下微生物的活性增高,生物降解趋向加快。如果在某一环境下有多种微生物可以代谢某种化合物时,则比在这种环境下只有一种微生物进行代谢所适应的 pH 值范围要宽,对含有毒有机物的酸性土壤,通常可加入石灰来调节土壤的 pH 值以进行污染修复。

3) 水分

微生物进行代谢活动时需要有足够的水分,对于海洋、淡水和含水层等环境来说,水分不会是微生物的生长限制因素,但是土壤中的水分成为微生物降解的严重限制因素。研究表明,含油污泥的生物降解的最适水分为土壤持水量的 30%~90%。最适水分含量取决于土壤的特性、化合物种类,以及是厌氧还是好氧的转化。在好氧降解的情况下,土壤水分含量提高,使土壤孔隙中充满水,将不利于污染物分解。

4) 氧气

在许多环境条件下,大量基质的降解需要电子受体的充分供应。例如,烃类等几类化合物的降解,氧气是仅有的或优先的电子受体,即只有在氧气存在的条件下才能发生转化作用,或是只有专性好氧菌才能进行最迅速的转化作用。当氧气扩散受到限制时,原油和其他烃类的降解速率就会受到影响，如受汽油或石油污染的地下水，水相中的氧气会迅速消耗，接着降解变缓，最后停止。因此，典型的修复策略是增加氧气的供应量，如强制供气、供纯氧或添加过氧化氢等。在深水、土壤和沉积物中氧气的供应受到影响时，常常导致烃类化合物的降解十分缓慢，甚至不能进行。

有时有机物的生物降解不需要分子氧的供应，在厌氧条件下可由有机物、硝酸盐、硫酸盐或 CO_2 作为电子受体。如果环境中的硝酸盐或硫酸盐耗尽，降解反应就会停止，需要重新补充电子受体。

5) 盐分

当盐分比较高时，可能会影响微生物的活动。有些土壤中的盐分较高，会抑制某些降解有机物的微生物种群生长，从而抑制污染物的生物降解过程。

（2）营养源

1) 碳源

碳源对细菌和真菌的生长都很重要，在土壤中通常含碳量很高（1%），但是许多碳素以微生物不可利用的或缓慢利用的络合形式存在，碳源经常成为微生物的生长限制因子。当有机污染物进入环境后，如果它的浓度比较高，碳源不会成为生长的限制因子，但是如果浓度较低仍是限制因子。有时污染物浓度看起来很低，实际并非如此，这是由于环境中的污染物未均匀混合或者是以非水溶相液体的形式存在。例如，在原油、汽油或溶剂与环境之间的界面上碳浓度很高，这时原来不是限制因子的营养盐类成为高度的限制因子，通常 N 和 P 是缺乏的，一般 K、S、Mg、Ca 和 Pe 及微量元素不缺乏。

由于共代谢有机化合物的细菌和真菌需要生长基质，所以向环境中添加有机物或单一化学品经常可以促进降解。在加入联苯后可以促进多氯联苯的转化，因为多氯联苯和联苯的结构相似，属类似物共代谢。大部分共代谢物与添加的基质在结构上并不相似，但仍能促进共代谢，这可能是因为添加基质后增加了生物量，并非特异性反应所致。有时在加入有机质后会引起氧气耗竭，结果发生厌氧反应。

2) 氮和磷

N、P 加入土壤后可以促进石油及各种烃类的生物降级并增加细菌的数量。例如，在施加含 N、P 无机盐后，会使土壤中的菲的矿化出现以下三种不同的情况：立即见效；隔一段时间见效；不见效。第三种情况的出现可能是由于土壤中的 N、P 浓度水平较高，足够微生物利用，或者是污染物本身含有 N、P。

以前普遍认为在任何一段时间内只有一种营养元素起限制作用，当一种限制因子的限制作用解除后，另一种因子变为限制因子。但是现在认识到两种营养物可以同时限制微生物生长，经常发现几种无机营养物一起加入比单独加入促进降解的作用更大。

尽管环境中氮、磷的含量很低时生物降解速率也很低，但是降解仍然可以继续。这可能与营养物的再生有关，即无机营养物被微生物同化为细胞后，再经过细胞溶解或原生动物消化后转化为无机物。在这种情况下，降解速率受到了限制营养盐循环速率的支配。原生动物可能在土壤、海洋及湖泊中的营养盐再生过程中起非常重要的作用。

生物降解速率随时间的变化经常是温度随日或季节变化的结果，但也会有其他原因。例如，随降雨量变化，降雨形成的地表径流携带土壤中大量的 N、P 进入水体，使湖泊和河水的 N、P 浓度随着雨量增加，结果降雨量使水体中原来没有观察到的 4-硝基苯酚的矿化作用发生了。

微生物生长需要的N、P，如1000g有机碳矿化，如果30%的基质碳被同化，即形成300g生物量碳，假设细胞的C∶N和C∶P分别为10∶1和50∶1，那么就需要30gN和6gP。这样简略的计算可以方便地预测基质全部分解所需要的氮、磷总量，但也可能无法预测可支持最大降解速率的氮磷浓度。因此区分达到最大降解程度的最佳营养浓度和达到最高降解速率的最佳营养浓度是很重要的。

钙和镁大量存在于内陆水体中，并且反应性钙、铁和镁存在于土壤和沉积物中，这些阳离子改变了磷的有效性，而且，pH值会影响水相中钙和镁的磷酸盐性质，也会改变$H_2PO_4^-$和$H_2PO_4^-$的相对比例。在溶液中磷的变化，可以解释为什么一株使酚矿化的假单胞菌在pH值为8.0时需要高浓度磷，而在pH值为5.2时仅要求低度磷。

3）生长因子

生长因子是指微生物生长不可缺少的微量有机物，主要包括维生素、氨基酸和碱基等，它们一般是酶、核酸等的组成成分。根据微生物对生长因子的需求不同，可将微生物分为三类：生长因子自养型微生物，这类微生物可以自行合成生长因子以满足自身需要，因此不需要从外界摄入任何生长因子，如放线菌、大肠杆菌等；生长因子异养型微生物，这类微生物无法合成或合成生长因子的能力很弱，需要从外界吸收多种生长因子才能维持生长，如各种乳酸菌；生长因子过量合成的微生物，这类微生物在代谢活动中，能合成并大量分泌某些维生素等生长因子，因此可作为有关维生素的生产菌种。

在环境中可能有降解同一种化合物的几种菌。当营养缺陷型和自养型菌种共同存在时，生长因子缺乏不会影响到降解，但如果环境中只有一种或两种降解菌，并且均是营养缺陷型时，生长因子的供应就会成为限制因子，影响到降解速率。在海水中大约有90%的细菌属营养缺陷型，海洋沉积物中有75%～80%的细菌属营养缺陷型。在土壤中90%的细菌，以及在湖水中很高比例的细菌都需要一种或几种B族维生素、氨基酸或其他生长因子。在环境中，细菌、真菌或藻类可以分泌生长因子，原生动物和高等动物可以排泄生长因子。

生长因子还会影响到提供生长和生物降解碳源的阈值浓度。混合氨基酸能降解低细菌增值的最低葡萄糖浓度，单种氨基酸可以降低湖水中细菌对酚矿化的阈值。

（3）多基质作用

实验室内的研究一般使用单个有机质，但是在自然环境或污染环境下经常是多种基质在一起。例如，在自然环境中，多种合成有机物，各种天然产物与水中溶解态碳或土壤和沉积物中的腐殖质结合在一起，它们的浓度可以很高，高到使微生物中毒，也可以很低，低到不能支持微生物生长。多种微生物和多种化合物共同存在下的生物降解与一种微生物对一种化合物的生物降解有很大的不同。

1）多种基质作用的现象

多种有机质可以同时被利用。例如，在石油污染的沉积物和海水中海洋细菌可以同时降解直链烷烃C_{16}～C_{30}；在活性污泥中的葡萄糖代谢速率不受正在进行的乙酸盐降解的影响；混合培养物可以同时降解2,4-D和2-甲-4-氯丙酸；恶臭假单胞菌可以同时代谢苯酚和葡萄糖。这种两种碳源的同时利用一般发生在基质浓度很低的情况下，但有时也会发生在高浓度情况下。生长于实验室培养基中的细菌有时可以同时代谢三种或以上的碳源，有时可以转化不止一种氮源和电子受体。

通常是一种基质可以促进第二种基质的降解速率。这种情况可以发生在环境样品中或生物反应器内，也可以发生在两种微生物的培养物内或纯培养中。例如，水杨酸盐可以促进土壤中萘的矿化；把葡萄糖加入污泥生物反应器中可以促进一种放线菌和一株紫色杆菌属对2,4-二硝基苯酚的生物降解；甲苯可以促进假单胞菌对苯和二甲苯的降解；添加葡萄糖可以促进污泥反应器中PCP的厌氧转化。

相反，一种基质也可以减缓第二种基质的降解。例如，在两种细菌培养物中加入苯胺会抑制己内酰胺的降解；溶液中含苯酚或2,4,4-三氯苯酚会使富集菌对五氯苯酚的利用率降低；在加入二氯甲烷基质后，假单胞菌株利用低浓度乙酸的速率降低。在某些情况下，基质的顺次利用机制抑制了基质利用，一种基质的消失只发生在另一种基质大部分或全部消失后。例如，树脂枝孢就是顺次分解链烷烃，这种顺次利用的情况还发生在天然水、土壤和富集培养中。微生物对石油烃类混合物的某些成分的降解先于其他物质，这些烃类消失速率的差异可能经常是（但不总是）各种烃类对生物降解固有差异的反应。

在纯培养中基质的顺次利用，经常是二次生长作用的结果，二次生长可以出现在含有高浓度有机基质的多种细菌的培养物中，也可以出现在单一细菌种占优势的富集培养物中。在包含两种支持生长基质的培养基中，支持生长快的基质一般首先被利用。单一微生物种在两种化合物中，在高浓度时会表现为二次生长，但在低浓度下会表现为同时利用。碳源同样也可以有这两种二次生长型关系，如睾丸酮假单胞菌首先利用无机磷酸盐而不是甲基磷酸酯。

2）多种基质作用的降解

在天然和污染环境中一种基质对另一种基质生物降解的影响目前研究得不够深入，在自然界中，如果两种基质之间不存在相互影响，可能是因为两种不同种微生物有各自不同的基质，当不同的微生物受一些共同因子的限制时，两种基质之间也会发生影响。另一种情况是一种微生物正在降解两种化合物，其浓度可能太低而不能进行二次生长。由于二次生长涉及当第一种基质代谢时，抑制了分解第二种基质的酶的合成；如果在微生物体内两种碳源的分解代谢或酶调节的机制不受与二次生长有关的生理过程控制的话，二次生长可能是不重要的。

有许多假说解释一种化合物促进另一种化合物的降解，但是大多缺少试验证据。许多情况是添加大量基质促使生物量大量增加，如果产生的微生物可以很容易地利用这两种基质，第二种基质引起的生长将会促进第一种基质的分解。如果一种基质是共代谢物，它会因为另一种基质的添加而明显受益。有的微生物是营养缺陷型，利用第一种基质的微生物种群所分泌的生长因子会明显地促进利用第二种基质的营养缺陷型菌的生长。此外，微生物还有诱导作用，即一种化合物诱导出分解其他化合物的酶。如果两种化合物有一种浓度很低，低于生长阈值，另一种化合物可以促进痕量污染物的降解的能量。

有关一种化合物抑制另一种化合物降解的研究很多，可以归纳为以下原因。

在污染严重的地方，由于一种化合物的毒性很高，抑制微生物生长而造成另一种化合物的降解缓慢；也可能两种化合物毒性都不高，但两种化合物组合在一起的毒性超过微生物的耐受性程度。

一种化合物生成的产物不利于作用于第二种化合物的微生物群体，如假单胞菌的4-硝基苯酚代谢的产物就会抑制其他细菌的酚氧化。

在两种微生物分别降解两种基质时，由于微生物对低浓度磷的竞争作用，使得一种化合物或两种化合物的生物降解速率下降。两种微生物竞争不充分供应的其他限制因子，例如在氧或其他电子受体不能满足微生物需要时，也会发生这种竞争。

如果有两种基质存在，将使细菌细胞数目增加，其中数量较多的群体会促进捕食的原生动物增加，结果是被另一种微生物降解的另一种基质的降解速率或降解程度将降低。

如果一种微生物对两种基质的生物降解起作用，抑制作用来自第一种基质分解代谢产生的中间代谢对另一种基质分解代谢所需要酶的合成的阻抑，或者可能对已经存在的酶的活性抑制，或者是一种基质的吸收干扰、抑制另一种基质的吸收。

第四节　土壤动植物

一、土壤动物

土壤动物多为原生动物，主要是一些较小的土居性多细胞动物，包括线虫、蠕虫、蚯蚓、蜗牛、千足虫、蜈蚣、蚂蚁、螨、蜘蛛以及各种昆虫和环节动物等。在土壤中，线虫是最常见的原生动物，每立方米可达几百万个，许多线虫寄生于高等植物和动物体内；土壤中主要的无脊椎动物是蚯蚓，能分解枯枝落叶和有机质；蚂蚁和白蚁可破碎落叶并转移进入深层土壤；千足虫等足目动物以及弹尾动物可以参与枯枝落叶的破碎过程。在土壤中，后生动物对植物残体的破碎作用有利于原生动物的取食和微生物的进一步分解。

二、土壤植物

植物对污染土壤的治理是通过其自身的新陈代谢活动来实现的，在修复植物的新陈代谢过程中始终伴有对污染物质的吸收、排泄和累积过程。

（一）植物吸收

植物为了维持正常的生命活动，必须不断地从周围环境中吸收水分和营养物质。植物体的各个部位都具有一定的吸收水分和营养物质的能力，其中根是最主要的吸收器官，能够从其中生长介质土壤或水体中吸收水分和矿质元素。植物对土壤或水体中污染物质的吸收具有广泛性，这是因为植物在吸收营养物质的过程中，除了少数几种元素表现出选择吸收外，对大多数物质并没有绝对严格的选择作用，对不同的元素来说只是吸收能力大小不同而已。植物对污染物质的吸收能力受本身的遗传机制的影响外，还与土壤理化性质、根际圈微生物区系组成、污染物质在土壤溶液中浓度大小等因素有关，其吸收机理是主动吸收还是被动吸收尚不清楚。研究表明其情形可能有以下三种。一是植物通过适应性调节后，对污染物产生耐性，吸收污染物质。植物虽能生长，但根、茎、叶等器官以及各种细胞器受到不同程度的伤害，生物量下降，这种情形可能是植物对污染物被动吸收的结果。二是完全"避"作用,这可能是当根际圈内污染物浓度低时,根依靠自身的调节功能完成自我保护,也可能无论根际圈内污染物浓度有多高,植物本身就具有这种"避"机制,可以免受污染物的伤害,但这种情形可能很少。第三种情形是植物能够在土壤污染物质含量很高的情况下正常生长,完成生活史,而且生物量不下降,如重金属超积累植物和某些耐性植物等。

(二) 植物排泄

植物也像动物一样需要不断地向外排泄体内多余的物质和代谢废物,这些物质的排泄常常是以分泌物或挥发的形式进行。在植物界,排泄与分泌、挥发的界限一般很难分清。分泌是细胞将某些物质从原生质体分离或将原生质体的一部分分开的现象。分泌的器官主要是植物的根系,其他的还有茎、叶表面的分泌腺。分泌的物质主要有无机离子、糖类、植物碱、单宁、树脂、酶和激素等生理上有用或无用的有机化合物,以及一些不再参加细胞代谢活动而去除的物质,即排泄物。挥发性物质除随分泌器官的分泌活动排出植物体外,主要是随水分的蒸腾作用从气孔和角质层中间的孔隙扩散到大气中。植物排泄的途径通常有以下两条。一条途径是经过根吸收后,再经叶片或茎等地上器官排出去。如某些植物将羟基卤素、汞、硒从土壤溶液中吸收后,将其从叶片中挥发出去。如高粱叶鞘可以分泌一些类似蜡质物质,将毒素排泄出体外。另一条途径是经叶片吸收后,通过根分泌排泄,如1,2-二溴乙烷通过烟草和萝卜叶片吸收,然后迅速将其从根排泄。其他的如酚类污染物、苯氧基乙酸、2,4-D和2,4,5-三氯苯氧基乙酸也都是从叶片吸收再通过根分泌排泄。植物根从土壤或水体中吸收污染物后,经体内运输会转移到各个器官中去,当这些污染物质含量超过一定的临界值后,就会对植物组织、器官产生毒害作用,进而抑制植物生长甚至导致其死亡。在这种情况下,植物为了生存,也常会分泌一些激素来促使积累高含量污染物的器官如老叶加快衰老速度而脱落,重新长出新叶用以生长,进而排出体内有害物质,这种"去旧生新"的方式也是植物排泄污染物质的一条途径。

(三) 植物累积

进入植物体内的污染物质虽可经生物转化过程成为代谢产物经排泄途径排出体外,但大部分污染物质与蛋白质或多肽等物质具有较高的亲和性而长期保留在植物的组织或器官中,在一定的时期内不断积累增多而形成富集现象,还可在某些植物体内形成超富集,这是植物修复的理论基础之一。超富集植物在超量积累重金属的同时还能够正常生长,这可能是液相饱的区室化作用和植物体内某些有机酸对重金属螯合作用起到解毒的结果。通常用富集系数 (bioaccumulation factor, BCF) 来表征植物对某种元素或化合物的积累能力,即

富集系数=植物体内某种元素含量/土壤中该种元素含量

用位移系数 (translocation factor, TF) 来表征某种重金属元素或化合物从植物根部到植物地上部的转移能力,即

位移系数=植物地上部某种元素含量/植物根部该种元素含量

富集系数越大,表示植物积累该种元素的能力越强。同样,位移系数越大,说明植物由根部向地上部运输重金属元素或化合物的能力越强,对某种重金属元素或化合物位

移系数大的植物虽然利于植物提取修复。不同植物对同一种污染物质积累能力不同；同一种植物对不同污染物质及同一种植物的不同器官对同一种污染物质的积累能力也不同，而且积累部位表现出不均一性。富集系数可以是几倍乃至几万倍，但富集系数并非可以无限地增大。当植物吸收和排泄的过程呈动态平衡时，植物虽然仍以某种微弱的速度在吸收污染物质，但在体内的积累已不再增加，而是达到了一个极限值，称为临界含量，此时的富集系数称为平衡富集系数。

（四）植物吸收、排泄和积累间的关系

植物对污染物质的吸收、排泄和积累的过程始终是一个动态过程，在植物生长的某个时期可能会达到某种平衡状态，随后因一些影响条件的改变而打破，并随植物生育时期的进展再不断建立新的平衡，直到植物体内污染物质含量达到最大量即临界值，亦即吸收达饱和状态时，植物对污染物质的积累才基本不再增加。

影响植物吸收、排泄和积累的因素很多，如土壤因素、水分因素、光照因素以及植物本身的因素等。其中植物根系与根际圈污染物质间的相互作用是较为重要的影响因素。这是因为植物根系只能吸收根际圈内溶解于水溶液的元素，这些元素既包括 C、H、O、N、P、S、K、Ca、Mg、Fe、Mn、Zn、Cu、B、Cl 等必需元素，也包括 Cd、Cr、Hg、Pb 等有害重金属元素。它们以有机化合物、无机化合物或有机金属化合物的形式存在于土壤中根据植物根对土壤中污染物质吸收的难易程度，可将土壤中污染物大致分为可吸附态、交换态和难吸收态三种状态。土壤溶液中的污染物如游离离子及螯合离子易为植物根所吸收，为可吸收态；残渣态等难为植物吸收的为吸收态；而介于两者之间的便是交换态，主要包括被黏土和腐殖质吸附的污染物。可吸收态、交换态和吸收态污染物之间经常处于动态平衡，可溶态部分的重金属一旦被植物吸收而减少时，便主要从交换态部分来补充，而当可吸收态部分因外界输入而增多时，则促使交换态向难吸收态部分转化，这三种形态在某一时刻可达到某种平衡，但随着环境条件的改变而不断发生变化。

三、影响植物修复的环境因子

影响植物修复的环境因子包括 pH 值、E_h、共存物质、污染物的交互作用、生物因子等。以下以重金属污染的植物修复为例，阐述影响植物修复的环境因子。

（一）酸碱度

pH 值是土壤重金属活动的一个重要因素。土壤酸碱度对重金属化合物的溶解与沉淀平衡的影响较为复杂，土壤中绝大多数重金属是以难溶态存在的，其可溶性受 pH 值限制，即土壤重金属随着 pH 值增加而发生沉淀，进而影响到植物的吸收与利用。

随土壤溶液 pH 值降低，大多数重金属元素在土壤固相的吸附量和吸附能力减弱，重金属元素的离子活度升高，易于被生物利用。如果在不同 pH 值处理的受 Zn、Cd 污染的花园和山地土壤盆栽试验中，超富集植物天蓝遏蓝菜（T. caerulescens）吸收的 Zn、Cd 量的大小随土壤 pH 值下降而增加。当土壤溶液 pH 值由 6.6 降至 3.9 时，溶液中的有机 Cu 几乎由 99% 降低至 30%，极大地增加了 Cu^{2+} 的活度。但有些重金属则相反，如类金属 As 在土壤中以阴离子形式存在，提高 pH 值将使土壤颗粒表面的负电荷

增多，从而减弱 As 在土壤颗粒上的吸附作用，增大土壤溶液中 As 含量，植物对 As 的吸收增加。需要说明的是，土壤溶液 pH 值对重金属的植物性影响可能不是单一的递增或递减关系。经过对土水体系中 pH 值对 Cd 的有效性影响研究，在 pH 值 6 以下时 Cd 的有效性随 pH 值的升高而增加，而在 pH 值 6 以上则相反。

(二) 氧化还原电位

重金属对过渡元素，在不同的氧化还原状态下，有不同的形态。硫化物是重金属难溶化合物的主要形态。随着 E_h 的减低，硫化物大量形成，土壤溶液中的重金属离子就减少。例如镉污染区水稻抽穗一周后 E_h 为 416mV 是糙米含镉量为 165mV 的 2.5 倍。湿润条件下水稻根的含镉量为淹水条件下的 2 倍，茎叶为 5 倍，糙米是 6 倍。因为在淹水还原条件下，Fe^{3+} 还原成 Fe^{2+}，Mn^{2+}、SO_4^{2-} 还原成硫化物，结果形成难溶的 FeS、MnS 和 CdS。在含砷量相同的土壤中，水稻易受害，而其对旱地作物几乎未产生毒害。这也是因为在流水条件下易形成还原态的三价砷，而旱地常以氧化态的五价砷存在。三价砷的毒性比五价砷高。

(三) 共存物质

1. 络合-螯合剂

络合-螯合剂首先与土壤溶液中的可溶性金属离子结合，以防止金属沉淀或吸附在土壤上。随着自由离子的减少，被吸附态或结合态的金属离子开始溶解，以补偿平衡的移动。在含 2500mg/kgPb 的污染土壤上种植玉米、豌豆，加入 EDTA 后，植物地上部分 Pb 的浓度从 500mg/kg 提高到 10000mg/kg。EDTA 还能极大提高 Pb 从根系到地上部的运输能力，将 1.0g/kgEDTA 加入土壤，24h 后玉米木质部中 Pb 浓度是对照组的 100 倍，从根系到地上部的运输转化是对照组的 120 倍。

2. 表面活性剂

研究发现表面活性剂对土壤中微量重金属阳离子具有增溶作用和增流作用。用五种表面活性剂修复铬污染土壤，发现静态吸附中，单独使用阴离子型 Dowfax800 对六价铬的浸提率比对照水的浸提率高 2.0~2.5 倍；当与螯合剂二苯卡巴肼复合使用时，其浸提率比水浸提高 9.3~12.0 倍，比单独使用 Dowfax800 高 3.5~5.7 倍。被动淋洗过程中 Dowfax800 与螯合剂二苯卡巴肼复合使用，六价铬比去离子水高 2.13 倍。使用阴离子型 SDS、阳离子型 CTAB、非离子型 TX100 等三种表面活性剂以及 EDTA 和 DPC （二苯基硫卡巴腙）等两种螯合剂修复 Cd、Pb、Zn 污染土壤，发现 SDS、TX100 能显著促进重金属的解吸，而 CTAB 则相反。在表面活性剂浓度低于 CMC 临界胶束浓度时，其对重金属的去除率随浓度的增加而线性增加；超过 CMC 临界胶束浓度时则保持相对稳定。

(四) 污染物间的复合效应

在现实环境中，单种污染物对环境的孤立影响比较少见，在大多情况下，往往是多种污染物对环境产生复合污染。

如锌能拮抗凤眼莲对镉的吸收。未加锌时，1.0mg/L 和 5.0mg/L 镉处理 30d，凤眼莲含镉量分别为 459.5mg/kg 和 1760.5mg/kg；当加 1.0mg/L 锌后，凤眼莲的含镉量分别下降为 209.1mg/kg 和 191mg/kg。但是，当镉单独处理 30d，凤眼莲的含镉量为

2070.1mg/kg，当加入1.0mg/L锌后，镉的含量上升至5540.5mg/kg。同时，镉也能抑制植物对锌的吸收。对水稻的研究结果表明，在锌、镉共存时，植株中的锌含量减少而镉含量明显增加；缺锌时镉的吸收量增加，但缺锌时加施镉则使植株中的锌含量提高。

（五）植物营养物质

养分是影响植物吸收重金属的要素，有些已成为调控重金属植物毒性的途径与措施。由于磷肥大多含有Cd，施用磷肥能够增加植物体内的Cd含量已成共识，但完全不含Cd的硝酸铵也能增加小麦对Cd的吸收，其实这是氮肥促进植物生长，而且NH_4^+进入土壤后将发生硝化作用，短期内可使土壤pH值明显下降，增加了Cd的生物有效性，更重要的是NH_4^+还能与Cd形成络合物而降低土壤对Cd的吸附。改变土壤腐殖质的构成也可强化植物对重金属的吸收。重金属非常容易与土壤中有机质形成有机螯合物，一般情况下，水溶性有机物和重金属形成络合物，可增加重金属的移动性和植物利用性。

（六）植物激素

植物激素是在植物体内合成的、对植物生长发育产生明显调节作用的微量生理活性物质。研究报道，在土壤镍、镉污染条件下，向玉米幼苗喷施植物激素类除草剂2, 4-D，发现低剂量除草剂使植物体内Ni、Cd含量较单独施用Ni、Cd分别增加22.2%和26.1%，高剂量则分别增加68.27%和17.1%，即植物激素类除草剂强化了植物对重金属的吸收。

（七）生物因子

菌根真菌作为直接连续植物根系与土壤的微生物，能改变植物对重金属的吸收与转移。在施用污泥的土壤中，接种菌根能显著增加植物的生长、根菌数量与质量，提高植物体内的Zn、Mn、Ni、Cu、Ni、Cd、Pb等含量，降低土壤的重金属浓度；而且研究发现菌根化幼苗中Cu、Zn浓度增加，而非菌根化幼苗中较低。当1mg/kg、10mg/kg、100mg/kgCd加入土壤中时，菌根化植物吸收Cd的量比非菌根化植物分别高90%、127%和131%。很明显，菌根化植物对重金属有很强的吸收能力。在被^{137}Cs和^{90}Sr污染的土壤中接种菌根球囊菌（*G. mosseae*）可以促进草本植物百喜草（*Paspalum notatum*）、石芽（*Sorghum helpense*）、柳枝稷（*Panicum virginatum*）的生长，接种处理与不接种相比，植株体内的^{137}Cs和^{90}Sr含量显著提高。

四、土壤植物及其生态功能

（一）植物根的生理作用

根是植物体重要的器官，它具有固定植株、吸收土壤中水分和矿物质营养、合成和分泌有机物等生理特性。

首先，植物根具有深纤维根效应，根的形态可以影响污染物的生物可利用性和降解程度。研究表明，根所接触到的根际环境会因根的深度和分枝的伸展模式不同而不同。植物根系的生长能不同程度地打破土壤的物理化学结构，使土壤产生大小不等的裂缝和根槽，这可以使土壤通风，并为土壤中挥发和半挥发性污染物质的排出起到导管的作用。很显然，植物修复需要理想的扩散面积大的复杂根系环境。如大草原上的深根系统可改善土壤微生物的活动，根毛-土壤界面可使微生物与污染物有较大、较多的接触空间，根际圈的细菌与真菌合作可产生较高的多种代谢率，根际分泌物可以诱导高分子有机污染物的共代谢，从而加强了其生物降解。而浅根和低扩散的根，即使能支持一个具有高降解能力的微生物群落的生长与繁衍，但却满足不了亚表层土壤中污染物的生物降解与修复的需要。

第二，根可以通过吸收和吸附作用在根部积累大量的污染物质，加强了对污染物质的固定，其中根系对污染物质的吸收在污染土壤修复中起到重要作用。根际圈内较高的有机质含量可以改变有毒物质的吸附、改变污染物的生物可利用性和淋溶性。根际圈微生物可促进有毒物质与腐殖酸的共聚作用，如氯酚和多环芳烃与土壤有机质的关系都直接或间接的受根际微生物的影响。另外，植物本身受到果胶和木质素保护，可以去除或吸附高分子疏水化合物阻止这些污染物进入植物的根。

第三，根还有生物合成的作用，可以合成多种氨基酸、植物碱、有机氮和有机磷等有机物，同时还能向周围土壤中分泌有机酸、糖类物质、氨基酸和维生素等有机物，这些分泌物能不同程度地降低根际圈内污染物质的可移动性和生物有效性，减少污染物对植物的毒害。植物根分泌物因植物种类不同而异，并与环境因素有关。调查表明，缺铁的双子叶植物和单子叶植物，它们的根都能累积有机酸。但只有双子叶植物具有较强的将质子释放到根部的能力。

第四，植物具有多种物理和生化防范功能阻止有毒物质侵入，并排斥根表的多种非营养物质进入植物体。这样，一旦有机毒物进入到植物根部，它们就可以被代谢或通过分室储存，形成不溶性盐，与植物组分络合或键合为结构聚合物的方式固定下来。

（二）植物根际圈生态系统

1. 植物根际圈

植物根际圈指由植物根系和土壤微生物之间的相互作用而形成的独特圈带。植物根部具有一个良好的适应微生物群落生长的生态环境。植物根不断地向根际圈输入光合产物，并且枯死的根细胞和植物分泌物的积累使根际圈变成一块十分富饶的土壤。使根际圈构成为以土壤为基质，以植物的根系为中心，聚集了大量的细菌、真菌等微生物和蚯蚓、线虫等一些土壤动物的独特的"生态修复单元"。根际圈包括根系、与之发生相互作用的生物，乃受这些生物活动影响的土壤。它的范围一般是指离根表几毫米到几厘米的圈带，但实际上由于根系的性质多变而难以区分，通常用模拟方法进行研究和划分，如根际箱或根际袋等。

2. 植物-微生物-污染物在根际圈的相互作用

植物的根系从土壤中吸收水分、矿质营养的同时，向根系周围土壤分泌大量的有机质，而且其本身也产生一些脱落物，这些物质促使某些土壤微生物和土壤动物在根系周围大量地繁殖和生长，使得根际圈内微生物和土壤动物数量远远大于根际圈外的数量，而微生物的生命活动如氮代谢、发酵和呼吸作用及土壤动物的活动等对植物根也产生重要影响，它们之间形成了互生、共生、协同及寄生的关系。

生长于污染土壤中的植物首先通过根际圈与土壤中污染物质接触，根际圈通过植物根及其分泌物质和微生物、土壤动物的新陈代谢活动对污染物产生吸收、吸附和降解等一系列活动。大量研究表明，有害物质在多种植物根际圈被微生物降解。这种根际微生物群落提供的外部保护对微生物和植物双方是互利互惠的。微生物受益于植物的营养供给，反过来，植物受益于由根际圈微生物伴随的土壤中有机有害物质的脱毒作用。以根分泌形式存在的光合产物维系了正常非压力条件下的微生物群落。当土壤中因化学品出现而产生压力时，植物的响应是增加根际圈的分泌物，其结果是导致微生物群落增加了对毒性物质的转化类。微生物的响应是增加微生物数量，这时合成脱毒酶的数量增加，降解污染物的根际圈微生物基质相对丰富也发生变化。于是，植物通过诱导根际圈微生物群落的代谢能力而获得保护。根际圈作为微生物活动较强的地带，可以加强污染物的降解和转化。

3. 植物根际圈的生物降解

植物根际圈为好氧、兼性厌氧及厌氧微生物的同时生存提供了有利生境，各种微生物可利用不同有机污染物为营养源进行生长繁殖。首先，植物发达的根系为微生物附着提供了巨大的表面积，易于形成生物膜，促进污染物被微生物降解利用；其次，植物自身的光合作用，借助于光能这一清洁能源为推动力，能将部分可溶性污染物及被微生物分解的污染物同化吸收。同时，光和过程中生成的 O_2 可通过茎根输向水体或土壤，使根区周围依次形成多个好氧、缺氧与厌氧小区，为好氧、兼性厌氧及厌氧微生物生存提供良好生境。研究表明，对同一种污染物的矿化而言，混合微生物群落比单一微生物群落更为有效。污染物有时不能被氧化它们的那组微生物所同化，但是却可以被其他微生物转化。这种共栖关系可以大大增强难降解污染物的矿化率，从而防止有机有害污染物中间体的产生与积累。

微生物矿化污染物的能力还可以通过遗传改性的方式得到加强。细菌的基因转化可自然发生。通过结合、传导和转变等过程，质粒转变可以使细菌在它们的环境中快速变化。通过传播遗传信息，合成降解新基质所必需的酶，可使细菌降解外来污染物，降解酶的合成是微生物有利于控制环境质量的原因之一。此外，有毒有机污染物还可以通过微生物的腐殖化作用转变为惰性物质被固定下来，达到脱毒的目的。

第三章 土壤中碳、氮、硫、磷与环境效应

第一节 土壤中的碳与环境效应

一、土壤碳的组成与形态

(一) 土壤碳的组成

土壤碳包括土壤有机碳和无机碳两大部分,由于土壤无机碳更新周期大约为8500年,因而土壤有机碳在全球变化研究中更为重要。

1. 土壤有机碳

土壤有机质是土壤有机碳库的重要来源,不同土壤表层有机碳的平均停留期受土壤有机质的性质、数量、腐殖质的特性以及环境条件影响。土壤有机碳的储藏量在不同生态系统的土壤中和不同类型土壤中的分布是不同的,它取决于土壤植被类型、面积以及单位面积的土壤碳密度。从植被类型上分,一般沙漠、热带雨林及稀疏草原等所占比例较高的地区,相应的土壤碳储蓄量较少,而湿地与此相反。森林生态系统为地球陆地生物圈最大的碳储库,全球森林地上部碳库为360~480GtC(1GtC=10^9t碳),而相应的土壤碳达790~930GtC,即分别占全球地上部分碳的80%左右和全球土壤碳库的70%左右。温带森林土壤和农业土壤可能是大气CO_2浓度的主要调节者。

2. 土壤有机碳的重要性

(1) 对环境的影响

土壤碳是陆地生态系统中最大的"碳库",对全球气候变化和人类生存环境有着重要的影响。据统计,全球陆地土壤碳量约为1300~2000GtC,是陆地植被碳500~600GtC的2~3倍,是全球大气碳750GtC的2倍多,因此土壤碳在全球碳平衡及循环中起着举足轻重的作用,在温室气体除了N_2O外,均与碳的循环有关。

泥炭土、沼泽土和水稻土中逸出的甲烷是大气中甲烷主要来源之一。水稻土面积的扩大增加了大气中甲烷的浓度。泥炭地作为农业利用时需要排水,这将改善土壤的通气性,从而加速泥炭微生物的降解;泥炭地的疏干,特别是热带雨林的开垦,将显著增加土壤中二氧化碳净逸出量,增加大气中二氧化碳的浓度,大气中甲烷和二氧化碳量的增加会通过温室效应改变气候。

(2) 对土壤性质的影响

土壤中各种有机化合物影响黏粒矿物的组合、土粒的聚集状态、离子的移动、土壤持水量、通气性和盐基交换等各种性质。一些易溶的中间分解产物具有溶解铁、锰等金

属离子或与之配位的能力,从而加速这些金属离子在剖面中的移动。当有机质氧化后,这些配合态金属离子可以沉淀态析出,从而形成了水稻土等土剖面中的铁、锰淀积和淋溶层,在热带水稻土中的20～30cm处甚至常形成一坚硬、不透水的铁盘层。

(3) 对土壤氮、硫和磷循环的影响

土壤中物质循环强度不仅影响土壤的碳排放,同时也影响陆地植被的养分供应。一方面,土壤碳循环是土壤氮、硫和磷循环的驱动因子,只有在适宜于土壤有机碳积累的条件下,才会使有机氮、硫和磷的含量增加;另一方面,土壤有机碳的矿化将伴随着有机氮和C—S的矿化。硫酶和有机磷虽不随有机碳的矿化而矿化,而受制于另外的机制,但因C—S的矿化而影响硫酯的矿化。若土壤退化是由于有机碳损失引起的,则碳和氮的损失将较有机磷的损失多,硫酯的损失在一定程度上也较碳和氮少;如因硫或磷的损失而引起土壤退化时,碳和氮的损失将较硫和磷的损失少。

(二) 土壤碳的形态

土壤碳的变化与其碳的存在形态和生物有效性有密切的关系,这种关系进而影响到土壤碳与地球表层系统间的交换,与温室效应有密切关系。

1. 土壤有机碳的固体形态

土壤有机碳的存在形态包括以粗有机质和细颗粒态(有机质与壤矿物质结合)两类。不同土壤中有机碳的存在形态及比例不同,在非洲热带土壤中,残落粗有机质和颗粒状有机质构成土壤总有机质的20%～30%,且未熏蒸土壤的CO_2产量与粗有机质呈极显著正相关。

对于轻组有机碳,亦认为是土壤中未和矿物质结合的游离有机物质,是土壤中易分解的碳。而重组有机碳,可认为是与矿物质结合形成有机、无机复合体的有机碳,这部分有机碳由于受土壤矿物质保护,是土壤中分解较慢的碳。轻组有机碳部分通常只占土壤质量的0.03%～8.2%,但它的含碳量则是有机碳总量的1%～85%。许多研究表明,轻组有机碳对种植制度、耕作方式、施肥措施和土地利用以及气候变化的响应比土壤总有机碳更为敏感,是反映土壤质量变化的一个敏感指标。重组有机碳含量一般占土壤总有机碳含量的50%～90%,同轻组有机碳部分相比,具有转化慢、C/N值低的特点,该组分对土壤肥力的保持以及土壤碳的固持具有重要的意义。

2. 土壤有机碳的溶解态

溶解性有机碳(DOC)是目前生态系统移动性碳的又一研究热点。DOC是指能溶解于水中的有机碳,它是陆地水系统的重要物质。一般采用野外土壤溶液样品直接经TOC仪测定而得到,亦可用热水浸提而测定。江西庐山酸沉降影响下森林生态系统土壤DOC浓度为150～700mg/kg,因植物生长期以及季节变化而异,并且与溶解铝浓度和单核铝/多核铝的比值高度有关,它表明了DOC作为移动性碳对于土壤环境元素迁移的驱动意义。

3. 土壤有机碳的生物形态

近年来,对土壤环境中微生物的研究日益活跃。微生物碳是活跃的移动性碳,通常采用氯仿熏蒸——K_2SO_4分散提取法测得。土壤微生物碳含量一般为0.1～0.4kg/m²,占土壤有机碳的0.5%～4.6%。土壤微生物含碳量不仅因土壤类型不同而异,而且明显地随着作物季节和耕作制度变化而变化。微生物含碳量与土壤有机碳的比值可作为土壤碳的生物有效性指标。

(三) 土壤碳的活性

土壤碳的活性指土壤碳有效性的高低、微生物分解与利用的难易程度，以及可为植物直接利用的营养元素的多寡等。通常所指的土壤活性有机碳是在一定的时空条件下受植物、微生物影响强烈，具有一定溶解性，且在土壤中移动较快、不稳定、易氧化、易分解和易矿化，其形态和空间位置对植物和微生物有较高活性的那部分土壤碳素。土壤碳素主要包括微生物生物量、轻组有机质、容易浸提的碳氮及碳水化合物等。

化学有效性指标在研究土壤碳库稳定性上很有价值，通常可用有机质的氧化稳定性和氧化移动度表示。有机质氧化稳定性是指难氧化有机质与易氧化有机质的比值。我国各主要土壤类型的有机质氧化稳定性为 0.5～1.2，此值越低，土壤的生物有效性越大，它与土壤肥力和环境质量有关。通常可用土壤碳的移动度来评价土壤碳的移动性，即 1/3mmol 的 $KMnO_4$ 可氧化的碳量与参与碳得到的比值便称为土壤碳的移动度。

二、土壤有机碳的分解与转化

土壤有机碳循环是指有机碳进入土壤，并在土壤微生物的参与下分解和转化形成的碳循环过程。进入土壤的有机碳主要包括植物和动物残体，土壤中的有机碳包括土壤腐殖质、土壤微生物及其各级代谢产物总和。

1. 腐殖质组分

土壤腐殖质一般可分为胡敏酸、胡敏素和富啡酸三个部分，由于腐殖质的微生物学分解过程非常缓慢，通常利用 ^{14}C 断代法测定腐殖质年龄。当腐殖质的分解与形成处于平衡状态时，测得的年龄可看作腐殖质组分在土壤中的平均残留时间，由此计算出平均半衰期。一般而言，土壤腐殖质各组分平均残留时间值的大小顺序为胡敏素＞胡敏酸＞富啡酸。长期以来，在实验室中研究腐殖质各组分的微生物可分解性的进展不大，这是由于胡敏酸溶液中真菌菌丝的周围可形成胡敏酸沉淀，所以溶液中胡敏酸的减少并不都由微生物分解所致。

2. 微生物生物量

微生物生物量虽然在土壤有机质总量中所占的比例较小，但却是最活跃的一个组分。微生物细胞中的蛋白质、细胞膜和细胞质在 7～10d 内，其一级分解速率为 0.02～0.09/d。真菌和细菌在土壤中培育 10d 后平均分解量为 43% 和 34%，28d 后达到 50% 左右。真菌黑素的分解比细胞壁或细胞质慢得多，但这些细胞组织分解后的残留碳大部分进入胡敏素组分，进入胡敏酸的量较少，这可能与培育时间长短有关。

3. 动植物残体的转化

土壤中动植物残体不同组分的生物学稳定性不同，简单有机物如单糖、氨基酸、大部分蛋白质以及一些多糖较易分解；复杂有机体如木质素、脂肪、蜡和多酚化合物等分解较缓。进入土壤中的各种有机物经微生物分解，大部分以 CO_2 形式释放，一小部分进入微生物体的组成部分，另一部分形成腐殖质。不同有机质不仅分解速率不同，而且分解产物在土壤有机质各组分中的分布也各不相同。

目前，关于植物物质中难分解组分及新形成腐殖质的分解过程还不十分清楚。有科研人员利用超声波振动-重液法将土壤分成轻组和重组两个部分，发现其中轻组中的有机碳主要来自分解或半分解的植物残体，重组中增加的有机碳可看作植物残体新形成的腐殖质。木质素含量较少的植物物质分解 2~3 年后，残留的有机碳可看作新形成的腐殖质碳。

三、稻田土壤 CH_4 排放量及其影响因素

稻田生态系统 CH_4 排放量具有时间和空间变异性，同时对这种变异性的认识还十分有限，因而准确估算排放量带来了很大的困难。为了尽可能准确地估算稻田生态系统 CH_4 排放量，人们研发了多种估算方法。在 IPCC 发布的《国家温室气体清单指南》中，根据国家和地区的不同情况分为三个层次。第一层次为对某一类或全部稻田不具实际测定数据的地区或国家，建议采用 IPCC 提供的缺省数据编制稻田生态系统 CH_4 排放清单。第二层次为在部分类型的稻田进行了实际田间测定，具有实测 CH_4 排放量数据的地区或国家，IPCC 鼓励对该地区或国家的稻田进行尽可能仔细的分类后，在田间实测数据的基础上对稻田水分类型等进行校正，采用与第一层次相同的方法进行估算。第三层次是指建立稻田 CH_4 排放测定网，并进行连续测定和建立了估算模型的地区和国家，则可以采用模型估算的方法，但模型必须经过田间实际测定数据的验证。

世界各地的科学家虽然就全球稻田生态系统 CH_4 排放量的估算做了大量的研究工作，然而却获得了极为不同的数值。总体来看，20 世纪 90 年代以前估算的数值大多数都比较大，全球 CH_4 排放量为 30~280Tg/a；90 年代以后，除了个别数值较大外，总体数值相对较小，并且呈下降趋势，为 10~110Tg/a。近年来获得的数据表明，全球稻田生态系统 CH_4 排放量为 28.2Tg/a，其中中国为 7.67Tg/a，占全球稻田生态系统 CH_4 排放量的 27.2%。

影响稻田土壤 CH_4 排放量的因素众多，也很复杂，主要包括土壤水分管理、施肥、土壤理化性质、土壤温度及水稻植株生长等。

1. 土壤水分管理对 CH_4 排放量的影响

水分管理对涉及稻田 CH_4 排放的过程有决定性的影响，因为稻田水层限制了大气中氧气向土壤传输，这是稻田厌氧环境形成的基本条件。如果水稻生长期持续淹水，则 CH_4 排放量远远高于经历烤田和干湿交替处理的稻田排放量，综合考虑烤田及重新淹水期间 CH_4 排放量，烤田使土壤 CH_4 排放量减少 8%~44%。

除了水稻生长期的水分管理强烈地影响 CH_4 排放量外，非水稻生长期水分管理措施对后作水稻生长期 CH_4 排放量的影响也不可低估。对我国华南、西南地区稻田非水稻生长期水分管理措施对稻田 CH_4 排放量的影响研究表明，冬灌田 CH_4 排放量远远高于非水稻生长期水分排干的稻田 CH_4 排放量，这是因为长期淹水导致土壤的强还原性，促进了产 CH_4 菌数量的增长。非水稻长期排干土壤，耕翻并使土壤最大限度地暴露于空气或种植旱作作物可以有效地减少稻田产 CH_4 菌存活数及其活性，从而减少稻田 CH_4 的排放量。

2. 土壤性质对 CH_4 排放量的影响

淹水土壤中同时进行着 CH_4 的生成和氧化作用，土壤理化性质分别影响这两个过程，而且影响程度各不相同，这就导致了不同土壤的 CH_4 排放量与 CH_4 产生潜力的比

值不同。淹水稻田的 CH_4 排放量是这个过程的综合结果。

(1) 土壤 E_h

在氧气或其他氧化态无机化合物存在的情况下，产 CH_4 菌停止其活性而逐渐死亡。当土壤悬液的氧化还原电位从 $-200mV$ 变化至 $-300mV$ 时，CH_4 的产生量增加十倍。而当土壤氧化还原电位处于 $-150\sim-230mV$ 范围内，CH_4 排放量随土壤 E_h 的降低呈指数增加。在一定条件下，土壤 E_h 与 CH_4 排放量呈显著相关。

应当指出，虽然 CH_4 产生必须在土壤严格厌氧的条件下，E_h 变化至 $-100\sim-150mV$ 以后才有可能，然而在田间条件下，土壤 E_h 的测定值与 CH_4 排放通量之间常无显著相关性，其可能的原因有两点：生成 CH_4 的其他必要条件满足程度不一致。例如，对于长期淹水的稻田，土壤 E_h 已经下降到足以满足 CH_4 生成的需要，此时的 E_h 已经不是关键限制因子，而基质的供应水平、温度有可能成为主要影响因素；可能的测定误差，由于土壤的不均匀性和测量电极与土壤接触的有限性，经常出现电极的指示远高于 CH_4 产生的 E_h 值时，已经可以监测到稻田生态系统 CH_4 排放的现象。

(2) 土壤 pH 值

一般来说，中性左右的土壤 pH 值有利于土壤中 CH_4 的产生。由于微生物具有适应生长环境的能力，在酸性或碱性土壤中生长的产 CH_4 菌其最佳生长 pH 值也往往偏酸或偏碱。由于 Fe^{3+} 的还原、CO_2 累积或碱度的变化，大部分酸性土壤和石灰性土壤淹水后其 pH 值均有向中性变化的趋势，从而有利于产 CH_4 菌的活动，因此可以认为土壤 pH 值并非稻田 CH_4 排放量的主要影响因素。然而，酸性硫酸盐土壤可能是一个例外，它的强酸性抑制了产甲烷菌的生成和活性，加之大量存在的硫酸盐和质子，此类稻田生态系统 CH_4 排放量往往较低。

(3) 土壤质地和土壤渗漏率

土壤质地对稻田 CH_4 的排放量有一定影响，在河南封丘对砂质、壤质和黏质水稻 CH_4 排放的研究表明，黏质水稻土排放 CH_4 最少。这种现象可能是由于重质地土壤氧化还原缓冲容量较大，当稻田土壤由排水良好状态到淹水状态时，土壤 E_h 下降速率较慢，达到产 CH_4 菌活动所需土壤 E_h 的时间较长，因而 CH_4 排放较少。

渗透速率对稻田 CH_4 排放量也有一定的影响。土壤水向下渗漏时带入一定量的氧，提高了土壤 E_h，减少了 CH_4 的排放；渗漏水还会带走一定量的溶解和闭蓄于土壤溶液的 CH_4，进一步减少 CH_4 的排放量。在相同的条件下，土壤 CH_4 排放量有随渗漏速率提高而下降的趋势。

(4) 土壤类型

不同类型稻田 CH_4 排放量差异很大，一般为泥炭土＞冲积土＞火山灰土，泥炭土稻田 CH_4 排放量是火山灰土稻田的 40 倍。水稻土有机碳含量对甲烷产生潜力亦有明显的影响，但其受到样品采集空间尺度的制约，土样代表的空间尺度越大，CH_4 产生量和土壤有机碳之间的相关关系越小。在土壤样品空间分布较小的情况下，土壤产甲烷量与土壤多种性质显著相关，除了有机碳外，还有全氮、土壤颗粒组成和 pH 值。由此可以认为，当研究稻田 CH_4 排放的空间变化时，研究区域的空间尺度越小，越应该考虑土壤类型和性质对排放量的影响；而在全球尺度上，土壤类型并非影响稻田生态系统 CH_4 排放量的关键因素。

3. 有机肥的使用

施用有机肥一方面为土壤产 CH_4 菌提供了基质，另一方面新鲜有机肥料的快速分解可加速氧化态土壤淹水后土壤 E_h 的下降，为产 CH_4 菌的生长创造了适宜的环境条件。但是有机肥品种、施用量及施用时间对稻田 CH_4 排放量也有很大影响。例如沼渣肥作为一种特殊形式的有机肥，并不能增加稻田 CH_4 排放量，这是因为沼渣肥在沼气池中已经发酵并在露天堆腐，原来新鲜有机物中易分解的成分相当一部分已生成沼气而消失，它所能提供微生物食物链的潜在食物量减少；不同有机肥对 CH_4 排放总量的影响为菜饼、麦秆＞牛厩肥＞猪厩肥，而秸秆还田方式的不同也会影响 CH_4 排放量，相较于均匀混施，表面覆盖可以有效减少 CH_4 排放。

4. 土壤温度

土温对产生 CH_4 的微生物群落、水稻土表层和水稻根际 CH_4 的氧化以及 CH_4 传输过程均有影响。

土壤温度不仅影响有机质的分解速率、CH_4 的产生速率及 CH_4 由土壤向大气的传输效率，还影响产 CH_4 菌本身的数量和活性。大多数产 CH_4 菌在温度高于 30℃ 时最活跃，但某些产 CH_4 菌甚至在 5℃ 时也能形成 CH_4。有试验表明，温度每升高 1℃，CH_4 排放量增加 1.5～2.0 倍，最佳温度为 34.5℃ 左右，高于此值时，CH_4 排放量急剧下降。

5. 水稻植株生长及品种

在 CH_4 从土壤向大气排放的途径中，水稻通气组织的运输最重要，有时可占到稻田 CH_4 排放总量的 95% 以上。不仅如此，水稻植株也能传输大气中的氧气到根系，以维持根的呼吸，它能很大程度地影响根部区域 CH_4 的氧化；水稻植株还能通过根系分泌物影响土壤中 CH_4 的产生率。种植水稻后促进了 CH_4 的排放量，其排放速率比未种水稻的高 2～50 倍。

不同水稻品种由于其通气组织及根际分泌物的组成和数量不完全相同，对稻田 CH_4 的排放量也有一定的影响，例如，水稻"中作 180"的 CH_4 排放量为 16.6mg/$(m^2·h)$，而"中花 8524"号及"秦爱"则分别为 13.1mg/$(m^2·h)$ 和 7.79mg/$(m^2·h)$。

第二节　土壤氮循环与环境效应

氮素即是植物生长必需的大量营养元素，增加有机肥料和化学氮肥的投入，提高土壤氮素供应能力，是农业生产采取的主要增产措施之一。我国能在占世界 7% 的耕地上养活占世界 22% 的人口，化肥特别是化学氮肥的作用功不可没。中国是世界上化学氮肥消耗量最多的国家，化学氮肥在促进中国农产品产量的增加中起到了重要的作用。同时，大量化肥投入，对全球和区域环境质量的影响也备受关注。因为施入农田土壤中氮的有效利用率只有 30%～40%，大量氮素的流失，不仅影响氮素的生产效益和农产品质量，还会影响水体和大气环境质量，因而研究氮素循环与温室效益、水体富营养化和酸雨等环境问题，以及如何寻求解决这些问题的对策和措施受到人们的密切关注。

一、土壤中氮的含量和形态

(一) 土壤中氮的含量

氮是农业生产中最重要的养分限制因子,但通常多数土壤的含量都比较低。土壤氮素含量受土壤类型、水热条件、有机质含量、质地、耕作措施和化学氮肥的施用等多种因素的影响。我国土壤除少数类型外,一般土壤含氮量都在 2.0g/kg 以下,甚至有许多土壤含氮量不足 1.0g/kg。一般土壤中氮素含量与其腐殖质含量呈正相关关系,土壤中全氮含量是评价土壤氮肥力的一个重要指标。

根据我国第二次土壤普查资料,全国耕地土壤耕层的全氮含量平均为 1.05g/kg,明显低于非耕地土壤的含氮量 1.43g/kg。根据全国 2555 个农田土样测定结果的统计显示,土壤耕层的氮素含量为 0.4~3.8g/kg,平均值为 (1.3±0.5) g/kg,自然土壤表层的含氮量大多为 0.4~7.0g/kg。土壤中氮素的含量受到自然因素包括植被、气候、地形地势、土壤质地和人为因素的强烈影响。

(二) 土壤中氮的形态

土壤中的氮一般可分为无机态氮和有机态氮。表土中的氮有 95% 或更多为有机态氮。

1. 无机态氮

土壤无机态的氮包括铵、硝态氮、亚硝态氮、单质氮、氧化亚氮和氧化氮,土壤中气态氮除 N_2 外,N_2O 和 NO 含量很低。无机态氮在土壤中占全氮的比例变化幅度比较大,一般为 2%~8%。单质氮表现为惰性,只能被根瘤菌和其他固氮微生物所利用。就土壤肥力而言,主要以 NH_4^+ 和 NO_3^- 两种形态的氮最为重要,通常占土壤全氮的 2%~5%;这两种形态的氮主要来源于土壤有机质的好氧分解或施入的各种商品肥料。N_2、N_2O 和 NO 是土壤中氮经反硝化作用造成氮素损失的主要形式,它们与整个生态系统的氮循环以及大气环境质量密切相关。

2. 有机态氮

土壤有机态氮一般占土壤全氮 92%~98%,有机氮包括胡敏酸、富啡酸和胡敏素中的氮、固定态氨基酸、游离氨基酸、氨基糖、生物碱、磷脂、胺和维生素等其他未确定的复合体,如铵和木质素反应的产物,醌和氮化合物的聚合产物等。目前人们对有机氮的了解仍然十分有限,虽然近期的研究表明用同步辐射分析来研究土壤氮的组成和结构已成为可能,但通常还是采用破坏土壤有机氮组分来把不同化学形态氮分离出来的方法,例如采用酸水解的方法将有机氮分为水解性氮和非水解性氮两大类,其中水解性氮包括铵态氮、氨基糖氮、α-氨基酸氮和未知态氮。

(三) 土壤中氮的来源与循环

陆地生态系统中氮以不同形态存在于大气圈、岩石圈、生物圈和土壤圈。植物利用的氮的根本来源为占地球大气层中 78% 的惰性气体 N_2,但高等植物不能直接利用单质氮、需要经过几种主要途径转化成可利用形态。可以说土壤中的氮素几乎直接或间接来源于大气圈,因此大气圈可看成是土壤的"氮库"。

氮的固定包括以下四个方面:豆科植物根瘤菌或某些非豆科作物根系共生根瘤菌和

其他微生物的固氮作用；自生土壤微生物的固氮作用，生长在热带植物叶片上的生物也可能有固氮能力；大气放电作用使 N_2 转化为某种氧化氮产生的固氮作用；采用工业合成方法将 N_2 固定合成 NH_3、NO_3^- 以用来生产合成氮肥。各种来源的氮素，进入土壤后，随时都在不断变化。各种转化作用相互衔接，构成了自然界的氮素循环，如图 3-1 所示。

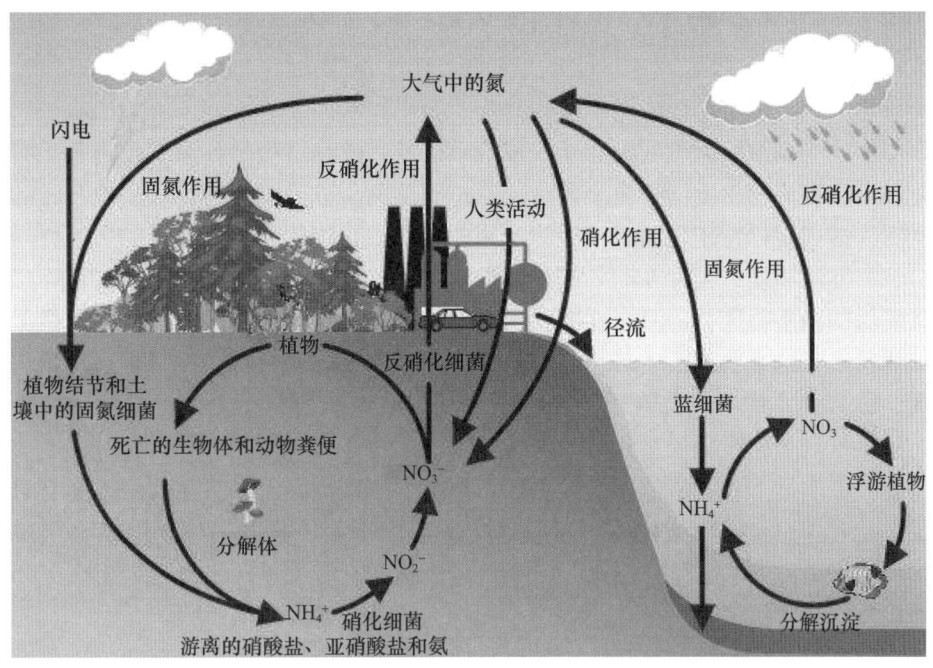

图 3-1 氮素循环

二、氮在土壤中的迁移转化

(一) 植物对土壤中氮的吸收

植物从土壤中吸收氮的过程很复杂，就形态而言多为铵态氮和硝态氮。一般旱作土壤中硝态氮比铵态氮浓度高，容易通过质流而扩散到根部，因此硝态氮（NO_3^-—N）是旱地植物营养主要的氮源之一；而对于水田，如种植水稻的水稻土其氮营养主要是铵态氮（NH_4^+—N）。

1. 硝态氮

植物吸收 NO_3^- 量高，且为主动吸收；土壤 pH 值低时更容易吸收 NO_3^-，而 NH_4^+ 可与之竞争减少植物吸收 NO_3^-。植物施用大量 NO_3^- 时，体内合成的有机阴离子数量增加，无机阳离子 Ca^{2+}、Mg^{2+} 和 K^+ 的积累也相应增加，从而促使根际的 pH 值上升。

2. 铵态氮

NH_4^+ 是植物一种理想的氮源，在蛋白质合成中若利用 NH_4^+ 则比 NO_3^- 更为节能。NO_3^- 结合进蛋白以前必须还原，这是一种消耗能量的过程，还原 1 分子 NO_3^- 需 2 分子 NADH，而且 NH_4^+ 在土壤中既不易淋失，也不易发生反硝化作用，损失较少。当 pH 值为 7 时，植物吸收 NH_4^+ 较多，酸度增加则吸收量降低。根吸收 NH_4^+ 后，植物组织中无机阳离子 Ca^{2+}、Mg^{2+} 和 K^+ 浓度下降，而无机阴离子 PO_4^{3-}、SO_4^{2-}、Cl^- 浓度增加，从而促使根际 pH 值下降。无论是根际 pH 值上升或下降对根际中养分有效性、生物活性以及污染物的行为都有重要影响。

(二) 土壤中氮素转化的重要过程

1. 土壤无机氮的微生物固持和有机氮的矿化

土壤无机氮的微生物固持，是指进入土壤的或土壤中原有的 NH_4^+ 和 NO_3^- 被微生物转化成微生物体的有机氮。它不同于土壤的 NH_4^+ 的矿物固定，也不同于 NH_4^+ 和 NO_3^- 被高等植物同化。土壤有机氮的矿化，是指土壤中原有的或进入到土壤中的有机肥和动植物残体中的有机氮被微生物分解转变成氨，因此，这一过程又称为氨化过程。有机氮的矿化和矿质氮的微生物固持是土壤中同时进行的两个方向相反的过程，这两者的相对强弱受到许多因素，特别是可供微生物利用的有机碳化物的种类和数量的影响。当土壤中易分解的能源物质过量存在时，矿质氮的生物固持作用就大于有机氮的矿化作用，表现为矿质氮的净生物固持。只有在矿化作用大于固持作用时，才能有多余的无机氮化物供给植物营养，这主要取决于环境中有机碳和氮的比率。有机质的 C/N 比对氨化的影响很大；C/N 比小的有机质氨化较快；C/N 比大的有机质氨化则较慢，此时若添加适量的无机氮，能加速氨化的进行。

土壤氮库实际上以有机氮为主体的，不包括土壤矿物固定态铵在内的土壤有机氮库的组成及相互作用。有机残体腐解及其矿化放出无机氮，被微生物利用结合到微生物体，构成土壤微生物生物量，一部分微生物量氮在死亡后可进一步转变为无机氮和较稳定的有机氮，后者可通过腐殖化过程进一步转变成稳定的腐殖质。

土壤中有机氮化合物的矿化作用主要分两个阶段，第一阶段先把复杂的含氮有机化合物经多种微生物酶的作用逐级分解成简单的氨基化合物，称之为氨基化阶段。

第二阶段是在微生物作用下各种简单的氨基化合物分解成氨，称为氨化阶段或氨化作用。

2. 硝化作用

硝化作用是微生物在好氧条件下将铵氧化为硝酸和亚硝酸，或者是由微生物导致的氧化态氮增多的过程，自养和异养微生物可参与此过程。化能自养硝化细菌是硝化作用的主要作用者，它利用 CO_2、碳酸或重碳酸作为碳源并从 NH_4^+ 的氧化中获得能量。其中 NH_4^+ 来自土壤有机质的矿化及施肥。硝化作用分两步进行，第一步主要由亚硝酸细菌将氨氧化为 NO_3^-，中间过渡产物为 NH_2ON。第二步是由硝酸细菌将 NO_2^- 氧化为 NO_3^-。与铵态氮一样，硝化作用形成的硝态氮也是植物容易吸收的氮素，但后者易于淋失而进入地下水；同时，硝化过程可能生成 N_2O，它具有破坏臭氧层的作用。然而，目前对硝化过程产生 N_2O 的机制一直还在争论之中，有两个过程可能与硝化作用形成 N_2O 有关；氨氧化细菌在 O_2 缺乏的情况下利用 NO_2^- 作为电子受体从而产生 N_2O；介于 NH_4^+ 与 NO_2^- 之间的中间体或者 NO_2^- 本身能化学分解为 N_2O。异养有机体利用有机质作为碳源和能量来源，它们能从氧化 NH_4^+ 或有机氮化合物中获得部分能量。真菌是最重要的异养微生物。异养微生物对有机、无机氮的氧化可能有如下途径。

有机氮：$RNH_2 \rightarrow RNHOH \rightarrow RNO \rightarrow RNO_2 \rightarrow NO_3^-$

无机氮：$NH_4^+ \rightarrow NH_2OH \rightarrow NOH \rightarrow NO_2^- \rightarrow NO_3^-$

与自养硝化相比，异养硝化的作用常被认为是微不足道的，并且被认为仅仅只是在实验室进行研究的意义。然而研究发现一种异养硝化细菌亦可以进行反硝化，并可能产生相当数量的 N_2O。另一方面，在一定的条件下异养硝化的重要性也会超过自养硝化，例如土壤 pH 值低时似乎是严重影响自养硝化的因素，在微生物以真菌为主的酸性针叶林土壤中，硝化作用可能是异养型的。

硝化作用受多种因素的影响，主要包括酸度、通气性、湿度、温度和有机质等。在排水良好的中性或微酸性土壤中，NO_2^- 氧化成 NO_3^- 的速率大于 NH_4^+ 转变为 NO_2^- 的速率，形成 NO_2^- 的速率等于或快于形成 NH_4^+ 的速率，因此，土壤中易于积累硝酸盐。湿度的大小会影响土壤的通气性进而也会影响硝化作用，土壤水分为最大持水量 50%～60% 时，硝化作用最旺盛。温度对硝化作用的影响更大，最适温度为 30～35℃。土壤温度在 5℃ 以下和 40℃ 以上时，硝化作用受到抑制。土壤硝化作用旺盛，土壤中 NH_4^+ 转化为易自由移动的 NO_3^- 随水流失，这不仅造成植物有效养分的损失，而且可能造成地表和地下水污染。

3. 反硝化作用

土壤中的反硝化作用，包括生物的和化学的反硝化作用，但以生物反硝化为主。

(1) 生物反硝化

生物反硝化作用是在厌氧条件下，由兼性好氧的异养微生物利用同一个呼吸电子传递系统，以 NO_3^- 作为电子受体，将其逐步还原成 N_2 的硝酸盐异化过程。反硝化作用生化过程的通式可用下式表示：

$$2NO_3^- \rightarrow 2NO_2^- \rightarrow 2NO \rightarrow N_2O \rightarrow N_2$$

生物反硝化作用由反硝化细菌进行。土壤中已知的能进行反硝化作用的微生物种类有 24 个属，绝大多数是异养型细菌，亦有少数是自养型。由反硝化微生物引起的反硝化过程是由反硝化微生物分泌的酶系来催化的。反硝化产物的种类和数量由土壤本身理化性质和微生物特性决定。土壤通气性、水分含量、土壤有效氮含量、土壤有机质由土壤理化性质和微生物特性决定。土壤通气性、水分含量、土壤有效氮含量、土壤有机质和土壤 pH 值等都会影响土壤反硝化作用及 N_2O 排放，其中缺乏易分解有机质是限制嫌气土壤反硝化的主要因素。一般增加土壤 NO_3^- 含量能提高反硝化速率。总之，在土壤的氮素转化过程中，矿化作用和硝化作用是使土壤有机氮转化为有效氮的过程，而反硝化作用是使土壤有效氮遭受损失的过程。

(2) 化学反硝化

化学反硝化作用是 NO_3^- 或 NO_2^- 被化学还原剂还原为 N_2 或氮氧化物的过程。在大多数土壤中，NO_2^- 通过硝化细菌氧化为 NO_3^- 的速率比 NH_4^+ 通过亚硝化细菌氧化为 NO_2^- 的速率快，因而通常很难检测出 NO_2^-。但大量施用 NH_3 或 NH_4^+ 态氮肥，使局部土壤呈强碱性时，常导致 NO_2^- 大量积累，后者易通过化学反应，生成氮气而损失。

干燥的土壤条件特别有利于 NO_2^- 转化为氮气，有利于 NO 和 NO_2 散逸到大气中。化学反硝化生成的含氮气体中绝大部分为 NO，N_2O 所占比例很小，其生成的 N_2O 量也远少于硝化过程或反硝化过程形成的 N_2O。

4. 铵的矿物固定和释放

在 2∶1 型黏粒矿物的膨胀性晶格中，层间的阳离子被 NH_4^+ 取代后，可引起铵的固定。被吸附的 NH_4^+ 容易脱去水化膜，进入黏粒矿物层间表面由氧原子形成的六角形空穴中，当 NH_4^+ 离子进入层间的空穴后，由于环境条件的变化，可导致黏粒矿物晶层的收缩，使 NH_4^+ 固定。不同土壤对铵的固定能力不同，与下列因子有关。

(1) 土壤黏粒矿物类型

蛭石对 NH_4^+ 的固定能力最强，其次是水云母，蒙皂石较小；高岭石为 1∶1 型黏粒矿物，基本上不固定铵。

(2) 土壤质地

一般随黏粒含量的增加而增加；在土壤剖面中，表土固铵的能力较心土和底土低。

(3) 土壤中钾的状态

当晶层间为 K^+ 所饱和时，会影响 NH_4^+ 的进入，铵的固定大大减少，许多土壤可能因种植作物携出部分 K^+ 而使固铵能力增加。施用钾肥对 NH_4^+ 的固定有一定影响。

(4) 铵的浓度

土壤中铵的固定随铵态氮施用量的增加而增加，但施入 NH_4^+ 的固定率随施用量增加而减少。铵的固定虽能持续一段时间，但多在几小时内完成。

(5) 水分条件

施 NH_4^+ 后土壤变干时，可增加铵的固定率和固定量。蛭石和水云母在大多数条件下能固定 NH_4^+，但蒙皂石必须在干旱时才能固定铵。干湿交替可能促进土壤铵的固定作用；土壤结冻和解冻与干湿交替的作用相似。

(6) 土壤 pH 值

土壤酸度和 NH_4^+ 固定能力之间关系尚未肯定。但随着 pH 值的增加，例如通过施用石灰，铵的固定趋向于略微增强。强酸性土壤一般固定的 NH_4^+ 很少。施用铵态氮肥后所形成的土壤"新固定态铵"，其有效性较高；而土壤中"原有固定态铵"的有效性则很低，能释放出来的数量很少。

5. 淋失

以 NO_3^- 淋失为主，但在砂质土壤中也可能有 NH_4^+ 淋失。在作物密植且不施肥或施肥较少的土壤中，氮的淋失很少，因为土壤中的 NO_3^- 淋失，易被作物吸收利用。在湿润和半湿润地区的土壤中，氮的淋失较多；在半干旱地区，很少 NO_3^- 淋失；而在干旱地区，除砂质土壤外，几天淋失。硝酸盐淋失与地表覆盖有关。草地土壤根系密集，吸氮强烈，土壤中很少硝酸盐积累；即使在湿润地区，氮的淋失也较弱；而休闲地淋失作用较强。在湿润、半湿润地区作物收获后，残留在土壤中的硝酸盐易受淋洗和通过反硝化作用而损失。氮的淋失量取决于土壤、气候、肥料和栽培管理措施等条件。淋洗出的硝酸盐可随地表径流排入河流、湖泊等水体中，增加水体的氮负荷，也可引起地下水的污染。

三、土壤氮素管理与环境效应

氮素进入土壤后。可被作物吸收、残留于土壤中或者通过各种途径而损失。农田中氮素的去向不仅制约着氮素的当季增产效果，还关系到水体和大气环境质量。因此土壤氮素管理与环境效应已成为世界农业可持续发展和环境土壤学研究中的一项重要内容。氮素的去向是氮在土壤中转化和迁移的综合结果，它受到作物种类、生长情况、土壤性质、气候条件以及耕作管理技术等因素的影响。

（一）土壤中氮的损失与去向

农田生态系统中，无机氮肥的损失途径主要包括氨挥发、硝化-反硝化、淋洗、径流、侧渗以及通过作物地上部分直接损失。一般随着土壤 pH 值的升高，无机氮肥损失率增大而利用率降低；有研究表明，用 ^{15}N 田间微区试验中测得的无机氮损失的结果表明，在种水稻的条件下，氮肥的植物回收率变化范围为 17%～75%，土壤中残留率为 5%～68%，损失率为 30%～70%。在淹水种稻条件下，硝态氮肥利用率很低，经反硝化作用造成氮素损失严重；在水稻生长旺盛期施用氮肥，利用率远远高于生长早期表施作基肥的处理，而残留率和损失率则低得多。就不同施肥方法而言，表施时的利用率最低、损失率最高；采用混施或深施的方法水稻氮的利用率略有提高，氮损失率有一定降低，但并不都是如此。在现有各种施肥技术中，粒施和深施是提高无机氮肥利用率、减少损失率的较好方法。

在我国农业生产中，无论是种植水稻还是旱地作物，无机氮的损失都比较多，尤其以水稻田最为严重。与无机氮肥不同的是，有机氮肥损失很大程度取决于它本身的化学组成和 C/N 比。研究结果表明，除畜尿外，各种有机肥料氮在土壤中的残留率都显著高于无机氮肥，而其氮素利用率和损失率则大都低于无机氮肥，这种增高或减低的程度则与其含量、C/N 比以及化学组成有密切关系。化学氮肥与有机肥配合施用可能是较为科学而合理的措施。

（二）土壤中氮损失对环境的影响

农田中肥料氮的损失对环境的影响可概括为三个方面：一是径流和淋洗损失对地表水和地下水质的影响，二是气态损失对大气的污染，三是硝酸盐累积对农产品质的影响。

1. 土壤氮损失对水环境的影响

土壤氮损失对水环境的影响包括地表水的富营养化和地下水中硝酸盐氮的污染两个方面。

（1）土壤氮损失与水体富营养化

土壤氮主要通过农田排水和土壤地表径流两个途径进入水体，一般来说，封闭性湖泊和水库水中含氮量超过 0.2mg/L 时就可能引起富营养化发生。所谓水体富营养化通常指湖泊、水库和海湾等封闭或半封闭的水体中氮、磷等营养元素的富集，导致一些特征性藻类（主要是蓝藻和绿藻）的异常繁殖，致使水体透明度下降，水生生物随之大批死亡的现象。近年来我国的近海和湖泊藻华现象频繁发生，水体富营养化已成为一个严重的环境问题。氮是引起水体富营养化的关键元素之一，随着点源污染治理水平的提高，面源氮素流失对水体富营养化的贡献率呈增加趋势，因为农田渗灌排出土壤中的氮和地表径流损失的氮主要来源于土壤氮和肥料氮。土壤侵蚀和径流是引起氮损失的重要途径，氮素从土壤侵蚀中流出会导致水域氮素负荷增加，从而加速水体富营养化的过程。

（2）土壤中氮的淋失对地下水的污染

淋溶损失是土壤氮损失的基本途径之一。在一般情况下，土壤氮素的淋溶损失主要以 NO_3^- 的形式进行，NO_3^- 是地下水的重要污染源。对滇池周边地区农田土壤硝酸盐迁移累积特征的研究表明，流域内农田排水中氮污染负荷高、氮肥投入过量及灌溉频繁是造成研究区内土壤硝酸盐淋洗污染地下水的主要原因。土壤中硝态氮累积量与氮肥施用量在生菜苗期、结球期呈极显著、显著正相关。在生菜的整个生育期，硝态氮沿土壤剖面垂直迁移至土壤深层，导致下层土壤硝态氮含量高于上层土壤。生菜在苗期硝态氮淋失量较大，对地下水污染的风险高。

土壤氮的淋溶损失受氮肥种类、施用量、土层厚度和渗透性、温度、降雨量和地表覆盖度与作物种类等因素的影响。在湿润和半湿润地区，NO_3^- 通常在心土层中累积，进而逐渐淋溶下移到地下水；在降水少又无灌溉条件的地区，残留 NO_3^- 通常累积在根区被下一季作物吸收。氮素淋溶损失污染地下水主要发生在平原农业区，我国许多地区化学氮肥施用量与地下水中硝酸盐含量密切相关，如北京郊区 10 年间氮肥使用量增加一倍（N：$100\sim200kg/hm^2$），地下水中硝酸盐含量增加近两倍（$20\sim54mg/L$），虽然地下水中硝酸盐含量增加还有其他原因，但是氮肥使用做出的贡献可能是主要原因之一。

通常，由于淋溶引起的氮素损失占施肥量的 5%～15%。我国对农田土壤中 NO_3^- 淋溶对地下水污染问题已经开始引起重视。已有试验表明土壤 $0.5\sim1m$ 深处渗漏水的硝态氮含量与氮肥施用量呈显著正相关。从表观的角度来看，淋溶损失的氮量相当于农田全年施氮量的 2.5%～6.1%，其中硝态氮约占 70%。一般土壤氮素淋溶损失主要发生在雨季，在降雨量小的地区尽管氮淋失率并不高，但施氮区渗漏水中 NO_3^--N 的含量却大多高于对照区。

2. 土壤中氮的损失与氧化亚氮的释放

氮的气态氧化物主要是氧化亚氮、氧化氮和二氧化氮，后两种总称为 NO_x。其中，N_2O 是一种温室气体，对臭氧层有破坏作用，因而其产生的机理、释放的通量以及影响因素等都受到了广泛的重视。至于 NO_x，它不是温室气体，但可通过参与大气中的化学反应而影响到其他温室气体的浓度，并能促进臭氧层的破坏，因而也是影响大气环境的一个重要的气态氮氧化物。土壤释放到大气中的 N_2O 主要来源于土壤的硝化和反硝化作用，土壤 N_2O 排放量取决于土壤硝化作用和反硝化作用的速率，N_2O 在反应产物中的比例及 N_2O 排向大气前在土壤中扩散和被还原的程度。根据相关研究的统计，全球 N_2O 的排放总量（N）为 $14Tg/a$，自然土壤和施肥土壤的排放总量分别为 $6Tg/a$ 和 $1.5Tg/a$，占全球排放总量的 43% 和 11%。土壤中氮氧化物的产生与氮素的微生物转化过程密切相关，硝化作用和反硝化作用都可以产生 N_2O。

影响农田土壤 N_2O 排放数量的因素很多，所有影响硝化及反硝化作用的土壤物理、化学和生物因素都将影响土壤 N_2O 的排放量，这些因素包括：土壤通气性、土壤水分含量、土壤氮素有效性、氮肥使用、土壤 pH 值、土壤有机质、土壤质地、作物种类及土壤温度等。

第三节　土壤中硫素与环境效应

一、土壤中硫的含量与形态

（一）土壤中硫的含量

土壤中的硫可有母质、大气沉降、灌溉水和施肥等不同来源。硫是地壳中含量最丰富元素之一。地壳平均含硫量估计为0.06%~0.1%，其丰度名列第13位。土壤硫主要来源于成土母质、灌溉水、大气沉降以及施肥。世界土壤硫含量变幅在30~1600mg/kg，其平均值为700mg/kg。其中四川省土壤含硫量最低仅为207mg/kg，贵州省含硫量最高达480mg/kg。10个省有机硫含量平均为266.8mg/kg，占全硫含量的89.2%。十省土壤有效硫平均含量为34.3mg/kg，其中江西省土壤的有效硫含量最低，为22.5mg/kg；贵州省土壤有效硫量最高，为66.7mg/kg。

不同类型土壤含硫量相差也很大，土壤含硫量与成土母质、风化程度、降水量、土壤质地和有机质含量等因素有密切关系。通常黏性母质如石灰岩、第四级红色黏土和板岩等发育的土壤黏粒含量较高，硫的含量高于砂性母质发育的土壤。石灰岩发育的土壤平均有效含量为38.2mg/kg，高于花岗岩母质发育土壤的23.9mg/kg。据南方十省统计，在水田、旱地农作、种植园的林地四种情况下，土壤有效硫、全硫和有机硫的含量都按以下顺序排列，水田＞种植园＞旱地作物＞林地。在施肥土壤中，以水田耕作方式含硫量最高，旱地农作土壤含硫量最低；林地通常不施用肥料，因而含硫量最低。刘崇群等（1990）将中国南方土壤有效硫的丰缺分为4级，即土壤有效硫含量小于10mg/kg为缺，10~16mg/kg为潜在缺，16~30mg/kg为中等，大于30mg/kg为丰富。目前对土壤有效硫的评价还没有一个统一指标，因为土壤有效硫含量与提取剂类型有着密切的关系，且不同作物和耕作方式之间的差异对硫素的需求差别也很大，因而在评价土壤中硫素供求状况时，必须与具体条件相结合。

大气沉降是各种生态系统获得硫素的重要途径之一，大气中韩流化合物主要是气态SO_2和硫酸盐粒子。火山以及沼泽化等过程可排出少量气态硫氧化物或硫化氢气体；作为燃料的煤炭、原油和其他含硫物质在燃烧过程中可使二氧化硫排入大气，从而为植物所吸收，有时作物需硫量一半来自大气。大气中二氧化硫正常浓度为$0.05g/m^3$，有资料表明，我国江淮丘陵地区由大气输入的硫量约为$9kg/hm^2$。大气中硫素一部分被雨水带回土地，每年由雨水降入土壤的硫为$3~4.5kg/hm^2$。

灌水也是土壤中硫的来源。干旱地区，灌溉水中硫的浓度一般为300~1500mg/L，含硫量高，足以满足作物的需要。在温带地区，灌溉水中的SO_4^{2-}浓度为5~100mg/L。若每公顷（1公顷＝10000m^2）耕地以含SO_4^{2-}-S为50mg/L的水进行灌溉，则可提供的硫为$50kg/hm^2$。此外，含硫肥料亦是土壤中硫的重要来源，动物粪肥的长期施用对土壤中全硫含量的影响甚微，但对土壤可提取的硫影响十分显著。值得注意的是，硫对土壤和植物的影响是多方面的，连续两茬油菜盆栽试验表明，硫能显著降低土壤pH值、增加土壤电导率；施硫会使土壤交换性Na、K的含量升高，并加剧土壤水溶性阴离子总量的累积；在这一试验中，施硫未表现出明显的增产效应，施硫较多时，油菜产量显著下降。

（二）土壤中硫的形态

全面评价土壤硫的丰缺和了解土壤的潜在供硫能力及环境影响，必须对土壤硫形态组分进行研究。国内外资料表明，土壤中无机硫占总硫的10%左右，主要是水溶性和吸附性SO_4^{2-}及难溶性硫酸盐。在透水性好、无盐化的土壤表层中90%以上的硫是有机硫。土壤中硫一般分为无机态硫和有机态硫两大部分。

1. 土壤无机硫

无机硫指以无机化合物形态存在的硫，主要包括易溶硫酸盐、吸附态硫酸盐、与碳酸钙共沉淀的难溶硫酸盐以及还原态无机硫和化合物。因植物主要以溶解态的硫酸根形态吸收硫，所以易溶态硫酸根是植物利用的有效态土壤硫。

(1) 单质硫

单质硫在土壤中一般不易检测到，它不是在土壤还原条件下硫酸盐的直接还原产物，而是硫化物经化学反应过程为主的氧化反应中形成的中间产物，可能短期存在于土壤中。但在三角洲地区可因周期性淹水中断了还原态硫的完全氧化而出现单质硫积累。单质硫不能直接提供作物所需的硫，必须转化为 SO_4^{2-} 后才能供作物吸收利用。

(2) 硫化物

在排水良好的土壤中，硫酸盐是硫的稳定形态，但也存在着少量的硫化物；在淹水土壤中的嫌气条件下，会因有机质分解而生成 H_2S 的累积。土壤中存在的 SO_4^{2-} 亦可作为硫酸还原细菌的电子受体被还原为 H_2S。SO_4^{2-} 的还原依赖于氧化还原点位和 pH 值，氧化还原电位高于 $-150mV$ 或 pH 值<6.5 或 pH 值>8.5 时极少或根本没有 S^{2-} 积累。土壤中硫化物的性质依其生成方式而千差万别，主要取决于沉淀的粒径和结晶度。

(3) 易溶性硫酸盐

易溶解于土壤溶液中的硫酸盐称为易溶性硫酸盐。几乎所有排水良好的耕地土壤中无机硫均以与 Ca^{2+}、Mg^{2+}、K^+、Na^+ 等阳离子结合的硫酸根离子态存在。土壤或培养液中 SO_4^{2-} 的浓度为 $3\times10^{-6}\sim5\times10^{-6} mol/L$ 时，就足以满足许多植物的生长。除富集硫酸盐类的干旱地区土壤外，一般认为大多数土壤易溶 SO_4^{2-} 低于土壤全量硫的 25%，表土可能仅为 10% 或更少。

(4) 吸附性硫酸盐

土壤具有吸附硫酸盐的能力，特别是那些含有相当数量的黏粒和含铁、铝水化氧化物的土壤更是如此。土壤修复硫酸盐的能力变化很大，主要受土壤活性氧化物表面的性质、黏粒含量、黏粒矿物的类型以及土壤 pH 值的影响。

(5) 与天然碳酸钙共沉淀的硫酸盐

与碳酸钙结合的硫酸盐常是石灰性土壤中硫的重要组成部分，很可能以碳酸钙共沉淀或共结晶的杂质出现。这种形态的硫酸盐常被认为对植物无效，尤其当碳酸钙颗粒粗大时更是如此。与碳酸钙共沉淀的 SO_4^{2-} 的溶解性和有效性受碳酸钙粒径、土壤湿度、同离子效应和离子强度等因素的影响，同离子效应在生成这种组分时可起重要作用。

(6) 其他形态的硫酸盐沉淀

其他形态的硫酸盐主要有透石膏（一种结晶态石膏）。透石膏存在于排水不良的底土中；一些土壤中极难溶的钡、锶硫酸盐偶尔也占较大比例；也有人从排水和耕种的潮汐沼泽地块上的风化包膜中分离出黄钾铁矾和针绿矾。

2. 土壤有机态硫

湿润、半干旱、温带和亚热带地区排水良好的农业土壤表层中，硫大多为有机态。一般认为，大多数非石灰性土壤表层中有机硫占全硫的 90% 以上。有机硫在全硫中的比例因土壤类型和在土壤剖面的深度而异，通常底土低于表土。土壤有机硫主要来自新鲜的动植物遗体，包括微生物细胞和微生物合成过程的副产品在内的土壤生物物质——土壤腐殖质。

目前许多土壤有机硫尚未知晓，人们根据土壤有机硫对还原剂稳定性相对大小将有机硫分成三大组分，即酯键硫、碳键硫和惰性硫。

(1) 酯键硫

是碘化氢可还原的硫，平均约有50%的有机硫属于该组，可被碘化氢还原为H_2S。这种硫不直接被碳束缚，主要含C—O—S键的硫酯和硫醚、部分氨基磺酸以及S-磺基-L-半胱氨酸。其中有芳基硫酸酯、烷基硫酸酯、酚基硫酸酯、硫酸化多糖、胆碱硫酸酯和硫酸化类酯等。这部分硫为土壤有机硫中较为活跃的部分，易于转化为无机硫，受土壤利用状况、有机物投入以及气候因素的影响。

(2) 碳键硫

被Ni-Al还原的有机硫部分是碳键硫，其可直接键和在碳原子上。主要包括硫氨基酸、硫醇、亚砜、亚磺酸和与芳香族相连的磺酸。碳键硫比较稳定，对当季作物无效，但在长期耕作条件下，碳键硫可以通过酯键硫转化为无机硫。

(3) 惰性硫

土壤中既不能被氢碘酸又不能被Ni-Al还原的有机硫称为惰性硫或未知状态有机硫。这一未被确认的组分通常占总有机硫的30%~40%，它们异常稳定。

3. 微生物量硫

土壤微生物不仅是一个重要的硫养分库，而且控制土壤S的转化及其对作物的有效性。不同土壤的微生物生物量变化很大，从贫瘠耕地土壤$1t/hm^2$以下到肥沃草地土壤的$10t/hm^2$以上，耕地表层土壤微生物生物量S含量通常为$4\sim43kg/hm^2$，一般相当或大于土壤有效S含量和植物S吸收量。当作为底物的硫不能有效满足微生物需求时，微生物很快同化简单有机物，如低分子质量的有机硫酸盐、氨基酸和无机硫；而同化大于微生物需求时，有机硫在胞外酶的作用下被矿化而释放出无机硫酸盐。微生物量硫的矿化取决于微生物种类和数量、土壤C/S比和有机硫酸盐的百分数。

二、硫在土壤中的行为

(一) 土壤中硫的吸附与解吸

通常所说的土壤硫的吸附与解吸是指无机硫酸盐的吸附与解吸，可变电荷土壤可以吸附硫酸根离子，但SO_4^{2-}吸附发生在正电荷表面上，其吸附机理包括静电吸持和配位基交换等。鉴于可变电荷土壤吸附SO_4^{2-}过程中伴随有羟基释放和表面负电荷升高，一般认为配位基交换可能是主要的。第四纪红壤对SO_4^{2-}的修复作用可用Langmuir方程、Freundich方程及Temkin方程来表述，在最大吸附量以前为专性吸附，而在达到最大吸附量以后，以非专性物理吸附为主。研究认为土壤对SO_4^{2-}的吸附有四种机理，即土壤有机质的吸附、交换吸附、置换水合方式吸附和阳离子诱导SO_4^{2-}吸附。活性氧化物在土壤硫酸根吸附中起重要作用，是土壤硫酸根的主要吸附体。

土壤中SO_4^{2-}配位基交换反应的主要载体是铁铝氧化物胶体，去除铁铝氧化物后SO_4^{2-}的吸附量明显降低。有机质能影响铁铝氧化物的结晶度或竞争吸附点位而干扰SO_4^{2-}吸附。层状铝硅酸盐矿物对SO_4^{2-}的吸附量为高岭石>伊利石>蒙脱石，不同质地潮土对硫的吸附能力为黏质潮土>壤质潮土>砂质潮土。同时，SO_4^{2-}吸附量随溶液pH值升高而降低，当pH值接近8.0时，土壤和土壤矿物表面就可能不存在SO_4^{2-}吸附。

土壤与植物中硫的转化如图 3-2 所示。

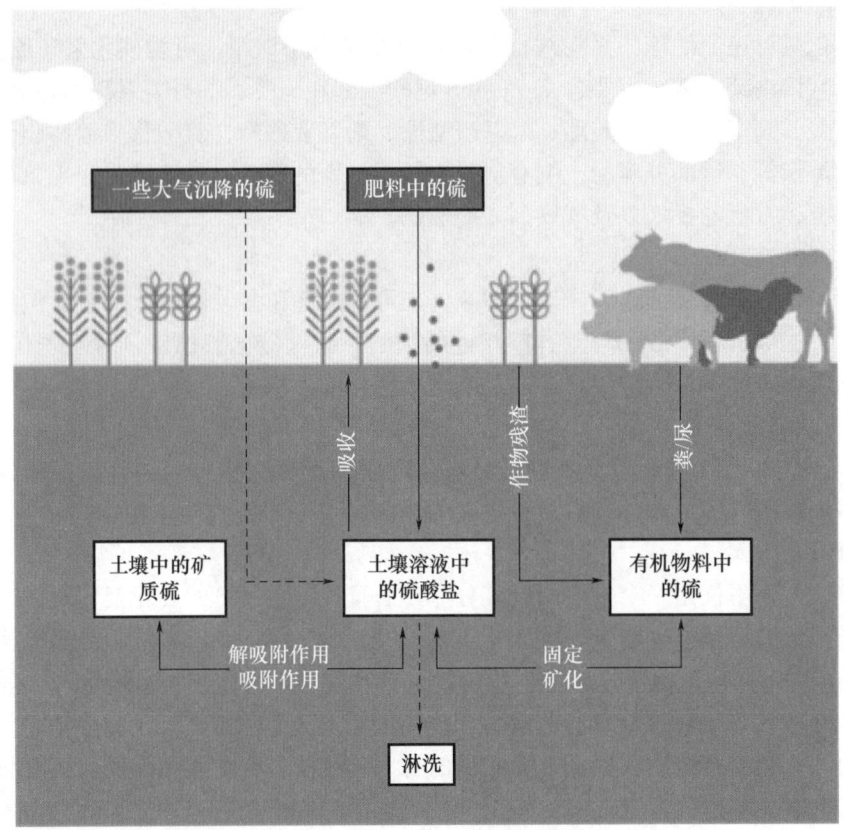

图 3-2　土壤与植物中硫的转化

(二) 土壤氧化还原

土壤硫的循环主要由以下几个步骤构成，即有机硫矿化成 S^{2-} 或 SO_4^{2-}；硫酸根在渍水、缺氧土壤中还原；还原态硫氧化，终产物为 SO_4^{2-}。这些反应大都有微生物参与，但同时受环境条件的制约。很显然，氧化还原反应在硫循环中起着非常重要的作用。

1. 硫的还原

在常温常压下，有机硫还原的纯化学机理尚不清楚，微生物对硫的这一还原起主要作用。硫的生物还原包括硫的同化还原和异化还原两条途径。同化还原指硫酸盐在一系列酶的作用下合成为有机硫化物的过程，大多数微生物和植物均可有效地参与这一过程。首先将硫酸盐中的硫同化还原成各种含硫化合物，如半胱氨酸和胱氨酸等有机硫化物，构成生物的细胞组分，或释放出 H_2S。而硫的异化还原，则是硫作为电子受体氧化有机质，相当于有氧呼吸中氧的作用。有关土壤中硫的还原研究，主要集中在 SO_4^{2-} 的还原及 H_2S 的形成这两个对农业生产和环境影响上具有重要意义的过程。

(1) 硫酸盐的还原

在强还原性土壤和沉积物中，硫酸根可成为重要的电子受体，在微生物参与下还原成硫化物：

$$SO_4^{2-} + 10H + e^- \rightleftharpoons H_2S + 4H_2O$$

在平衡时：
$$E_h = 302.1 - 7.4\mathrm{pSO_4^{2-}} + 7.4\mathrm{pH_2S} - 74\mathrm{pH}$$

显然，硫酸盐的还原受 Eh 和 pH 值等条件的影响。研究表明，E_h 与硫化物形成的关系密切，但有关土壤中 SO_4^{2-} 还原的 E_h 范围的研究结果差异较大，从 250mV、100mV 到 -150mV、-200mV 均有报道。导致不同研究结果的原因可能是因为一是 SO_4^{2-} 还原对环境条件具有很强的依赖性；二是生物参与使反应复杂化；三是硫酸盐还原可能在氧化还原电位较低的微域中进行，而测出的 E_h 值比这些微域中的 E_h 值要高。

从化学平衡的角度来看，SO_4^{2-} 还原成 H_2S 的过程要消耗 H^+ 离子，所以低 pH 值有利于反应进行。在 pH 值为 5.5~8.5 范围 SO_4^{2-} 均可还原形成硫化物，在一定的 E_h 下，pH 值为 6.7 时还原速率最高。

（2）硫化氢的形成及转化

除 SO_4^{2-} 还原成 H_2S 外，有机物质的还原降解也是 H_2S 的一个重要来源。例如，在无氧环境中，胱氨酸和半胱氨酸在微生物作用下产生 H_2S 带自由硫基的化合物与硫代半胱氨酸反应也可产生 H_2S。pH 值对土壤 H_2S 的浓度有决定性影响，一般来讲，H_2S 含量是随 pH 值的下降而上升，在 pH 值为 4~8 的范围内 $\Delta \mathrm{pH_2S}/\Delta \mathrm{pH}$ 为 1 左右。

H_2S 离解后，很容易与土壤中的许多金属离子如 Fe^{2+}、Mn^{2+} 和 Zn^{2+} 等形成稳定的金属硫化物。热力学计算表明，在 Fe^{2+} 大量存在的土壤中，H_2S 的浓度极低，但在测定 53 个水稻土发现，水溶性硫化物的平均浓度为 0.104mg/kg，比热力学计算值高出 3~10000 倍。在另一个 pH 值为 6.5、亚铁浓度达到 300mg/kg 的土壤中，水溶性硫化物的浓度达 0.29~0.37mg/kg，这种情况可能是因为有机质与亚铁形成的配位化合物阻止了 FeS 的形成。

还原条件下形成的硫化物在适当的条件下，可被土壤中的氧以铁、锰羟基氧化物直接氧化，也可由一些微生物氧化而进入硫的地球化学循环，对大气中的酸沉降和某些地区的土壤酸化有一定的影响。

2. 硫的氧化

硫的氧化指硫化氢以及土壤中的元素硫或硫的不完全氧化物在微生物的作用下被氧化，最终生成硫酸根的过程。硫的氧化是一个非常复杂的过程，从 S^{2-} 氧化到 SO_4^{2-}，中间产物有 FeS_2、SO、SO_2、$S_2O_3^{2-}$、$S_4O_6^{2-}$ 等。S^{2-} 和 S^{4+} 的氧化主要是生物化学反应，速度快；而其他中间产物的氧化则主要是由硫氧化菌和其他微生物参与的生物氧化，并受环境条件和土壤性质的制约。

（1）非生物氧化

游离的硫离子 S^{2-} 可氧化成 SO_4^{2-}，或与水合氧化铁发生如下反应：
$$2\mathrm{FeOOH} + 3\mathrm{H_2S} \rightleftharpoons 2\mathrm{FeS} + S^0 + 4\mathrm{H_2O}$$
$$\text{或 } 2\mathrm{FeOOH} + 2\mathrm{H_2S} + 2\mathrm{H^+} \rightleftharpoons \mathrm{FeS_2} + \mathrm{Fe^{2+}} + 4\mathrm{H_2O}$$

形成的元素硫 S^0 又可直接与一些硫化物，如 FeS 反应生成 FeS_2，该反应在土壤悬浮液中速度很快，如在 40℃ 下振荡 1h，则可完成 50% 的反应；但如在固相中则反应很慢。FeS_2 还可被氧和 Fe^{3+} 继续氧化，在中性水溶液中，氧与 FeS_2 的反应为：
$$\mathrm{FeS_2}(S) + 3.5\mathrm{O_2} + \mathrm{H_2O} \rightleftharpoons \mathrm{Fe^{2+}} + 2\mathrm{SO_4^{2-}} + 2\mathrm{H^+}$$

由于这一反应消耗大量 Fe^{3+}，因而 Fe^{3+} 的供给就成为 Fe^{3+} 氧化 FeS_2 的限制因子。

此外，Fe^{3+} 可将 $S_2O_3^{2-}$ 氧化成 $S_4O_6^{2-}$，如果氧供给充足，在连续氧化的基础上，S^{2-} 氧化为 S^0 的速度很快，最终产生 SO_4^{2-}。在高压灭菌的风干土上进行长期培养试验表明，73%的游离硫可氧化成 SO_4^{2-}，但在田间条件下如果有适当的空气和水分供应，硫的微生物氧化仍是一个重要的过程。

(2) 生物氧化

硫的生物氧化是微生物参与的结果，微生物在氧化过程中发挥着重要作用，是一种特殊的催化剂。无论是自养微生物或异养微生物对这一过程均有贡献，参与硫的氧化的细菌主要有化能自养细菌和异养硫细菌。硫的氧化还原受诸多因素的影响，包括温度、水分、pH 值、E_h、微生物、土壤硫的状态和土壤矿物学性质等。

在化能自养细菌对硫的氧化中，作为电子供体的主要硫化物是 H_2S、S 和 $S_2O_3^{2-}$，氧化产物在多数情况下为 SO_4^{2-}。

氧化硫的自养细菌的典型代表是硫杆菌属，该属广泛分布于含有还原态硫的环境中，包括土壤、河沟、湖底、海滩的淤泥和沉积物中。该菌属中氧化亚铜硫杆菌还能从亚铁的氧化中取得能量，这种细菌也可氧化亚铁为高铁作为能源。

光合细菌亦可促使硫的氧化作用，绿硫菌和红硫菌是氧化硫的两类主要光合细菌，它们是专性厌氧微生物，以硫化物或者硫代硫酸盐作为还原物进行 CO_2 的光合还原作用，生成有机物。

(三) 土壤硫的矿化

土壤有机硫的矿化是指土壤中含硫的简单有机化合物，在微生物作用下，将有机硫转化成无机硫的过程。在好气情况下，微生物分解土壤有机硫的最终产物是硫酸盐，在嫌气条件下，则为硫化物。土壤中有机态矿化可出现下列四种情况：

(1) 起始阶段，硫酸盐被固定，随后 SO_4^{2-} 释放；
(2) 在整个研究过程中 SO_4^{2-} 稳定地呈线性释放；
(3) 开始几天释放很快，随后缓慢地呈线性释放；
(4) 随时间的增加释放速率下降。

在各种有机物的分解过程中，硫的矿化机理尚未完全清楚，许多微生物参与了有机硫化物氧化为 SO_4^{2-} 的过程，很难追踪其精确的途径。所以任何影响微生物生长的因素都会改变硫的矿化。影响有机硫矿化的因子有：

1. 有机质中矿物质含量

土壤有机碳或氮对硫的比值过大时土壤中可能出现生物固定硫。C/S 比等于或低于 200:1 时只发生硫矿化；高于这一比值，特别当比值大于 400:1 时有利于 SO_4^{2-} 生物固定为各种有机态。生物固定的硫束缚于土壤腐殖质、微生物细胞和微生物合成副产品中。

2. 温度和水分

低温对有机硫的矿化有限制作用，因为温度低大大降低了胞内、胞外酶的活性。土壤湿度影响硫酸酯酶活性、硫矿化速率、有机质释出硫的形态和土壤中硫酸盐的移动。部分土壤有机硫很不稳定，易被加热、风干或研磨等物理处理转化为 SO_4^{2-}。田间持水量和萎蔫点之间湿度的逐渐变化通常很少影响硫的矿化。但一些土壤中水分条件急剧变化能造成一部分有机硫矿化，这种硫主要源自土壤有机质中的硫酸酯。可见大田条件下干湿交替对提高硫的有效性十分重要。

3. pH 值

有机硫的矿化量与 pH 值成正比，直到 pH 值为 7.5 已发现一些土壤中生成的 SO_4^{2-} 与施用碳酸钙的量成正比，接近中性的 pH 值会刺激微生物的活动，促进了土壤中有机硫的矿化。

4. 施肥和作物效应

种植作物可以加速土壤硫的矿化，同时也会影响硫组分之间的相对比例。种植活动可使土壤含硫量趋于下降，但在一段时间后达到平衡。施用无机硫肥可以减少有机硫的转化量，而施用氮肥能增加土壤有机硫的矿化。

（四）土壤硫的循环与迁移

土壤中硫的输入和输出、各种形态硫的相互转化和移动构成了土壤中硫的循环。土壤中硫的输入主要有两种途径：一是大气干湿沉降。大气干湿沉降的主要是无机硫，其来源于自然排放。二氧化硫溶于水形成硫酸，即酸沉降。二是含硫矿物和生物有机质的施用。农业生产过程中，硫酸盐发挥着特别重要的作用。影响土壤剖面有效硫累积的因素主要有土壤性质、气候与施肥等条件。

硫酸盐的易溶性使它容易发生淋溶和径流损失，通过淋溶损失的量变化很大，主要与淋溶强度、土壤剖面中硫酸盐浓度和土壤的性质等因素有关。对江西 76 个耕作土样的测试表明，土壤剖面有效硫一般是上层大于下层。对河流冲击物、花岗岩和石英岩等母质发育的土壤由于粗砂粒多，地势又较高，上层土壤有效硫易被淋溶，但耕作层土壤经过多年的耕作熟化形成一硬质犁低层，能减缓耕层有效硫的淋溶，从而形成有效硫含量耕层高、底层低的现象。而像变质岩、石灰岩和紫色岩发育的土壤，质地均比较黏重，硫在土壤中的移动就很慢，从而形成耕层低、底层高的现象。

三、硫素循环对环境的影响

土壤中硫对环境的影响主要表现在土壤中能产生大量的气态硫化物进入大气，进而影响全球变化。土壤中气态硫化物的形成对大气酸沉降和环境酸化的发生起一定的作用，威胁自然生态系统及人类生存环境。另外，土壤中硫的氧化还原作用对氮、碳循环，对土壤环境也有一定的影响。

（一）硫对大气环境的影响

土壤中约有 10×10^{13} g/a 的气态硫化物进入大气，这些气体主要包括 H_2S、COS、CH_3SH、$(CH_3)_2S$ (DMS)、CS_2 和 SO_2，与此同时人为污染源亦有大量硫化物进入大气，它们在大气中经过复杂的化学过程最终转化成颗粒相硫酸和硫酸盐，并可通过干湿沉降过程输送到地面。SO_2 是大气酸沉降的主要来源，在大气中易氧化转化成硫酸或硫酸盐。其氧化包括光氧化、与自由基反应、非均匀相化学反应等过程。我国大气酸沉降的主要成分是硫酸和硫酸盐干沉降，占 70%～90%，H_2S、CS_2 和 DMS 等在大气中可与羟基、水和臭氧反应被氧化成 SO_2。COS 在大气中的寿命为两年，其浓度仅次于 SO_2，可进入臭氧层与臭氧反应成硫酸或硫酸盐，从而对臭氧层的破坏也有一定的影响。

植物可以通过根系吸收土壤中的硫，也可以通过叶片的气孔组织吸收大气中含硫化合物，但植物亦可通过呼吸作用向大气释放一定量的硫化物气体，如盐沼可向大气层释放硫化物（S）$3.5\sim650g/(m^2\cdot a)$，玉米释放量（S）约为$0.237g/(m^2\cdot a)$；植被或有机质分解过程中也可直接释放出硫，这些自然过程向大气排放的硫化物主要是还原态气体。气态硫化物在大气中被氧化物和酸。大气中的硫氧化物约有一半来自这过程，另一半可能来自人为活动。大气环境酸化和酸沉降增加是当前人类面临的重要环境问题之一。

（二）硫对作物产量与品质的影响

硫是植物生长的必需元素，在植物营养中占重要的地位，使用硫肥的增产效应已经是肯定的。但缺硫或硫过多对植物生长都不利。硫的还原产物在淹水土壤中，特别是产生的H_2S对植物根系有极大的破坏作用，对植物吸收养分、植物体内一些酶的活性、碳代谢和光合作用都有较大的影响。

硫在植物生理上有多种功能，它是胱氨酸、半胱氨酸和蛋氨酸的重要组成部分，而这些含硫氨基酸是蛋白质的主要成分，在植物体内约有90%的硫存在于含硫氨基酸中；硫与叶绿素形成有关；硫对植物体内某些酶的形成和活化有重要作用；硫参与合成微生物H和B；形成十字花科植物的糖苷油；硫与影响植物抗寒和抗旱性的蛋白质结构有关，它能增加某些作物的抗寒和抗寒性；硫与根瘤菌和自生固氮菌的固氮作用有关。

作物短缺时，不仅影响其正常生长发育，而且能导致作物产量和品质下降。在缺硫地区施用硫肥可以增加作物产量，一般增产幅度在10%~30%。试验证明在中国南方施用硫肥对水稻、小麦、油菜、紫云英、花生、芝麻、甘蔗、烟草、黄麻、橡胶、荔枝和红薯等都有明显的增产作用；在缺硫地区，仅施用含硫少或不含硫的氮、磷和钾化肥，作物产量仍然下降。施用硫肥，均衡供应作物营养，产量可以持续上升；在复种指数大、产量高的情况下，如果长期不施用硫肥，即使肥沃的土壤，也会在短期内出现因缺硫而减产的现象，为获取作物高产、稳产，需补充土壤中硫的不足。硫常含于某些氮、磷和钾化肥中，在缺硫地区选用含硫化肥，增加减少的费用，即可满足作物对硫的需要。大豆盆栽试验表明，硫处理使得侧根数和根系干物重分别比对照增加了8.6%~33.2%和6.6%~34.3%，根瘤数量和干重分别增加了2.7%~35.9%和13.0%~75.7%，叶绿素含量增加了0.4~3.9个单位，单株产量提高了7.3%~12.8%。施硫还显著提高了土壤微生物数量及土壤过氧化氢酶、脲酶、中性磷酸酶和多酚氧化酶活性，表明施硫可明显提高大豆各项生理生态指标，促进大豆植株生长，提高大豆产量，其作用效果因施硫水平不同而异，综合各因素，以$30mg/kg$施硫水平作用效果较好。对水稻和油菜的试验表明，发育于不同母质的水稻土施用硫肥增产稻谷$40\sim135kg/hm^2$，平均增产稻谷$475kg/hm^2$，平均增产幅度10%。水稻施用硫肥的增产效应采用易溶于水的硫酸盐较好。油菜对硫的需要量大，油菜施硫的平均增产量为$264kg/hm^2$，变幅为$60\sim615kg/hm^2$，平均增产率为22%。磷矿粉和硫黄配施之所以使油菜增产，主要是因为施用硫黄使土壤酸化，从而提高了磷矿粉中磷的有效性。在浙江红壤区，施用$20\sim30kg/hm^2$硫肥已能满足水稻和油菜生长和高产要求。

植株的氮硫比（N/S）是衡量作物营养价值的重要指标，施用硫肥可以使蛋白质的含量和质量都得到提高。氮素和硫素的供应对籽粒的成分会有一定的影响，虽然蛋白硫和蛋白氮的比例稳定，但总硫量和总氮量的比值则变化很大，根据蛋白合成的需要，氮素与硫素的供应比例（12～15）：1。籽粒蛋白的合成受营养供应的影响，在硫的胁迫条件下，籽粒倾向于合成含甲硫氨酸和半胱氨酸少的蛋白质。

（三）硫对土壤酸化的影响

20世纪五六十年代以来，由于二氧化硫和氮氧化物的排放量日渐增多，酸雨的问题越来越突出，现在中国已是仅次于欧洲和北美的第三大酸雨区。中国酸雨主要分布地区是长江以南的四川盆地、贵州、湖南、湖北和江西，以及东南沿海地区的福建、广东等省。

酸性沉降物对土壤酸的影响决定于以下三个条件：

(1) 土壤本身pH值或土壤溶液的石灰位；

(2) 酸雨数量与土壤缓冲能力的关系；

(3) 土壤阳离子交换反应的速率。

（四）酸性硫酸盐土壤对生态环境的影响

酸性硫酸盐土是一种极为劣质的土壤类型。它发育于含还原性硫化物的成土母质，经氧化后产生硫酸而使土壤强烈酸化。在强酸环境下，pH值易变化元素诸如铝、铁、锰及其他一些微量元素的溶解度猛增，因而对植物产生毒害作用。这些毒性物质也可随侧向流水排入河流、港湾和鱼塘而影响水生生物的生存；因而酸性硫酸盐土问题实际已超越一般土壤学的研究范畴而成为重要的生态与环境问题。

1. 对植物生长的影响

主要影响为土壤水中产生的毒性物质对植物有害作用，由于酸性硫酸盐土壤的pH值通常低于4，甚至更低，在这种强酸条件下，Fe、Al、Mn等元素的溶解度猛增，这些元素浓度的增加将有害于植物的生长；强酸环境引起营养元素的缺乏或降低营养物质的有效性；增加植物病原体侵入的可能性及降低土壤微生物活性；阻碍根的发育。

2. 对重金属行为的影响

当河流的沉积物被重金属污染后，排出的酸化水能将沉积物中重金属释放出来而引起环境问题。

3. 对生物的影响

酸性硫酸盐土排出的酸性水对河流中鱼类及其他鳃呼吸生物产生的影响主要包括：引起河流中大量鱼类和甲壳纲动物的死亡；影响水产养殖的增长率和生产力。

4. 对金属建筑材料的影响

很多金属建筑材料和地下管道可能被酸化土产生的硫酸腐蚀，钢铁在还原条件下也可被破坏。

5. 对动物和人类健康的影响

由于沉积物的絮凝作用，强酸性富铝化水体显得异常清澈，有可能被人误认为适合游泳甚至饮用，从而带来对身体的伤害。酸性硫酸盐土产生的二氧化硫可引起呼吸困难和污染大气。

第四节　土壤中磷素与环境效应

磷素是作物必需的重要营养元素之一，也是农业生产中最重要的养分限制因子。在磷未被作为肥料应用于农业之前，土壤中可被植物吸收利用的磷基本上来源于地壳表层的风化释放以及成土过程中磷在土壤表层的生物富集。农业中磷肥的应用在很大程度上增加了土壤磷素，为农业生产带来了巨大的效益。但随着磷肥的长期大量广泛施用，在改变土壤中的磷的含量、迁移转化状况和土壤供磷能力的同时，增加了土壤磷素向水环境释放的风险，一些重金属元素也随磷肥的施用进入土壤和水体。因此，了解土壤中磷的循环转化状况，磷肥施用对水体、土壤生态环境以及农产品质量的影响，已成为污染研究的重点内容之一。已有资料有关农田磷素流失的环境风险及评价的相关内容包括：农田土壤中磷的流失与水体富营养化；土-水界面磷的行为特征及其对农田磷流失的影响；农田磷向地表水迁移的途径、过程及输入水体磷量的估算；农田磷流失风险的评价指标体系及磷肥安全限量；不同区域农田磷环境安全临界指标及依据等。

一、土壤中磷的含量与形态

（一）土壤中磷的含量

地壳中磷的平均含量约为 1.2g/kg，而大多数自然土壤的含磷量则远远低于地壳中磷含量。自然土壤中的磷素取决于母质类型、风化程度和淋失状况。从世界范围来看，土壤全磷量为 200～5000mg/kg，平均为 500mg/kg。中国土壤的磷含量为 200～1100mg/kg。我国土壤含磷量随土壤风化程度的增加而减少，表现在由北向南土壤含磷量有下降的趋势。然而，耕作土壤含磷量除与成土母质有关外，还与有机质和施磷肥料有关。根据第二次全国土壤普查资料，农业发达、化肥使用历史悠久的广东、浙江和云南等省农田土壤的有效磷含量较高；干旱区农业相对落后，化肥用量少，土壤有效磷含量就相对低。一般而言，水田管理较旱田精细，用肥较多，因此同一省、区内土壤有效磷含量平均都高于旱地土壤。农业中化肥的应用在很大程度上改变了农田土壤的含磷量和土壤对作物的供磷能力。由于长期施用磷肥，一些农业发达国家耕层土壤中磷有相当部分来自化肥磷的累积。据统计，英国自 1850 年以后的 130 余年中投入农业中的磷总量约为 1.18×10^7 t，导致英国境内农田耕层土壤中的磷有 1/3～1/2 是施用磷肥而累积起来的。

（二）土壤中磷的形态

土壤中的磷按其赋存形态可分为有机态磷和无机态磷两大类。

1. 有机态磷

从世界范围的土壤来看，有机态磷在土壤磷中比例为 15%～80%，我国大部分土壤有机态磷占 20%～50%，但在森林和草原植被下的土壤可占 50%～80%，而且常常和土壤有机质含量有良好直线相关（红壤旱地除外）。这些直线相关的斜率在 0.008～0.014（X 轴是土壤有机 C%，Y 轴是有机 P_2O_5%），也就是说当土壤每含 1% 的有机碳时，相应的有机态 P_2O_5 含量为 0.01%，这一比例和早期所获得的矿质土壤有机质中 C：N：P=110：9：1 相近似。但是，土壤有机态 C/P 比变化较大，不如 C/N 比稳定。主要原因是磷不像氮和硫那样是土壤腐殖酸和富啡酸的结构元素。例如，根据加拿大、美国、巴西、新西兰和印度等国 131 个标本统计，其有机态 C/P 比为 78～231。不过通常估计土壤有机态磷是土壤有机质含量的 1%～3%。侵蚀严重的红壤表土有机质含量不到1%，因而有机磷含量小于全磷量的10%。而东北地区的黑土有机质含量高达3%～5%，使得有机磷含量达全磷的2/3。在森林或草原植被下发育的土壤，有机磷可占土壤全磷量的一半以上，高的甚至可达90%。目前有机磷化合物大部分为未知，已知的土壤中有机磷化合物和在有机磷中的相对含量如下。

（1）植素类，占土壤有机磷的2%～50%，是普遍存在于植物体中的有机化合物。

（2）磷脂类，占土壤有机磷的1%～5%，主要为磷酸甘油酯、卵磷脂和脑磷脂，普遍存在于动物、植物及微生物组织中，一般为甘油的衍生物。

（3）核酸及其衍生物类，占土壤有机磷0.1%～2.5%，它们能在土壤中迅速降解或重新组合，由核蛋白分解时产生，能与土壤无机黏粒结合形成有机无机复合体。

2. 无机磷

在大部分土壤中，无机磷含量占有主导地位，占土壤全磷量的50%～90%。土壤中无机磷化合物中几乎全部为正磷酸盐，除了少量的水溶态外，绝大部分以吸附态和固体矿物态存在于土壤中。在实践上，根据无机磷在不同化学提取剂中的选择溶解性，将无机磷分为数组。在众多分组方法中，以张守敏和杰克逊及其相关的修正方法应用较为广泛，该法将无机磷分为四组。

（1）磷酸铝类化合物（Al-P）：能溶于氟化物（$0.5mol/L NH_4F$）提取液，如磷铝石，也包括富铝矿物（如三水铝石、水铝英石等）结合的磷酸根。

（2）磷酸铁类化合物（Fe-P）：能溶于氧化钠（$0.1mol/L NaOH$）提取液，如粉红磷铁矿及吸附于水合氧化铁等富铁矿物表面的非闭蓄态磷。

（3）磷酸钙（镁）类化合物（Ca-P）：指各种酸溶性（$0.25mol/L H_2SO_4$）钙（镁）磷酸盐。如磷灰石类，也包括磷酸二钙、磷酸八钙等。

（4）闭蓄态磷（O-P）：或称为还原溶性磷，包括被水合氧化铁胶膜包被着的各种磷酸盐，它用0.3mol/L柠檬酸钠和连二压硫酸钠浸提，应用连二亚硫酸钠将包被在磷外的氧化铁胶膜还原为亚铁，并用柠檬酸钠的配位反应使包膜破坏而提取被包被的磷。

土壤中的难溶性无机磷大部分被铁、铝和钙元素束缚，一般来说，在酸性土壤中，磷与Fe^{3+}、Al^{3+}形成难溶性化合物，在中性条件下与Ca^{2+}和Mg^{2+}形成易溶性的化合物，在碱性条件下与Ca^{2+}形成难溶性化合物。土壤中难溶性磷和易溶性磷之间存在着缓慢的平衡。由于大多数可溶性磷酸盐离子为固相所吸附，所以这两部分之间没有明显的界线。在一定条件下，被吸附的可溶性磷酸盐离子能迅速与土壤溶液中的离子发生交换反应。土壤中的有机磷和微生物磷与土壤溶液磷和无机磷总是处在一种动态循环中。

土壤中无机磷的形态历来是人们注意的关键问题之一，因为如果人们确切地知道土壤中磷的化学形态，就有可能根据磷化合物的化学性质推断其固液相之间的分配，从而判断其环境行为。然而，目前鉴定土壤中天然存在的含磷矿物的形态在技术上尚存在较大的困难，因而其操作定义在世界上得到了广泛的应用，但它确实存在较多的不足之处，无法判断化合物的确切组成。因此，有关磷的形态问题仍是一个需要研究的课题。

二、磷在土壤中的迁移转化与固定

土壤磷的迁移转化包括一系列复杂的化学和生物化学反应，如有机磷的矿化和无机磷的生物固定，有效磷的固定和难溶性磷的释放过程。

(一) 有机磷的矿化和无机磷的生物固定

土壤有机磷的矿化和生物固定是两个方向相反的过程，前者使有机态磷转化为无机态磷，后者使无机态磷转化为有机态磷。

1. 有机磷的矿化

土壤中的有机磷除一部分被作物直接吸收利用外，大部分需经微生物的作用进行矿化转化为无机磷后，才能被作物吸收。

土壤中有机磷的矿化，主要是土壤中的微生物和游离酶、磷酸酶共同作用的结果，其分解速率与有机氮的矿化速率一样，决定于土壤温度、湿度、通气性、pH 值、无机磷和其他营养元素、耕作技术及根分泌物等因素。温度为 30~40℃，有机磷的矿化速度随温度增加而增加，矿化最佳温度为 35℃，30℃以下不仅不进行有机磷的矿化，反而发生磷的净固定。干湿交替可以促进有机磷的矿化，淹水可以加速六磷酸肌醇的矿化，氧压低、通气差时，矿化速率变小。磷酸肌醇在酸性条件下易与活性铁、铝形成难溶性的化合物，降低其水解作用；同时，核蛋白水解亦需要一定数量的 Ca^{2+}，故酸性土壤施用石灰后，可调节 pH 值和 Ca/Mg 比，从而促进有机磷的矿化；施用无机磷对有机磷的矿化亦有一定的促进作用。有机质中磷的含量，是决定磷是否产生纯生物固定和纯矿化的重要因素，其临界指标为 0.2%，大于 0.3%时则发生纯矿化，小于 0.2%则发生纯生物固定。同时有机磷的矿化速率还受到 C/P 比和 N/P 比的影响，当 C/P 比或 N/P 比大时，则发生纯生物固定，反之则发生纯矿化。同样供硫过多时，也会发生磷的纯生物固定。土壤耕作能降低磷酸肌醇的含量，因此，多耕的土壤中有机磷的含量比少耕或免耕的土壤少。植物根系分泌的、易同化的有机物能增加强曲霉、青霉、毛霉、根霉、芽孢杆菌和假单胞杆菌等微生物的活性，使之产生更多的磷酸酶，加速有机磷的矿化，特别是菌根植物根系的磷酸酶具有较大活性。可见土壤有机磷的分解是一个生物作用的过程，分解矿化的速度受土壤微生物活性的影响，环境条件适宜微生物生长时，土壤有机磷分解矿化速度就加快。

2. 无机磷生物固定

土壤中无机磷的生物固定作用，即使在有机磷矿化过程中也能发生，因分解有机磷的微生物本身也需要有磷才能生长和繁殖。当土壤中有机磷含量不足或 C/P 比值大时，就会出现微生物与作物竞争磷的现象，发生磷的生物固定。

(二) 土壤中磷的固定和释放

土壤对磷的固定和释放是磷的重要性质，磷的固定是水溶性磷从液相转入固相；磷的释放是固定作用的逆向作用，是从固相转入液相的过程。

土壤中磷的固定机理主要是磷化物的沉淀作用和吸附作用。一般磷的浓度较高，土壤中有大量的可溶态阳离子存在和土壤 pH 值较高或较低时，沉淀作用是主要的。相反，在土壤磷浓度较低，土壤溶液中阳离子浓度也较低的情况下，吸附作用起主要作用。

1. 土壤中磷的沉淀和溶解

土壤中的磷和其他阳离子形成固体而沉淀，在不同的土壤中，由不同的体系所控制。在石灰性土壤和中性土壤中，由钙镁体系控制，土壤溶液中磷酸离子以 HPO_4^{2-} 为主要形态，它与土壤胶体上交换性 Ca^{2+} 经化学作用产生 Ca-P 化合物。如水溶性一钙，在石灰性土壤中最初形成磷酸二钙，磷酸二钙继续作用，逐渐形成溶解度很小的磷酸八钙，最后又慢慢地转化为稳定的磷酸十钙。随着这一转化过程的继续进行，生成的溶度积常数相继增大，溶解度变小，生成物在土壤中趋于稳定，磷的有效性降低。

在酸性土壤中，由铁铝系控制。酸性土壤中磷酸根离子主要以 $H_2PO_4^-$ 形态与活性铁、铝或交换性铁、铝以及赤铁矿、针铁矿等化合物作用，形成一系列溶解度较低的 Fe（Al）-P 化合物，如磷酸铁铝、盐基性磷酸铁铝等。

根据热力学的理论，磷和土壤反应的最终产物在碱性土壤和石灰性土壤中，是羟基和氟基磷酸石，而在中性和酸性土壤中是磷铝石和粉红磷铁矿。当一个土壤不断进行风化时，土壤 pH 值降低，这时磷酸钙就会向无定型和结晶的磷酸铝盐转变，而磷酸铝盐则进一步向磷酸铁盐转化。因此土壤中各种磷肥和土壤的最初反应产物都将按照热力学的规律向着更加稳定的状态转化，直至变为最终产物。

2. 土壤磷的吸附作用

由于土壤固相性质不同，吸附固定过程又可分为专性吸附和非专性吸附。在酸性条件下，土壤中的铁铝氧化物，能从介质中获得质子而使本身带正电荷，由于静电引力吸附阴离子，这是非专性吸附。

除上述自由正电荷引起的吸附固定外，磷酸根离子置代土壤胶体表面金属原子配位壳中的－OH 或－HO_2 配位基，同时发生电子转移并共享电子对，而被吸附在胶体表面即为专性吸附。专性吸附不管黏粒带正电荷还是带负电荷，均能发生，其吸附过程较缓慢。随着时间推移，由单键吸附逐渐过渡到双键吸附，从而出现磷的"老化"，最后形成晶体状态，使磷的活性降低。在石灰性土壤中，也会发生这种专性吸附。当土壤溶液中磷酸离子的局部浓度超过一定限度时，经化学动力作用，使在 $CaCO_3$ 的表面形成无定形的磷酸钙。随着 $CaCO_3$ 表面不断渗出 Ca^{2+}，无定形磷酸钙便逐渐转化为结晶形，经过较长时间后，结晶形磷酸盐逐步形成磷酸八钙或磷酸十钙。

三、土壤磷素与水体富营养化

营养化是当今世界水污染治理的难题之一，而磷是大多数淡水水体中藻类生长的主要限制因子。磷在控制水体富营养化中首先是它的浓度，一般认为，水体中磷的浓度达到 0.02mg/L 即可能产生富营养化。但同时还要看 N/P 比值如何。当 N/P 比大于 4～5 时，其限制因素是磷，富营养化取决于磷的浓度增加，如果 N/P 比小于 4～5，则限制因素可能是氮，在这种情况下，磷浓度的升降就对富营养化的影响较小。

（一）水中磷的来源

水体中的磷主要来自天然和人为两个方面，天然来源包括降水、地表土壤的侵蚀和淋溶；人为来源包括城市排放的含磷生活污水，农业施用的化肥和牲畜粪便经雨水冲刷和渗透而最终进入水体的磷。按照污染物进入水体的方式可分为点源污染和非点源污染。

在一些地区，以农田排磷为主的非点源磷污染往往是水体中磷的最主要来源，非点源污染所占的负荷越来越大，非点源磷对水体富营养化的贡献也更加突出，这在发达国家表现得更为明显。如在基本实现了对工业和城镇生活污水等点源污染有效治理的欧美等国，非点源营养物质已成为水环境最大污染源。而来自农田土壤的氮、磷在非点源污染中占有最大份额，水体中的总磷与流域内农业施用磷肥比例呈正相关关系。

（二）磷进入水体的途径

磷可以通过地表径流、土壤侵蚀及渗漏等途径进入水体。但由于土壤，特别是下层土壤对磷有足够大的吸持能力，减少磷化合物实际进入地下水的量，甚至施用大量磷肥、厩肥和城市污泥时，也不会造成污染问题，大部分磷都被保持在土壤中。

农田土壤中的磷既可以随地表径流流失，也可经淋溶流失，但除了过量施肥的土壤或地下水位较高的砂质土壤外，多数情况下土壤剖面淋溶液中的磷浓度很低，因而随径流流失是农田土壤中磷进入水体的主要途径。

磷的流失主要是径流的作用。磷通过径流进入地表水，这是农田磷损失的主要途径，其中很大一部分是以悬浮颗粒形式损失的。在农田中因施肥使表土磷累积较快，施入的磷肥大部分集中在表土。因此，表土冲刷可造成磷的较大损失。在径流中的悬浮土粒都是比较细的颗粒，而磷在土壤中主要集中在细粒部分。施肥也可以显著提高径流水和渗漏水中可溶态磷量，特别在磷肥用量较高时。

影响径流中磷量的主要因素是磷肥的施用和土壤中累积态磷的不断增加。因此，防止农田磷对环境不利影响的主要途径是控制径流和合理施用磷肥。控制地表径流是水土保持的一个主要任务，它包括工程和生物措施。而合理施用磷肥亦应是减少磷对环境影响的主要措施，这些措施包括科学地制定磷肥用量；在水旱轮作时，重点将磷肥施在旱作上，可以在很大程度上减少径流中以及渗漏水中磷的浓度；提高磷肥利用率，减少累积，有关磷残留效应的研究对了解磷的累积和利用有重要的理论和实际意义，但对能被植物所利用的土壤中累积态磷的形态和数量，目前尚不清楚。弄清这一问题，无论在植物营养学或环境科学方面都十分重要。

第四章 土壤污染物概述

第一节 土壤中的重金属

一、土壤重金属污染及其来源

（一）土壤重金属污染的定义

重金属是指相对密度大于5.0的金属元素，在自然界中大约存在45种。但是，由于不同的重金属在土壤中的毒性差别很大，所以在环境科学中人们通常关注汞、镉、铬、铅、铜、锌、镍、钼、钴等。砷是一种准金属，但因其化学性质和环境行为与重金属有相似之处，通常也归属于重金属范畴进行讨论。虽然土壤中铁和锰含量较高，但人们一般不太注意它们的污染问题，但在强还原条件下，铁和锰所引起的毒害亦应引起足够的重视。

土壤重金属的侵袭与累积是一种十分普遍的现象，而人们最为关注的是污染问题。土壤重金属污染是指由于人类活动将重金属带到土壤中，致使土壤中重金属含量明显高于背景值、并造成现存的或潜在的土壤质量退化、生态与环境恶化现象。

全球输入土壤中的一些重金属元素见表4-1。

表 4-1 全球输入土壤中的一些重金属元素　　1000t/a

来源	As	Cd	Cr	Cu	Hg	Ni	Pb	Zn
农业和食品废弃物	0~6.0	0~3.0	4.5~90	3~38	0~1.5	6~45	1.5~27	12~150
动物粪便	1.2~4.4	0.2~1.2	10~60	14~80	0~0.2	3~36	3.2~20	150~320
伐木和木材废弃物	0~3.3	0~2.2	2.2~18	3.2~52	0~2.2	2.2~23	6.6~8.2	13~65
城市垃圾	0.09~0.7	0.88~7.5	6.6~33	13~40	0~0.26	2.2~10	18~62	22~97
城市污泥	0.01~0.24	0.02~0.34	1.4~11	4.9~21	0.01~0.8	5.0~22	2.8~9.7	18~57
有机废物	0~0.25	0~0.01	0.1~0.18	0.04~0.61	—	0.17~3.2	0.02~1.6	0.13~2.1
金属加工固体废物	0.01~0.21	0~0.08	0.65~2.4	0.95~7.6	0~0.08	0.84~2.5	4.1~11	2.7~19
煤灰	6.7~37	1.5~13	149~446	93~335	0.37~4.8	56~279	45~242	112~484
肥料	0~0.02	0.03~0.25	0.03~0.38	0.05~0.58	—	0.20~0.55	0.42~2.3	0.26~1.1

续表

来源	As	Cd	Cr	Cu	Hg	Ni	Pb	Zn
泥炭	0.04~0.5	0~0.11	0.04~0.19	0.15~2.0	0~0.02	0.22~3.5	0.45~2.6	0.15~3.5
浪费的商品	36~41	0.78~1.6	305~610	395~7.0	0.55~0.82	6.5~32	195~390	310~620
大气沉降	8.4~18	2.2~8.4	5.1~38	14~36	0.63~4.3	11~37	202~263	49~135
合计	52~112	5.6~38	481~1309	511~1367	1.6~15	106~544	479~1113	689~2054

(二) 土壤重金属的来源

土壤重金属来源广泛，主要包括大气沉降、污水灌溉、工业固体废物的不当堆置、矿业活动、农药和化肥等。

1. 大气沉降

大气对土壤中各种元素的含量具有明显的影响。主要的大气污染源有电厂、黑色冶金、石油开采和加工、运输、有色冶金以及建筑材料开采和生产等，进入大气的重金属通过干、湿沉降输入土壤和水体。例如 1986—1988 年，甘肃白银有色金属新材料基地由降水和降尘输入到农田的重金属为 Cd10.8g/（$hm^3 \cdot a$）、Pb414.9g/（$hm^3 \cdot a$）、Cu352.6g/（$hm^3 \cdot a$）和 As241.6g/（$hm^3 \cdot a$）其中铅、砷均高于灌溉水的输入量。

2. 污灌

污水灌溉是指已经处理并达到灌溉水质要求的污水为水源所进行的农田灌溉，但生产实践大部分污水未经处理就直接利用，我国污水灌溉面积约占全国总灌溉农田面积的 7.3%。由于北方比较干旱，缺水严重，而许多大城市都是重工业城市，耗水量大，所以农业用水更加紧缺，污灌问题在这些地区比较普遍，如沈阳、西安、太原、郑州、北京、天津、兰州、石家庄和哈尔滨等均存在较为严重的因污灌引起的农田土壤和农作物的重金属累积或污染问题，受不同物质的侵袭、累积或污染的地区约占总面积的 45%。

3. 采矿和冶炼

工矿地区土壤重金属的影响主要是由采矿和冶炼的废水、废渣及降尘所造成的，这在中国南方地区表现得尤其突出。对江西省西华山、下龙塘、荡坪、大吉山和盘古山五个钨矿，永平和德兴两个铜矿，贵溪冶炼厂八个主要金属矿山及冶炼厂附近地区土壤环境状况的调查，采集了农田、饲料和水样共 139 份，农田土壤中最高含镉量达到 29.8mg/kg，含铜量达到 2081mg/kg。镉的污染非常严重，饲料中镉含量最高达 16.1mg/kg，铜的最高含量也达到 863mg/kg。铜、钼含量严重失调，导致耕牛发生钼、镉中毒综合征的广泛流行，其他家畜也受到不同程度的影响。

4. 肥料和农药

肥料中重金属的含量及其对土壤环境质量影响的可能性越来越被重视。对杭州和宁波等地 29 种市售常用肥料样品中重金属含量的调查结果表明，肥料中 Cd、Pb、Cu 和 Zn 的含量范围分别为 0.02~6.56mg/kg、0.07~36mg/kg、0.01~165mg/kg 和 0.75~460mg/kg。有机肥中 Cd、Cu 和 Zn 的超标率分别为 24.1%、13.8%和 17.2%。对江苏大型养殖场畜禽饲料、畜禽粪和商用有机肥的调查亦表明，其中的铜、铅、锌和镉的含量都较高，长期使用将有可能造成严重的土壤和作物重金属累积或污染问题。另外，由于我国进口的磷肥量较大，而像美国、加拿大和澳大利亚的磷肥中镉含量较高，所以每年带入农田的镉量也相当大。

大量施用含有重金属的农药亦是造成土壤重金属污染的一个重要原因，例如果园土壤中铜的累积主要来自长期施用含铜农药的结果。对苹果产区的研究表明，果园土壤中铜的浓度随其栽培年限的增加而显著增加，而土壤中铜的累积已对土壤的生态功能产生影响。土壤微生物生物量碳、土壤微生物生物量碳与有机碳比值随着土壤铜浓度的升高而降低，这说明果园土壤中铜的含量已经影响了微生物生物量和土壤有机质的质量。同时，土壤酶活性也受到了显著的抑制；而土壤碳矿化率和土壤特定呼吸率随着铜浓度的升高而升高，这主要是由于土壤中铜的积累使土壤微生物处于受胁迫的状态，呼吸速率增加，导致了更多的 CO_2 产生。

5. 工业生产

凡以重金属和含有重金属的材料为生产原料的行业，在生产过程中均可能排放重金属，如果处置不当，就会造成环境污染。由于电子产品制造业是重金属排放的源头之一，而中国是电子产业名副其实的世界工厂，世界上一半左右的计算机、手机和数码相机产自中国，重金属排放因而备受关注。特别是与电子产品相关的电池行业和印刷电路板制造相关的电镀行业，重金属污染问题更应该高度重视。印刷电路板主要涉及铜、镍、镍化合物和铬等污染，电池和电源则多涉及铅污染，由于大量印刷电路板生产企业不能稳定达标排放，已经给当地河流、土壤和近海造成了污染。

二、土壤中重金属的形态

实践表明，重金属的生物毒性在很大程度上取决于其存在的形态，仅仅依据元素总量往往不能很好地说明环境中重金属的化学性质、再迁移性、生物可给性以及最终对生态系统或生物有机质的影响。因此，通过元素形态分析方法定量地确认不同环境介质中重金属的形态成为环境土壤学研究领域的重要内容。随着分析测试技术的发展，元素的形态分析方法取得了长足进步，并且在土壤圈的物质循环、元素毒性及生态毒性确定、食品质量控制和临床分析等领域显示出独特的作用。有关土壤中重金属的形态分析曾有较为系统的总结与评述。元素形态指某元素具体的化学物种在某体系中的分布。化学物种是指化学元素的某种特殊形式，如分子态、特定的配位结构或氧化态等。在土壤钠各重金属的形态方面，本书主要关注化合物的类型、元素的操作定义和特定试剂的可提取态。

（一）化合物的类型

土壤中重金属元素的迁移、转化及其对植物的毒害和环境的影响程度，除与土壤中重金属的含量有关外，还与重金属元素在土壤中的存在形态有很大的关系。土壤中重金属存在的形态不同，其活性、生物毒性及迁移特征也不同。土壤中重金属形态的划分有两层含义，其一是指土壤中化合物或矿物的类型，而另外一层含义系指操作定义上的重金属形态。对于前者，例如含 Cd 的矿物包括 CdO、$\beta\text{-}Cd(OH)_2$、$CdCO_3$、$CdSO_4 \cdot H_2O$、$CdSiO_3$、$CdSO_4 \cdot 2Cd(OH)_2$、$CdSO_4$、$Cd(OH)_2$、土壤-Cd 等，其中 CdO、$\beta\text{-}Cd(OH)_2$、$CdSO_4 \cdot 2Cd(OH)_2$、$CdSO_4$ 等矿物，由于比较容易溶解，因而可以预测它们在土壤中是不会形成的。

$Cd_3(PO_4)_2$（C）的形成较为复杂，它与控制磷酸盐浓度的矿物类型及酸碱条件有关。在低酸碱度时，土壤中磷酸盐的浓度和 Cd 的磷酸矿物的形成及其溶解度为 $FePO_4 \cdot 2H_2O$ 和 $Fe(OH)_3$ 所控制；在中等酸碱度时，为 β-磷酸三钙和土壤-Ca 所控制；而在高酸碱度时，为 $Ca_3(PO_4)_2$（磷酸三钙）、$CaCO_3$ 和二氧化碳所控制。

重金属化合物的类型对其生态效应有着明显的影响，当土壤中所含化合物的类型不同时，由于这些化合物本身性质的差异和与土壤交互作用的不同，因而所产生的生物效应有可能不一样，例如在黄棕壤中添加相同 Pb 浓度的 $PbCl_2$ 和 $Pb(NO_3)_2$ 处理，糙米中含 Pb 量分别为 1.62 和 4.91mg/kg；而不同类型砷化合物的试验表明，亚砷酸盐的毒性明显高于砷酸盐，即使同为砷酸盐，由于所结合的金属阳离子的不同，毒性也有显著差异，然而，要直接区分土壤中化合物的类型是相当困难的。

（二）形态的操作定义

土壤中的重金属元素与不同成分结合形成不同的化学形态，它与土壤类型、土壤性质、外源物质的来源和历史、环境条件等密切相关。各种形态量的多少反映了其土壤化学性质的差异，同时也影响其植物效应。通常所指的"形态"为重金属与土壤组分的结合形态，即"操作定义"，它是以特定的提取剂和提取步骤的不同而定义的。目前土壤重金属的形态分级的操作定义大多根据各自研究目的和对象来确定连续提取方法。主要可分为水溶态、可交换态、碳酸盐结合态、铁锰氧化物结合态、有机结合态和残留态。水溶态是指土壤溶液中的重金属离子，它们可用蒸馏水提取，且可被植物根部直接吸收，由于在大多数情况下水溶态含量极微，一般在研究中不单独提取而将其合并于可交换态一组中；可交换态是指被土壤胶体表面非专性吸附且能被中性盐取代的，同时也易被植物根部吸收的部分；碳酸盐结合态在石灰性土壤中是比较重要的一种形态，普遍使用醋酸钠-醋酸缓冲液作为提取剂；铁锰氧化物结合态是被土壤中氧化铁锰或黏粒矿物的专性交换位置所吸附的部分，不能用中性盐溶液交换，只能被亲合力相似或更强的金属离子置换，一般用草酸＝草酸盐或盐酸羟胺作提取剂；有机结合态是指重金属通过化学键形式与土壤有机质结合，也属专性吸附，选用的提取剂主要有次酸钠、H_2O_2 和焦磷酸钠等；而残留态是指结合在土壤硅铝酸盐等矿物晶格中的金属离子，在正常情况下难以释放且不易被植物吸收的部分，一般用 HNO_3-$HClO_4$-HF 分解。由于各种试剂的溶解能力不尽相同，即使同一种形态，其提取量也只对特定的提取剂才有意义。

另一种操作定义是欧盟提出的，欧盟有关项目（BCR）致力于连续提取方法的标准化和参考物的制备，这一方法后经有关研究人员的适当改进，将土壤重金属分为四步分级提取：水溶态，可交换态和碳酸盐结合态（$0.1mol/L CH_3COOH$，室温振荡 16h）；铁/锰氧化物结合态（$0.1mol/L NH_2HCl$，pH 值为 2.0，室温振荡 16h）；有机物及硫化物结合态（30% H_2O_2 室温振荡 1h 后，增加温度到 85℃再振荡 1h，再加入 30% H_2O_2 于 85℃振荡 1h，然后加入 $1.0mol/L CH_3COONH_4$，pH 值为 2.0，室温振荡 16h）；残渣态，用王水消化。

砷的操作定义与上述分级有所不同，目前砷的分级方法多以提取磷的方法为基础修改而成。砷在土壤中的形态一般分为吸附态砷，用 $1mol/L NH_4Cl$ 提取（包括水溶性砷）；铝型砷（Al-As），用 $0.5mol/L NH_4F$ 可提取的砷酸铝盐；铁型砷（Fe-As），用 $0.1mol/L NAOH$ 可提取的砷酸铁盐；钙型砷（Ca-As），用 $0.25mol/L H_2SO_4$ 可提取的砷酸钙盐；闭蓄型砷（O-As），不能被上述提取剂提取的被闭蓄在矿物晶格中的砷。土壤中水溶性砷主要以 $AsSO_4^{3-}$ 和 AsO_3^{3-} 离子形式存在，含量极低，常低于 1mg/kg，通常在吸附态砷中包括了水溶性砷。后四种形态的砷属于难溶性砷，Al-As 和 Fe-As 的毒性小于 Ca-As。Fe-As 在大多数土壤中占优势，Al-As 其次，一般来说，酸性土壤以 Fe-As 占优势，而碱性土壤以 Ca-As 占优势。

土壤中砷以三价的亚砷酸盐（AsO_2^-）和五价的砷酸盐（AsO_4^{3-}）形态存在，As(Ⅲ) 的移动性远大于 As(Ⅴ)，且毒性较大。进入土壤中的砷可被土壤胶体吸附。同时砷酸根可以与土壤中铁、铝、钙和镁等阳离子形成难溶性砷化合物，与无定形铁、铝等的氢氧化物产生共沉淀，不易发生迁移。其反应如下：

$$Fe^{3+} + AsO_4^{3-} \longrightarrow FeAsO_4 \quad K_{SP} = 5.7 \times 10^{-21}$$
$$Al^{3+} + AsO_4^{3-} \longrightarrow AlAsO_4 \quad K_{SP} = 1.6 \times 10^{-16}$$
$$3Ca^{2+} + 2AsO_4^{3-} \longrightarrow Ca_3(AsO_4)_2 \quad K_{SP} = 6.8 \times 10^{-19}$$
$$3Mg^{2+} + 2AsO_4^{3-} \longrightarrow Mg_3(AsO_4)_2 \quad K_{SP} = 2.1 \times 10^{-2}$$

由于这几种化合物溶解度的差异，所以以 Fe^{3+} 固定砷酸盐的作用最大，Ca^{2+}、Al^{3+} 的作用次之，Mg^{2+} 所起的作用不如 Fe^{3+}、Al^{3+}、Ca^{2+} 显著。通常在活性 Fe 高的土壤中，主要以 Fe-As 形式残留；如果活性 Fe 低、活性 Al 或代换性 Ca 多，则以 Al-As 或 Ca-As 累积。而土壤中活性 Fe、Al 和代换性 Ca 均少，As 可能从土壤中流失。一般来说，不同类型的土壤对砷的吸附能力为：红壤＞砖红壤＞黄棕壤＞黑土＞碱土＞黄土，这一顺序也说明了铁、铝氧化物对吸附砷起着重要的作用。

Cr 的操作定义亦有其特殊性，一般分为水溶态、交换态（1mol/L CH_3COONH_4 提取）、沉淀态（2mol/L HCl 提取）、有机结合态（5% H_2O_2-2mol/L HCl 提取）和残留态等。由于不同土壤的矿物种类、组成、有机质含量和 pH 值等不同，铬的形态也不同。土壤中水溶性铬含量非常低，一般难以测出；交换态铬含量很低，一般为 ＜0.5mg/kg，约为总铬的 0.5%；土壤中铬大多数以沉淀态、有机结合态和残渣态存在。有机结合态铬通常＜15mg/kg，比沉淀态和残渣态含量低，残渣态含量一般占总铬的 50% 以上。

土壤重金属形态的操作定义存在诸多不足之处：提取步骤多、费时；试剂的有限选择性；已释出的金属可在各形态间再分配；结果重现性差；可比性差，只有类似方法及性质相似样品才具有可比性。由于上述缺陷，故操作定义要求程序的标准化，其表征的只是在特定条件下，各种提取剂对土壤中重金属的提取形态，它虽然有助于人们理解重金属在土壤中的结合方式，但并非是完全真实形态的表述，具有明显的局限性。如能明确重金属在土壤中的真实存在形态，将能够从分子水平上理解土壤重金属的释放机理、形态转化、毒性、生物可利用性、修复措施以及风险评价等方面的特性。目前，测定土壤重金属的实际形态往往比较困难，在一些实验室已采用 X 线吸收精细结构光谱，漫反射光谱，高温热重分析仪，以及微 X 线吸收近边结构分析等来分析重金属离子在矿物表面的结合方式，包括外配位、内配位和表面沉淀等。如利用广延 X 射线吸收精细结构（XAFS）观察到 Co、Ni 和 Zn 在矿物表面形成的金属氢氧化物沉淀；采用 X 线吸收精细结构光谱研究了 Ni 在矿物上的吸附动力学，观察到随时间的延长产生了 Ni-Al 氢氧化物沉淀。另外，应用化学和膜技术也可分析土壤溶液中重金属的实际存在的化学形态，用以区分重金属离子态和有机配合态等。

（三）可提取态

土壤中元素的可提取态一直是人们关注的内容，在我国土壤背景值的研究中缺少元素可提取态的数据，从而在一定程度上影响了元素背景值的实际应用。事实上，元素可提取态的研究在土壤背景值研究中曾引起关注，在重金属的生物有效性与毒性的研究中几乎是一个不可或缺的内容；但由于可提取态自身的复杂性，目前还难以像元素总量一样给出全国范围的比较，它牵涉到不同土类之间提取剂的差异，同一提取剂在不同土类之间提取量的差异以及提取量与生态效应的差异等，这是一个有待认真研究与解决的课题。

就名称而言，土壤中重金属的可提取态尚有"有效态""植物有效态"和"生物有效态"等，为了避免在认识上的某些差异，从土壤环境质量的研究考虑建议用"可提取态"，表明其按照规定的方法和步骤由土壤中所提取的重金属的浓度。研究"可提取态"的主要目的是检验土壤中重金属的可提取态与相应土壤中所规定之生物体中重金属浓度的关系及其影响程度，探索通过土壤分析来进行土壤环境质量和风险评价的可能性，目前最主要的是解决提取剂的科学性与广谱性问题。

土壤中某一元素的生物有效性除直接用所提取的浓度与靶生物之间的关系表示外，亦有用元素活性来表征，即：

$$A_c (\%) = \frac{A_{ci}}{B_{ci}} \times 100\% \qquad (4-1)$$

式中，A_c 为土壤中 i 元素的活性；A_{ci} 为 i 元素的可提取态浓度；B_{ci} 为 i 元素的全量值。

由元素可提取态和全量影响因素推知，元素活性是有效态含量、全量值、土类、有机质、黏粒和 pH 值等土壤理化性质的函数。有关黄绵土、灰钙土、栗钙土、黑钙土、黑土、白浆土、暗棕壤、花岗岩、棕壤、黄土棕壤、淋溶褐土、碳酸盐褐土、草甸土、潮土、紫色土、水稻土、红壤、黄壤和砖红壤等土类的分析结果统计显示，六种元素（Cu、Zn、Mn、Co、B 和 Mo）的活性（%）与可提取态（浓度为 mg/kg）之间的相关性均呈极显著或显著水平。然而，活性与生物毒性和环境效应之间的关系，尚需进一步研究。

三、控制土壤中重金属溶解度的主要反应

人们要了解重金属进入土壤的反应行为和最终归宿，需要进行长期试验；然而，足够数量的长期试验在实践中很难办到，因为具有不同矿物和化学组成的土壤及重金属的种类很多，且元素之间或元素与土壤组分之间的交互作用对重金属的行为亦有重要影响，因而掌握基本的化学原理并通过特定条件下的实际试验，将有助于了解和掌握土壤中重金属的反应行为。

（一）离子交换

离子交换吸附又称非专性吸附，指重金属离子通过与土壤表面电荷之间的静电作用而被土壤吸附。土壤表面通常带有一定数量的负电荷，所以带正电荷的金属离子可以通过这种作用被土壤吸附。一般来说，阳离子交换容量较大的土壤具有较强吸附带正电荷重金属离子的能力；而对带负电荷的重金属含氧基团，它们在土壤表面的吸附量则较

小。但是，土壤表面正负电荷的多少与溶液 pH 值有关，当 pH 值降低时，其吸附负电荷离子的能力将增强。通常非专性吸附的重金属离子可以被高浓度的盐交换下来。

土壤中层状硅酸盐黏粒含有永久性电荷，在适宜的酸碱性条件下，进入的重金属可以离子状态存在，因而它可通过静电引力吸持金属离子。在层状硅酸盐表面，二价和三价过渡重金属离子表现出典型的离子交换特性。然而在浓度很低层状硅酸盐黏粒对 Co^{2+}、Zn^{2+}、和 Cd^{2+} 等金属离子存在着专性吸附作用。这表明层状硅酸盐黏粒存在着少量能对这些金属离子进行化学吸附的位点，可能是位于边面上的-SiOH 或-AlOH 基团，亦可能是混入黏粒中的氧化物和有机质所存在的位点。

（二）吸附反应

1. 吸附等温式

表面或界面化学涉及界面上分子或化合物的物理化学行为。吸附过程涉及吸附质和吸附剂的反应。这里有关吸附的概念是指界面上吸附质在吸附剂上的单纯表面富集或表面富集与渗入内部两者兼有的过程，包括物理吸附和化学吸附。

通常，化学吸附又称专性吸附，含有价键的形成；与化学反应一样，在进行过程中有吸热或放热现象，而且强化学键的形成往往与释放大量反应热有关。因为当重金属趋近土壤物质的表面时，必须克服表面能障，所以化学吸附通常包括吸附过程中的活化能，它倾向于发生在吸附剂的专性吸附位上，且不经过单分子层阶段；解吸活化能亦可能很大。

与化学吸附相比，物理吸附是吸附质和吸附剂通过弱的原子和分子间相互作用力（范德华力）而黏附，原子之间的电子云没有显著的叠盖效应，是一种界面上的迅速而非活化过程；其速度取决于吸附质向界面的扩散，吸附热相当低；吸附质的化学性质在吸附和解吸过程中基本保持不变。

吸附等温式可分为两大类，即平衡吸附等温式和动力学吸附等温式。

（1）吸附等温线

采用平衡热力学方法研究土壤中吸附现象是一种比较传统的方法。一般在恒温条件下，测得不同浓度时平衡状态下土壤固相所吸附吸附质的量，即所谓等温吸附线，然后寻找能描述等温吸附线的吸附等温式，通过吸附等温式所对应的模型假设阐明可能的吸附机制，等温吸附线主要分为 S-型、L-型、H-型、C-型和 F-型。

S-型等温线，其特点是等温线的起始斜率随土壤溶液中吸附质浓度的增加而增大，这种特点的出现，认为是在低浓度下土壤固相对吸附质的相对亲合力小于对土壤溶液的亲合力的结果。L-型等温线，其起始斜率不随土壤溶液中吸附质浓度的增加而增大，这种特点是在低浓度下，土壤固相对吸附质的相对亲合力较高的结果。H-型等温线，是 L-型等温线的一种极端情况，与 L-型等温线比较，它有较大的起始斜率，这是由于土壤固相对吸附质具有非常高的相对亲合力的结果，这种情况的出现，通常是由于固相和吸附质间的很高的专性或者物理吸附作用。C-型等温线，其起始斜率与土壤溶液中吸附质的浓度无关，此情况一直可持续到可能的最大吸附，这类等温线的出现，可能是在吸附界面层和本体溶液之间吸附质的恒定分配，或吸附质被吸附时，吸附剂的表面积相应成正比例地增加。F-型等温线，其吸附量的对数值与溶液中溶质浓度的对数成正比。

国际纯粹与应用化学联合会（IUPAC）提出的物理吸附等温线分类如图 4-1 所示。

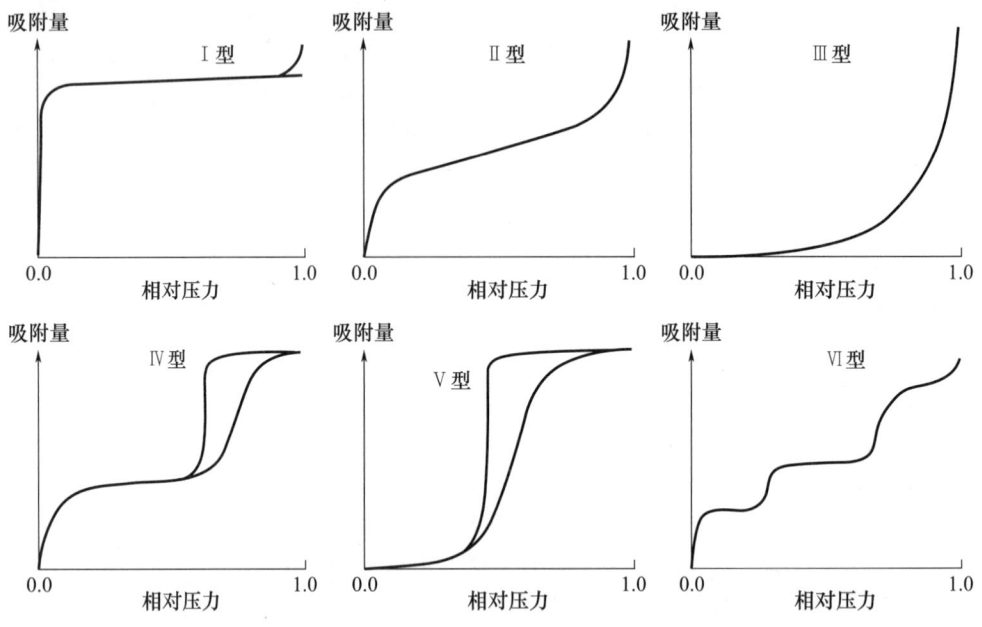

图 4-1　国际纯粹与应用化学联合会（IUPAC）提出的物理吸附等温线分类

(2) 平衡吸附等温线

线性吸附等温式：

$$S = K_d c \tag{4-2}$$

式中，S 是吸附量；K_d 是分配系数，是土壤基质对溶质吸持程度的量度；c 为吸附质的浓度。

Freundlich 等温式：

$$S = K c^N \tag{4-3}$$

式中，K 和 N 为常数，其他参数意义同上。这种等温式是最老的非线性吸附等温式，并已广泛应用于描述土壤对溶质的吸附。

Langmuir 等温式：

Langmuir 吸附等温式的标准形式为

$$S = \frac{kbc}{1+kc} \tag{4-4}$$

式中，k 为吸附常数，是对溶质键合强度的量度；b 为最大吸附量。

Langmuir 双表面吸附等温式：

在有些吸附反应中有可能存在两种吸附位，一种具有高键合能并能与吸附剂迅速反应；另一种结合能较低，反应较慢：

$$S = \frac{k_1 b_1 c}{1+k_1 c} + \frac{k_2 b_2 c}{1+k_2 c} \tag{4-5}$$

式中，b_1 和 b_2 分别为两类吸附位的最大吸附量；k_1 和 k_2 是与相应吸附位键合有关的常数。

Langmuir 竞争吸附等温式：

$$\frac{c_1/c_2}{S} = \frac{b}{k_1 b_1} + \frac{c}{k_2 c_2} \tag{4-6}$$

式中，下角1和2分别为被吸附的离子和吸附剂表面的原有离子。某些溶质的吸附过程，主要是离子交换过程。因为必须保持等当量的电荷，故土壤对一种离子的吸附就会引起相应吸附位上另一种离子的解吸。

近年来，NICA-（non-ideal competitice adsorption）Donnan模型在重金属吸附的研究中有着良好的应用与发展，在土壤中亦有应用实例；在共存离子的竞争吸附的描述中，一种改进的竞争吸附等温模式（CAIM）亦值得关注。

（3）动力学模式

Langmuir和Freundlich等吸附模式主要描述吸附剂的吸附量与溶液中吸附质浓度的关系。但当需要了解吸附和解吸速度时，用动力学模式描述吸附和解吸的关系更为合适。动力学吸附模式包括可逆线性模式、可逆非线性模式、动态积模式、双直线吸附模式、质量传递模式以及双位动力学模式等。这些模式均可应用于土壤中化学物质的吸附与移动的研究。

一级吸附动力学速率方程：

$$\ln\left(1-\frac{S}{S_b}\right)=-k_1 t+C \tag{4-7}$$

式中，S为时间t时的吸附量；S_b为平衡吸附量；k_1为一级吸附动力学速率常数；C为积分常数。

二级吸附动力学速率方程：

$$S=\frac{S_0 t}{t+1/(k_2 S_b)} \tag{4-8}$$

式中，k_2为二级吸附动力学速率常数。

Elovich方程：

$$S=a+b\ln t \tag{4-9}$$

式中，a，b为常数；S为t瞬时的吸附量。参数a和b可用一种被称为"多化一"的方法求得，该法较之常用的最小二乘法更简单易行，准确度也较高。

对土壤中铜、铅离子竞争吸附动力学进行了研究，分别用一级、二级动力学方程、抛物线方程、Elovich方程和幂函数方程来拟合吸附动力学过程。结果表明，当Pb^{2+}和Cu^{2+}共存于溶液中时发生了竞争吸附，在吸附初期（$t<400$min），Pb^{2+}的存在增加了Cu^{2+}在红壤上的吸附；Pb^{2+}与土壤中的Ca^{2+}和Mg^{2+}的交换能力比较强，其存在增加了土壤中Ca^{2+}和Mg^{2+}的解吸。由于Pb^{2+}的吸附能力比Cu^{2+}强，随着Pb^{2+}浓度的增加，它能将部分已经吸附在土壤上的Cu^{2+}解吸到溶液中，降低了Cu^{2+}的吸附。由于土壤中金属的吸附点位总量基本固定，所以Cu^{2+}的存在也稍降低了Pb^{2+}在土壤上的吸附。

2. 化学吸附

进入土壤中的重金属离子大部分被其组分吸持而不可逆，这是由于土壤中的金属氧化物和氢氧化物以及无定形铝硅酸盐等能提供化学吸附的表面位点。这种表面金属键形成的间接证据包括：①每吸附一个M^{2+}离子有2个H^+离子释放；②某些氧化物对特定的金属离子具有高度的专性；③由于吸附作用的结果改变了氧化物的表面电荷性质，这可归因于化学吸附增加了表面正电荷，例如：

$$-Fe-OH+M(H_2O)_6^{2+} \longrightarrow -Fe-OM(H_2O)_5^+ + H_3O^+$$

化学吸附作用取决于吸附剂的结晶度和表面形态。试验已证实,在金属离子浓度较低时吸附作用涉及金属-羟基键的形成,而不是在表面产生固相沉淀。某些金属离子可与氧化物表面和另一强配位基团同时进行配位,这些三元配位化合物包括氧化物—Cu^{2+}—铵配合物和氧化物—Cu^{2+}—磷酸根缔合物。

各种氧化物对金属离子具有不同的化学吸附能力。一些锰氧化物对 Pb^{2+}、Co^{2+}、Cu^{2+} 和 NI^{2+} 等具有非常高的选择性,由于金属的吸附作用与 pH 值有关,从而可认为金属离子是通过与表面氧原子直接配位的方式被吸持的:

$$Mn^{4+}-OH+Co^{2+}\longrightarrow Mn^{4+}-O-Co^{+}+H^{+}$$

但对某些金属显然其作用要较上述反应更为复杂,伴随着某些重金属的吸附会有 Mn^{2+} 从固相中释放:

$$Co^{2+}+MnOOH\longrightarrow CoOOH+Mn^{2+}$$

这种情况可能引入的金属离子与预先存在于氧化物表面的 Mn^{2+} 进行离子交换作用的结果。Co^{2+} 的吸附对 Mn^{2+} 的释放似乎特别有效,这归因于被吸附的 Co^{2+} 离子和氧化物之间的电子转移,伴随着 Co^{2+} 的吸收使锰氧化物本身变暗,表明矿物的氧化状态有所变化。然而,氧化锰也能强烈地吸附其他一些金属离子,但并未伴有任何氧化作用,在这种情况下,土壤氧化锰对金属离子的富集似乎是由于在表面位点上形成了强共价键所致。

吸附作用的可逆性对于评价土壤重金属累积作用和潜在危害是十分重要的。铁、铝氧化物对重金属的吸附是一种内配位作用,它不遵守可逆的质量作用定律。例如针铁矿对 Pb^{2+} 的吸附作用可表述为:

$$-Fe-OH+Pb^{2+}\longrightarrow -Fe-O-Pb^{+}+H^{+}$$

在悬浮液中,上述反应不受 $NaNO_3$ 浓度变化的影响,这意味着金属离子的化学吸附是通过内配位作用进行的,它不可能被那些对氧化物表面没有专性亲合力的阳离子完全置换。例如,水铝英石吸附的 Cu^{2+} 和 Co^{2+},几乎完全不能为 Ca^{2+} 所交换,而 Pb^{2+} 则能置代大部分 Cu^{2+}。显然,对表面位点具有高度亲合力的金属离子易于置换预先被表面吸附的金属离子。

根据化学吸附理论,解吸作用总是需要一定的活化能。所以解吸作用的活化能通常要较吸附作用大得多,而吸附反应速率则较解吸反应快得多。因此有人认为解吸反应中的滞后现象可能实际上反映了由缓慢解吸作用引起的一种不平衡,而不是真正的不可逆性;然而,滞后现象的解释不能完全归因于缓慢的解吸速率,因为已证明部分金属可缓慢地被封闭在氧化铁中,而只有氧化物溶解时这些被封闭的金属才能释入溶液。

通过讨论,可以清楚地了解到化学吸附的本质不同于离子交换吸附。化学吸附又称专性吸附,指重金属离子通过与土壤中金属氧化物表面的—OH、—OH_2 等配位基或土壤有机质配位而结合在土壤表面。这种吸附可以发生在带不同电荷的表面,也可以发生在中性表面上,其吸附量的大小决定于土壤表面电荷的多少和强弱。专性吸附的重金属离子通常不能被中性盐所交换,只能被亲合力更强和性质相似的元素所解吸或部分解吸。

(三) 核晶过程、沉淀作用和固溶体

由于矿物可降低从溶液中形成晶核所需的能障,因而矿物表面能催化晶体的核晶过程,这种作用有利于重金属的吸附和沉淀。在吸附试验中将化学吸附过程和沉淀作用区

分开来是十分困难的,因为在土壤的吸附过程中很难辨别出某种新固相的形成。通常认为土壤中重金属的溶解度不受其纯固相溶解度积所控制(Fe 和 Mn 可能例外),因为土壤固相中大部分重金属离子的浓度较低,以致不能发生沉淀作用。然而,在重金属污染严重的土壤中,有可能生成沉淀而制约重金属的溶解度。例如被 Cd^{2+} 污染的石灰性土壤而形成的碳酸镉沉淀可控制镉的溶解度,从而控制土壤溶液中 Cd^{2+} 的浓度。在碱性土壤中 Pb^{2+} 和 Zn^{2+} 的溶解度可能分别受磷酸盐和硅酸盐固相所制约;而在强还原性的湿润土壤中,Zn^{2+} 的溶解度可能受硫化锌的形成作用所控制。

应用溶度积原理来判断土壤中重金属溶解度时往往难以成功,这是因为通常不可能从金属配合物中分离并测定游离金属离子的浓度,以使得到确切的离子活度积;虽然离子选择性电极的应用为离子活度的测定提供了有效的方法,但由于土壤体系的复杂性,目前成功应用的例证仍然十分有限。当土壤从田间采集到实验室后,土壤固相中的 O_2 和 CO_2 浓度、pH 值和电解质浓度发生了缓慢改变,特别是 CO_2 含量的急剧变化对许多金属的溶解度都会有明显的影响。当土壤中 CO_2 从田间浓度(1%)降到实验室浓度($350\mu L/L$)时,Cu^{2+} 的溶解度增加了 5 倍。此外,土壤的吸附作用亦是用溶度积原理来判断土壤中重金属溶解度时往往难以成功的主要原因。

在铁、铝和锰氧化物中作为杂质存在的金属共沉淀,会因形成化学组成不定的固溶体而混淆"溶度积"的应用。已有相当多的证据表明了在土壤溶液中可发生重金属共沉淀,例如,Zn、Fe 和 Al 的表观共沉淀作用可降低它们的溶解度,但 Zn 大部分被吸附在新鲜沉淀的氧化物表面,而不是通过共沉淀进入氧化物固体内部。研究还表明 Cu^{2+} 可供共沉淀在非晶质的、极细的 $Al(OH)_3$ 颗粒中,由于 Cu^{2+}、Mn^{2+}、Co^{2+} 和 Ni^{2+} 等抑制氧化物的结晶作用,因而它们被集结在颗粒表面。"共沉淀"Cu^{2+} 的大部分易与配位体或还原剂起反应。研究表明,较小的三价金属离子如 Cd^{2+} 和 Mn^{2+} 易于置代氧化物结构中的 Fe^{3+} 和 Al^{3+};土壤中的磷酸钙矿物能与 Pb^{2+} 和 Cd^{2+} 形成固溶体,特别是羟基磷灰石具有极强的倾向将 Pb^{2+} 嵌入其结构。

(四) 氧化还原作用

土壤中某些金属离子的溶解度在很大程度上为生物活动所改变,这是由于直接或间接地改变了金属氧化还原状态所引起的。

1. 金属氧化物对重金属离子的氧化作用

通常,重金属的氧化态越高,可溶性越小,所以土壤中 O_2 对金属的直接氧化或氧化锰的催化氧化作用,可降低重金属的溶解度。例如当吸收的 Co^{2+} 被氧化成 Co^{3+} 以及 Fe^{2+} 被氧化成 Fe^{3+} 后,其溶解度大为降低。Mn^{2+} 的氧化是自动催化作用,随着 pH 值的增加,氧化锰对 Mn^{2+} 有很大的表观吸附容量,当没有为 Mn 所氧化的有机体存在时,氧化锰对降低土壤溶液中 Mn^{2+} 的浓度有重要作用。

土-水系中的化学吸附、共沉淀和电子转移过程都有从溶液中有效地去除重金属离子的作用,但要区分土壤中氧化锰对金属离子的这些作用是很困难的。在氧化锰吸附试验中尚不能证实氧化物或被吸持金属离子的平均氧化态的改变。由电子转移而增加金属溶解度的实例对氧化锰吸附的 Cr^{3+} 能力有一定的影响。

(1) 土壤中 Cr^{3+} 的氧化

Cr^{3+} 的氧化问题是人们对大量含铬废水排入环境引起疑虑和担忧的焦点之一,它关系到铬的二次污染，但目前对自然环境中 Cr^{3+} 氧化问题探讨不多。根据一些研究者的试验结果，认为土壤中氧化锰对 Cr^{3+} 有一定的氧化能力，并且在自然土壤条件下，不同形态的锰氧化物对 Cr^{3+} 的氧化能力有差异。土壤 pH 值和 E_h 对锰氧化 Cr^{3+} 能力有一定的影响。

土壤中存在着 2、3 和 4 价锰氧化物，它们大多数是以氧化物及其水合物形态存在。一系列不同价态的锰氧化物及其水合物处于动态平衡中，它是土壤中最活跃的组分之一。锰氧化物的氧化还原是土壤中最重要的氧化还原反应之一，但不同土壤中锰含量和活性相差较大。氧化锰含量较高、有机质含量比较低的大部分新鲜土壤样品对 Cr^{3+} 都有一定的氧化能力，氧化总量最高可达到 27.1mg/kg，因为该土样是从水稻土的潜育层采集来的，它的易还原性氧化锰的含量特高，达 1540mg/kg。如果用同一土样风干后来做氧化试验，可以发现土样经风干后所有土壤对 Cr^{3+} 的氧化能力都有不同程度的下降，其中一部分土壤样品已丧失了对 Cr^{3+} 的氧化能力。把新鲜土壤样品氧化 Cr^{3+} 的量与易还原性氧化锰含量进行线性回归分析，发现易还原性氧化锰含量与土壤样品氧化 Cr^{3+} 的总量存在明显的线性关系，表明土壤中易还原性氧化锰在 Cr^{3+} 氧化中起着重要作用，它的含量越高，土壤样品对 Cr^{3+} 的氧化能力越强，土壤在风干过程中，可能是锰形态的变化影响了锰氧化物的活性而使氧化能力发生变化。

（2）土壤对 Cr^{6+} 的还原反应

土壤溶液中 Cr^{6+} 的减少主要是由于土壤吸附和还原作用的结果。Cr^{6+} 在土壤溶液中的动态变化主要与还原反应、吸附和解吸反应有关。由于土壤中有机质的存在，致使土壤 Cr^{6+} 迅速还原为 Cr^{3+}，因此土壤中一般难以检测出 Cr^{6+}。随着土壤有机质含量增加，Cr^{6+} 的还原速度增加。除土壤有机质外，土壤 pH 值对 Cr^{6+} 的还原也有一定的影响。有机质对 Cr^{6+} 的还原作用随土壤 pH 值升高而降低，随 pH 值下降而增加。

（3）土壤中 Hg 的氧化还原

汞在土壤中的迁移转化行为，即受到土壤自身化学性质的影响，也受到环境因素的影响。土壤中的氧化还原电位和 pH 值决定着汞在土壤中的价态。三种价态之间在一定条件下可相互转化：

$$Hg^0 \rightleftharpoons Hg^{2+}$$
$$Hg^{2+} + Hg^0 \rightleftharpoons Hg_2^{2+}$$
$$Hg_2^{2+} \rightleftharpoons 2Hg^{2+}$$

土壤中汞在富氧状态下，Hg^0 被氧化为 Hg^{2+}，Hg^{2+} 能进一步与 Hg^0 反应形成汞离子，在土壤钠过溶液中，只有亚汞离子能稳定存在。在强氧化条件下 Hg_2^{2+} 被氧化为 Hg^{2+}。在淹水土壤中，也即还原条件下，Hg^{2+} 可被还原成 Hg^0，各种化合物中 Hg^{2+} 也可被微生物转化还原成 Hg^0。单质汞由于在常温下有很高的挥发性，除部分存在于土壤中以外，还以汞蒸气的形式进入大气圈，参与全球的汞蒸气循环。在含硫的还原环境中，汞主要以难溶的硫化汞（HgS）形式存在。

2. 有机物对金属溶解作用的影响

某些有机分子能与金属离子产生配位反应，可以增加矿物表面重金属的溶解作用，从而增加土壤溶液中金属离子的浓度，在常见的土壤 pH 值范围内，有机质对金属的配位能力是它为土壤中金属氧化物所吸附和增进矿物溶解作用的一个良好指标。

有机质的还原反应能引发或促进溶解作用,有机质使土壤矿物表面的金属离子减少,例如胡敏酸可还原 Hg^{2+} 为 Hg^0,Mo^{6+} 还原为 Mo^{5+} 和 Mo^{3+},从而改变了它们在土壤中的溶解度。

(五) 有机质对金属离子的吸附与配位反应

虽然有机质对金属离子的吸附可看作有机质酸性官能团中的 H^+ 与金属间的离子交换反应,但有机质对某些金属的高度选择性充分表明,有些金属离子能与有机质中的官能团形成内配位化合物。有机质对金属离子亲合力顺序,取决于有机质的本性、试验pH 值和测量所用的方法,特别是金属吸附选择系数在很大程度上取决于金属离子的吸附饱和度及存在的竞争离子。例如在吸附饱和度较高时,Cd^{2+} 对土壤位点的亲合力与 Ca^{2+} 相似,但在吸附饱和度较低时超过 Ca^{2+}。按路易斯酸分类,Cd^{2+} 相对来说"软酸",它应该对软酸表现出偏好,因此土壤有机质中巯基能对微量 Cd^{2+} 产生极高的选择性;与此相反,"硬酸"优先键合配位基的顺序为 O>N>S,因此钙离子能成功地与镉离子竞争土壤中的羟基。某些金属离子是"边界"酸,具有居间性质,对任何给定的配位基,周期表第一过渡系列中位于较后的那些金属所形成配合物的稳定性增大,这是由于 Irving-Williams 序列中金属酸度增加的结果,例如 Cu-胺配合物的稳定性要比 Fe、Mn 等的大,Cu^{2+} 直接与两个或两个以上的有机官能团键合,所以 Cu^{2+} 被固定于坚实的内层配合物中。在 pH 值低的情况下,铜几乎是唯一能与土壤有机质形成内层配合物的金属离子,其他二价过渡金属如 Mn^{2+}、Fe^{2+}、Co^{2+} 和 Ni^{2+} 则只能以外层配合物的形式键合,金属离子仍保留其水化圈。但当 pH 值提高时,Mn^{2+}、Fe^{2+}、Co^{2+} 和 Ni^{2+} 等金属离子与有机质形成的内层配合物的能力也会提高。另外,d-轨道电子数越多的金属是越软的酸,而过渡金属系列中位于较前的金属和碱土金属是较硬的酸。因此 Cu^{2+} 和 Ni^{2+} 对较软的含 N 配位基有较强的选择性,而 Mg^{2+}、Ca^{2+} 和 Mn^{2+} 对较硬的含氧配位基选择性较强。

有机质吸附的过渡金属和重金属的解吸作用涉及水分子对有机配位基的置代过程。可与有机质牢固结合的 Pb^{2+}、Cu^{2+} 等迅速地被泥炭吸附而解吸缓慢,这是因为有机配位体与其形成内配位化合物而具有较大的吸附热,所以解吸作用必须克服较大的活化能。金属配合物形成的速率与金属水合物上内配位水分子被交换的速率明显相关,例如 $Cr(H_2O)_6^{3+}$ 中的水分子交换速率非常缓慢,因而它与配位基的交换也是极其缓慢的。在水化金属离子上除水分子外其他的配位基,能催化配位交换反应,例如 $Fe(H_2O)_5OH^{2+}$ 与有机配体形成配合物的速率要比 $Fe(H_2O)_6^{3+}$ 迅速得多,这可能由于金属电荷减少的缘故,因为铁-羟基配合物要比 $Fe-H_2O$ 配合物的共价键更强。

第二节 土壤有机污染物概述

有机污染物是指能导致生物体或生态系统产生不良效应的有机化合物,有天然有机污染物,也有人工合成有机污染物。本节重点介绍几个备受关注的有机污染物。

一、挥发性和半挥发性有机物

一般是根据有机物的物理性质来划分挥发性和半挥发性有机污染物。

沸点为 50~260℃，标准温度和压力（20℃，1.01325×10^5 Pa）下饱和气压超过 133.32Pa 的有机污染物为挥发性有机污染物（VOC）。VOC 在常温下以蒸气形式存在于空气中。挥发性有机污染物代表 300 多种不同的化合物，按其化学结构的不同，可进一步分为八类：烷烃类、芳香烃类、烯烃类、卤代烃类、酯类、醛类、酮类和其他。

沸点为 260~400℃，标准温度和压力（20℃，1.01×10^5 Pa）下饱和气压 1.33×10^{-5}~13.3Pa 的有机污染物归为半挥发性有机污染物（SVOC），半挥发性有机污染物主要为酚类、苯胺类、酚酞酯类、多环芳烃类及有机农药类化合物等。

挥发性与半挥发性有机污染物的界限并非十分严格，有些挥发性有机污染物诸如二氯苯、三甲苯在半挥发性有机污染物中也出现。硝基苯类化合物属于半挥发性有机污染物，但也有一定的挥发性。

挥发性与半挥发性有机污染物是一类危害极为严重的大气污染物，这些物质化学性质稳定，不易分解，会渗入含水层，易造成地下水污染。医学专家研究表明，部分高浓度的挥发性与半挥发性有机污染物，可导致人体的中枢神经系统、肝、肾和血液中毒，具有强致癌、致突变性及致生殖系统毒害性。

二、持久性有机污染物

联合国欧洲经济委员会（UNECE）将持久性有机污染物（POP）定义为一类具有毒性，易于在生物体内富集，在环境中能够持久存在，并且能通过大气运动在环境中进行长距离迁移，对人类健康和环境造成严重影响的有机化学物质。持久性有机污染物的四个显著特性是：长期残留性、生物蓄积性、半挥发性和高毒性，因此被《斯德哥尔摩公约》限制和禁止使用的持久性有机污染物总数达到了 21 种，主要为有机氯农药、化学产品的衍生物杂质以及含氯废物焚烧的产物。中国曾经生产和广泛使用过的杀虫剂类 POP 主要有 DDT、艾氏剂、狄氏剂、六氯苯、氯丹及灭蚁灵等，有些农药尽管已禁止使用多年，但土壤中仍有残留。

POP 在环境中难以发生化学分解和光解，也难被生物降解，一旦排到环境中，在水体中的半衰期多为几十天至 20 年，在土壤中半衰期大多为 1~12 年。POP 会抑制生物体免疫系统的功能，干扰内分泌系统，促进肿瘤的生长，产生"三致"现象。

三、多环芳烃化合物

多环芳烃化合物（polycyclic aromatic hydrocarbons，PAH）指两个或两个以上苯环以两个邻位碳原子相连的化合物。两个以上的苯环连在一起可以有两种方式：一种是非稠环型的，苯环与苯环之间各由一个碳原子相连，如联苯、联三苯等；另一种是稠环型，两个或多个苯环以相邻两个碳原子相连，如萘、蒽等（图4-2）。多环芳烃一般指稠环型化合物，所以又称稠环芳烃或稠环烃，苯环排列的形式可以呈直线排列、角状排列及稠环多苯排列。

多环芳烃化合物在环境中分布极为广泛，存在于大气、土壤、水、食品和石油燃料中，通常有机化合物不完全燃烧时产生，可通过不同途径进入动物体或人体，通过食物链富集。多环芳烃通常以混合物的形式存在，目前已发现的多环芳烃有 3 万余种（包括 S、N、O 及其烷烃同系物），其中 16 种被列在美国国家环境保护局（US EPA）优先控

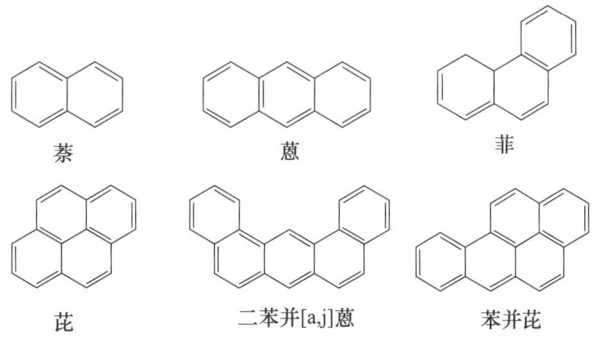

图 4-2 多环芳烃结构式示例

制污染物名单里，它们分别为萘、苊烯、苊、芴、菲、蒽、荧蒽、芘、苯并蒽、苯并(b)荧蒽、苯并(k)荧蒽、苯并(a)芘、茚并(1,2,3-cd)芘、二苯并(a,h)蒽、二萘嵌苯。随着苯环数的增多，结构越复杂，多环芳烃的致癌活性上升，并且水溶性越低，在环境中存在时间越长。

四、杂环类化合物

环状化合物中，成环的原子除碳原子外，还有一个或多个非碳原子的化合物，称为杂环类化合物。环中除碳原子外的其他元素原子称为杂原子。可以把杂环类化合物看成是苯的衍生物，即苯环中的一个或几个－CH 被杂环原子取代而生成的化合物。

根据环上原子的个数，可以将杂环类化合物分为三元环、四元环、五元环、六元环；根据杂原子的种类，可以将杂环类化合物分为含氧、含硫、含氮杂环类化合物等。最常见的杂环类化合物是五环和六环杂环及苯并杂环类化合物，五元杂环类化合物有呋喃、噻吩、吡咯、噻唑、咪唑等，六元杂环类化合物有吡啶、吡嗪、嘧啶等。

杂环类化合物广泛存在于自然界。生物体内存在的物质主要是杂环类化合物，如核酸、某些维生素、抗生素、激素、色素，合成的药物也多数是杂环类化合物。化石燃料中的硫氮氧杂环类化合物在燃油燃烧过程释放出大量的氧化硫和氧化氮气体，是酸雨的成因之一。部分硫氮氧杂环已经被证实有毒性、可致癌和致突变，并且杂环类化合物是许多高毒性污染物的母体化合物，因此研究杂环类化合物的产生对高毒污染物的降解具有重要意义。

五、氯代芳烃化合物

芳烃分子中的一个或几个氢原子被氯原子取代后生成的化合物称为氯代芳烃化合物，属芳烃的卤素衍生物，是重要的化学原料和医药中间体。

多氯联苯是典型的氯代芳烃类化合物，联苯分子上的氢原子被氯原子所取代。PCB在正常情况下化学性质非常稳定，难溶于水易溶于脂肪，正辛醇/水分配系数的对数值（$\lg K_{OW}$）为 4.46～8.18，是典型的持久性有机污染物，具有很高的生物累积性，在食物链中长期存在，对野生动物和人体具有显著的毒性效应。

多氯二苯并二噁英（PCDD）和多氯二苯并呋喃（PCDF）统称为二噁英，也是一组广受关注的多氯代芳烃类化合物，主要来自垃圾焚烧、含氯化学品的杂质和汽车尾气排放。二噁英的正辛醇/水分配系数对数值（lgK_{OW}）为 5.6～8.2，两个苯环上氯含量的增加，增加了其稳定性、亲脂性、热稳定性以及对酸碱、还原剂的抵抗能力。二噁英通过芳香烃受体诱导基因表达，改变激酶活性，改变蛋白质功能，具有强致癌性，被称为"地球上毒性最强的毒物"。

六、有机氰化物

氰化物是指化合物分子中含有氰基，碳氮三键给予氰基相当高的稳定性，使之在通常化学反应中都以一个整体存在。根据与氰基连接的元素或基团是无机物还是有机物，把氰化物分为无机氰化物和有机氰化物。无机氰化物有氰化钾、氰化钠和氯化氰等，多为白色、略带苦杏仁味的晶体或粉末，易溶于水；有机氰化物简称腈，多为无色液体，高毒或中等毒性化合物，常见的乙腈、丙烯腈、正丁腈能在体内很快地析出离子，属高毒类化合物。

有机氰化物可经呼吸道、胃肠道和皮肤、黏膜吸收进入体内。接触的机会有：化工生产过程中生产氰化物或用氰化物作为原料制造药物、染料、合成有机树脂等；电镀行业如镀铜、镀铬等；采矿业如提取金、银、锌等；塑料、尼龙等高分子材料的燃烧产物。

七、酚类化合物

酚类化合物是指芳香烃中苯环上的氢原子被一个或多个羟基取代所产生的化合物，根据其分子所含羟基数目可分为一元酚和多元酚；还可根据其能否与水蒸气一起蒸发，而分为挥发性酚和不挥发性酚，沸点在 230℃以下的酚称为挥发酚，沸点在 230℃以上的酚称为不挥发性酚。

酚类是一种重要的工业有机化合物，被广泛用于树脂、尼龙、增塑剂、杀虫剂、炸药等商品的生产中。含酚废水是危害较大、污染范围较广的工业废水之一，是环境中水污染的重要来源。在许多工业领域排出的废水中均含有酚，这些废水若不经过处理直接排放、灌溉农田，则可污染大气、水、土壤和食品。酚是一种中等强度的化学毒物，生物对其吸收速率很快，较易发生生物降解，酚上的取代基越多，在生物体中停留时间越长。在环境污染、卫生毒理学上比较有意义的酚类化合物，主要是苯酚、甲酚、五氯酚及其钠盐。

八、氮基化合物

含氮基团的一类化合物，根据氮基团的连接形式和数量不同，涉及不少类别，常见的有硝基化合物、胺类化合物、重氮和偶氮化合物、叠氮化合物。烃分子中的氢原子被硝基取代后的衍生物称为硝基化合物，被氨基取代的称为胺类化合物。重氮化合物和偶氮化合物都含有$-N_2-$结构片段，$-N_2-$只有一端与 C 连接者称为重氮化合物，两端都与 C 相连者称为偶氮化合物。叠氮化合物在无机化学中，指的是含有叠氮根离子的化合物（N_3^-）；在无机化学中，指的是含有叠氮基（$-N_3$）的化合物。

有机氮基化合物的种类繁多，物理化学性质各不相同，广泛应用于各行业。许多胺类生物碱具有生理或药理作用，许多有机含氮化合物具有特殊气味，如吡啶、三乙胺等。有机含氮化合物中有些是神经毒物，如叠氮化合物；有许多属于致癌物质，如芳香胺中的 2-萘胺、联苯胺，偶氮化合物中的邻氨基偶氮甲苯等偶氮染料，脂肪胺中的乙烯亚胺、吡啶烷，大多数亚硝基胺和亚硝基酰胺等。

九、农药

农药是各种杀菌剂、杀虫剂、杀螨剂、除草剂和植物生长调节剂等农用化学助剂的总称（表 4-2）。农药品种繁多，且大多为有机化合物，包括杀虫剂、杀线虫剂（有机磷、有机氯、氨基甲酸酯和拟除虫菊酯），杀菌剂（杂环类、三唑类、苯类、有机磷类、硫类、有机锡砷类和抗生素类等），除草剂（苯氧类、苯甲酸类、酰胺类、甲苯胺类、脲类、氨基甲酸酯类、酚类、二苯醚类、三氮苯类和杂环类等），杀螨剂、杀鼠剂、熏蒸剂、增效剂，植物生长调节剂和解毒剂。农药大多数为有机化合物。施用农药是现代农业不可缺少的技术手段。然而，农药施入田间后，真正对作物进行保护的数量仅占施用量的 10%~30%，而 20%~30%进入大气和水体，50%~60%残留于土壤。自 20 世纪 40 年代广泛应用以来，累计已有数千万吨农药进入环境，农药已成为土壤中主要的有机污染物。在土壤中残留较多的主要是有机氯、有机磷、氨基甲酸酯和苯氧羧酸类等农药。

表 4-2 主要的农药品种

杀虫、杀线虫剂	杀菌剂	除草剂	其他
有机氯 六六六、滴滴涕、毒杀芬、硫丹、艾氏剂、狄氏剂、氯丹、异狄氏剂等 **有机磷** 敌敌畏、敌百虫、乐果、氧乐果、磷胺、对硫磷、甲基对硫磷、甲胺磷、马拉硫磷、水胺硫磷、久效磷、甲基异柳磷、杀螟松、辛硫磷、杀虫畏、毒死蜱、甲基毒死蜱、皮蝇磷、伏杀磷、嘧啶氧磷、倍硫磷、乙酰甲胺磷等 **拟除虫菊酯** 胺菊酯、苄呋菊酯、氯戊菊酯、戊菊酯、氯菊酯、二氯苯醚菊酯、甲醚菊酯、甲氰菊酯、溴氰菊酯、炔戊菊酯、氟氯氰菊酯	**杂环类** 多菌灵、噻菌灵、叶枯净、十三吗啉等 **三唑类** 三唑酮、三环唑、烯唑醇 **苯类** 甲基托布津、五氯硝基苯、百菌清、联苯等 **有机磷类** 稻瘟净、异稻瘟净、克瘟散、三磷铝 **硫类** 硫黄、石硫合剂、代森锌、代森锰锌、福美双等 **铜汞类** 波尔多液、硫酸铜、碱式碳酮铜、络氨铜、抗枯灵等 **有机锡砷类** 福美胂、福美甲胂苏化-911 **抗生素类** 井冈霉素、春雷霉素、链霉素、氯霉素、灭瘟素	**苯氧类** 2 甲 4 氯、2，4-D 丁酯 **苯甲酸类** 麦草畏 **酰胺类** 甲草胺、丁草胺、乙草胺、异丙甲草胺、敌种等 **甲苯胺类** 氟乐灵 **脲类** 绿麦隆、绿磺隆、甲磺隆、绿嘧磺隆等 **氨基甲酸酯类** 氯苯胺灵、灭草灵、甜菜宁、甜菜安、燕麦敌等 **五氯酚钠二苯醚类** 乙氯氟草醚、除草醚三氮**苯类** 阿特拉津、西玛津、氰津、西草净、扑草净 **杂环类** 毒莠定、敌草快、百草枯、双苯唑快、杀草松	**杀螨剂** 三氯杀螨醇、克螨锡、哒螨灵、华光霉素、单甲脒、三环锡、三唑锡、四螨嗪 **杀鼠剂** 安妥、敌鼠钠盐、磷化锌、灭鼠优、杀鼠灵、杀鼠迷、溴敌隆、鼠甘伏 **熏蒸剂** 溴甲烷、氯化苦、二氯乙烷 **增效剂** 增效磷 **植物生长调节剂** 矮壮素、赤霉素、多效唑、吡效隆醇、调节安、复硝铵、复硝酚钾、复硝酚钠、甲哌翁、a-萘乙酸、卜烷醇、烯效唑、乙烯利、云苔素内酯 **解毒剂** 解草安

有机氯农药大部分是含有一个或几个苯环的氯代衍生物，主要用作杀虫剂（图 4-3）。这类农药在 20 世纪 50—70 年代曾一度为确保农业、林业和畜牧业的增产发挥过巨大作用。但由于有机磷农药具有化学性质稳定、高残留、在环境中不易分解和高生物富集等特点，可以通过食物链威胁人畜的健康。现在包括极地在内的所有环境介质中都能监测到这类污染物的存在，因而成为全球性环境问题。

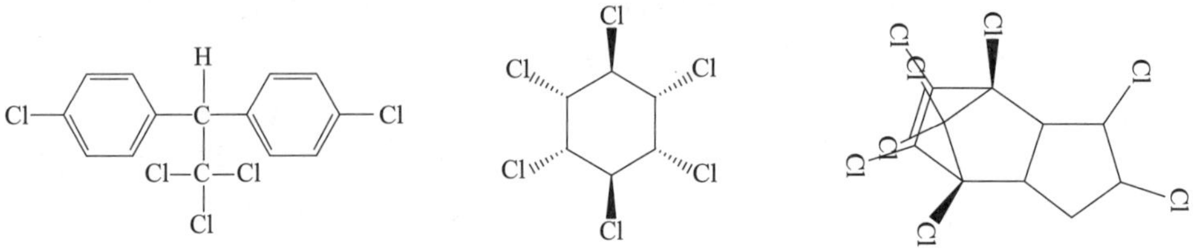

DDT($C_{14}H_9Cl_5$)

(2,2-双(对氯苯基)-1,1,1-三氯乙烷)

林丹($C_6H_6Cl_6$)

(γ-1,2,3,4,5,6-六氯环己烷)

氯丹($C_{10}H_6Cl_8$)

(1,2,4,5,6,7,8,8-八氯-2,3,3a,4,7,7a-六氢-4,7-亚甲基茚)

图 4-3　有机氯农药结构式

有机氯农药大体可分为氯代苯和氯代甲撑茚制剂两大类。氯代苯以苯作为基本合成原料，如滴滴涕和六氯苯。这类制剂曾是我国应用最广、用量最大的品种。氯代甲撑茚制剂以石油裂化产物作为基本原料合成而得，包括氯丹、七氯化茚、狄氏剂、艾氏剂和毒杀芬等。几种典型有机氯农药性质如下：

（一）DDT

DDT 在 20 世纪 70 年代以前是全世界最常用的杀虫剂。它有若干异构体，其中仅对位异构体（p,p'-DDT）有强烈的杀虫性能。DDT 在土壤中，特别是表层残留较高。由于 DDT 在土壤中易被胶体吸附，故它的移动不明显。但是 DDT 可通过植物根和叶片进入植物体内，它在叶片中积累较多，在果实中较少。

DDT 对人、畜的急性毒性很小。大白鼠 LD_{50}（半致死剂量）为 250mg/kg。但由于 DDT 脂溶性强，水溶性差，它可以长期在脂肪组织中蓄积，并通过食物链在动物体内高度富集，使居于食物链末端的生物体内蓄积浓度比最初环境所含农药浓度高出数百万倍，对机体构成危害。而人处在食物链末端，受害也最大。所以，虽然 DDT 已禁用多年，但仍然受到人们的关注。

（二）林丹

六六六有多种异构体，其中只有丙体六六六具有杀虫效果。含丙体六六六在 99% 以上的六六六称为林丹。林丹为白色或稍带淡黄色的粉末状结晶。20℃时在水中的溶解度为 7.3mg/L，在 60~70℃下不易分解，在日光和酸性条件下很稳定，但遇碱会发生分解而失去杀虫作用。

植物能从土壤中吸收累积一定数量的林丹。林丹在土壤中的残效期较其他有机氯杀虫剂短，容易分解消除。林丹的大鼠经口急性 LD_{50} 为 88~270mg/kg，小鼠为 59~246mg/kg。按我国农药急性毒性分级标准，林丹属中等毒性杀虫剂。在动物体内也有积累作用，对皮肤有刺激性。

（三）氯丹

氯丹曾用作广谱性杀虫剂。工业氯丹含量要求达到 60% 以上。通常加工成乳油状，琥珀色，沸点 175℃，密度 1.691.70g/cm³，不溶于水，易溶于有机溶剂，在环境中比较稳定，遇碱性物质能分解失效。其挥发性较大，但仍有比较长的残效期。在杀虫浓度范围内，对植物无药害。氯丹对人、畜毒性较低，大白鼠 LD_{50} 为 457～590mg/kg。但氯丹在体内代谢后，能转化为毒性更强的环氧化物，并使血钙降低，引起中枢神经损伤。在动物体积累作用大于 DDT。

（四）毒杀芬

毒杀芬是用于农药和蚊虫的控制。毒杀芬为黄色蜡状固体，有轻微的松节油的气味。在 70～95℃熔点范围内软化率为 67%～69%，熔点为 65～90℃，不溶于水，但溶于四氯化碳、芳烃等有机溶剂。在加热或阳关的照射和铁之类催化剂的存在下，能脱掉氯化氢。毒杀芬对人、畜毒性中等，能引起甲状腺肿瘤和癌症。大白鼠 LD_{50} 为 69mg/kg。能在动物体内积蓄。除葫芦科植物外，对其他作物均无药害，残效期长。

第五章 土壤和地下水中污染物的迁移

第一节 污染物迁移方式

污染物在环境中迁移有三种基本方式：机械迁移、物理-化学迁移和生物迁移。污染物在环境中的迁移受到两方面因素的制约：一方面是污染物自身的物理化学性质；另一方面是外界环境的物理化学条件，其中包括污染物所在区域的自然地理条件。

一、机械迁移

机械迁移是一种很重要的污染物迁移方式，在人们日常生活和工农业生产中是很常见的现象。不同性质的污染物可以借助不同的作用力发生机械迁移。例如，气体污染物的随风飘移，液体污染物的随降雨、径流的移动和渗透，固体颗粒污染物发生的重力沉降等。根据机械搬运营力机械迁移可分为以下几种。

（一）大气对污染物的机械迁移作用

大气对污染物的机械迁移作用主要是通过污染物的自由扩散和气体对流的搬运携带作用而产生作用，主要会受到地形地貌、气候条件、污染物的排放量和排放高度等因素的影响。

（二）水对污染物的机械迁移作用

水是污染物的重要载体，污染物在水中也会发生机械迁移。污染物在水中的迁移作用与在大气中有相似的过程，主要包括两个方面：污染物的自由扩散和水流的搬运作用。

污染物在水中的自由扩散作用主要取决于污染物的浓度。浓度越大，其扩散推动力越大、扩散范围越广、对水域的污染越严重。水流对污染物的搬运作用是污染物在水中的机械迁移的重要方式。例如，降水可以将污染物从大气中转移到地面，进入江、河、湖泊、海洋，最终汇入地下水。

水对污染物的机械迁移作用除了受水文、气候等条件影响外，还受到污染物的排放浓度、距离污染源的远近等因素的影响。

（三）重力的机械迁移作用

污染物的重力迁移作用是指污染物及其载体借助重力作用发生移动的过程。重力机械迁移是污染物的重要迁移形式。

二、物理-化学迁移

污染物很少会在环境中进行单纯的机械迁移,大多数情况下是通过一系列的物理-化学过程发生迁移。污染物进入土壤与地下水环境后的传质迁移过程主要为一系列物理过程,从基本原理大致可分为气-固传质、液-固传质过程、气-液传质过程、液-液传质过程。其中污染物在气固及液-固两相间的传质迁移过程主要为气相或液相中的污染物与土壤介质间的吸附与解吸作用。土壤介质特别是土壤中的胶体颗粒具有较大的表面能,能够借助分子引力把周围气相和液相中的一些污染物质吸附在其表面上,这一过程称为吸附,反之污染物从土壤介质脱离的过程称为解吸;污染物在气-液和液-液两相间的传质迁移过程主要为挥发和溶解。当污染物进入土壤与地下水系统中后,通过发生挥发、溶解、吸附等作用分配到地下环境的气相、水相和固相中。

对无机污染物而言,是以简单的离子、络离子或可溶性分子的形成在环境中通过一系列物理化学作用,如溶解-沉淀作用、氧化-还原作用、水解作用、络合和螯合作用、吸附-解吸作用等所实现的迁移。对有机物而言,除上述作用外,还有通过化学分解、光化学分解和生物化学分解等作用所实现的迁移。物理-化学迁移又可分为:水迁移作用,即发生在水体中的物理-化学迁移作用;气迁移作用,即发生在大气中的物理-化学迁移作用。物理-化学迁移是污染物在环境中迁移的最重要的形式。这种迁移的结果决定了污染物在环境中的存在形式、富集状态和潜在危害程度。

三、生物迁移

生物迁移指污染物通过生物体的吸收、代谢、生长、死亡等过程所实现的迁移,是一种非常复杂的迁移形式,与各生物种属的生理、生化和遗传、变异等作用有关。某些生物体对环境污染物有选择吸收和积累作用(生物累积即生物通过吸附、吸收和吞食作用,从周围环境中摄入污染物并滞留体内,当摄入量超过消除量,污染物在生物体内的浓度会高于环境浓度。包括生物浓缩和生物放大),某些生物体内对环境污染物有降解能力。生物通过食物链对某些污染物的放大、积累作用是生物迁移的一种重要表现形式。生物放大指某些在自然界中不能降解或很难降解的化学物质,在环境中通过食物链的延长和营养级的增加在生物体内逐级富集,浓度越来越大的现象。许多有机氯杀虫剂和多氯联苯都有明显的生物放大积累现象。

第二节 污染物的迁移及转化

污染物在土壤与地下水系统中的迁移转化是复杂的物理、化学及生物过程综合作用的结果。污染物经地表进入地下水环境时,一般都要先经过表土层及包气带(指地面以下潜水面以上的地带)。表土层和包气带也被称为天然的过滤层,它们对污染物不仅有输送和储存功能,还有延续或衰减污染的效应。实际上,污染物经过表土层及包气带时会发生一系列物理、化学和生物作用,一些污染物由于过滤吸附而被截留在土壤中;一些污染物由于氧化还原等化学反应作用转化和降解;还有一些污染物被植物吸收或微生物降解。当然,污染物在上述反应过程中,有些反应会增加污染物的迁移性能,使其浓度增加，或从一种污染物转化成另一种污染物。

影响有机污染物环境行为的因素较为复杂，既包括化合物自身的理化性质，如有机污染物的亲脂性、挥发性和化学稳定性；也包括环境因素，如温度、降雨量、灌溉方式、地表植被状况等。有机物的引入方式也会产生影响。在有机污染物所经历的各种迁移转化过程中，人们最希望发生的是污染物的完全降解。

有机污染物的迁移转化过程主要有挥发、光解、水解、微生物降解、生物富集等（图 5-1）。

本章将从挥发与溶解、吸附与解吸、化学反应、生物作用四个方面来介绍污染物在土壤与地下水系统迁移转化过程中的物理、化学和生物作用。

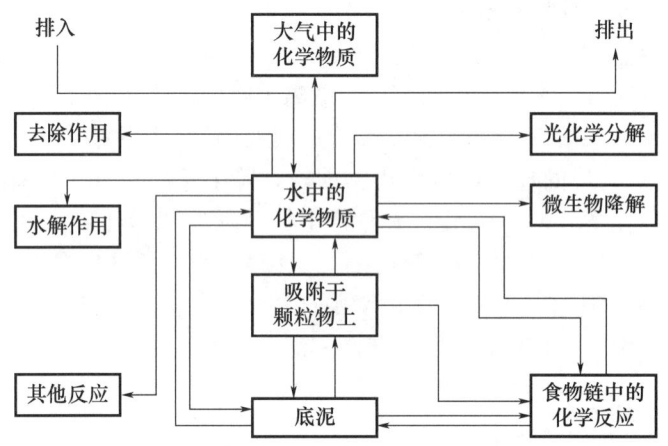

图 5-1 污染物在水环境中可能进行的相互作用与转移过程的箱式模型

一、挥发与溶解

最常见有机污染土壤的例子是地下储油罐和运输管道的破裂或泄漏。当有机污染物在储运过程中从破裂的地下储油罐或管道中流出，进入土壤渗流区（渗透水所占有的空间区域）。油相（非水相液体，NAPL）在重力作用下运动，并有可能到达潜水面。其中，轻非水相液体（LNAPL）不再向下渗流，呈透镜状或扁平状漂浮于浅水水面上；重非水相液体（DNAPL）到达潜水面后，将会继续向下运移，造成地下水的污染。在下渗的过程中，污染物会在土壤地下水系统中发生挥发与溶解作用。

（一）挥发

挥发是污染物从液相到气相的一种传质过程，是污染物在包气带主要的迁移机理，是污染物在土壤多介质环境中跨介质循环的重要环节之一。当溶液的污染物或非水相污染物与气相接触时，会发生挥发作用，在不饱和区可能形成气体污染羽（污染物在环境介质中迁移包括对流扩散、机械弥散和分子扩散等作用。在这些作用下，污染物的分布往往呈由排放点发散的带状，称为污染羽）。要确定进入大气的污染物的量以及在地下或者不饱和区中污染物浓度的变化，首先要确定挥发速率。污染物从土壤中的挥发受到多种因素的影响，这些因素包括：土壤性质，如土壤类型、团粒结构、孔隙率、含水量、土壤 pH 值以及有机物含量等；污染物性质，如污染物的蒸气压和在水中的溶解度等；环境条件，如温度、空气湿度、空气湍流和地形特征等。

蒸气压表征了化合物蒸发的趋势，也可以说是有机溶剂在气体中的溶解度。平衡状态下，污染物气液两相的分率可以由亨利定律确定：

$$P_g = HC_t \tag{5-1}$$

式中，P_g 为气相分压；H 为亨利常数；C_t 为化合物的液相浓度。

可以根据亨利常数的大小，初步判断物质从液相到气相的转移速率。

当地下存在 NAPL 相时，污染物很少为单一化合物，需利用式（5-2）的拉乌尔定律来确定多组分 NAPL 相污染物的气相浓度。

$$P_i = y_i p_i^0 \tag{5-2}$$

式中，P_i 为组分 i 的气相分压；y_i 为混合物中组分 i 的摩尔分数；p_i^0 为纯组分 i 的蒸气压。

对于挥发过程来说，当气液传质系数很高时，有机物会在液相与土壤气体相间迅速建立平衡。但在多数情况下，两项浓度间的交换会处于动态非平衡过程，需要采用动力学关系进行描述。对于靠近 NAPL-空气相界的区域状态，一般难以观察及测定。从已知的基本事实出发导出过程数学模型，然后将分析结果与实际测量相比较，若二者相互吻合则表示该模型是准确的。气-液（NAPL）传质过程表达式为：

$$I_{Ng} = \phi S_g \lambda_{Ng} (C_g - C_{ge}) \tag{5-3}$$

式中，I_{Ng} 为 NAPL 进入土壤气相中的挥发速率；ϕ 为孔隙率；S_g 为土壤气相饱和度；λ_{Ng} 为团粒传质系数；C_g 为气相浓度；C_{ge} 为气相平衡浓度或饱和蒸气浓度。

式（5-3）忽略了土壤毛细作用对蒸气压的影响。λ_{Ng} 的物理意义如下：

$$\lambda_{Ng} = ka \tag{5-4}$$

式中，a 为特征传质界面，表示单位体积土壤中 NAPL-空气的传质界面面积。

在 NAPL 相污染物挥发的过程中，首先挥发的是有高挥发性的化合物。

（二）溶解

当污染物渗透入地下水时，将不断被溶解，直至溶解平衡。不能溶解的污染物会在水面上浮动，随地下水位波动。由于表面张力的作用，部分污染物呈液滴状而被多孔介质截留，从而造成在毛细区也存在一定量的污染物。各种污染物在水中的溶解度不同，其中难溶于水的污染物会在地下环境中形成非水相液体。

不饱和区中残余的非混溶污染物及其气相污染羽流可能通过地面上降水流入地下水中，溶解进入水相，从而使地下水受到污染。浮在地下水面上的 LNAPL 在天然地下水流作用下或水位波动条件下，也不断进行溶解作用。地下水水质监测的资料表明，许多有机污染物的浓度即使是在污染源附近，也远低于其溶解度，分析影响溶解作用的因素，是准确计算向间物质转移的基础。对于多组分的 NAPL 来说，影响某一组分溶解度的因素很多，如孔隙率、NAPL 的饱和度、污染物的有效溶解度、地下水的流速、吸附作用、生物降解作用和化学作用等。

非水相流体在地下水中的溶解是一个复杂的过程。国外学者做了大量的一维均质介质的 NAPL 溶解试验，结果表明溶解开始阶段即接近于饱和溶解度，然后进入速率限制步骤，浓度逐渐降低直到完全溶解。在加拿大某军事基地进行了 NAPL 迁移的现场试验，试验结果并没有发现溶解平衡阶段和速率限制阶段有太大的差别。在一维土柱中采用不同的介质，模拟不均匀介质中 NAPL 的溶解过程。结果表明在溶解进入速率限制步骤之后，浓度会有小幅回升，然后逐渐降低至完全溶解。经研究，人们认为主要是由于不同介质的迟滞作用不同。例如，在某二维试验装置的研究表明，甲基叔丁基醚在地下水中溶解过程是先经过一个近似平衡的阶段，然后很快进入速率限制步骤，进入浓度降低的拖尾期。

有机物（NAPL）在饱和带进入水相的溶解传质过程的研究表明，采用推动的一级表达式作为总传质动力学的方程式是足够精确的：

$$I_{Nw} = \phi S_w \lambda_{Nw} (C_w - C_{we}) \tag{5-5}$$

式中，I_{Nw} 为 NAPL 进入水中的溶解速率；ϕ 为土壤总孔隙率；S_w 为水饱和度；λ_{Nw} 为 NAPL 的溶解速率常数；C_w 为水中 NAPL 浓度；C_{we} 为水中 NAPL 的平衡浓度或溶解度。

二、吸附与解吸

当多孔介质中的流体与固体骨架相接处时，由于固体表面的表面张力，流体中的某些污染物被固体所捕获，这种现象称为吸附。解吸则是吸附的反过程。多孔介质的表面积和表面性质是决定吸附容量的主要因素。

固体对溶质的亲和吸附作用主要分为三种基本作用力，通过静电引力和范德华力引起的吸附作用称为物理吸附；通过固体表面和溶质之间化学键力引起的吸附称为化学吸附，而介质对污染物的吸附往往是多种吸附共同作用的结果。

吸附作用包括机械过滤作用、物理吸附作用、化学吸附作用、离子交换吸附作用等。无论是物理吸附还是化学吸附及离子交换吸附，它们的共同点是在污染物与固相介质一定的情况下，污染物质的吸附与解吸主要是与污染物在土壤和地下水中的液相浓度和污染物质被吸附在固体介质上的固相浓度有关。通过试验手段可以测定不同性质固体介质在不同压力和温度条件下对不同污染物的吸附容量。在相同温度下，吸附达到平衡时固相吸附容量与液相污染物浓度的关系曲线称为吸附等温线。如果吸附速率比流体的流动速率快，液相中的污染物与固相可达到吸附平衡，这种吸附称为平衡吸附。反之，如果吸附速率比流体的流动速率慢，吸附过程就不会达到平衡，这种吸附称为非平衡吸附或者动态吸附。

（一）机械过滤作用

由于介质孔隙大小不一，在小孔隙或"盲孔"中，地下水中的悬浮物、胶体物及乳状物被机械过滤而截留。

（二）物理吸附作用

土壤介质特别是土壤中的胶体颗粒具有巨大的表面能，它能够借助于分子引力把某些分子态的物质吸附在自己的表面上，称这种吸附为物理吸附。

物理吸附具有下列特征。

(1) 吸附时土壤胶体颗粒的表面能降低，所以是放热反应。

(2) 吸附基本上没有选择性。

(3) 过程中不产生化学反应，因此不需要高温。

(4) 由于该过程是热运动，被吸附的物质可以在胶体表面做某些移动，因而比较容易解吸。

（三）化学吸附作用

化学吸附则以类似于化学键的力相互吸引。土壤颗粒表面的物质与污染物质之间，由于发生了化学作用，使得污染物附着于土壤颗粒表面。因为在地下水中常含有大量的氯离子、硫酸根离子、重碳酸根离子等阴离子，原来在流体中的可溶性物质，经化学反应后转变为难溶的沉淀物。所以一旦有重金属等污染物进入时，在一定的氧化、还原电位和pH值等条件下，则产生相应的氢氧化物、硫酸盐或碳酸盐等沉淀物而在土壤颗粒表面发生沉淀现象。当然，沉淀析出的盐类在pH值和氧化还原电位发生改变时，还可能再溶解。

化学吸附的特点是吸附热大，相当于化学反应热；吸附有明显的选择性；化学键力大时，解吸几乎是不可能的。

（四）离子交换吸附作用

环境中大部分胶体都带一定的电荷，容易吸附带相反电荷的离子。胶体每吸附一部分相反电荷离子，同时也放出等量的相异电荷的离子，这种作用称为离子交换吸附作用。

离子交换吸附分为阳离子交换吸附和阴离子交换吸附两种。

阳离子交换吸附：土壤胶体一般带负电，所以能够吸附保持阳离子，其扩散层的阳离子可被流体中的阳离子交换出来，因此称为阳离子交换吸附。它是土壤中可溶性有效阳离子的主要保存形式。

(1) 土壤阳离子交换吸附作用主要有以下几个特征：达到平衡态时间短，且是可逆反应。离子交换的速率随胶体的种类不同而不同，但是一般都能在几分钟内达到平衡。阳离子的交换关系是等量交换原则，如一个Al^{3+}可交换三个H^+。

(2) 离子交换能力是指一种阳离子将另一种阳离子从胶体上取代出来的能力。各种离子交换能力的强弱取决于电荷数、离子半径和离子浓度，一般情况下离子的电荷数越高、离子半径越大及离子浓度越大，离子的交换能力越强。土壤阳离子交换能力大小排列顺序如下：

$Fe^{3+}>Al^{3+}>H^+>Ba^{2+}>Sr^{2+}>Ca^{2+}>Mg^{2+}>Cs^+>Rb^+>NH_4^+>K^+>Na^+>L^+$

(3) 土壤中阳离子交换量（CEC）：单位质量土壤吸附保持阳离子的最大数量，称为阳离子交换量。土壤阳离子交换量的大小取决于土壤负电荷的多少，单位质量土壤负电荷越多，对阳离子的吸附量也越大。土壤胶体的数量、种类和土壤pH值这三个因素共同决定土壤负电荷的数量。土壤质地越黏，有机质含量越高，土壤pH值越大，土壤的负电荷数量就越大，阳离子交换量也就越大。

(4) 盐基饱和度是指土壤吸附交换性盐基总量的程度。土壤的交换性阳离子分为两类：一类是致酸离子，包括H^+和Al^{3+}；另一类是盐基离子，包括Ca^{2+}、Mg^{2+}、Na^+等。当土壤胶体吸附的阳离子基本上属于盐基离子时，称为盐基饱和土壤，呈中性、酸性、强碱性反应；反之，当非盐基离子占相当大比例时，称为盐基不饱和土壤，呈酸性或强酸性反应。盐基饱和度的大小，可作为施用石灰或磷灰石改良土壤的依据。在土壤交换性阳离子中盐基离子所占的百分数称为土壤盐基饱和度。

阳离子交换质量作用方程：按质量作用定律，阳离子交换反应可表示为

$$aA + bB_x \rightleftharpoons aA_x + bB \tag{5-6}$$

$$K_{A-B} = \frac{[B]^b [A_x]^a}{[A]^a [B_x]^b} \tag{5-7}$$

式中，K_{A-B}是阳离子交换平衡常数；A，B是水中的离子；A_x，B_x是吸附在固体颗粒表面的离子；方括号代表活度。

以 Na-Ca 交换为例，其交换反应方程为：

$$2Na^+ + Ca_x \rightleftharpoons Ca^{2+} + 2Na_x \tag{5-8}$$

$$K_{Na-Ca} = \frac{[Ca][Na_x]^2}{[Na]^2[Ca_x]} \tag{5-9}$$

式（5-8）表明，交换反应是个可逆过程，两个 Na^+ 交换一个 Ca^{2+}。如果水中 Na^+ 与被吸附在固体颗粒表面的 Ca^{2+}（Ca_x）交换，则反应向右进行；反之，则向左进行。如反应向右进行，就 Ca^{2+} 而言，是个解吸的过程；就 Na^+ 而言，是个吸附的过程。所以，阳离子交换反应，实际上是一个吸附-解吸过程。

在地下水系统中，Na-Ca 交换是最常见的阳离子交换。例如，当海水侵倒淡水含水层时，由于海水中 Na^+ 浓度远高于淡水，而淡水含有的颗粒表面可交换性的阳离子主要是 Ca^{2+}，因此导致海水中 Na^+ 与颗粒表面的 Ca^{2+} 产生交换，即 Na^+ 被吸附而 Ca^{2+} 被解吸，式（5-8）向右进行。

对 Na-Ca 交换反应方向的判断会影响对地下水化学成分和对土壤环境影响的判断，因此 Na-Ca 交换反应是水文地球化学及土壤学中一个非常重要的反应。

式（5-7）中使用活度，水中的 A 和 B 离子活度容易求得，而如何求得被吸附的阳离子的活度，至今没有太满意的解决办法。Vanselow 提出，可规定被吸附离子的摩尔分数等于其活度。

摩尔分数的定义为：某溶质的摩尔分数等于某溶液的物质的量与溶液中所有溶质物质的量和溶剂物质的量总和之比。其数学表达式如下：

$$x_B = \frac{n_B}{n_A + n_B + n_C + n_D + \cdots} \tag{5-10}$$

式中，x_B是 B 组分的摩尔分数，量纲为 1；n_A是溶剂的物质的量；n_B、n_C、n_D分别为溶质 B、C、D 的物质的量。

按照上述摩尔分数的定义，A_x和B_x的摩尔分数的数学表达式为

$$x_A = \frac{n_{A_x}}{n_{A_x} + n_{B_x}} \text{ 和 } x_B = \frac{n_{B_x}}{n_{A_x} + n_{B_x}} \tag{5-11}$$

式中，x_A和x_B是被吸附离子 A 和 B 的摩尔分数；n_{A_x}和n_{B_x}是被吸附离子的物质的量。

以摩尔分数代替被吸附离子 A 和 B 的活度，则式（5-7）的交换平衡表达式可写成：

$$\overline{K}_{A-B} = \frac{[B]^b x_A^a}{[A]^a x_B^b} \tag{5-12}$$

式中，$\overline{K}_{A-B}$是选择系数。

选择系数已为许多学者所应用。从理论上讲，式（5-7）提供了一个预测阳离子交换反应对地下水阳离子浓度影响的有效方法。从理论上讲，$\overline{K}_{A-B}$是一个常数，但随水

的离子强度的改变会稍有变化。它的数值的大小能说明各种离子在竞争吸附过程中，优先吸附何种离子。如 $\overline{K}_{A-B} < 1$，说明 B 离子比 A 离子更容易被吸附；反之，则相反。有关选择系数方面的数据在相关文献中可以容易查到。

在研究阳离子交换反应时，人们关心的问题是在地下水渗流过程中，从补给区到排泄区，由于阳离子交换反应，地下水中的阳离子浓度将会产生何种变化。为了简化问题，假定其反应对阳离子浓度的变化都可以忽略。那么从理论上讲，地下水从原来的地段进入一个具有明显交换能力的新地段后，由于离子浓度等条件的不同，原有的阳离子交换平衡必然会被破坏，而达到一个新的交换平衡状态。达到新的平衡后，其阳离子浓度变化主要取决于两点：一是新地段固体颗粒表面各种交换性阳离子的浓度及它们相互之间的比值，二是进入新地段，地下水原有化学成分特别是阳离子浓度。随着地下水不断地向前流动，阳离子交换平衡不断地被打破，又不断地重新建立平衡。其结果是不但水的阳离子浓度得到了变化，含水固体颗粒表面有关的交换性阳离子浓度也相应地发生了变化。

阴离子交换吸附：对阴离子吸附起作用的是带正电的胶体，由于岩土颗粒表面多带负电荷。因此，它比阳离子交换吸附作用要弱很多。但 pH 值较小时，会使得颗粒表面带有正电荷，从而会吸附一定的阴离子。目前，关于阴离子吸附的研究不太充分。但已有研究表明，F^-、CrO_4^{2-}、SO_4^{2-}、PO_4^{3-}、$H_2BO_3^-$、HCO_3^-、NO_3^- 等，在一定条件下都有可能被吸附。概括起来，关于阴离子的吸附可归纳为以下几项：

(1) PO_4^{3-} 易于被高岭土吸附。

(2) 硅质胶体易吸附 PO_4^{3-}、AsO_4^{3-}，不吸附 SO_4^{2-}、Cl^- 和 NO_3^-。

(3) 随着土壤中 Fe_2O_3、$Fe(OH)_3$ 等铁的氧化物及氢化物的增加，F^-、SO_4^{2-}、吸附增加。

(4) 阴离子被吸附的顺序为 $F^- > PO_4^{3-} > HPO_4^{2-} > HCO_3^- > H_2BO_3^- > SO_4^{2-} > Cl^- > NO_3^-$，这个次序说明，$Cl^-$ 和 NO_3^- 最不易被吸附。

阴离子交换作用也是可逆的反应，能很快达到平衡。土壤中阴离子交换吸附常与化学吸附作用同时发生，两者不易区别清楚；因此相互代替的例子之间没有明显的当量关系。各种不同的阴离子，其交换能力也有差别。

(五) 有机物的吸附作用

许多有机污染物都可以被固体有机碳所吸附。当微量有机物在水溶液中的平衡浓度小于其溶解度的一半时，非极性有机污染物和中性有机污染物在固相和液相间很快达到吸附平衡，且吸附是可逆的，可以用线性等温吸附模式描述。即使水中存在多种微量有机物，各种有机物的吸附行为也是相对独立的。它们的分配系数 K_d 随着固相吸附剂中有机碳含量的增加而增大，可以用式 (5-13) 估算：

$$K_d = K_{OC} f_{OC} \tag{5-13}$$

式中，K_d 是有机物的分配系数；K_{OC} 是有机物在水和纯有机碳间的分配系数；f_{OC} 是介质中有机碳含量，为单位质量多孔介质中有机碳含量。

多孔介质的有机碳含量比较容易测得。在饱和水介质中，有机物的吸附作用主要发生在细小颗粒上。在包气带中，有机碳的含量从地表向下逐渐降低，表层土壤中有机碳含量最高。设介质中有机质含量为 f_{OM}，则可用下式估算 f_{OC}：

$$f_{OC}=f_{OM}/1.724 \tag{5-14}$$

如果土壤中的含氮量 f_N 已知,也可用下式近似估算有机碳含量:

$$f_{OC}=11f_N \tag{5-15}$$

有机物的 K_{OC} 值通常由该有机物在疏水溶剂辛醇和水之间的分配系数来推算:

$$K_{OC}=aK_{OW}^b \tag{5-16}$$

对数形式:

$$\lg K_{OC}=b\lg K_{OW}+\lg a \tag{5-17}$$

式中,K_{OW} 为有机物在辛醇和水之间的分配系数,为有机物在辛醇中的浓度与在水中浓度之比;a 和 b 为试验常数。

对于很多有机物而言,K_{OC} 是有机物在水中的溶解度的函数,所以也可表示为:

$$K_{OC}=\alpha S_W^\beta \tag{5-18}$$

或取对数形式:

$$\lg K_{OC}=\beta\lg S_W+\lg \alpha$$

式中,S_W 为溶解度;α 和 β 为试验常数。

(六) 平衡吸附

无论是物理吸附、化学吸附还是离子交换吸附,它们的共同点是在污染物质与固相介质一定的情况下,污染物质的吸附和解吸主要与污染物在流体中的液相浓度和污染物质被吸附在固体介质上的固相浓度有关。液相浓度和固相浓度的数学表达式称为吸附模式,其相应的图示表达称为吸附等温线。

吸附模式可能是线性的,则其相应的吸附等温线为直线;吸附模式也可能是非线性的,则其相应的吸附等温线为曲线。在土壤与地下水系统中的研究中常采用 Henry、Freundlich 和 Langmuir 三种吸附模式来描述污染物的吸附过程。

1. Henry 等温吸附模式

线性等温吸附模型是最简单的平衡模型。如果吸附到固相中的污染物浓度与液相中污染物的浓度成正比,则吸附等温线为直线。这种吸附模式称为线性吸附模式,表示为:

$$C_S=K_d C \tag{5-19}$$

式中,K_d 为分配系数,为吸附达到平衡时固相浓度与液相浓度的比值,吸附过程 $K_d \geqslant 1$;解吸过程 $K_d \leqslant 1$。

线性吸附方程可以很方便地应用数学方法求解,所以得到了广泛的应用,可以用来模拟有机污染物在环境中的行为和归宿。相关研究测定了甲苯、苯、对二甲苯和三氯乙烯在土壤中的吸附等温线,研究认为砂土对于这几种污染物的吸附等温线符合线性吸附关系。然而,线性吸附方程有其固有缺点:首先,由式(5-19)可知,随着污染物浓度的不断增大,固体吸附量也不断增加,无上限——这显然与实际情况不符。固相物质无论是什么,都必然有一个最大吸附量。其次,如果试验获得的数据有限,实际上吸附等温线为曲线,却很容易被概念化成直线,以此直线为基础确定的分配系数和外推的吸附量就可能完全错误的,所以通过试验确定吸附等温线时,要尽量取得比较完整的数据系列,以便获得正确的吸附方程。在应用试验数据进行外推时更小心,以避免错误的结论。

2. Freundlich 等温吸附模式

Freundlich 等温吸附模式是一种非线性平衡吸附模式，可表示为：

$$C_S = K_f C^N \tag{5-20}$$

式中，K_f 为 Freundlich 常数；N 为衡量等温线线性与否的参数，对式（5-21）两边取对数，得：

$$\lg C_S = \lg K_f + N \lg C \tag{5-21}$$

由式（5-22）可以看出 $\lg C_S$ 与 $\lg C$ 成线性关系，直线斜率为 N，截距为 $\lg K_f$，由此即可确定 N 和 K_f。N 的取值决定吸附等温线的形状，当 $N=1$ 时，Freundlich 模式退化为线性吸附模式。

Freundlich 模式具有与线性吸附模式类似的缺点，理论上吸附量可以无限，实际上是不可能的。Freundlich 模式常数可以通过试验等温线加以确定。

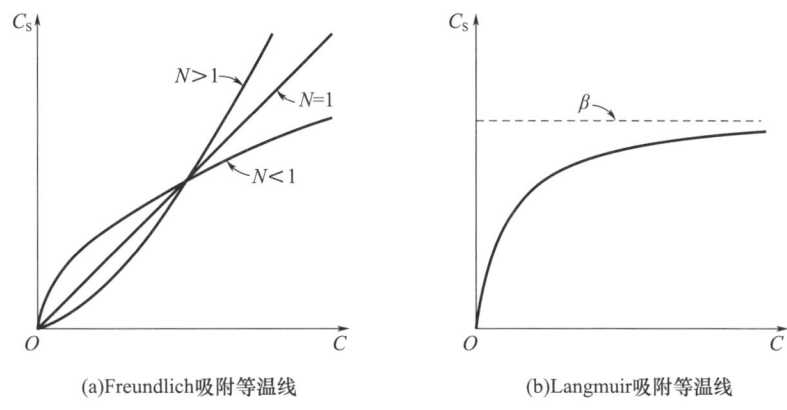

(a) Freundlich 吸附等温线　　(b) Langmuir 吸附等温线

图 5-2　吸附等温线

3. Langmuir 等温吸附模式

Langmuir 等温吸附模式是建立在固体表面吸附位有限这一概念上的。当所有的吸附位均被占满时，固体表面不再具有吸附能力。Langmuir 等吸附模式表示为：

$$\frac{C}{C_S} = \frac{1}{\alpha\beta} + \frac{C}{\beta} \tag{5-22}$$

式中，α 为 Langmuir 常数；β 是最大吸附容量，为单位质量多孔介质所能吸附的最大质量。

Langmuir 吸附模式在使用时，有两个假设：各分子的吸附能相同且与其在吸附质表面的覆盖度无关；有机物的吸附仅发生在吸附剂的固定位置并且吸附质之间没有相互作用。

通过等温吸附试验，可以确定 Langmuir 模式的常数 α 和 β。由式（5-23）可知，$C/(C_S-C)$ 的关系曲线为直线，直线的斜率为 $1/\beta$，截距为 $1/(\alpha\beta)$，从而可以求得 Langmuir 吸附模式的常数 α 和 β。

（七）非平衡吸附

平衡吸附是有条件的，需要液相中的污染物与固体骨架有充分的接触时间，能够达到吸附平衡。在很多情况下，吸附并不能达到平衡状态，这时必须应用非平衡吸附模式,也称动态吸附模式。常用的动态吸附模式包括线性不可逆动态吸附模式、线性可逆动态吸附模式、非线性可逆吸附模式等。

最简单的非平衡吸附模式是假设吸附速率与液相污染物的浓度成正比,污染物一旦被吸附到固体表面,便不再解吸下来,吸附过程是不可逆的。在此条件下的吸附过程可用线性不可逆动态吸附模式描述,表示为:

$$\frac{\partial C_S}{\partial t} = \lambda_1 C \tag{5-23}$$

式中,λ_1 是反应速率常数。

若吸附速率还与吸附的污染物量有关,吸附过程就是可逆过程,可用线性可逆动态吸附模式描述,表示为:

$$\frac{\partial C_S}{\partial t} = \lambda_2 C - \lambda_3 C_S \tag{5-24}$$

式中,λ_2 为一级正反应速率常数;λ_3 为一级逆反应速率常数。

如果有足够的时间使反应达到平衡,则 C_S 不再随时间而发生变化,此时 $\partial C_S / \partial t = 0$,$C_S = \frac{\lambda_2}{\lambda_3} = K_d C$,即为线性等温吸附模式。

Freundlich 类型的动态吸附模式假设吸附反应是线性的,表示为:

$$\frac{\partial C_S}{\partial t} = \lambda_4 C^N - \lambda_5 C_S \tag{5-25}$$

式中,λ_4 和 λ_5 分别为正反应和逆反应速率常数。此模式在吸附达到平衡时退化为 Freundlich 等温吸附模式。

Langmuir 类型的动态吸附模式具有双线性形式,表示为:

$$\frac{\partial C_S}{\partial t} = \lambda_6 C (\beta - C_S) - \lambda_7 C_S \tag{5-26}$$

式中,β 为固体所能吸附的最大容量;λ_6 和 λ_7 分别为正反应和逆反应速率常数。

三、化学反应

在人们注意到自己的行为对土壤与地下水系统造成的后果之前,已经认识到天然地下水的水质变化是由于地下水在流动过程中经受地球化学和生物化学反应引起的。从这个意义讲,地下水系统应被视为一个化学处理系统,其中,任意一点的水质是水沿流动途径运动至该点前所经历的一系列化学反应及综合作用的结果。

污染物在土壤与地下水系统迁移过程中发生的反应可以分为三个层次:

第一层次反应,大多数影响溶质迁移的化学反应大致可以分为两类:第一类是快速可逆反应,反应速率"足够大",比可能引起污染物浓度变化的其他任何反应的速率都要快。对已快速可逆反应而言,可以认为流体中的化学反应随时能够达到局部反应平衡状态。第二类是慢速反应或不可逆反应,反应速率不够快,不能达到局部反应平衡状态,或者反应是单相进行的,是不可逆的。

第二层上的反应也可分为两类:第一类是单相反应,也称均相反应,即反应仅发生在液相之中;第二类是多相反应,也称非均相反应,反应既可在液相或气相中进行,又可在固相中进行。

第三层反应仅针对多相反应,分为表面反应和经典反应两类。表面反应包括吸附、离子交换等;经典反应包括沉淀、溶解、氧化、还原、络合反应等。

根据上述三个层次,污染物迁移中的化学反应可以归结为六种基本类型:①单相快速可逆反应;②多相快速可逆表面反应;③多相快速可逆经典反应;④单相慢速反应或不可逆反应;⑤多相慢速表面反应或不可逆表面反应;⑥多相慢速经典反应或不可逆经典反应。

下面将介绍几种典型的反应过程。

(一) 单相反应

单相反应(均匀系反应):反应体系中只存在一个相的反应。例如气相反应,某些液相反应均属单相反应。若反应能够快速完成且是可逆的,则可形成局部化学平衡;若反应没达到平衡或不可逆,则为单相平衡反应。

1. 化学平衡反应

假设液相中有两种物质 A 和 B 反应生成 C,同时 C 可分解为 A 和 B,则此反应为可逆反应,反应方程为:

$$a\text{A} + \text{B}b \rightleftharpoons c\text{C} \tag{5-27}$$

式中,a、b、c 分别为反应达到平衡时,物质 A、B、C 的化学计量数。当反应达到平衡时,正反应速率和逆反应速率相等,反应常数 K_{eq} 为

$$K_{eq} = \frac{[C]^c}{[A]^a [B]^b} \tag{5-28}$$

这就是单相快速可逆反应的平衡方程。式中,$[A]$、$[B]$ 为反应物的浓度,$[C]$ 为生成物的浓度。

2. 动态化学反应

如果多孔介质中产生污染物的化学反应比较慢,在流动过程中没有充分的时间使反应达到平衡,那么平衡反应方程就不再适用了,而必须使用化学反应动力学的方法加以描述。对于式(5-29)所表示的反应,化学反应速率可用反应物 A、B 的减少和生成物 C 的增加表示:

$$R_A = -\frac{d[A]}{dt} = \lambda [A]^p [B]^q \tag{5-29}$$

$$R_B = -\frac{d[B]}{dt} = \lambda_1 [A]^p [B]^q \tag{5-30}$$

$$R_C = -\frac{d[C]}{dt} = \lambda_3 [C]^r \tag{5-31}$$

式中,R_A、R_B 分别为反应物 A、B 的减少速率;R_C 为生成物 C 的生成速率;$[A]$、$[B]$、$[C]$ 分别为反应物 A、B、C 的浓度;λ_1、λ_2、λ_3 为反应速率常数;p、q、r 为反应级数。

若 p、q、r 其中之一为零,则反应速率不再是对应反应物或生成物的函数,这种反应称为对应反应物或生成物的零级反应。若反应体系中某种物质过量,则反应速率与该物质浓度无关,反应为零级反应,用反应物 A 来表示,则有:

$$[A] = [A]_0 - \lambda t \tag{5-32}$$

式中,λ 为反应速率常数;$[A]_0$ 为反应物 A 的初始浓度;$[A]$ 为反应达到 t 时刻时反应

物 A 的浓度。

在多孔介质污染物迁移研究中应用最为广泛的是化学反应动力学方程，它是在式 (5-30) 中令 $p=1$ 和 $q=0$ 后得到的。通常表示为：

$$\frac{dC}{dt} = -\lambda t \tag{5-33}$$

式中，C 为污染物的浓度；λ 为一级反应速率常数。当 $\lambda>0$ 时，表示污染物的净减少过程；当 $\lambda<0$ 时，表示污染物的净增加过程。

（二）多相快速反应

在多孔介质中运动的流体其中可能存在多种物质，如果这些物质是相互独立的，那么可以根据每种物质的特征，运用单组分化学动力学方法描述其化学反应过程。如果这些物质是相互关联的，则构成了多组分系统，必须在建立单组分化学动力学理论的基础上，建立各组分之间的关系。实际上，多孔介质中的流体本身就可能包含有多种物质。构成了复杂的地球化学系统，污染物的加入在很多情况下会使这一系统更为复杂。这里将以石油的苯系污染物为例，讨论多相快速反应过程。

石油苯系污染物包括苯、甲苯、乙苯、二甲苯等，其反应方程可以用快速反应模式加以模拟，总的反应表达式可以写成：

$$C_1(t+\Delta t) = C_1(t) - \frac{C_2(t)}{Y_{1,2}} - \frac{C_3(t)}{Y_{1,3}} - \cdots - \frac{C_k(t)}{Y_{1,k}} \tag{5-34a}$$

$$C_2(t+\Delta t) = C_2(t) - Y_{1,2} C_1(t) \tag{5-34b}$$

$$C_3(t+\Delta t) = C_3(t) - Y_{1,3} C_1(t) \tag{5-34c}$$

$$\cdots$$

$$C_t(t+\Delta t) = C_k(t) - Y_{1,k} C_1(t) \tag{5-34d}$$

式中，C_1 是反应物 1（基本反应物）的浓度，它与一个或多个反应物（从 2 到 k）顺次发生反应；Y_1, K 是反应物 1 与反应物 k 反应的产率常数，等于反应物 k 与基本反应物的质量比，由反应化学计量比确定。例如，对于苯的好氧分解反应，每分解 78g 苯，需消耗 240g 的溶解氧（即 7.5mol 乘以摩尔质量 32g/mol）。因此，O_2 相对于苯的产率常数为 $Y_{C_6H_6, O_2} = 240/78 = 3.08$。

在式（5-35）中，基本反应物 1 首先与反应物 2 进行反应，如果反应物 2 过剩，反应物 1 将被完全消耗掉，反应物 2 的浓度因反应而改变。余下的反应物 3~k 因基本反应物 1 已经消耗殆尽而终止反应。如果反应物 1 有剩余，反应物 2 将被完全消化掉，反应物 1 的浓度因反应而改变，剩余部分继续与反应物 3 进行反应，直至反应物 1 被完全消耗或没有其他反应物存在为止。

四、生物作用

有机污染物在土壤和地下水系统迁移转化过程中的生物作用主要包括生物降解、生物累积和植物摄取。生物降解是指复杂的有机物，通过微生物活动使其变成简单的产物等。例如，糖类物质在好氧条件下降解为二氧化碳和水。生物降解基本包括氧化性的、还原性的、水解性的或者综合性的。

生物累积是指生物通过吸附、吸收和吞食作用，从周边环境中摄入污染物并滞留体内，当摄入量超过消除量，污染物在体内的浓度会高于环境介质浓度，包括生物浓缩和生物放大。但是，如果生物中积累的污染物超过一定浓度时，则可能会对微生物产生毒害作用，而使生物从繁殖状态转化为死亡状态，于是，原先积累在生物体中的物质有可能重新释放出来。

植物摄取是指某些污染物可作为植物的养分被植物根系吸收。其中生物降解在污染物迁移转化过程中起主要影响作用。

进入多孔介质中的有机物在微生物的作用下发生生物降解，部分形成微生物组织、部分被矿化，只有不能被微生物利用的部分残留下来。有机物中的生物降解有好氧降解和厌氧降解之分。简而言之，在需氧条件下进行的降解为好氧生物降解；在厌氧条件下的降解为厌氧生物降解。可造成土壤与地下水污染的有机物种类繁多，性质各异。这里不重点讨论有机物降解机理，而侧重研究降解过程的动力学规律。

碳氢化合物的好氧生物降解包括了碳氢化合物的去除、氧的消耗及微生物的生长。碳氢化合物的生物降解速率可用 Monod 函数表示：

$$\frac{\mathrm{d}C}{\mathrm{d}t}=-Mh_\mu\left(\frac{C}{K_\mathrm{C}+C}\right)\left(\frac{O}{K_\mathrm{O}+O}\right) \tag{5-35}$$

式中，C 为液相中碳氢化合物的浓度；O 为液相中氧的浓度；M 是好氧微生物的浓度；h_μ 是微生物降解能力常数，为单位时间单位质量好氧微生物所能降解碳氢化合物的最大质量；K_C 为碳氢化合物的半饱和浓度常数；K_O 是氧的半饱和浓度常数。此式表明，碳氢化合物的降解速率不仅与其浓度 C 和氧的浓度 O 有关，而且与微生物的浓度 M 和微生物降解能力 h_μ 有关。

氧的消耗速率和微生物的生长速率为：

$$\frac{\mathrm{d}O}{\mathrm{d}t}=-Mh_\mu G\left(\frac{C}{K_\mathrm{C}+C}\right)\left(\frac{O}{K_\mathrm{O}+O}\right) \tag{5-36}$$

$$\frac{\mathrm{d}M}{\mathrm{d}t}=Mh_\mu Y\left(\frac{C}{K_\mathrm{C}+C}\right)\left(\frac{O}{K_\mathrm{O}+O}\right)+\lambda_\mathrm{M}(M_0-M) \tag{5-37}$$

式中，G 为比例系数，为降解单位质量碳氢化合物所用氧的质量；Y 为微生物产生系数，定义为降解单位质量碳氢化合物所产生的微生物质量；λ_M 为微生物衰减速率常数；M_0 是微生物的初始浓度。

碳氢化合物同样可以在厌氧条件下降解，同样也可以用 Monod 函数表示：

$$\frac{\mathrm{d}C}{\mathrm{d}t}=-h_\mathrm{ua}M_\mathrm{a}\left(\frac{C}{K_\mathrm{a}+C}\right) \tag{5-38}$$

式中，M_a 为厌氧微生物的浓度；h_ua 为厌氧微生物降解能力常数，为单位时间单位质量厌氧微生物所能降解碳氢化合物的最大质量；K_a 为厌氧条件下碳氢化合物的半饱和浓度。

若液相中碳氢化合物的浓度 C 远小于其最大半衰期 K_a，则可在式（5-39）中忽略分母的 C，从而使方程简化为一级线性降解方程：

$$\frac{\mathrm{d}C}{\mathrm{d}t}=-\frac{h_\mathrm{ua}M_\mathrm{a}C}{K_\mathrm{a}} \tag{5-39}$$

反应速率常数为 $\lambda=\dfrac{h_\mathrm{ua}M_\mathrm{a}}{K_\mathrm{a}}$。实际中，当 $C<0.25K_\mathrm{a}$ 时，即可用式（5-40）代替

式（5-39）。若 $K_a \approx C$，则式（5-40）化简为零级反应：

$$\frac{dC}{dt} = -h_{ua}M_a \tag{5-40}$$

很多污染物对于微生物种群是有毒的，它们的存在将抑制微生物的生长。若考虑微生物的抑制作用，则 Monod 方程变为：

$$I_C \frac{dC}{dt} = -h_{ua}M_a \left(\frac{C}{K_C + C + I_C} \right) \tag{5-41}$$

式中，I_C 为抑制因子，它反映了毒性底物对微生物生长的抑制程度。

当碳氢化合物的浓度低于微生物生长所需浓度的底限时，碳氢化合物不能被继续分解。底限浓度的表示式为：

$$C_{\min} = K_C \left(\frac{\lambda_M}{Yh_\mu - \lambda_M} \right) \tag{5-42}$$

好氧条件下有一个最小的氧浓度限值，低于该浓度，好氧分解不再进行。实际上，每一种碳氢化合物都存在一个浓度底限，低于此浓度，微生物降解作用停止。然而，微生物通常不止分解一种碳氢化合物。当系统中有多种碳氢化合物同时存在时，这些碳氢化合物都可以作为微生物生长的底物而被分解，并且多种碳氢化合物同时存在时分解量要大于每种碳氢化合物单独存在时的分解量。由此可见，微生物生长基质既可为单个碳氢化合物，又可为碳氢化合物的混合物。

第三节　土壤和地下水中污染物迁移的流体力学

关于土壤和地下水中污染物的迁移过程，其主要研究内容为流体和污染物在多孔介质中运动和迁移的基本定律。研究的对象是流体和随流体运动的污染物，物质运动的载体是具有相互连通空隙的多孔介质。流体运动研究的理论基础是 Darcy 定律，污染物迁移研究的理论基础是 Fick 定律。多孔介质中污染物迁移动力学是环境科学、水文地质学、工程地质学、土壤水力学、石油工程等学科的重要理论基础，在环境污染治理、水利工程、石油工程、地下水资源开发和管理、土壤环境治理等多方面得到了广泛应用。近年来，土壤和地下水污染日趋加重，已经对生态环境质量构成了严重威胁，不但影响了国民经济的可持续发展，甚至威胁到人类的生存与发展。关于土壤和地下水中污染物迁移过程的研究为揭示污染物在介质中的迁移规律奠定了基础，同时也为被污染土壤和地下水的修复提供了理论指导。

一、土壤、含水层及地下水

土壤的多孔性是在土壤形成过程中逐渐发展而形成起来的。土壤中土粒按照一定的方式排列，土壤颗粒和颗粒之间、结构体与结构体之间通过点、面结合，形成大小不等的空间，这些空间称为土壤孔隙。土壤这种多孔介质有其独特的性质，而这些独特的性质又对污染物在其中的传递产生影响。

土壤含水层是环境介质的一部分，属于一种特殊的多孔介质，也是环境介质中的介质体系，称为地下环境。地下环境中存在固相、液相和气相，而水的运动对于污染物的迁移起着决定作用。地下环境介质中的水统称为地下水。

地下水一般指地面以下所有的水。然而，由于地下水水文工作者主要研究饱和带的水，所以用地下水这个术语表示饱和带中的水。地面以下的水按垂直剖面的分布，依据孔隙空间中含水的相对比例划分成两个带：饱和带与包气带。饱和带中的全部空隙充满着水。包气带位于饱和带之上，其中同时包含着气体和水。以下将从几个方面介绍地下水埋藏条件（图 5-3）。

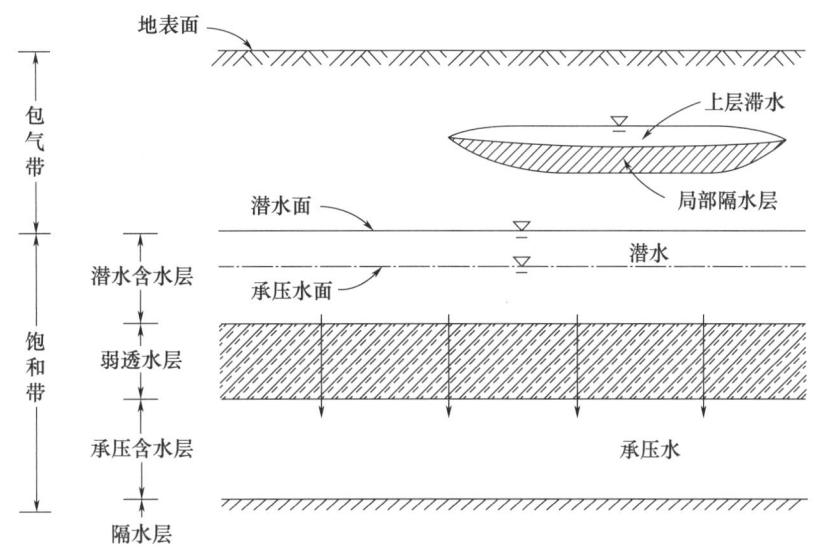

图 5-3　地下水埋藏条件

（一）含水层

含水层是指能透过并给出相当数量水的岩层。含水层是具有下述两种性质的地层或岩层：一是含有水，二是在一般的野外条件下允许大量的水在其中运动。

一个地层要成为含水层，通常要有三个基本条件。第一，有充分的补水来源，如降雨补给、含水层间的越流补给、地表水补给、人工补给等。当大量开采或排泄含水层的地下水时，含水层能够得到充分补给，以保持其含水层的性质。第二，有一定的含水空间和透水能力，大量的含水空间保证了含水层能够给出相当数量的水；好的透水能力保证了其中的水可以发生大量运动。第三，有隔水或相对隔水的层位，保证含水层中的水能够保持在含水层中，而不至于全部漏掉。分布范围广、厚度大、饱含水的砾石层、砂层、部分粉砂层、节理裂缝发育的碳酸盐层等都构成了含水层。含水层可以根据潜水面是否存在划分为无压含水层和承压含水层两大类。

（二）隔水层

隔水层是指重力水流不能透过并给出水或者能透过和给出水的量微不足道的岩层。例如，黏土、重亚黏土以及致密完整的页岩、火成岩、变质岩等。隔水层本身可以含水，甚至可以大量含水，但在一般野外条件下，不能大量传导水。致密的黏土层就是隔水层的例子，其中虽然可以含水，但其给水和透水的能力很弱。

（三）透水层

透水层是能够透过一定数量的水但又不构成含水层的岩层。透水层有强弱之分，如果岩层的渗透能力很强，但含水量很小，则构成强透水层。这样的层位如果沟通了含水层或地表水等强补给源，则构成了导水通道。如果岩层的渗透能力相对含水层而言较差，水在其中的渗透速率比较慢，则构成弱透水层。只有透水层才有可能成为含水层。透水层要成为含水层，必须在透水层下部有不透水层或弱透水层存在的储水构造，才能保证渗入透水层的水聚积和储存起来。

（四）饱和带和包气带

饱和带是充满地下水的岩层带，通常是潜水面以下部分。饱和带中的重力水呈连续分布，能够传递水压力，在水头的作用下，可以发生连续运动。饱和带中的重力水是多孔介质污染物迁移动力学研究重点之一。

包气带也称非饱和带，是位于地表以下、潜水面以上的岩带层。例如，挖井时常见到井壁的上部往往是干的，含水很少。往下挖，井壁逐渐潮湿，但井中仍然无水。再往下挖，井壁和井底有水渗出，井中很快形成水面，这便是地下水面。地下水面以上便是包气带，以下是饱和带。在包气带的孔隙中，孔隙壁吸附有结合水，在细小的孔隙中保持着毛细水，未被液态水占据的部分包括孔隙及气态水。孔隙中的水超过吸附力和毛细力所能支持的量时，就将以重力水形式下渗。包气带自上而下分为三个带，即土壤带、中间带和毛细带。包气带中以各种形式存在的水统称为包气带水。

包气带水来源于大气降水及灌溉水的入渗、地表水的渗漏、由地下水面通过毛细上升输送的水分，以及地下水蒸发形成的气态水。包气带是饱和带与大气圈、地表圈联系必经的通道。饱和带通过包气带获得大气降水和地表水的补给，又通过包气带蒸发与蒸腾将水排入大气圈。所以包气带的含水量及其水盐运动受大气因素的影响极为显著，地面上的天然和人工植被也对其起很大作用。特别应该指出的是，人类生产与生活活动对包气带水的影响已经越来越强烈，由此直接或间接地影响着饱和带水的形成与变化。研究污染物在地下水系统中的运移与转化，应重视对包气带水形成及其运动规律的研究。

（五）上层滞水

上层滞水简称上滞水，是指包气带内局部隔水层之上积聚的具有自由水面的重力水。当包气带具有局部隔水层或者弱透水层时，在其上积聚的重力水称为上层滞水。上层滞水是地下水的一种，位于包气带。上层滞水分布最接近地表，由雨水、融雪水等渗入时被局部隔水层阻滞而形成，消耗于蒸发及沿隔水层边缘下渗。由于接近地表和分布局限，上层滞水的季节性变化剧烈，一般多在雨季存在，旱季消失。上层滞水仅能用作季节性小型供水，但由于上层滞水离地表很近，容易受到污染。

（六）潜水

浅水是饱和带含水层中具有自由表面的地下水。潜水没有连续的隔水顶板。潜水的水面为自由水面，称为潜水面。从潜水面到隔水底板的距离称为潜水含水层的厚度。潜水面到地表面的距离称为潜水的埋藏深度。潜水含水层厚度与潜水埋藏深度随潜水面的升降而发生相应的变化。由于潜水直接与包气带相连，所以可以通过包气带接受降水或地表水的补给，水位波动较大，通过蒸发或向下部含水层越流排泄。潜水在重力作用下，由高水位向低水位径流。潜水的排泄，除流入其他含水层外，还径流到地形低洼处，以泉、泄流等形式向地表或地表水体排泄；或是通过地表蒸发或植被蒸腾的形式进入大气。

潜水的水质主要取决于气候、地形及岩性的条件。另外，潜水很容易受到人为作用污染，因此应对潜水水源加强保护。

（七）承压水

承压水是充满两个隔水层或弱透水层之间含水层的水。在适宜的地形条件下，当钻孔打到含水层时，水便喷出地表，形成自喷水流，因此又称自流水。这种自流水可供生活用水和农田灌溉。在中国，承压水的发现和利用始于2000多年前。汉朝初，四川省自贡市开始打自流井取卤水生产盐，井深超过300m。

承压水含水层上部的隔水层称为隔水顶板，下部的隔水层称为隔水底板。顶、底板间的距离为含水层厚度。承压性是承压水的重要特征。典型的承压含水层分为补给区、承压区及排泄区三个部分。承压水由于受到隔水层或弱透水层的阻隔，与大气圈和地表水的联系较弱，主要通过含水层出露地表的补给区或相邻水层的越流得到补给。承压水在水头差作用下从高水头向低水头运动，向地表或相邻水层排泄。承压含水层接受其他水体补给时必须具备两个条件：一是补给水体的水位必须高于承压含水层的水头；二是水体与含水层间存在水力联系。

承压水主要来自大气降水与地表水的入渗补给，补给区主要是含水层露出地表的范围，并以泉或其他径流方式向地表或地表水体排泄。在一定的条件下，当含水层、底板为弱透水层时，它可以从上、下含水层获得越流补给，也可以向上、下部含水层进行越流排泄。承压水的水质取决于它的成因、埋藏条件以及其与外界联系。承压水可以是淡水，也可以是含水量较高的卤水。一般情况下，它与外界联系越紧切，参与水循环越积极，承压水的水质就越接近于入渗的大气降水与地表水，通常为含盐量低的淡水。反之，承压水的含盐量较高。

总之，由于承压水与大气圈、地表水圈的联系较差，水循环缓慢，所以承压水不像潜水那样容易受到污染。但是，一旦被污染则很难使其净化。

二、地下水的补给、径流与排泄

地下水是自然界水循环的重要组成部分，通过补给、径流与排泄，不断地参与地球浅层圈的水文循环。补给和排泄是含水层或含水系统与外界进行水量交换，同时也是进行能量、热量、盐量交换的两个环节，径流则是含水层或含水系统内部进行水量和盐量积累和输送的过程。因此，补给、径流与排泄决定着地下水的水量、水质与水温在空间和时间上的变化规律。

（一）地下水的补给

含水层或含水系统从外界获得水量的过程称为补给。补给除了获得水量，还会获得一定的盐量和能量，使含水层或含水系统的化学成分与水温发生变化；增加地下水的势能，促使地下水不停地流动。一般对地下补给的研究主要包括补给来源、影响补给的因素及补给量的大小。其中，地下水的补给来源主要有大气降水、地表水、凝结水、其他含水层的水、侧向补给、人工补给、融雪水和融冻水等。

（二）地下水的排泄

地下水从含水层以不同方式排泄于地表或另一个含水层中的过程称为地下水排泄，

是含水层或含水系统失去水量的过程。在排泄过程中，含水层或含水系统的水量、水质都应发生变化。排泄的研究包括排泄的去路及方式、影响排泄的因素及排泄量。通常，地下水通过泉、河流排泄和蒸发等形式向外界排泄。此外，一个含水层或含水系统中的水可向另一个含水层或含水系统排泄称为越流排泄。此时，对于后者来说，即从前者获得补给，得水者为补，失水者为排。用井孔抽取地下水或钻孔、渠道、坑道等排干地下水则属于地下水的人工排泄。

（三）地下水的径流

由补给区向排泄区运动地下水流称为地下径流。径流是连接补给和排泄的中间环节，将地下水的水量与盐量由补给区传输到排泄区，从而影响含水层或含水系统水量和水质的时空分布。关于地下水径流方面的研究内容主要包括：径流方向、径流强度、径流量、径流基本类型及影响径流的因素等。其中，地下水径流的方向、速度、类型、径流量主要受到以下因素的影响：含水层的孔隙性、地下水的埋藏条件、补给量、地形、地下水的化学成分和人为因素等。

三、多孔介质

（一）多孔介质的含义

自然界中许多流体运动问题发生在多孔介质中，如地下水和油气在岩石孔隙中运动，污水在砂过滤器中流动等。Bear 给出了多孔介质比较完善的定义：多孔介质是含有固相的多相体系，其他相可以是液相或气相，固相部分称为固体骨架，其他部分为孔隙；固体遍布整个多孔介质，具有较大的比表面积；孔隙中的许多孔洞相互连通。简单来说，多孔介质是指含有大量孔隙的固体。也就是说，多孔介质是指固体材料中含有孔隙、微裂缝等各种类型的毛细管体系的介质。概括起来，多孔介质可以用以下几点来描述。

（1）多孔介质是多相介质，需要占据一定空间。

（2）固相和孔隙都应遍布整个介质，就是说如果在介质中取一适合大小的体元，该体元必须有一定比例的固相和孔隙。

（3）孔隙空间包含有效孔隙空间和无效孔隙空间两部分。有效孔隙空间是指其中一部分或大部分空间是相互连通的，且流体可在其中流动，而不连通的孔隙空间或虽然连通但属于盲孔的这部分空间为无效孔隙空间。对于流体通过孔隙的流动而言，无效孔隙空间实际上可视为固体骨架。

（二）多孔介质的类型

多孔介质有多种类型。按成因划分，可分为天然多孔介质和人造多孔介质；按照是否为地质介质又可分为地质介质和非地质介质两类。其中地质介质是最主要的多孔介质，也是我们讨论和研究的重点；非地质介质有多种类型，如固体废物填埋介质、人造过滤介质、人造吸附介质和其他人造介质等。

地质介质按结构特点分为三大类型，即孔隙介质、裂隙介质和岩溶介质。孔隙介质是松散沉积物构成的介质，如土壤层、砂层、黏土层等。孔隙介质的性质受到固体骨架的物质成分、颗粒大小、分选情况、磨圆程度、颗粒级配等多种因素的影响。对流体渗透能力影响较大的因素是颗粒大小、分选磨圆和级配情况。通常颗粒大、分选磨圆好、单一级别颗粒构成的介质具有更好的渗透性，如砾石和砂比粉砂和黏土的渗透性好。对污染物迁移过程的影响因素除了上述影响流体渗透能力的因素外，还有黏土矿物含量、有机物含量、物质结构等因素，它们影响污染物的弥散、吸附/解吸和化学生物反应过程。裂缝介质是由发育有裂缝的基岩构成，如砂岩、玄武岩、花岗岩、硫酸岩等，如果发育了裂隙则构成了裂隙介质。岩溶介质是由发育有岩溶的岩基所构成的介质，如发育有溶隙的硫酸岩。

（三）多孔介质的性质

多孔介质的性质包括孔隙性、比表面、多相性、压缩性和渗透性。

1. 孔隙性

多孔介质具有孔隙的宏观性质称为孔隙性。孔隙分为有效孔隙和死端孔隙。多孔介质中互相连通的孔隙多少的指标是孔隙率，定义为：

$$\varphi = \lim_{\Delta V \to \Delta V_0} \frac{\Delta V_V}{\Delta V} \tag{5-43}$$

式中，φ 为多孔介质的体积孔隙率，或称为总孔隙率；ΔV 是以 P 点为中心的多孔介质的体积；ΔV_V 是以 P 点为中心的多孔介质的孔隙体积。

因为从流体流动角度来看，只有互相连通的孔隙才有意义，因此，一般流体运动研究中的孔隙率采用有效孔隙率。但是在扩散和弥散等问题中死端孔隙率也要考虑在内。

孔隙多少的另一指标是孔隙比，定义为：

$$e = \lim_{\Delta V \to \Delta V_0} \frac{\Delta V_V}{\Delta V_r} \tag{5-44}$$

式中，e 是多孔介质的体积孔隙比；ΔV_r 是以 P 点为中心的多孔介质中骨架的体积。

2. 比表面

多孔介质的比表面是单位多孔介质体积内所有颗粒的总表面积，定义为：

$$a = \frac{\Delta A_r}{\Delta V} \tag{5-45}$$

式中，a 是比表面积；ΔA_r 是体积 ΔV 内所有颗粒的总表面积。

有时，比表面是单位固体骨架体积内所有颗粒的总表面积，定义为：

$$a_r = \frac{\Delta A_r}{\Delta V_r} \tag{5-46}$$

式中，a_r 是比表面积。

比表面积受孔隙率、颗粒排放方式、粒径和颗粒形状影响。

3. 多相性

多孔介质具有多相性，包括固相、液相和气相。液相中还可以包括可溶相流体和非可溶相流体（NAPL），非可溶相流体又有轻质非可溶相流体（LNAPL）和重质非可溶相流体（DNAPL）之分，非可溶相流体主要由一些农药和石油烃类的有机物组成。多相性可表现为固相和液相、固相和气相以及固、液、气三相，固相是必不可少的。

4. 压缩性

压缩性是多孔介质的体积随着压强的增加而减少的性质。多孔介质承受着介质内部流体施加的内力和上覆介质本身施加的外力。一般情况下外力保持不变，所以采用与流

体压强有关的压缩系数描述,即:

$$\alpha = -\frac{1}{V}\frac{dV}{dp} \tag{5-47}$$

式中,α 是多孔介质体积压缩系数。

多孔介质体积变化包括孔隙体积变化和固体颗粒体积变化,分别用孔隙压缩系数和骨架压缩系数描述,即:

$$\alpha_p = -\frac{1}{V_V}\frac{dV_V}{dp}, \quad \alpha_r = -\frac{1}{V_r}\frac{dV_r}{dp} \tag{5-48}$$

式中,α_p 是孔隙压缩系数;α_r 是骨架压缩系数。

由于 $V = V_V + V_r$,求导得:

$$\frac{dV}{dp} = \frac{dV_V}{dp} + \frac{dV_r}{dp} \tag{5-49}$$

并且,$V_V = \varphi V$,$V_r = (1-\varphi)V$ 得

$$\alpha = (1-\varphi)\alpha_r + \varphi\alpha_p \tag{5-50}$$

一般情况下,固体颗粒本身压缩很小,$(1-\varphi)\alpha_r \ll \varphi\alpha_p$,所以:

$$\alpha = \varphi\alpha_p \tag{5-51}$$

5. 渗透性

渗透性是多孔介质传导流体的性能。流体的渗透性能不仅与骨架的性质(颗粒成分、颗粒分布、颗粒大小、颗粒填充、比表面积、弯曲度和孔隙率等)有关,还与流体的性质(密度、黏质性等)有关。

一般采用渗透系数(或称为水力传导系数)描述多孔介质输送流体的能力:

$$K = \frac{k\rho g}{\mu} \tag{5-52}$$

式中,K 是渗透系数;k 是多孔介质的渗透率或内在渗透率,它仅与骨架性质有关。

确定渗透率的公式各种各样,一类是经验公式,另一类是理论推导公式,但是公式中的系数同样需要试验确定。一般来说,渗透率不随时间变化;特殊情况下,如在外部载荷作用下,发生骨架的沉降与固结作用、骨架的溶解作用、黏土的膨胀作用及生物活动堵塞孔隙作用等改变骨架结构会导致渗透率随时间变化。

(四)流体

流体是液体和气体的总称,如水、石油、空气等都是典型的流体。有些常温下的非流体在高温等特殊条件下也具有流体特征。流体是由大量不断地作热运动而且无固定平衡位置的分子构成的,它的基本特征是没有一定的形状和具有流动性。流体都有一定的可压缩性,液体可压缩性很小、而气体可压缩性较大,在流体的形状改变时,流体各层之间也存在一定的运动阻力。当流体的黏滞性和可压缩性很小时,可近似看作理想流体,它是人们为研究流体的运动和状态而引入的一个理想模型。流体的主要物理性质包括密度、表观密度、黏滞性、压缩性、表面张力、导热性等。

1. 密度和容重

流体的密度是单位体积流体的质量,表示为:

$$\rho = \frac{m}{V_L} \tag{5-53}$$

式中，ρ 是流体的密度；V_L 是流体的体积；m 是流体的质量。

流体的表观密度是单位体积流体的质量，表示为：

$$\gamma = \frac{G}{V_L} \tag{5-54}$$

式中，γ 是流体的表观密度；G 是流体的重力。

密度和表观密度的关系为：

$$\gamma = \rho g \tag{5-55}$$

式中，g 是重力加速度。

2. 黏滞性

流体阻止任何变形的性质称为黏滞性。它是流体内部各流层的定向运动速度差异而产生的内摩擦力或黏滞力所引起的。1868 年 Newton 提出 Newton 黏滞定律，即两流层之间单位面积的黏滞力大小与流体性质有关，与垂直于流体方向的速度梯度成正比，即：

$$\tau = \mu \frac{\mathrm{d}v}{\mathrm{d}n} \tag{5-56}$$

式中，τ 是流体在任一点 p 处的切应力，即单位面积的黏滞力；v 是 A 处垂直于方向 n 的流体速度；μ 是动力黏度。

流体的黏滞性也可以用运动黏度表示：

$$\nu = \frac{\mu}{\rho} \tag{5-57}$$

式中，ν 是运动黏度。

3. 压缩性

压缩性是流体的体积随着压强的增加而减少的性质，它是分子间距离变化而引起的宏观体积变化。压缩系数就是物质承受的法向压力或法向压力变化时其体积变化的度量。对于等温条件，压缩系数定义为：

$$\beta = -\frac{1}{V}\frac{\mathrm{d}V}{\mathrm{d}p} = \frac{1}{\rho}\frac{\mathrm{d}\rho}{\mathrm{d}p} \tag{5-58}$$

式中，β 是流体的体积压缩系数。

压缩系数的倒数是流体的体积弹性模量，表示为：

$$E = \frac{1}{\beta} = \rho \frac{\mathrm{d}p}{\mathrm{d}\rho} \tag{5-59}$$

式中，E 是流体的体积弹性模量。

因此，对于均质流体，不可压缩即意味着 $\frac{\mathrm{d}p}{\mathrm{d}\rho}=0$，即 ρ 为常数。

4. 表面张力

表面张力是液体表面层由于分子引力不均衡而产生的沿表面作用于任一界面上的张力。由于表面张力的存在使得在密切接触的两相出现界面现象，最简单的情况是液体及其蒸气组成的体系，在气液界面上的分子由于受到指向液面内部的拉力，所以液体表面都有自动缩成最小的趋势。表面张力对于研究非饱和水运动是很重要的。在自然界中，我们可以看到很多表面张力的现象和对张力的运用。例如，露水总是尽可能呈球形，而某些昆虫则利用表面张力可以漂浮在水面上。

5. 导热性

导热性是流体能够传导热的性质。在非平衡热力学体系中,大量具有不同能量的分子随机运动,导致热量迁移。1882年Fourier提出经验的热传导定律。表面单位时间通过单位面积的热量大小与流体的性质有关,与温度梯度成正比。表示为:

$$q = \lambda \frac{\mathrm{d}T}{\mathrm{d}n} \tag{5-60}$$

式中,q是单位时间通过法向方向n的单位面积的热量,称为热通量;λ是热传导系数。

四、多孔介质中流体的运动过程

(一) 渗流

渗流是流体通过多孔介质的一种流动过程(图5-4)。渗流现象普遍存在自然界和人造材料中。渗流是一种假想的流体,它充满了既包括多孔介质的孔隙,又包括含骨架的整个研究空间。渗流所占据的空间区域称为渗流区或渗流场,简称流场。显然渗流场包括了孔隙和固体骨架所占据的全部空间。

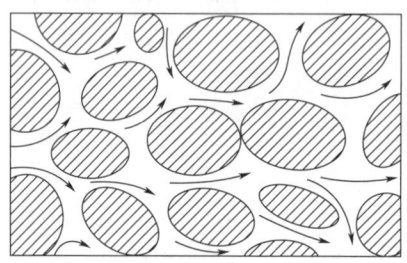

图5-4 多孔介质中的渗流

渗流的特点主要有:第一,由于多孔介质单位体积孔隙的表面积比较大,表面作用明显,因此在任何时候黏性作用都不能忽略;第二,在地下渗流中往往压力较大,高压下,流体的体积会发生变化,因而通常要考虑流体的压缩性;第三,多孔介质孔道状况复杂、阻力大、毛细管作用较明显,有时还要考虑分子力的影响;第四,渗流的过程往往伴随有复杂的物理化学变化。

就渗流力学的应用范围而言,渗流研究划分为地下渗流、工程渗流和生物渗流。其中地下渗流是指土壤、岩石和地表堆积物中流体的渗流。它包含地下流体资源开发、地球物理渗流以及地下工程渗流三部分。地下渗流理论不仅广泛应用于石油资源开采,还应用于农田水利、土壤改良、地下水污水处理等问题上。

(二) 流体流动的描述方法

描述流体在多孔介质中运动有两种观点,一种是欧拉观点,另一种是拉格朗日观点。前者着眼于空间的各个固定点,从而了解流体在整个空间里的运动情况;后者着眼于流场中各个流体质点的历史,从而进一步了解整个流体的运动情况。

1. 欧拉观点

欧拉观点的方法是在某个确定的参考坐标流场中选定一固定空间点,然后研究此固定点在一定时间段内各个物理量q_i的情况,q_i可以是压力、密度、速度或饱和度等。由于流体是运动的,所以,对于某一固定的空间点,在不同时间,其中的流体质点一般是不用的;而对于某个特定的时间,在不同的空间所选定的固定点,里面的流体质点也是不同的。也就是说,选取的衡算控制体,它的体积、位置是固定的,输入和输出控制体的物理量是随时间变化的。

在欧拉观点中,各个物理量是时间 t 和空间坐标 (x, y, z) 的函数。物理量 q_i 可表示为:

$$q_i = q_i(x, y, z, t) = q_i(r, t) \tag{5-61}$$

用以识别空间点的坐标 $r = (x, y, z)$ 和时间 t 称为欧拉变量。

在欧拉观点中,若流场中各点的任意物理量 q_i 均不随时间变化,称这种渗流为稳态渗流,对于稳态渗流有:

$$\frac{\partial q_i}{\partial t} = 0 \tag{5-62}$$

否则称为非稳态渗流。

2. 拉格朗日观点

与欧拉观点不同,拉格朗日观点的着眼点不是流体空间上的固定点,而是流体运动的质点或微团,研究每个质点自始至终的运动过程。由于流体质点是连续分布的,要研究某个质点的运动,首先必须有表征这个质点的方法。

假设某个质点在某一初始时刻 t_0 所处的空间位置坐标为 (ξ, η, ζ)。则该质点在以后任一时刻 t 的位置可用笛卡尔空间坐标系的 3 个坐标来表示,即:

$$\left.\begin{array}{l} x = x(\xi, \eta, \zeta, t) \\ y = y(\xi, \eta, \zeta, t) \\ z = z(\xi, \eta, \zeta, t) \end{array}\right\} \tag{5-63}$$

简单地写成:

$$r = r(\xi, t) \tag{5-64}$$

此式代表任意确定质点的运动轨迹。对固定的 t,上式代表任意确定质点在时刻 t 所处的位置,所以上式可以描写所有质点的运动。

或者可以反过来写成:

$$\left.\begin{array}{l} \xi = \xi(x, y, z, t) \\ \eta = \eta(x, y, z, t) \\ \zeta = \zeta(x, y, z, t) \end{array}\right\} \tag{5-65}$$

简单地写成:

$$\xi = \xi(r, t) \tag{5-66}$$

3. 两种表述的互换

欧拉观点的表述方法和拉格朗日观点的表述方法是完全等效的。可以从一种表述方法转换到另一种表述方法。在分析问题过程中,两种观点均可采用,但选择哪一个观点更合适,则由哪种分析问题更简单而定。欧拉观点和拉格朗日观点变换过程如下:

设已经确定的流体运动由欧拉表达给出,即速度 v 或任意物理量 q_i 表示为

$$v = v(\xi, \eta, \zeta), \quad q_i = (r, t) \tag{5-67}$$

现在要变换为用拉格朗日坐标 ξ, η, ζ 表示,则必须对式 (5-68) 的一个式子进行积分。

由于

$$\left.\begin{aligned}\frac{dx}{dt}&=v_x(x, y, z, t)\\ \frac{dy}{dt}&=v_y(x, y, z, t)\\ \frac{dz}{dt}&=v_z(x, y, z, t)\end{aligned}\right\} \quad (5\text{-}68)$$

这里 v 是流体的质点速度。对上式积分可得：

$$\left.\begin{aligned}x&=x(\xi_0, \eta_0, \zeta_0, t)\\ y&=y(\xi_0, \eta_0, \zeta_0, t)\\ z&=z(\xi_0, \eta_0, \zeta_0, t)\end{aligned}\right\} \quad (5\text{-}69)$$

其中 ξ_0, η_0, ζ_0 为积分常数，可由 $t=t_0$ 时的坐标 ξ, η, ζ 定出。于是上式变为：

$$\left.\begin{aligned}x&=x(\xi, \eta, \zeta, t)\\ y&=y(\xi, \eta, \zeta, t)\\ z&=z(\xi, \eta, \zeta, t)\end{aligned}\right\} \quad (5\text{-}70)$$

将积分所得的上式带入（5-68），既得速度和任意物理量用拉格朗日坐标表示的结果：

$$v=v(\xi, \eta, \zeta), \quad q_i=q_i(\xi, \eta, \zeta, t) \quad (5\text{-}71)$$

反之，若流体运动已由拉格朗日表述给出，即速度 v 或任意物理量 q_i 表示为：

$$v=v(\xi, \eta, \zeta), \quad q_i=q_i(\xi, \eta, \zeta, t)$$

因为 Jacobi 行列式 $J=\dfrac{\partial(x, y, z)}{\partial(\xi, \eta, \zeta)}$ 表示同一流体在时刻 t 和时刻 t_0 微元体积之比，因而总是一个非零的有限正值，所以一定存在单值解：

$$\left.\begin{aligned}\xi&=\xi(x, y, z, t)\\ \eta&=\eta(x, y, z, t)\\ \zeta&=\zeta(x, y, z, t)\end{aligned}\right\} \quad (5\text{-}72)$$

将上式带入（5-72），即得出欧拉变量 (x, y, z, t) 表示的结果：

$$v=v(r, t), \quad q_i=q_i(r, t) \quad (5\text{-}73)$$

式中，$r=(x, y, z)$。

(三) 多孔介质渗流的基本定律——Darcy 定律

Darcy 定律是反映水在岩土孔隙中渗流规律的试验定律。由 1956 年 H. Darcy 就法国 Dijon 城的水源问题研究水在直立均质砂柱中的流动问题时提出。根据试验，Darcy 断定：流体通过砂柱横截面的体积流量 Q 与横截面面积 A 和水头差 h_1-h_2 成正比，而与砂柱长度 L 成反比。将这一结论合并便得到了著名的 Darcy 定律：

$$Q=K'A\frac{h_1-h_2}{L} \quad (5\text{-}74)$$

式中，K' 称为水力传导系数或渗流系数，它具有速度的量纲；$(h_1-h_2)/L$ 称为水力梯度，用 J 表示。关系式表明，水在单位时间内通过多孔介质的渗流量与渗流路径长度成正比，与横截面面积和总水头损失成正比。从水力学可知，通过某一断面的流量 Q 等于流速 v 与横截面面积 A 的乘积，即 $Q=Av$。据此，Darcy 定律也可以用另一种形式表达：

$$v = K'J \tag{5-75}$$

式中，v 为渗流速度。上式表明，渗流速度与水力梯度一次方成正比，说明水力梯度与渗流速度呈线性关系，因此又称线性渗流定律。Darcy 定律适用的上限有两种看法：一种认为 Darcy 定律适用于地下水的层流运动；另一种认为并非所有地下水层流运动都能用 Darcy 定律来描述，有些地下水层流运动的情况偏离 Darcy 定律，Darcy 定律的适应范围比层流范围小。这个定律说明水通过多孔介质的速度同水力梯度的大小及介质的渗透性能成正比。

从 Darcy 定律 $v=K'J$ 可以看出，水力梯度 J 是无因次的，因此渗透系数 K' 的因次与渗流速度 v 相同。一般采用 m/d 或 cm/s 为单位。令 $J=1$，则 $v=K'$，即渗透系数为水力梯度等于 1 时的渗流速度。水力梯度为定值时，渗透系数越大，渗透速率越大；渗透系数为定值时，渗透速率越大，水力梯度越小（图 5-5）。由此可见，渗透系数可定量说明岩石的渗透性能。渗透系数越大，岩石的透水性越强。

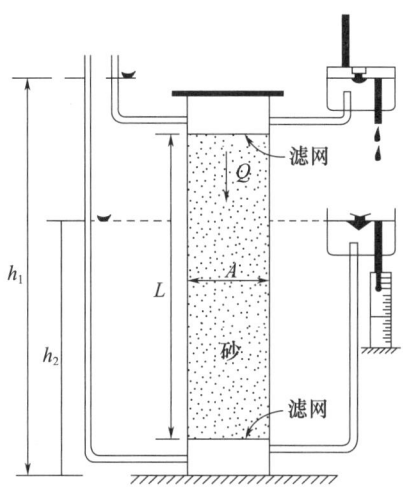

图 5-5 Darcy 试验装置

根据水力学原理，每个截面上单位质量流体的能量是由压力能项、势能项和动能项组成，即：

$$e = \frac{p}{\rho} + gz + \frac{v^2}{2} \tag{5-76}$$

式中，z 是以底面为零势能面的高度；p 是对应高度上的压力。或者用总水头表示：

$$h = \frac{e}{g} = \frac{p}{\rho g} + z + \frac{v^2}{2g} \tag{5-77}$$

式（5-77）中，因 v 较小，动能项 $v^2/2g$ 与其他项相比可以忽略。设 $z_2=0$ 则 $z_1=L$，$z_1-z_2=L$，于是有：

$$h_1 - h_2 = L + \frac{p_1 - p_2}{\rho g} \tag{5-78}$$

将式（5-78）带入（5-75），得到：

$$v = \frac{Q}{A} = K'\left(1 + \frac{p_1-p_2}{\rho g L}\right) = K'\left[\frac{\rho g + (p_1-p_2)/L}{\rho g}\right] \tag{5-79}$$

式中，v 为渗流速度；p_1 和 p_2 分别为 $z_1=L$ 和零势能面 $z_2=0$ 处的压力，即 p_1-p_2 是砂

柱总长度 L 段的压力差。

试验表明，水力传导系数或渗流系数 K' 与流体容重 ρg 成正比，与流体黏度成反比，用 K' 作比例系数，则有 $K'=K\rho g/\mu$，其中 K 是介质的渗透率。将它代入式（5-80），取坐标轴 z 垂直向上，因速度方向与 z 轴方向相反，则：

$$-v=\frac{K}{\mu}\left(\frac{p_1-p_2}{L}+\rho g\right) \quad (5\text{-}80)$$

若为倾斜地层，设地层与水平线夹角为 φ，则式（5-80）可得出沿 L 方向的速度：

$$v_L=\frac{K}{\mu}\left(\frac{\partial p}{\partial L}+\rho g\sin\varphi\right) \quad (5\text{-}81)$$

式中，L 是沿地层倾斜方向（流动方向）的长度。

对各种不同的单向牛顿流体通过多孔介质流动的研究表明：以上 Darcy 定律中 K 只与多孔介质本身的结构特征有关，而与单向牛顿流体的特性无关。也就是说，当不同单向牛顿流体通过同一多孔介质流动时，Darcy 定律中 K 保持不变，这一结论适用于牛顿流体。渗透率就是 Darcy 定律中比例系数 K，它是反映多孔介质的一个参数，可表示为：

$$K=-\mu v\left(\frac{\partial p}{\partial L}+\rho g\sin\varphi\right) \quad (5\text{-}82)$$

式中，L 是沿流动方向。

从 Darcy 定律的定义式可以看出，渗流速度与水力梯度呈线性关系，因此有时又称为线性渗流定律。Darcy 定律是定量研究地下水运动的基础，它也是多孔介质渗流力学的基石。

（四）Darcy 定律的适用范围

Darcy 定律是由砂质土体试验得到的，后来推广应用于其他土体如黏土和具有细裂隙的岩石等。进一步的研究表明在某些条件下，渗透并不一定符合 Darcy 定律，因此在实际工作中我们还要注意 Darcy 定律的适用范围。

1. 速度上限

有人曾对 Darcy 定律适用范围的速度上限进行了试验研究，将通过多孔介质流动的试验结果绘成范宁摩擦因数 f 和雷诺系数 Re 之间的关系，得到如图（5-6）所示的曲线。

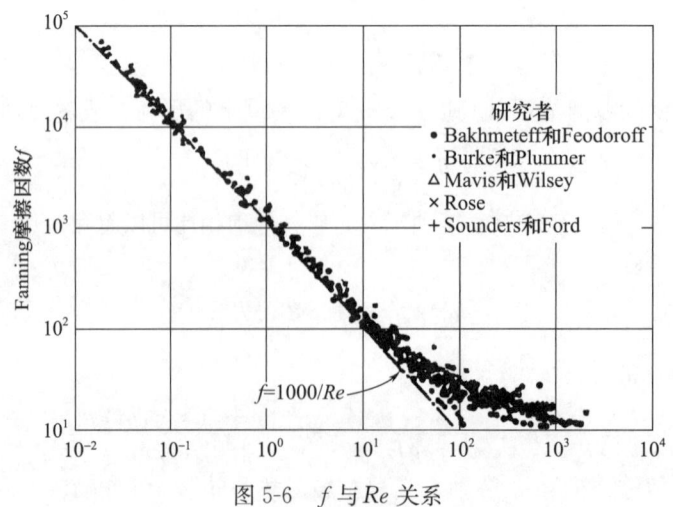

图 5-6　f 与 Re 关系

图 5-6 中无量纲 f 和 Re 分别为

$$f=\frac{\phi^2 d}{2\rho v^2}\left(\rho g+\frac{\partial p}{\partial z}\right),\ Re=\frac{\rho d v}{\phi\mu} \tag{5-83}$$

式中，d 是特征尺寸，若为非固体材料为颗粒直径，若为固体材料为毛细管直径。

由图 5-6 可见，整个曲线可以大致分为三阶段：第一段在 $Re<5$，Re 和 f 呈线性关系，直线斜率为 -1，此段称为层流区。这是低雷诺系数时的流动情形，在此区内黏性力起主要作用，Darcy 定律适用；第二段 $5<Re<100$，称为过渡区，在该区前段，从黏性力其主要作用逐步过渡到惯性力其支配作用，但流动仍是层流，在该区后段流动逐渐变为湍流状态；第三阶段 $Re>100$，也称为湍流区，流动变成湍流。

经分析认为 Darcy 定律对雷诺系数的适用范围有个上限（也就是速度 v 有上限），上限值为 Re 约为 5，一般认为为 1~10。

2. 速度下限

前面讨论了 Darcy 定律适用范围的速度上限，实际上，在很低速度下 Darcy 定律也不适用，如在低速情况下，水出现 Bingham 流体的流变特性，即存在一个启动压力梯度或水力梯度 $(h_1-h_2)/L$。对水在黏土中流动，这个启动水力梯度可以大于 30。对于牛顿流体在低速或低压力梯度下出现类似非牛顿流体特性的机理，有多种不同说法。一种说法是流体与毛管壁之间存在着静摩擦力，压力梯度必须大到一定数值才能克服这种静摩擦力；另一种说法是颗粒表面存在着吸附水层，这种吸附水层阻碍着流体的启动。

3. 密度下限

已经观测到偏离 Darcy 定律的另一种情况是低压状态下也即低密度下的气流。当在相同的多孔介质中，用空气测定的渗透率比用液体测定的渗透率大。同样，在多孔介质中低压气流的流速要比用 Darcy 定律推算的流速大。在以 Darcy 定律为基础的层流理论中，曾假定由于流体内切力的存在因而固体壁面上流体的速度等于零，但在气流中情况与此相反，因为气体的分子与固体壁面没有密切接触，气体在固体壁面上可以具有一定非零速度。因此，当气体分子的平均自由程接近通道尺寸时，界面上的各个分子都将处于运动状态，且贡献一个附加通量，这种现象就称为滑流现象或 Klinkenberg 效应。

（五）非线性运动方程

自然界的地下水运动多数服从 Darcy 定律，但是在岩溶发育的碳酸盐岩地层中、抽水井井壁及泉水出口处附近，也可能见到 Darcy 定律不适用的、流速较大的地下水流。

对于不适用 Darcy 定律的地下水流虽然还没有一个被普遍接受的计算方程，但是比较常用的是 P. Forchheimer 公式，此公式在水文地质、化工过程中都有重要应用，如不考虑惯性项，其形式如下：

$$J=av+bv^2 \tag{5-84}$$

或

$$J=av+bv^m\ (1.6\leqslant m\leqslant 2) \tag{5-85}$$

式中，a，b 为由试验确定的常数。

上式第一项是线性阻力，它由地下水流过地层颗粒表面的线性摩擦阻力引起。第二项是非线性阻力，是地下水流过土颗粒表面，由于土颗粒不是流线型的，达到一定界限时，土中水流分离，脱离颗粒表面，有可能出现尾涡，这是非线性流态，会消耗更多能量。当 $a=0$ 时，式（5-84）变为：

$$v=K_c J^{1/2} \tag{5-86}$$

式（5-86）被称为 Chezy 公式，它类似于水力学中常用于计算管道水流和明渠均流的 Chezy 公式，表面渗透速率与水力梯度的 1/2 次方成正比，K_c 为该情况下的渗流系数。

五、多孔介质中溶质的运移过程

污染物在多孔介质中运移的基本理论一般分为四个方面：一是对流作用，即污染物在水流的带动下，向下游的运动；二是分子扩散，在浓度差或其他推动力的作用下，由于分子、原子等的热运动所引起的物质在空间的迁移现象；三是机械弥散，又称水力弥散，它是由于多孔介质骨架的存在，使得污染物的微观迁移速度无论大小还是方向都与平均水流速度不同而引起的污染物范围的扩散；四是水动力弥散，又称弥散迁移，一般将机械弥散和分子扩散合称水动力弥散。

（一）对流迁移

对流是指流体运动时把自己所含有的污染物一起从一个区域带到另一个区域，即空间位置的转移。多孔介质中的污染物会随着流体的运动而发生流动，这个过程就是对流迁移，简称对流，引起对流迁移的作用称为对流作用。对流引起的污染物迁移通量是污染物浓度和流体运动的函数，表示为：

$$F_a = u\varphi C \tag{5-87}$$

式中，F_a 是对流通量，为对流作用下单位时间垂直通过单位面积的污染物质量；φ 是孔隙率；C 是浓度；u 是流体运动的实际速度。

在污染物迁移分析中，习惯上使用实际速度 u 而不是渗流的 Darcy 速度 v。实际速度与渗流速度之间的关系为：

$$u=\frac{v}{\varphi} \tag{5-88}$$

对流作用是污染物在多孔介质中迁移的重要动力，只要有流体的流动，就会有对流作用的存在。在渗流性能好、水流速度快的含水层中，对流通常是污染物迁移的主要动力。在此条件下，可以根据对流情况近似估算污染物的迁移距离和范围，从而对污染的影响范围有一个比较直观的判断。

（二）扩散迁移

经典扩散模型认为流体系统内的所有离子或分子都在做随机运动，这种随机运动发生在某种溶解物质存在浓度梯度时，并最终导致该物质的流动通量或迁移。这种流体中的溶质从浓度较高的位置向浓度较低的位置运动的过程称为分子扩散，简称扩散（图 5-7）。只

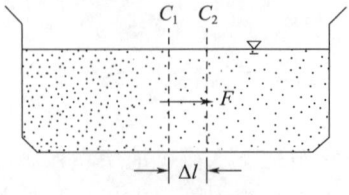

图 5-7 扩散作用

有流体中存在的物质的浓度梯度，分子扩散就会发生，即使流体是静止的也是如此。

扩散通量可以用 Fick 第一定律表示：

$$P_d = -D_d A \frac{C_2 - C_1}{\Delta l}, \quad F_d = -D_d \frac{C_2 - C_1}{\Delta l} \tag{5-89}$$

式中，P_d 是扩散量，为单位时间通过扩散断面 A 的物质质量，量纲是 MT^{-1}；D_d 是扩散系数，量纲是 L^2T^{-1}；$C_2 - C_1$ 是扩散距离 Δl 上的；F_d 是扩散通量，为在单位时间内垂直通过单位面积的物质质量，量纲是 $ML^{-2}T^{-1}$。负号表示溶质的迁移是从浓度较高的位置向浓度较低的位置进行的。

流体中离子的分子扩散系数很小，一般在 $10^{-10} \sim 10^{-9} \, \text{m}^3/\text{s}$ 的数量级上。各种离子的扩散系数几乎不随浓度的变化而变化，但与温度有关，5℃时的扩散系数只有 2～5℃的 50%。在多孔介质中溶质的分子扩散没有水中的快，因为溶质是在多孔介质的孔隙中扩散的，由于受到固体骨架的阻隔，物质需要更长的扩散距离。多孔介质中的分子扩散系数与纯液体中的分子扩散系数之间的关系可表达为：

$$D^* = \tau D_d \tag{5-90}$$

式中，D^* 是有效扩散系数，为多孔介质中的分子扩散系数；τ 是弯曲因子，为与介质弯曲度有关的参数，无量纲，$0 < \tau < 1$。

弯曲因子可以通过污染物在多孔介质中的扩散试验加以确定，其值通常为 0.56～0.80，典型值为 0.7。非扰动土柱试验获得的 τ 值为 0.01～0.5。

（三）机械弥散

除对流迁移和分子扩散之外，污染物在介质中迁移的另一重要机制是机械弥散。机械弥散是由于多孔介质孔隙和固体骨架的存在而造成流体的微观速度在孔隙中的分布无论是大小还是方向都不均一的现象。其中多孔介质除了具有微观尺度的不均匀性以外，宏观尺度的不均匀性也是造成机械弥散的一个因素。机械弥散既可以存在于层流状态，也可存在于紊流状态。Darcy 流速是在渗流假设条件下流体运动的宏观表示，是代表单元体上的平均值，但这并不表示流体在微观尺度上的流动真是如此。实际上，由于受到孔隙形状和大小的影响，流体在微观尺度上的运动是相当复杂的。在流速大小上，既可能高于代表性单元上的平均速度，也可能低于平均速度；在速度方向上，既可能与代表性单元体上的平均速度方向一致，也可能不一致，在一个代表性单元体上就可能有多种变化。流速的微观变化必然造成随流体运动的污染物的迁移变化，从而造成污染物在多孔介质中迁移的机械弥散现象。

如图 5-8 所示，机械弥散可以在微观尺度上归结为三种基本机制：①同一孔道中心速度大，如图 5-8（a）所示，由于受到流体与固体颗粒表面的摩擦阻力作用，当流体在孔隙中流动时，孔隙中心处的流速会大于边界处的流速；②不同孔道流速不一，如图 5-8（b）所示，由于较大孔道比较小孔道对流体运动的阻力小，流体在较大孔道中的流速会比在较小孔道中的流速大；③与平均流速方向不一，如图 5-8（c）所示，受到孔隙大小和形状的影响，流体在不同孔隙中的流动方向并不相同，从而使孔隙中的流速与平均流速方向不一。

机械弥散作用使污染物在沿着平均水流方向上的迁移距离更远，因为平均水流速度代表了孔隙通道中快速流和慢速流的平均值，而快速流携带污染物的迁移距离显然比平

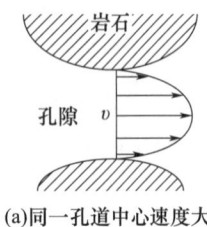
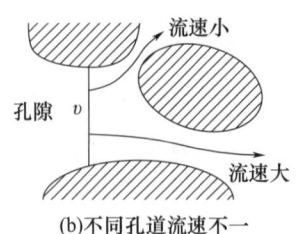
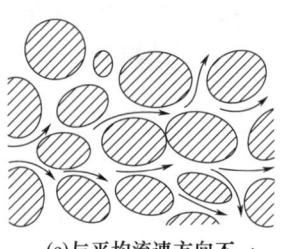

(a) 同一孔道中心速度大　　(b) 不同孔道流速不一　　(c) 与平均流速方向不一

图 5-8　机械弥散的基本机制

均速度迁移的距离远。机械弥散作用同样使污染物在垂直水流方向上的扩散范围不断增大，因为流体的微观尺度方向各异，偏离平均流速方向的流体携带污染物运动，造成了污染物迁移范围的横向扩散。把由于机械弥散作用而使污染物沿垂直平均水流方向上的扩散称为横向机械弥散；纵向机械弥散作用使污染物的迁移速度比平均水流速度有快有慢，从而形成沿流动方向的污染范围扩散；横向机械弥散作用则形成污染范围的横向扩散。

机械弥散作用产生的污染物迁移通量同样可以用 Fick 定律表示：

$$F_m = -D' \frac{dC}{dl} \tag{5-91}$$

式中，D' 是机械弥散系数，量纲是 $L^2 T^{-1}$；F_m 是机械弥散通量，为通过机械弥散作用在单位时间内垂直通过单位面积的污染物质量。

式（5-91）表明，机械弥散通量与浓度梯度成正比，比例系数为机械弥散系数。

污染物在介质中的机械弥散能力不仅与介质的性质有关，而且与流体的流动速度有关。将机械弥散系数 D' 定义为多孔介质弥散度 α 与水平速度 u 的乘积：

$$D'_L = \alpha_L |u| \tag{5-92}$$

$$D'_T = \alpha_T |u| \tag{5-93}$$

式中，D'_L 和 D'_T 分别为纵向和横向机械弥散系数，量纲是 $T^2 L^{-1}$；α_L 和 α_T 分别为多孔介质的纵向和横向弥散度；$|u|$ 为实际流速的绝对值。

弥散度 α 是度量介质机械弥散能力的重要参数通常，均质介质的弥散度小，而非均质介质的弥散度大。试验测得的纵向弥散度一般为 $\alpha_L = 0.1 \text{cm} \sim 5.0 \text{m}$，典型值为 $0.1 \sim 1.0 \text{m}$；野外条件下的 α_L 通常要比实验室测定结果大 $2 \sim 4$ 个数量级。横向弥散度通常为 $\alpha_T = 0.1 \sim 0.3 \alpha_L$。纵向弥散度与横向弥散度的比值 $\frac{\alpha_L}{\alpha_T}$ 控制着多孔介质中污染区域的形态，比值越小，污染区的宽度越大，反之越小。

（四）水动力弥散

在流体携带污染物的迁移过程中，机械弥散和分子扩散往往同时发生，两者在土壤中都会引起溶质浓度的混合和分散，而且微观流速不易测定，弥散与扩散结果不易区分，所以在实际应用中常将两者联合起来，将机械弥散和分子扩散合称为水动力弥散，有时也称为对流弥散。

表达式用水动力弥散系数 D 综合表示机械弥散和分子扩散系数，即有：

$$D = D' + D^* \tag{5-94}$$

$$D_L = D'_L + D^* = \alpha_L |u| + D^* \tag{5-95}$$
$$D_T = D'_T + D^* = \alpha_T |u| + D^* \tag{5-96}$$

式中，D_L是纵向水动力弥散系数，简称纵横向弥散系数，量纲 L^2T^{-1}；D_T是横向水动力弥散系数，简称横向弥散系数，量纲是 L^2T^{-1}。

污染物的水动力弥散同样可以用 Fick 定律表示：

$$F = -D\frac{dC}{dl} \tag{5-97}$$

式中，F 是水动力弥散通量，量纲是 $ML^{-2}T^{-1}$；D 是水动力弥散系数，简称弥散系数，量纲是 L^2T^{-1}。

水动力弥散包括了机械弥散和分子扩散两部分。在进行污染物水动力弥散计算时，可以将两者合并，也可以分开。由于污染物的分子扩散本身就较弱，又受到介质骨架的阻挡，在流体运动速度不是非常缓慢的情况下，分子扩散系数远小于机械弥散系数，基于 $D^* \ll D'$，从而可以忽略。此时，$D = D'$。在介质的渗透性很差或流体运动速度非常缓慢的情况下，分子扩散作用的比例将明显增大而不应忽略。

污染物迁移过程中机械弥散和分子扩散的相对贡献可用 Peclet 数表示，Peclet 数有多种表示形式，通常表示为：

$$Pe = \frac{uL}{D_L} \tag{5-98}$$

式中，Pe 是 Peclet 数，无量纲数；u 为实际速度，量纲是 LT^{-1}；L 是特征长度，量纲是 L；D_L 是纵向水动力弥散系数，量纲是 L^2T^{-1}。

为了研究弥散系数与速度分布和分子扩散之间的关系，研究者曾做过大量的试验，得到了 Peclet 数和无量纲数 D_L/D_d 间的关系曲线，如图（5-9）所示。有关横向弥散的试验得到了和纵向弥散类似的结果。按这条曲线的变化情况，可大致分为五个区。

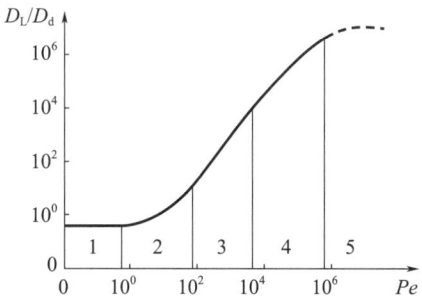

图 5-9 Peclet 数和无量纲数 D_L/D_d 间的关系曲线

第 1 区，在这个区中主要是分子扩散，对应于曲线上 D_L/D_d 接近常数的水平。由于流速非常小，机械弥散可忽略不计，这时 $D_L = D_d\tau$。借助于渗流流速 $V = 0$ 的试验可求得相应的 D_L，从而定出 τ 的值。在此区域段，扩散作用占主导地位，弥散作用可以忽略不计。

第 2 区，对应的 Peclet 数为 0.4～5，曲线开始向上弯曲，此时机械弥散和分子扩散大到相同的数量级。因此，应当研究二者的和。

第 3 区，在这一区中，物质的运移主要是由机械弥散和横向的分子扩散相结合产生的，横向扩散的作用使纵向的物质运输减少，纵向弥散系数与平均速度的 1～1.2 次方成正比。

第 4 区,在这一区中主要是机械弥散,对应图中的直线部分。分子扩散的作用可以忽略不计,流动速度未达到偏离 Darcy 定律的程度,纵向弥散系数与平均速度成正比。

第 5 区,属于纯粹的机械弥散,对应图中曲线斜率变小的部分。分子扩散的作用被忽略。但是由于流动速度的增大,使得惯性力和紊动的影响不可忽略,它们的作用会造成纵向物质输运的减少。

(五) 多孔介质中溶质运移的理想模型

在研究复杂系统中的现象时,最有效的工具之一是理想模型法。下面将简单介绍和描述多孔介质中溶质运移的几种理想模型。通过研究理想模型可以使得对弥散的机理和各种参数有更为深入的了解。

理想模型法是对复杂实际系统的一种简化处理方法,即用某些假象的、能够进行数学处理的、比较简单的系统来代替难以进行数学处理的复杂实际系统。通过对假象系统,即对理想模型的数学分析,揭示出系统中各个变量直接的相互关系,并用物理定律或数学方程的形式确切地表达出来。对于同一个系统或现象,可以有许多种不同的简化方式,也就是说存在许多不同的理想模型。不同的模型中往往包含着不同的参数,可导出不同的结果。因此,理想模型的正确性必须通过试验来验证。在建立理想模型时,一方面要注意使模型尽量简单,忽略各种相对次要的因素,以便于进行数学处理;另一方面要抓住实际系统或现象中最本质的属性,把它反映到理想模型中以避免理想模型的严重失真。

建立理想模型通常包括三个步骤。

(1) 设计模型。把实际的复杂现象或系统简化到能够进行数学处理的程序,同时保留所研究现象的基本特征。

(2) 分析模型。对已设计的理想模型进行分析,推导出所研究现象的数学关系式,即定律。

(3) 检验模型。在实验室进行控制试验或在现场对现象进行观察,以检验所得定律的正确性,并确定其中的数值系数。

在应用理想模型研究气体运动、流体运动、热传导、分子扩散等现象时,由于实际上多孔介质中发生的溶质运移过程非常复杂,不可能在微观水平上对它进行精确的数学处理,因此就需要用某种大大简化了的但仍能保留弥散现象基本特征的理想模型来代替它。例如,把多孔介质设想为相互连通的毛管系统,把流体质点在多孔介质中的运动设想为微观的随机游动等,对这些简化了的模型就有可能进行精确的数学描述。包括 Darcy 定律、Fick 定律以及各种守恒定律均可在理想模型的基础上用数学方法推导出来,并能揭示出各个参数之间的内在联系,然后通过室内或现场试验确定出这些定律中出现的各种系数。

研究多孔介质中溶质运移的理想模型大致可以分为三类:第一类是几何模型;第二类是统计模型;第三类是前两者的集合,称为统计几何模型。下面将简单介绍一下几何模型和统计模型。

1. 几何模型

几何模型是最早用来研究水盐运动的模型,该模型是对突发溶质运移过程进行充分简化而建立的。几何模型分为活塞流渗漏模型、单毛管理论模型、毛管束模型。

（1）活塞流渗漏模型。活塞硫渗漏模型是由土壤中水分运动活塞流模型发展而来，是理想化的溶质运移物理模型之一。其基本假定为：①土壤孔隙是一个直径为 D 的圆形直管；②溶质和水以同一流速 v 流动，不考虑流速分布和土壤与溶质的反应；③不考虑分子扩散作用；④不考虑土体结构变化。

该模型基于一种溶液向下渗入，就像活塞在冷缸中运动一样，将土壤孔隙中另一种溶剂挤走的假定。

（2）单毛管理论模型。单毛管理论也称为管流理论。将活塞模型中沿横断面的流速分布假定为层流就成为单毛管模型。

（3）毛管束模型。毛管束模型根据土壤水分特征曲线，把土壤看作一系列粗细不等的毛管成为毛管束的组合体。该模型的假定为：①土壤由一系列粗细不等的毛管组成，用管径分布来反映土壤水分特征；②溶质在土壤中迁移主要是对流，分子扩散作用很弱，不可忽略不计；③土壤中水分为可动水和不动水两部分，二者之间质量交换处于瞬时平衡状态；④土壤结构不发生变化。

毛管束模型是最简单的几何模型。Taylor 研究了在半径为 R 的直毛管中，用一种流体被另一种与它可混溶的流体所驱替的情形。证明在管中由于纵向对流和径向分子扩散两种作用而形成的弥散过程，满足 Fick 分子扩散定律，扩散系数如下：

$$D'_L = (R^2/48D_d) |u|^2 \tag{5-99}$$

这种简单的毛管模型已被推广到具有不同直径的毛管束的试验中，试验证实所产生的弥散既依赖每个管中抛物线型速度分布，又依赖所有管中的平均速度分布。

Bear 在研究一维弥散提出的多孔介质模型，是由一串彼此用短通道联系起来的小单位构成的。当具有一定示踪剂浓度的流体进入被浓度不同的流体所占的单元时，前者驱替了其中一部分，同时单元里剩下的流体立即混合起来形成一种新的均质流体，称为理想混合器。利用这一模型可以导出如式（5-94）所示的弥散系数。从式（5-94）中可看出弥散系数与平均速度的一次方成正比。从上可以发现，由两种不同模型得出式（5-100）和式（5-95）是不相同的，前者表明纵向弥散系数与平均速度的平方成正比，而后者却是线性关系。它们的正确性需要通过试验来检验。

用几何模型来描述多孔介质中的复杂现象是困难的。模型过于复杂，就难以建立起描述这些现象的数学关系式；反之模型过于简单，又不能充分反映现象的本质。例如，上述的毛管束模型和理想混合器模型都没有把十分重要的横向弥散现象包括在内。

2. 统计模型

随着计算机的计算和存储能力的提高，统计模型引起人们越来越多的关注，一些基于统计分析的三维孔隙模型相继出现，与真实孔隙结构相似，这些模型具有很好的几何相似性。

在研究多孔介质中溶质运移现象时，使用统计方法的根据是示踪剂质点的运动带有一定的随机性。不仅示踪剂质点运动的分子扩散是随机的，而且多孔介质孔隙通道的出现也是随机的。后者使得机械弥散也带有随机性。因此，不可能精准地预测个别示踪剂质点的运动。但在建立了统计模型以后，就能够根据统计规律预测大量示踪剂质点运动的平均结果。

随机函数模型认为当溶质从某一点进入多孔介质中时，由于各种随机因素的影响，溶质质点不能完全按照原来的流向轨迹运动，从而发生偏离；另外，溶质质点在介质孔隙中的运动虽然在主体存在着沿流向运动的趋势，但在运动的时间和方向上存在着随机趋势。

用于描述弥散现象最简单的统计模型是一维随机游动模型。在这一模型中，一个质点沿直线移动多步，每一步长都相等，每一步的方向按相同的概率 $1/2$，可能向前走也可能向后走。它在 N 个位移后到达点 M 的概率为 $P(M, N)$，服从伯努利分布。由此能够推出纵向弥散系数与平均速度成正比的结论。

Scheidegger 也研究了随机游动理论，以及把它推广到了三维情形。从这一模型出发可以推导出，在 $t=0$ 时，从同一个点旁边出发的大量示踪剂质点，将围绕其中心呈正态分布，而其中心则以流动的平均速度运动着。这一形态隐含着弥散系数在各个方向上都相对的结论。但事实上示踪剂的传播不是各向同性的，也就是说，尽管介质是各向同性的，但纵向弥散一般不同于横向弥散。因此，Scheidegger 的模型没有反映出弥散系数的张量本性。

Saffman 提出的模型能够解释纵向弥散大于横向弥散的事实。Saffman 的模型由随机分布和随机定性的直圆管所构成，等价于一个在统计上均质且各向同性的多孔介质。管径和管长与孔隙大小的尺寸相当。在这一模型中，Saffman 不仅考虑了机械弥散，同时还研究了弥散与分子扩散之间的关系。试验表明由统计模型给出的这些关系式与试验结果基本相符。

鞠杨等通过砂岩 CT 扫描试验获取岩石孔隙的几何信息和统计分布特征后，尝试利用蒙特卡罗方法和随机数生成算法，通过自编程序和 FLAC 重建了一个具有相同孔隙统计特征和概率密度函数的岩石三维孔隙结构模型。研究得到各层孔隙的中心十分接近于圆形截面中心，孔隙数沿圆周近似于均匀分布；孔隙间距符合高斯正态分布；孔隙孔径由小到大其密度呈指数递减规律；并给出了各自分布的统计参数和概率密度函数等。

总之，借助理想模型可以导出多孔介质中有关渗流和弥散的所有基本方程，及其方程中的系数与基本的介质参数、流体参数和流动参数之间的关系。然而这些关系最终都要靠试验来检验和验证，参数的数值也要靠试验来确定。

六、污染物迁移的数值模拟

（一）模型的建立

制定地下水流或溶质迁移模型过程中，首先是开发一个可控制被分析系统行为的，由描述物理、化学和生物反应过程组成的概念模型；其次是把概念模型转换成数学模型，即一个偏微分方程组和一组相关的辅助边界条件；最后可以利用解析法和数值方法求得方程组的解。

在过去的十几年里，由于对地表以下流量和质量迁移的定量估算需要，地下水流动和传输模型领域有了长足的发展。关于地下水建模科学有很多相关文章和书籍，其中 Anderson 等提出了建模方案，可概括如下。

1. 确定建模的目标

一般情况这个问题可以归为以下三大类。

（1）从研究的角度上讲，建模的目的是检验假设，保证其与基本原理和观测结果一致，并量化主要的控制过程。

（2）一般用于污染物的责任认定或估计人群对污染物的暴露。对污染物的迁移历程进行重建，确定某件事的发生时间或某地区达到污染水平的时间。

（3）在当前条件或有工程干涉污染源或改变水流体系条件下计算污染物分布走向。

2. 概念模型的建立

在建模过程中，关键的步骤是用公式表示被模拟系统。概念模拟是在地下水流动和传输体系的图形表达，往往是一个框图或截面的形式。概念模型的本质是决定数值模型的维度和网络的设计。

建立模型需要大量的现场资料作为输入数据和进行模型校正，由测量误差和自然环境变化引起的现场数据的不确定性转化成参数估计的不确定性，进一步影响到模型预测结果的准确性。描述一个流量或迁移的概念模型，根据被模拟问题的性质，需要以下的一个或多个步骤。确定水文地质特征的重要性。概念模型可以将几个地层结合起来形成一个整体或将一个单一地层分为多个含水层和隔水单元。确定系统中流动体系及水流的源和汇。水源或流入量包括地下水渗透、地表水体补给，或者人工回灌地下水。汇流或流出量包括泉涌量、流向溪河的底流、蒸发量和泵抽量。确定流动体系包括确定地下水流方向和不同模拟含水层的相互水文作用。确定系统中的迁移体系和化学物质的源和汇。概念模型必须包括对不同时间的化学物质源浓度、溢流的质量或体积以及影响这些化学物质化学和生物过程的描述。

3. 选择计算程序

选择计算程序的关键在于使用适宜的迁移求解方法。Kinzelbach 和 Moltyaner 等详细比较了迁移计算程序的不同解法求解相同迁移问题的结果。下面总结各种方法的相对特征：若能进行充分的空间离散，无论是常规的优先差分法还是有限元程序中的欧拉法都比其他方法更好。模型网格及不规则或扭曲的情况，粒子追踪法的精度会受影响，因此这种情况下标准有限差分或有限元计算程序更适用。拉格朗日类的计算程序中，随机游走计算程序会导致模拟得出的浓度分布极其不规则，而且对求解时使用的粒子数目很敏感，这会导致模拟结果的解释和敏感分析难度加大。

4. 建立污染物迁移模型

概念建模完成后，还需要加入控制方程、设计网格、时间参数、边界条件和初始条件，以及模型参数的形成估算。

（1）控制方程

建立污染物模型首先要解决的就是控制方程。这一点是非常重要的，尤其当模型设计者应用一个商业模型时。对于三维饱和地下水流，控制方程为：

$$\frac{\partial}{\partial x}\left(k_x \frac{\partial h}{\partial x}\right)+\frac{\partial}{\partial y}\left(k_y \frac{\partial h}{\partial y}\right)+\frac{\partial}{\partial z}\left(k_z \frac{\partial h}{\partial z}\right)=s_z \frac{\partial h}{\partial t}+w^* \qquad (5-100)$$

式中，h 是水头；k_x、k_y、k_z 分别为水压在 x、y、z 方向上的传导率；s 是储水率；t 是时间；w^* 是一个普遍的源/汇表达量。

不饱和地下水的三维水流方程，控制方程为：

$$\frac{\partial}{\partial x}\left(k_x(\psi)\frac{\partial \psi}{\partial x}\right)+\frac{\partial}{\partial y}\left(k_y(\psi)\frac{\partial \psi}{\partial y}\right)+\frac{\partial}{\partial z}\left(k_z(\psi)\frac{\partial \psi}{\partial z}\right)=c(\psi)\frac{\partial \psi}{\partial t}\pm Q \qquad (5-101)$$

式中，ψ 是压力水头；$k_x(\psi)$、$k_y(\psi)$、$k_z(\psi)$ 分别是 x、y、z 方向上的水压传导率；$c(\psi)$ 是具体湿度；Q 是单位体积内源或汇的容积流量。

溶质在渗流区的三维迁移方程为：

$$D_x \frac{\partial^2 c}{\partial x^2} + D_y \frac{\partial^2 c}{\partial y^2} + D_z \frac{\partial^2 c}{\partial z^2} - \frac{\partial(CV_x)}{\partial x} - \frac{\partial(CV_y)}{\partial y} - \frac{\partial(CV_z)}{\partial z} \pm \sum k R_k = \frac{\partial C}{\partial t} \quad (5-102)$$

式中，C 是化学物质浓度；V 是渗流速度；D_x、D_y、D_z 分别为 x、y、z 方向上的分散系数；t 是时间；R_k 是增加速率或因化学和生物反应而去除溶质的速率。

(2) 离散化

离散化就是将连续问题的解用一组离散要素来表征近似求解的方法。在数值模型中，用离散模拟域代替求解区域，可认为是一个由单元、组块或元素组成的网格。数值模型的设立与怎样设计网格系统有关，如网格中需要多少单元？网格尺寸多大？网格离散化会对模型的结果产生怎样的影响？等等。

一般来说，网格应该在被模拟的地图上绘制。最好使网格水平面成一行，使 x 和 y 分别与 k_x 和 k_y 在一条直线上。模型的竖轴若存在，则应该与 k_z 成一行。网格设计中的关键性步骤是选择被使用的单元和元素的尺寸，网格的设计取决于很多因素，如系统的物理边界大小，使用有限差分或有限元，物理模型的应用局限性，运行的时间以及相关计算机的费用，计算机的数据处理能力。空间离散也可能影响模型结果。

时间是另一个需要离散化处理的参数。大多数数值模型通过将总时间细分为小的时间间隔 Δt 来计算，从而得出时间 t 处的结果。一般来说，将时间间隔划分得越细越好，但时间间隔越细，计算成本和计算时间就会越来越多。而且，不同的模型对时间间隔的要求也不同。如果划分的时间间隔过大，模型计算过程就会出现数值不稳定情况，从而产生不符合实际的振荡解。一般可以采取在不同的时间间隔下，对模拟结果的灵敏度进行测试。

(3) 维度

在用离散法处理问题时，维度是不得不考虑的一个问题。例如，在选择维度的数量时，如果一维模型足以达到建模的目的，是否还有必要制作二维或者三维模型？如果解析模型就能提供所需答案，是否还有必要使用数值模型？一般的基本经验法则是简单化，能够用简单的处理方式，就用简单的处理方式，避免简单问题复杂化，增加求解难度。

(4) 边界条件和初始条件

边界条件和初始条边界条件是模型中控制研究对象之间平面、表面或交界面特性的条件，由此确定跨越不连续边界处场的性质。初始条件就是在初始时刻运动应该满足的初始状态，包含运动及其各阶段导数的初值，即零时刻的条件。当用控制方程来描述一个具体的物理系统时，一个 n 阶微分方程的通解包括 n 个独立的函数或任意常数，为了确定一个给定的物理问题，必须指明常量的值或函数形式，因此需要初始条件和边界条件。一般情况，沿着被模拟系统的边界，边界条件指定了因变量的一阶导数。

在模型设计过程中，正确选择边界条件是极其重要的一步，不同边界条件有可能导致不同的结果。

有时候不可能直接将物理边界设为模型边界，往往根据水文资质条件设置模型边界，此时若边界条件与天然含水层的物理边界不吻合，更增加了模型的不确定性。在水文水利环境变化时，水力边界条件也会随着发生变化，其位置发生改变或消失。

水文地质边界可以由以下三种类型的数学公式来表述：指定水头边界，指定流量边界和基于水头的边界。

1）指定水头边界：是指在相关边界点水头为定值。

$$H(x, y, z) = H_0 \tag{5-103}$$

式中，$H(x, y, z)$ 是指坐标系中点 (x, y, z) 处的水头；H_0 是指定的水头值，一般来说指定水头边界常用于表达边界处供水充足。

一般情况下，当地下水与地表水有直接的水力联系，可以将河流或者湖泊作为第一类边界来处理。但是，如果地表水与地下水有水力联系，但是在它们之间存在一些粉砂、黏土或者人工防渗装置等，使得地下水和地表水的直接水力联系受损，此时就不能作为一般边界条件来处理。

2）指定边界上的浓度梯度：由式（5-104）来确定。

$$q_x = \frac{\partial H}{\partial x} = C \tag{5-104}$$

式中，C 为常数。

指定流量边界是在相关边界处水头的导数为定值。五流量边界是特殊的一种指定流量边界，其将指定流量设定为零，多代表不透水的边界。

3）同时指定边界浓度与边界的浓度梯度。对这种类型的边界来说，穿越边界的流量由给定边界水头值计算得出：

$$\frac{\partial H}{\partial x} + aH = C \tag{5-105}$$

式中，a 和 C 为常数。例如，流入或流出河流的渗漏量可以使用这种边界条件来模拟。

上述用来描述水流的边界条件也可以通过加入污染物的浓度表达，用以描述污染物迁移的边界条件。例如，一个指定水头边界可以用来描述一个污染源以某特定浓度释放化学物质进入含水层。同样，流量边界可以用来模拟穿越边界的污染物流量。

（5）源与汇

源与汇能够表示水流或者物质进入或者离开体系的方式。在地下水流动系统中，补给区称为源，排泄区称为汇。地下水从补给区向排泄区的运动，由连接源与汇的流面反映出来。

源和汇大致可以分为内部的和外部的两类：一种是外部的，既是通过边界，可以由边界条件确定；另一种是通过网络内的源和汇，如井、排水沟、地表水体补给等。而对污染物迁移研究来说，内部的源和汇也可以用来表示吸附、降解、反应等过程。

5. 校准设计模型

校准指确定一组模型输入参数的过程，这些参数接近于实地测量水头，流量或浓度，有时还包括初始和边界条件。校准的是建立可重复模拟未知变量实测值的模型。在正式校准之前或之后采用敏感分析可以用于评估数值模型对某个输入参数的敏感性。

6. 预测模型结果不确定性的影响及数值模型的准确度

模型计算获得地下水流动和污染物迁移结果后，必须对建模方法造成的误差进行评估。模拟误差有两种类型：计算误差与校正误差。计算误差是由求解控制方程数值近似程序或者误差累积造成的。该误差可以采用连续性方程或质量守恒定律来进行估计；校正误差是由参数估算中的模型假设和局限性造成的，可以通过比较模型的预测值与观测值或试验值而获得。

（二）数值方法

所有为 $L(u)=f$ 形式的偏微分方程都可以分类为椭圆形、抛物线形和双曲线形。偏微分方程可写成：

$$a\frac{\partial^2 u}{\partial x^2}+2b\frac{\partial^2 u}{\partial x \partial y}+c\frac{\partial^2 u}{\partial y^2}=F\left(x,\ y,\ u,\ \frac{\partial u}{\partial x},\ \frac{\partial u}{\partial y}\right) \tag{5-106}$$

式中，a，b，c 仅为 x 和 y 的函数，且如果 F 为线性的则该方程可分类为线性的。偏微分方程可以认为是：

双曲线形，当 $b^2-ac>0$；

抛物线形，当 $b^2-ac=0$；

椭圆形，当 $b^2-ac<0$。

求解对流扩散方程的数值方法主要是有限差分法、有限元法、有限体积法、有限解析法、边界元法、谱方法等多种方法。对于对流占优问题，用常规差分法或有限元法进行求解将会出现数值振荡现象，为此需要对求解方法进行改进。

为了克服数值振荡，20 世纪 80 年代，Douglas 等提出特征修正技术求解对流扩散占优的对流扩散问题，与其他方法相结合，提出了特征有限元方法、特征有限差分方法、特征混合元方法；Hughes 和 Brooks 提出过一种沿流线方向附加人工黏性的间断有限元法，称为流线扩散法。有限差分法、有限元法、有限体积法是工程应用中的主要方法。

求解对流-弥散方程的数值方法可以归类为欧拉法、拉格朗日法以及混合欧拉-拉格朗日法。欧拉法是在固定的空间各点上求解迁移方程。求解方法主要包括有限差分法和有限元法。欧拉法用在水流模拟中效果比较好，其优点在于有固定的网格，通常满足质量守恒定律，并可以精确、高效地处理以弥散为主的问题。但对于以对流为主的问题时，欧拉法容易引起过大的数值弥散和数值振荡。通过选用足够精细的空间网络和较小的时间步长可以控制此类误差，但是由此产生的庞大的计算量阻碍了此方法在野外问题中的应用。拉格朗日法不能用于直接求解溶质迁移偏微分方程。该方法是用大量的运动粒子来近似表示对流和弥散，并能够准确而高效地求解以对流为主的问题，能切实地消除数值弥散。但该方法由于缺少固定模拟网络和固定坐标系，会引起数值的不稳定和计算困难。混合欧拉-拉格朗日法结合欧拉法和拉格朗日法的优点，用拉格朗日的方法求解对流项，用欧拉法处理弥散及其他项。

二维的水流或污染物迁移方程的数值解法最多，而且在技术上最常用。这些解法通常都会比解析法灵活。通常的解决方法是将流场分解成小单元，通过网络时间 t 上的参数值之间的差分来近似求解控制性偏微分方程，然后预测时间 $t+\Delta t$ 处的新值。

1. 有限差分法

有限差分法又称差分法，是将求解微分方程问题转化为求解差分方程的一种数值解法，也是一种广泛用于水流和污染物迁移模拟的数值方法。基本思想是把连续的定解区域上的连续变量的函数用在网络上定义的离散变量函数来近似；把原方程和定解条件中的微商用差商来近似，积分用所有微小的积分之和来近似，于是原微分方程和定解条件就近似地代之以代数方程组，即有限差分方程组。解此方程组就可以得到原问题在离散点上的近似解。然后再利用差值方法便可以从离散解得到定解问题在整个区域上的近似解。

在采用数值计算方法求解偏微分方程时，若将每一处导数由有限差分近似公式替代，从而把求解偏微分方程的问题转换成求解代数方程的问题，即有限差分法。有限差分法求解偏微分方程的步骤如下：区域离散化，即把所给偏微分方程的求解区域细分成由有限网格点组成的网格；近似取代，即采用有限差分公式替代一个格点的导数；逼近求解，这一过程可以看作用一个插值多项式及其微分来代替微分方程的解。

以前的有限差分是通过将空间沿着坐标轴划分成直线单元来模拟。每个单元内的相似值都可以由单一节点处的值表示。偏微分可由差分近似求得，所产生的方程组可通过迭代进行求解。近似微分需忽略剩余项，从而导致截断误差。有限差分模型已经发展到可以适用于实地各种情况，包括饱和流动和不饱和流动，以及具有暂时和持续污染源的情况。该方法的主要缺点是在近似偏微分方程时，带来很明显的截断误差。

最早的有限差分计算程序是由 Intercomp 公司于 1976 年为美国地质调查局废物注射项目开发的 SWIP 计算程序。该程序可以模拟三维各向异性且非均质中的污染物迁移过程。此后由 SWIP 又衍生出众多程序包括 HSY3D 计算程序、SWENT 计算程序、SWIFT 计算程序等。其中 HST3D 是用来模拟地下水流动和饱和条件下伴随热量传递和溶解过程三维流动体系的程序。SWIFT 程序依次被 SWIFT II 计算程序和 SWIFT/386 计算程序所代替。所有这些程序都能够被用来求解密度变化与温度变化条件下的溶质迁移的耦合问题。但是在计算上要求很高。由美国地质调查局开发的与 VS2D 配合使用，后者也是 USGS 开发的二维有限差分水流计算程序，用来处理各种条件下的水流问题。FTWORK 计算程序是三维有限差分计算程序，可用来模拟水流和溶质迁移问题。该程序的一个派生程序是 MODFLOWT，它是 MODFLOW 计算程序的一个迁移程序模块。

2. 有限元法

有限元法在早期是以变分原理为基础发展起来的，所以它广泛地应用于以拉普拉斯方程和泊松方程所描述的各类物理场中。其基本原理是，将连续的求解域离散为一组单元的组合体，用在每个单元内假设的近似函数来分片表示求解域离散为一组单元的组合体，用在每个单元内假设的近似函数来分片表示求解域上待求的未知场函数，近似函数通常由未知场函数及其导数在单元各节点的数值插值函数来表达，从而使一个连续的无限自由度问题变成离散的有限自由度问题。随着电子计算机技术的飞速发展，有限元法已成为解决复杂水文地质渗流问题的有效方法。有限元法将研究区域离散成有限数目的区域单元，对每个单元通过变分等方法把微分方程转化成有限元方程，然而结合初始和边界条件，求解线性方程组得到数值解。

在处理地下水问题时，有限元法是将流场分解为单元来进行模拟，但在这种情况下的单元可能在大小和形状上会有所不同。对于一个三角单元来说，其几何性质可以由已经计算出的三个水头和浓度节点来表示。一个单元内的水头或浓度值会随与这些节点距离的不同而成比例变化。有时会采用复杂的内插法来准确预测单元内的参数值，从而减小在有限差分程序中常见的截断误差。单元的大小和形状变化，因此在分析移动边界问题时有更大的灵活性。有限元法的缺点是需要有正规的数学训练来正确理解计算程序，且通常需要较高的计算成本。

常用的有限元计算程序有：SUTRA 是二维迁移计算程序，该程序可以处理饱和度变化的流场中变密度条件下的迁移问题。SEFTRAN 是二维有限元程序，模拟各向异性多孔介质中的瞬时流动，热和溶质的迁移。SWIFT 针对横断面问题的有限元程序，模拟盐和淡水的瞬时水平以及均质含水层界面尖锥的分析。FEMWASTE 是采用四边形单元的二维迁移计算程序，能模拟各向异性的多孔介质中溶液物质以及某指定流速流动的区域或横断面迁移。最新版的 FEMWASTE 计算程序是三维有限元计算程序，能够处理饱和度变化的流场中变密度条件下的迁移问题。Princeton 迁移程序也是一个三维计算程序，该程序在水平方向上用有限元法，在垂直方向上用有限差分法。MOTIF 可以模拟断裂多孔介质中的一维、二维和三维饱和或未饱和地下水流、热迁移和溶质迁移；利于从断口到岩石基质的单一物种放射性核素的迁移和溶质扩散。FE3DGW 是暂态或稳态的有限元三维程序，模拟大的多层地下水流域中的水流。另外，还有一种常用的三维有限元程序是 CFEST，该程序可以耦合孔隙或裂隙介质中的水流、溶质迁移和热传输模型。

3. 特征法

特征法以混合欧拉-拉格朗日法为基础，是有限差分法的变型，特别适用于解决双曲线方程。MOC 实际是一种在固定网络上运用拉格朗日观点求溶解质运移问题的方法。其中对流项的数值求解是最困难的，因此对其求解是克服数值弥散和人工振荡的关键。我们知道，数值弥散随流速的增加而增加，当对流-弥散方程中的对流项占主要地位时，数值弥散的影响就变得十分显著。此时对流-弥散方程的性质相当于忽略了弥散项的纯对流方程，即接近于一阶双曲线方程，这使我们想到使用解双曲线方程的特征值方法求解对流弥散方程。

特征法最早是 1964 年 Garder 等应用此方法求解模拟地下水易混合化合物的迁移，在差分网络上布置运动质点，通过沿特征线追踪质点，求出对流部分的贡献，然后将运动质点浓度的分布映射到网格节点上，再通过一般的有限差分法求解弥散部分的贡献，从而得出网格节点上最终浓度分布，这种方法即 MOC。该方法能有效地减少数值弥散，其概念简单，能处理各种复杂条件。1970 年，Pinder 和 Cooper 及 Reddell 和 Sunada 曾用该方法来求解地下水水文学中浓度而定的迁移方程。随后特征法被广泛用来模拟地表以下污染物迁移。此后 1978 年，水质模拟的早期研究者 Konikow 和 Bredehoeft 实现了二维溶质迁移过程模拟，并发展成二维溶质运移模拟软件 MOC，被美国地质调查局推广应用。特征法处理以平推流输送占主导的溶质迁移问题是非常成功的。该方法最常用的是在整个流场中追踪理想化质点。特征法解决问题的思路是：第一步，质点和其相应的污染物随着水流速度迁移一段距离；第二步，加上横向和纵向的分散作用。该程序在计算上效率很高，而且可以将数值离散问题最小化。

4. 修正特征法（MMOC）

20 世纪 80 年代，美国著名计算数学家 J. Douglas 等提出了修正特征方法（简称 MMOC），使用 MMOC 求解对流占优的扩散问题，很大程度上消除了传统方法导致的数值振荡和数值弥散等不足，可用于大步长大规模数值计算，成功应用于诸如油藏模拟、海水入侵等问题。修正特征法与特征法相似，只是在对流项的处理方法上有所不同，该方法准确地近似对流项而不会很大程度损失计算效率。MMOC是一种基于特征线的时间步长方法，其核心是将时间导数与对流项合并成沿特征方向的方向导数。与标准时间步长方法相比，MMOC在相同精度下容许更大的时间步长并且能够消除过多的非物理振荡和数值弥散。但可惜的是，特征方法也存在自身不足，尤其是它不能保持物理问题所固有的质量守恒特性。为了消除MMOC中的质量平衡误差，Douglas等提出了MMOC的一个变形——MMOCAA（调整对流的修正特征方法），通过在特征点施加高阶扰动，MMOCAA不仅保持了所期望的守恒，而且也保持了MMOC概念上和计算上的优势。

5. 混合特征法

MOC和MMOC两种方法都可以用来求解混合欧拉-拉格朗日方程。具体选择需要考虑到野外的条件以及计算资源大小等因素，这是因为MOC需要更大的内存和更长的运行时间。如果将两种方法进行混合便形成了混合特征法（HMOC）。周义鹏等介绍了基于粒子示踪的MOC和HMOC法能有效地解决对流占优时的数值弥散问题，但不能保证每一时刻进出单元的质量守恒。

（三）模拟软件及其模块

目前，较流行的地下水数值模拟软件有Visual MODFIOW、基于有限元原理的FE-FLOW和基于有限差分原理的GMS。

1. Visual MODFLOW

Visual是目前国际上最盛行被各国同行一致认可的三维地下水流和溶质运移模拟评价的标准可视化专业软件系统。该系统是由加拿大Waterloo Hydrogeologic Inc. 在MODFLOW软件基础上，应用现代可视化技术开发研制的，1994年8月首次在国际上公开发行高度集成的软件包，包括了用于地下水流模拟的MODFLOW、粒子运动轨迹和传播时间模拟的MODPATH、污染物在地下水中输移过程模拟的MT3D，以及用于水文地质参数估计与优化的PEST，并且具有直观的、强有力的图形交互界面、新颖的菜单结构，便于用户对研究区离散及选择有效计算单元、确定边界条件与参数赋值、运行及校正模型，以及用等值线或颜色阴影实现结果的可视化，真正实现了人机对话。

Visual MODFLOW的模块化结构便于用户根据实际需要添加程序和完善功能。Visual MODFLOW界面分为输入、运行和输出模块，这三个模块都支持使用底图，底图格式可以是DXF（AutoCAD R14）或BMP。在输入模块可以完成初始条件和边界的输入，运行模块能够提供多种算法模拟计算，输出模块的功能是输出直观图形结果。在模型的开发及结果显示过程中，模型网格、输入参数和模拟结果，都可以用剖面图或平面显示。这个软件系统的最大特点，是将数值模拟过程中的各个步骤天衣无缝地连接起来，从开始建模、输入和修改各类水文地质参数与几何参数、运行模型、反演校正参数，一直到显示输出结果，使整个过程从头到尾系统化、规范化。这些特点是目前我国乃至世界上同类软件所不具备的。

应用MODFLOW进行地下水模拟，首先要建立离散化的三维型（网格剖分、层数等），然后确定各计算单元的水文地质边界条件及模型计算中参数（渗透系数k等）的取值，最后用有限差分法计算水头。

2. FEFLOW

FEFLOW 为德国 WASY 水资源规划和系统研究所开发的基于有限单元法的地下水模拟软件，主要运用于复杂二维和三维稳定流、非稳定流和污染物运移模拟、颗粒跟踪和流线模拟，带有非线性吸附作用、衰变、对流、弥散的化学物质运移，并且还充分考虑存储、对流、热散失、热运移的流体和固体热量运移并可对污染物和温度同时进行模拟；该软件有图形人机对话有限元法、离散、地理信息系统数据接口功能，另外还具有三维可视化功能，用户可以很方便迅速地生成空间有限单元网格，是迄今为止功能最为齐全的地下水水量和水质计算机模拟软件系统。另外还可以设置模型的参数和定义边界条件，运行数值模拟以及实时图形显示结果与成图。FEFLOW 软件的缺陷体现在难以处理复杂的水文地质条件。

3. GMS

地下水模拟系统 GMS，是美国 Brigham Young University 的环境模型研究实验室和美国排水工程实验室工作站在综合 MODFLOW、FEMWATER、MT3DMS、RT3D、SEAM3D、MODPATH、SEEP2D、NuFt、UTCHEM 等已有地下水模型的基础上开发了一个综合性的、用于地下水模拟的图形界面软件。GMS 是唯一支持 TINs、Solids、钻孔数据、2D 与 3D 地质统计学的地下水流模拟软件。相对于 FEFLOW 而言，GMS 数值模拟功能更强大，能模拟多相组分的溶质运移。该软件提供了多种组建地下水数值模型的方法，能准确刻画地层的空间结构等优点。

GMS5.0 包括的模块有：3D Gird 模块，包括 MODFLOW-2000，MODPATH、MT3DMS、RT3D、ART3D、SEAM3D、NUFT 和 UTCHEM；2DMesh 模块 SEEP2D；3D Mesh 模块 FEMWATER 与 ADH；反求参数模块 PEST 与 UCODE。

下面对 GMS5.0 中一些重要的模块做具体介绍。

MODFLOW（the modular finite-difference groundwater fiow model）是由美国地质调查局（USGS）开发的用来模拟地下水流动和污染物迁移等特性的计算机程序。MODFLOW 可以用来模拟水井、河流、溪流、排泄、水平水障、蒸散和补给对非均质和复杂边界条件的水流系统的影响。目前 MODFLOW 是全世界范围内模拟地下水流的应用程序。MODFLOW 如此受欢迎主要归功于它具有以下特点：MODFLOW 所用的有限差分方法容易理解，并且适用于许多现实条件；MODFLOW 可以用一维、二维、准三维和三维模型；数据输入格式、基本理论和每一个模块都经过了广泛验证；模块化结构便于用户根据实际需要添加程序、完善功能和其他应用软件的结合；MODFLOW 模拟的结果，可以用许多软件如 Surfer、AutoCAD 等显示和处理，而且自带的三维可视化结果处理系统，也很便于用户理解和应用。

用 MODFLOW 模型，必须符合以下特点：水流为饱和流状态、适合 Darcy 定律、地下水密度保持恒定，以及水平水力传导率和导水系数的主流方向，在整个含水层系统中保持不变。不过，许多需要研究地下水流和污染物迁移的地下水含水层系统中都满足这些条件。MODFLOW 可以模拟水力过程及影响地下水系统的水力要素。MODFLOW 提供了求解地下水流有限差分公式的很多种方法，如强隐式迭代法 SIP、逐次超松弛迭代法 SOR、强调共轭度迭代法 PCG2、SSOR 等。不过，由于实际地质及水文地质条件的差异，选择不同的求解程序包所得的结果是不一样的。几种求解方法可能都收敛，也可能只收敛于一种或几种求解方法。MODFLOW 在求解过程中，引入了应力期概念，它将整个模拟时间分为若干应力期，每个应力期又可分为若干时段。在同一个应力期，各时间段既可以按等步长，也可以按一个规定的几何序列逐渐增长。而在每个应力期内，MODFLOW 规定所有的外部源汇项的强度应保持不变。这样做不但简化规范了数据文件的输入，而且使得物理概念更为明确。

MODFLOW 是确定给定时间内稳态或非稳态流中质点运移路径的三维质点示踪模型。在指定质点的位置后，MODFLOW 可进行正向示踪和反向示踪，计算三维水流路径，从而成为水井截获区和井位警戒研究的理想工具。

MT3D 是用来补充 MODFLOW 流动仿真模型的一个迁移模型。MT3D 用一级反应和吸附作用求解水平分散方程，与 MODFLOW 模型中的流场进行耦合计算。该模型要求与 MODFLOW 相同的网格布局，以确保流动模拟和迁移模型的一致性。因此，MT3D 具有与 MODFLOW 一样的模拟范围，可以模拟二维和三维的情况。

MT3D 包含五个程序包，用来控制地下水污染物迁移的各个方面。基本程序包包括基础模型信息，其中包括网络尺寸和同步信息，它是所有模型运行所必需的。平流程序包括控制被使用的解决方案。分散程序包括控制模型突出的分散数值，而源/汇混合程序包控制着因井点、排水渠、回灌、河流或溪流，一般水头边界和蒸发蒸腾作用引起的源点和汇点的浓度变化。因为源/汇的流动特征包含在 MODFLOW 记录的"水头和流量文件"中，因此源/汇相一致。最后，反应模型控制放射性衰变或者作一阶衰减处理的生物降解作用，并采用线性，Freundlich and Langmuir 模型的吸附作用。

MT3D 包含四种不同的解答程序包：特征法；改良特征法，一种内插法结合逆向质点追踪，以减少模拟中计算量的质点跟踪法，但不能很好地处理陡峰问题；混合特征法，结合标准 MOC 法和 MMOC 法；上游有限差分法，一种基于非质点的方法。

MT3DMS 由 G. Zheng 和 P. P. Wang 于 1998 年为美国陆军工兵部队开发。它是在原 MT3D 基础上功能有了很大的拓展，包括：求解对流项的三阶 WD 法，基于通过共轭梯度法的 GCG 迭代求解程序包，非平衡吸附和双域对流扩散溶质迁移，能融合附加反应程序包的多组分模拟程序结构等；其中在求解对流、弥散等问题方面，它囊括了三类主要的溶解质迁移解法，即有限差分法、基于粒子示踪的欧拉-拉格朗日以及高价有限差分 TVD 法。TVD 法允许用户根据被模拟系统的要求从三种不同的求解法中进行选择。

该软件不但能模拟地下水中污染物的对流、弥散，而且能够同时模拟多种污染物组分在地下水中的运移过程以及它们各自的变化反应过程，是目前应用最为广泛的三维地下水溶质运移模拟软件。

FEMWATER 是基于有限单元法、模拟饱和或非饱和条件下、有限单元密度驱动的三维水流和污染物运移耦合模型。

SEEP2D 是 2D 模块，用来模拟坝体剖面渗漏的二维有限单元水流模型，能确定坝体中的潜水面，可用来模拟承压、部分承压和非承压水流；模拟饱和与非饱和水流；显示渗流网格的流线、等水位线及计算渗漏量。

SEAM3D 是在 MT3D 模型的基础上由 M. Widdowson 博士开发的先进的烃降解模

型，可模拟多达 27 种物质的迁移和相互作用。SEAM3D 除了含有多种生物降解程序包之外，还包括 NAPL 程序包。通过指定每一种污染羽的浓度和分解速率，NAPL 程序包可以模拟漂浮在地下水面上的 NAPL 污染羽在含水层中的迁移。

RT3D 是 Battelle 实验室开发的第一个广为人知的模拟地下水中多组分三维反应运移的软件包，它是在 MT3D-1997 版本的基础上，增加了若干反应程序包扩展而来。RT3D 包含了许多类已有的反应，用户可以自己指定反应动力学表达或者从 6 个预先编好的程序包中选择一套，这些预先编好的程序包是：烃和氧的反应；使用多个电子接受体（如 O^{2-}、NO_3^-、Fe^{2+}、SO_4^{2-}）模拟烃的生物降解；限制速率的吸附反应；双重莫洛法；模拟 PCE/TCE 的好氧、厌氧生物降解。从而可模拟许多情况，如自然降解、主动式治理，以及诸如重金属、炸药、石油碳氢化合物、氯化组分等污染物治理的模拟。

UTCHEM 是模拟多相流和运移的模型，它对抽水和恢复的模拟很理想，特别适合于表面活化剂增加的含水层治理（SEAR）的模拟。

PEST 是由 Watermaek Computing 公司开发的、功能强大的、独立的参数估计程序。PEST 和 UCODE 可在给定的观察数据及参数区内，自动调整参数，加渗透系数、垂直渗漏系数、抽水率、给水系数、储水系数、补给系数、传导力、蒸发率等，并可以进行模型校正。Pest 和 UCODE 子模块一般在使用 MODFLOW、FEFLOW 等计算模块时交替运用，来调整选定的参数，直到计算结果和野外观测值相吻合。

第六章 场地环境调查

第一节 场地环境调查概述

一、场地环境调查概述

1. 场地环境调查的概念

场地调查（site investigation）应用于许多领域，最早因建筑行业的需求，发展出了以测量、地质、水文地质、地理、土力学为侧重点的调查。20 世纪 80 年代，由于发现场地中存在土壤与地下水污染问题，于是发展出了场地环境调查，调查重点是土壤及地下水中污染物的分布、迁移与治理，在采用地质领域调查手段的基础上，建立起了样品的采集、分析检测、模拟、风险评估等技术。

《场地环境调查技术导则》（HJ 25.1—2014）（已废止）和《污染场地术语》（HJ 682—2014）（已废止）对"场地环境调查（environmental site investigation）"的定义是：采用系统的调查方法，确定地块是否被污染以及污染程度和范围的过程。修改后的《建设用地土壤污染状况调查技术导则》（HJ 25.1—2019）与《建设用地土壤污染风险管控和修复术语》（HJ 682—2019）将"场地环境调查"改为了"土壤污染状况调查"，但是定义是一样的。行业中经常简称"场地调查"。

在调查方法上，采用的主要手段是在场地中钻探采集土壤与地下水样品进行检测分析或原位探测，通过与标准的对比确定污染状况。本质上是一种采用部分样品环境信息推断场地整体环境状态的抽样检验方法。物理探测技术也越来越多地应用于场地环境调查中，提升了调查结果的连续性和准确性。

2. 场地环境调查的作用

场地环境调查的作用是揭示场地土壤与地下水的污染状态，为风险评估、管控与修复提供依据。场地环境调查是污染场地治理的起点与核心，调查的质量决定了场地环境管理与治理的质量，调查的准确性直接决定治理修复的成败。

在我国，"重修复、轻调查"的现象仍然普遍存在，总希望用非常有限的点位采样给出准确的调查结果。有些地区甚至存在对建设用地场地调查直接规定一亩地多少钱的做法。不考虑场地的历史使用属性、未来规划用途以及风险水平，调查单位为节省成本，制定的调查方案不科学，调查结果不准确，存在较大的环境风险和隐患。这主要是因为对场地环境调查本质特征与重要性缺乏足够的认识。国外的实践经验显示，场地调查的费用一般是场地治理总费用的 10%～20%，复杂场地的占比更高。随着国家对场地环境管理的大力推进，经济发达地区的许多先行先试省（区、市）的理念及管理都有了长足的进步，甚至形成了一些先进的做法；但是在三、四线城市及落后地区，意识理念仍有待提升。

二、国内外场地环境调查方法

发达国家场地环境调查工作起步时间较早，已形成了较为完善先进的调查方法体系，本书主要介绍以美国与加拿大为代表的北美洲发达国家、英国及其他欧洲国家、以日本为代表的亚洲发达国家的调查方法。

例如，美国的三元调查方法（Triad）注重调查策略动态化、调查工作系统化、监测技术实时化等。在采样布点上，美国有较为准确的"增量采样"方法。加拿大则通过发布《用于支持环境和人体健康风险评估的场地环境特征化指南》，强调场地概念模型及抽样方法的重要性，并提供了概率或非概率采样方法的适用范围。英国的调查方法与美国相似，强调各阶段信息应及时反馈到下一阶段，体现调查的"动态化"，并提出不同区域应有独立的调查方案；而对于采样布点方式，则与加拿大相似，建议采用简单随机模式、分层随机模式、网格模式等，并为最常用的网格模式采样密度提供了估算方法。欧洲其他国家的调查和布点方式与英国基本相似，但在布点密度上有所不同，每个采样单元的面积从 $100m^2$（瑞士）到 $10000m^2$（卢森堡、葡萄牙、奥地利）不等。日本的调查方式则与西方国家极为不同，其发布的准则提供了非常详细的分类调查模式，首先将污染物分为第一种特定有害物质（挥发性有机化合物）、第二种特定有害物质（重金属等）、第三种特定有害物质（农药等），又将场地类型分为天然有害物质污染场地、垃圾填埋场污染场地、人为原因造成的污染场地等。此外，对于采样布点的方式，也细化到如何分区、如何绘制网格、如何在网格里布点等，这种公式化的操作准则基本上杜绝了因为调查者不同而带来的调查结论的差异化。

（一）美国

美国通过各类指南、手册等持续发布并不断改进场地环境调查方法，已是许多国家或地区参考学习的对象。从广义上来说，调查方法包括了具体的工作程序、工作内容、工作手段等。但美国有多种调查方法，各种方法侧重点不同。

1. 侧重于程序和内容的调查方法

（1）超级基金

1980年，美国发布了《综合环境反应、补偿与责任法案》，也就是著名的"超级基金"。"超级基金"的目标是清理污染场地、保护人类健康和环境、恢复场地的生产用途。

因此，在完成"清理"动作之前，必须要进行污染场地的初步评估和补救调查（场地特征化）。初步评估主要通过收集场地历史信息等资料，采集空气、水和土壤等样品，以确定场地有哪些有害物质、是否对人类健康构成威胁等。补救调查阶段进一步确定污染的性质和程度，判断哪些修复技术可以处理污染物，并评估选用技术的性价比。

（2）ASTM 标准

美国测试和材料协会（American Society for Testing and Materials，ASTM）是美国历史最久、规模最大的非营利性的标准学术团体之一。该学会发布了两项与场地调查工作程序相关的文件：ASTM E1527（第一阶段场地环境评价过程标准操作）、ASTM E1903（第二阶段场地环境评价过程标准指南）。

第一阶段场地环境评价过程包括记录、现场踏勘、访谈、撰写报告。

第二阶段场地环境评价过程包括确定调查范围、建立概念模型、规划采样和测试方案、实施采样和检测、验证概念模型、形成第二阶段调查结论、撰写书面报告。

总体来看，"超级基金"对调查程序的要求侧重于污染场地管理，因为初步评估及补救调查（场地特征化）的结论是场地清理和再利用的重要技术支撑；而ASTM的操作及指南作为标准类的文件，侧重指导从业人员了解调查程序的技术要求。

2. 侧重于策略方法的调查方法

进入20世纪，美国在场地环境调查工作手段上不断创新。这些创新的方法通过提高采样密度和精度，使样品更具代表性，同时还能降低调查成本、加快调查及后期治理的速度等。美国环境保护局（EPA）专门设立网站，用于总结污染场地的表征和监测技术。

总体来看，调查的策略方法主要包括：场地概念模型（Conceptual Site Model，CsM）、增量采样方法（Incremental Sampling Methodology，ISM）、三元法（Triad）、高精度调查技术（High-resolution Site Characterization，HRSC）等。

而调查所使用的工具（软件及硬件）则细化到DNAPLs场地表征、地下水监测被动采样、裂隙基岩污染表征、电阻率调查预建模等领域。

（1）增量采样方法

增量采样方法是一种结构化复合采样方式，与之相对应的是"离散、常规复合"的采样方式，其主要目的是降低数据的变异性、提高样品的代表性（ITRC，2012）。

之所以要采用增量采样方法，是因为离散采样过程的问题有很多，主要包括以下几项。

①调查空间覆盖面差，样本密度不足：覆盖程度通常受可用资金控制，因此可能会减少有效表征所需的样品数量，限制了样品的空间代表性。

②送入实验室的样品不一定能代表地块中的实际样品：由于土壤的颗粒性质和污染物分布的不均匀性，可能会导致污染物的微尺度、低尺度甚至高尺度的异质性。

因此，为了尽可能减少这种异质性带来的分组和分离错误（grouping and segregation error，GSE），必须在足够的空间内（足以覆盖各种尺度的变异性），随机地收集样本增量。可以看出，这也就是增量采样方法的两个核心：决策单元（项目所需表征的空间尺度）、大量的土壤增量（样本增量）。

决策单元的定义是对污染物的潜在环境危害及其人体健康与环境风险所涉及的程度和范围做出决策判断的区域（HI-EMA，2008）。也就是说，调查阶段和目的（初步/详细调查、人体健康风险评估、环境风险评估、修复后的效果评估等）不同，选取的决策单元也不同。不同的目的需要不同的空间尺度，有些要求在较大的规模（如几千平方米）内表征污染物浓度，而有些则需要在较小的规模（十几平方米）内表征出浓度差异。例如，用于人类健康评估的决策单元可以与个体住宅的区域相对应。

增量采样是指在一个决策单元内，首先采集30～100个增量样品，然后将这些样品通过特定的方式进行处理，后期还可能涉及二次采样，最终提供特定体积的土壤作为代表性样品。采样的基本原则是从多个随机位置收集样品，以消除误差并解决污染物分布的异质性。随机方法又包括简单随机、系统随机和分层随机（Alaska DEC，2009）。这种方式确定的采样密度、样品组合处理方式，比传统的离散采样方法获得的结果更一致，更便于重现。

总体来看，ISM 大大降低了由于采样方案决策带来的误差，它的主要优点包括：①在采样之前指定目标单元；②使结果更精确，偏差更小；③在确保质量的前提下，比中高密度的离散采样方式成本低；④生成正常的数据分布结果，而非正态或非参数数据分布的结果；⑤增设了控制采样误差的实验室和现场质量保证程序。

（2）三元法

从 1998 年开始，美国州际技术和管理委员会（Interstate Technology and Regulatory Council，ITRC）结合 20 多年的修复经验和技术，形成了关于污染场地管理的一种新模式，并于 2003 年出版了正式的指导性文件（ITRC，2007）。

三元法包含三个要素：系统的项目计划、动态的工作策略、实时的测量技术。系统的项目计划是指在采样前，应针对不同的情况设定调查目标、拟定调查策略、组织工作团队、建立初步的场地概念模型等；动态的工作策略是根据现场的实施情况及时作出决策，根据阶段性结果动态更新场地概念模型（CSM），调整采样布点方案；实时的测量技术则是通过快速收集、解释和共享数据来优化动态工作策略。支持实时测量的设备和技术包括现场分析仪器，原位传感系统，实验室快速测定等，以及协助项目规划、存储、显示、绘图、操作和共享数据的计算机系统。

三元法适用于绝大多数场地的调查和修复，尤其适用于以下几类：过去曾进行过调查或修复但不成功的场地、污染存在很大不确定性的场地、水文地质存在较大非均一性的场地、整治时间比较紧张的场地等。与传统场地管理模式相比，三元法前期投入的人力、时间、财力较多，但其优点也非常明显：项目时间大大缩短、总体费用显著下降、修复效果大为改善（表 6-1）。

表 6-1 传统调查方法与三元法的比较

项目	传统的调查方法	三元法
现场人员管理	项目管理者不到场	项目管理者随行
采样点位置及数量	固定不变	结合前期规划及现场情况，判断出最佳的采样点；采样方式选择既经济又能鉴定出污染物的方法
工作计划	固定不变	弹性变化
样品分析方式	样品送至实验室，检测通常需要数周	多数样品在现场采用快速检测方法分析，少数样品送至实验室分析；大部分的数据可以在数小时或数日内获得

（3）高精度调查技术

高精度调查（或场地特征高分辨表征）（High-resolution Site Characterization，HRSC）是一种使用合理测量尺度和采样密度的场地调查技术。该法综合运用了一系列原位定性、定量探测工具，在明确场地水文地质异质性特征基础上，选择合适的调查尺度和采样密度，能快速收集大量场地特征数据，并对数据进行实时分析与可视化，绘制场地特征图以及土壤和地下水污染图，从而提高调查结果的准确性，进而为后续的修复或管控工作提供精确的数据信息。

从美国 EPA 网站的污染场地清理信息页面提供的相关案例可以看出，高分辨率场地调查技术其实是个综合性的技术集成：在实际项目执行过程中，可以借助增量采样技术、使用相应的软件（例如，Visual Sampling Plan 软件、三维场地地质污染建模工具）配备监测设备与监测工具（例如，XRF、膜界面探测仪、ICP 等）。

总体来看，增量采样所涉及的方法学领域最窄，仅在采样阶段对样本量和点位进行指导；三元法主要是提供一种调查的策略，其方法核心在于"规划、动态和快速"；而高精度调查技术涉及的方法领域最广，包含整个调查阶段乃至后期管控或修复的阶段，它提供的是一种理念，并需要借助各类软件、工具等，形成综合性的技术手段，在调查过程中践行这种理念。

（二）日本

日本对于调查方法的指导文件主要为《基于（土壤污染对策法）的调查和措施指南（第 2 版）》。

对于整体的调查流程，该指南中提到应包括历史资料调查、场地各区域的风险等级确定、设定各区域的采样点位、现场采样、出具土壤污染状况调查报告。其中，在历史资料调查与风险等级确定环节，应识别出主要的污染物类型，并对不同等级的土壤污染风险区域进行分类。这两个环节至关重要，因为在设定采样点位的步骤中，将根据污染物类型和风险区域，选用不同的布点方法。

该指南中规定，污染物类型分为三种：第一种特定有害物质为挥发性有机化合物，第二种特定有害物质为重金属等，第三种特定有害物质为农药等。

而对于风险等级，也分为三类：高污染风险区、低污染风险区和无污染风险区。

无污染风险区是指没有任何有害物质储存、填埋、生产、使用等的区域，并且这个区域需要与生产区和有害物质储存等设施完全隔开，不可与其相邻。低污染风险区是指不用于有害物质储存、填埋、生产、使用，但是与这些用途的场地相邻或者在作业时有关联性的区域。高污染风险区则是指以上两种情况之外的区域。

为了正确地掌握被调查区域的土壤污染状况，调查者不能随意选择采样区间，以确保不会因调查人员不同而导致调查结论出现差异。该指南规定了两个类别的网格：30m 和 10m。网格的画法也很有讲究，首先从调查区域的最北端开始（如果有多个最北端的点则从最东端开始），向南向西绘制 10m 的网格，每个网格被定义为一个单元区间。设定好单元区间后，将调查对象区域再分割为 30m 的网格。绘制好两种单元网格，并确定好污染物类型和场地中各区域的污染风险等级后，再进行点位的布设。

日本针对不同污染物类型在不同风险区域的布点方法见表 6-2。

表 6-2　日本针对不同污染物类型在不同风险区域的布点方法

特定有害物质种类	第一种特定有害物质 （挥发性有机污染物）	第二种特定有害物质 （重金属等）	第三种特定有害物质 （农药等）
高污染风险区	目标区域每一个单元区间（10m）均需采样		
低污染风险区	30m 网格中心点在该区域内的，在中心点取样	30m 网格的 9 个格中，包含了 6 个以上该区域的网格，选择 5 个单元区间（10m）采样	

续表

特定有害物质种类	第一种特定有害物质（挥发性有机污染物）	第二种特定有害物质（重金属等）	第三种特定有害物质（农药等）
低污染风险区	30m网格中心点在该区域外的，根据经验判断，在任一单元区间（10m）取样	30m网格的9个格中，包含了5个及5个以下网格，所有单元区间（10m）均需采样	
无污染风险区	无须布点		

（1）第一种特定有害物质的调查布点

在高污染风险区，每个单元区间（10m网格）都需要布点；在低污染风险区，如果30m网格中心点在地块范围内的，就取中心点。如果30m网格的中心点不在地块范围内，也要在地块内采样，具体点位可根据调查人员的经验、有无障碍物以及点位之间的平衡性等布设在任意一个单元区间（10m网格）；在无污染风险区，则无须采样。

（2）第二种及第三种特定有害物质的调查布点

在高污染风险区，每个单元区间（10m网格）都需要布点；在低污染风险区，如果30m网格的九个格子中，包含了六个以上该区域的网格，即相当于选择五个网格进行采样，如果包含五个及以下的网格，就需要在所有的网格内采集样品；对于无污染风险区域，则无须采样。

（三）中国

我国在场地环境调查技术方面的导则最早于2014年2月19日发布，同年7月1日正式实施，当时的标准名称为《场地环境调查技术导则》（HJ 25.1—2014）和《场地环境监测技术导则》（HJ 25.2—2014）。其后，为适应《中华人民共和国土壤污染防治法》《土壤污染防治行动计划》《污染地块土壤环境管理办法（试行）》等文件的要求，2019年，生态环境部发布了《建设用地土壤污染状况调查技术导则》（HJ 25.1—2019）和《建设用地土壤污染风险管控和修复 监测技术导则》（HJ 25.2—2019）等。

导则修改前后，在调查工作流程上的区别不大，主要包括三个阶段的土壤污染状况调查。

布点方法上也是继续采用系统随机布点法、专业判断布点法、分区布点法和系统布点法。对于布点的数量，单个工作单元（HJ 25.2—2014中为监测地块）的面积根据实际情况确定，原则上不超过1600m²。对于面积较小的场地，应有不少于五个工作单元。这是对调查数量的门槛级要求。对于污染复杂场地，单纯靠"画网格、选中心、凑数量"的布点方法，难以了解真实、准确的污染状态。

此外，在采样技术上，早先缺乏采样技术标准支撑。无论是国家层面的导则，还是地方发布的技术规范或导则等，只是陈述了调查与监测的工作程序、基本技术要求，对于不同水文地质条件下现场布点方法、深度设置、钻探设备选取、钻进方法、建井方法、取样方法等尚不够细化，也缺乏相应操作层面上的技术规范；尤其是挥发性有机污染物的采样、砂质粉土层的采样、深层分层监测井的构建等方面仍面临方法和设备上的困难。

总体来看，我国在场地调查方法上，目前基本上还处于基础标准的层面。《建设用地土壤污染状况调查技术导则》(HJ 25.1—2019)、《建设用地土壤污染风险管控和修复监测技术导则》(HJ 25.2—2019)这两个核心标准主要规定了调查工作方法、程序、准则和最基本的技术要求，内容较为宏观，实操指导性偏弱。要想实现精准化的调查，还需要出台一系列更微观、更详细、更明确的技术规范体系，用于指导调查工作的具体操作。

第二节 场地土壤环境调查

一、调查方案的设计与基本要求

(一) 污染物识别调查方案设计的基本要求

污染物识别调查方案设计主要考虑资料收集与分析、现场勘探、人员访谈、结论分析等方法、要求以及注意事项。通过上述环节涉及内容的全面考虑，旨在规范操作流程、节约管理成本基础上，全面翔实地对场地状况进行初步了解。

1. 资料收集与分析

资料收集主要是对场地利用变迁资料、场地环境资料、场地相关记录、有关政府文件以及场地所在区域的自然和社会信息等资料的搜集整理。当调查场地与相邻场地存在相互污染的可能时，须调查相邻场地的相关记录和资料。

(1) 场地利用变迁资料

主要包括用来辨识场地及其相邻场地的开发及活动状况的航片或卫星图片，场地的土地使用和规划资料，以及其他有助于评价场地污染的历史资料，如土地登记信息资料等。还包括有关场地利用变迁过程中的场地内建筑、设施、工艺流程和生产污染等的变化情况的资料。

(2) 场地环境资料

场地环境资料是指场地土壤及地下水污染记录、场地危险废物堆放记录以及场地与自然保护区、水源地保护区、文物保护单位以及居民区的位置关系等的资料。

(3) 场地相关记录

包括产品、原辅材料及中间体清单、平面布置图、工艺流程图、地下管线图、化学品储存及使用清单、泄漏记录、废物管理记录、地上及地下储罐清单、环境监测数据、环境影响报告书或表、环境审计报告和地勘报告等。

(4) 由政府机关和权威机构所保存和发布的环境资料

包括如区域环境保护规划、环境质量公告、企业在政府部门相关环境备案和批复以及生态和水源保护区规划等。

(5) 场地所在区域的自然和社会信息

自然信息包括地理位置图、地形、地貌、土壤、水文、地质和气象资料等；社会信息包括人口密度和分布，敏感目标分布，及土地利用方式，区域所在地的经济现状和发展规划，相关国家和地方的政策、法规与标准，以及当地地方性疾病统计信息等。

最后调查人员应根据专业知识和经验来识别资料中错误和不合理的信息，如资料缺失影响判断场地污染状况时，应在报告中说明。

2. 现场踏勘

根据前期了解的场地基本情况，现场踏勘人员在现场踏勘前必须掌握相应的安全卫生防护知识，并装备必要的防护用品。现场踏勘范围的确定主要以场地内为主，根据专业知识和经验，对污染物可能迁移的方向、距离做出基本判断，以便确定是否需要对场地的周围区域进行踏勘以及踏勘的大致范围。

现场踏勘的重点包括场地的现状与历史情况、相邻场地的现状与历史情况、周围区域的现状与历史情况、区域的地质、水文地质和地形等。其中场地现状与历史情况是指可能造成土壤和地下水污染物质的使用、生产、储存，以及三废排放、处理及泄漏状况。场地历史使用中可能造成土壤或地下水污染异常的迹象，如罐、槽泄漏及废物临时堆放污染的痕迹等。相邻场地的现状与历史情况则主要针对相邻场地的使用现况与污染源，以及过去使用中留下的可能造成土壤和地下水污染的异常迹象，如罐、槽泄漏、废物临时堆放污染的痕迹、植被损害、各种容器及排污设施损坏和腐蚀痕迹，场地内的气味、地面、屋顶及墙壁的污渍和腐蚀痕迹等。

周围区域的现状与历史情况踏勘主要是对于周围区域目前或过去土地利用的类型，如住宅、商店和工厂等，应尽可能观察和记录，观察和记录场地及周围是否有可能受污染物影响的居民区、学校、医院、饮用水源保护区以及其他公共场所等地点，并在报告中明确其与场地的位置关；周围区域的废弃和正在使用的各类井，如水井等、污水处理和排放系统、化学品和废弃物的储存和处置设施、地面上的沟、河、池、地表水体、雨水排放和径流以及道路和公用设施。地质、水文地质和地形的描述重点在于协助判断周围污染物是否会迁移到调查场地，以及场地内污染物迁移到地下水和场地之外。

现场踏勘的重点踏勘对象一般应包括有毒有害物质的使用、处理、储存、处置；生产过程和设备，储槽与管线；恶臭、化学品味道和刺激性气味，污染和腐蚀的痕迹；排水管或渠、污水池或其他地表水体、废物堆放地、井等。同时应该观察和记录场地及周围是否有可能受污染物影响的居民区、学校、医院、饮用水源保护区以及其他公共场所等，并在报告中明确其与场地的位置关系。现场踏勘的方法包括可通过对异常气味的辨识、摄影和照相、现场笔记等方式初步判断场地污染的状况。

不同行业的场地污染特征不同，污染物种类和造成污染的环节都不同，需结合各行业的污染特征，有针对性开展现场踏勘工作。踏勘时遇到没有封闭或发生损坏的储存容器的场地需要记录储存容器的数量和容器类型，尤其遇到地上、地下储存设施及其配套的输送管线情况，则需要记录储藏池（库）数量、储存物质、容量、建设年代、监测数据、周边管线等内容。对各类集水池进行踏勘时注意其是否含危险物质或与其有关物质，对盛装未知物质的容器不管是否发生泄漏均应调查并记录储存容器的数量、容器类型和储存条件。特别关注电力及液压设备的场地是否使用含多氯联苯的设备。对场地内道路、停车设施及与场地紧邻的市政道路情况踏勘重点是识别并察看可能运输危险物质的进场路线。询问熟悉生产线情况的人员关于物料是否已从生产线完全卸载，反应釜、塔、容器、管道中的物料是否已基本清除。在确保健康与安全的条件下可进行适当的直接观察。核查建筑物内是否有明显的固体废物堆积，观察其存放情况是否有固体废物存放在容器内，以及容器的密封状况。检查设备保温层的完整性，了解保温材料的类型和使用时间。对建（构）筑物的现状及完善情况踏勘，如建筑物的数量、层数、大致年代等，生产装置区、储存区、废物处置场所等区域的地面铺装情况，是否存在由于生产装置的腐蚀和跑冒滴漏造成的地面、屋顶、墙壁的污渍和腐蚀痕迹。记录采暖和制冷系统所用冷热媒介质的类型及储存情况以及建（构）筑物及各种管线保温情况。重点关注石棉的使用、储存等情况。特别注意生产装置区、储存区、废物处置场所等以外区域的室外地面铺装情况，地面污渍痕迹，以及室外可能因污染引起的植被生长不正常情况。生产排放的污水水质，相关的处理构筑物（如排水管、排水沟、水池等）的使用情况，污水处理系统的建设年代和处理工艺等，明显堆积或填充废弃的建筑垃圾或其他固体废物形成的土堆、洼地等，场地内所有的水井，是否存在颜色、气味等水质异常情况也要踏勘记录。

3. 人员访谈

人员访谈是将资料收集和现场踏勘所涉及的疑问采取当面交流、电话交流、电子或书面调查表等途径向对场地现状或历史情况比较了解的管理机构和地方政府的官员、环境保护行政主管部门的官员、场地过去和现在各阶段的使用者，以及场地所在地或熟悉场地的第三方，如相邻场地的工作人员和附近的居民等寻求帮助希望对其中可疑处和不完善处进行核实和补充，并作为调查报告的附件。

4. 结论与分析

污染物识别调查结论应明确场地内及周围区域有无可能的污染源，并进行不确定性分析。若有可能的污染源，应说明可能的污染类型、污染状况和来源，并应提出第二阶段场地环境调查的建议。

重视污染物识别阶段的场地调查，充分收集相关资料，注重现场问询。不能只关注生产工艺描述，重点进行特征污染物识别，尤其是溶剂、杂质、二次衍生物等污染物的分析；系统进行污染源分析，区分一次污染源和二次污染源及对污染物迁移路径进行分析和概化，加强时空概念；建立场地污染概念模型，掌握污染物迁移规律，指导现场环境调查工作，并对后续风险评估和场地污染修复提供基础信息。同时随着对场地污染特征的深入掌握，逐步细化，污染概念模型应贯穿场地污染修复工作的全过程。

(二) 水文地质调查方案设计的基本要求

若污染物识别阶段已证实该场地存在污染，为充分论证现场环境调查中初步、详细采样方案中土壤及地下水采样点布设的科学性、规范性和可操作性，并为后续修复工作提供相关数据支撑。需对该场地及周边进行水文地质调查。

水文地质调查方案设计的内容应包含但不限于自然地理概况（地理位置、地形地貌、水文、气象）、地质状况（地层、构造）和水文地质条件（区域水文地质条件、厂区水文地质条件）等内容。

1. 自然地理概况

水文地质调查时，自然地理概况包含地理位置、地形地貌、水文、气象等方面的内容。自然地理概况应重点阐述下述因素与地下水之间的关系。

(1) 地理位置

主要包括对该厂区所在位置、地理坐标、范围面积、行政关系、交通条件等调查。

(2) 地形地貌

主要包括但不限于该厂区的地形地貌特征、成因类型、分布范围及特征、相对高差、绝对高度、代表性地点等。

(3) 水文

主要包括该厂区的水系分布、水文特征。临近河流应指出其所属水系，水位、流量、水质等变化情况。

(4) 气象

根据场地所在区域或邻近气象站资料，汇总场区所在区域的气候类型、所属气候区、降水量、蒸发量、气温等多年平均值和最高、最低值等。

2. 地质概况

水文地质调查时，地质概况包含地层、构造等方面的内容。

(1) 地层

主要内容包括该区地层顺序、出露情况、岩性、产状、埋藏条件、岩层厚度、成因类型及分布规律。

(2) 构造

按照《中国大地构造纲要》，总结该厂区地质构造隶属关系，主要构造类型、特征、分布及其与地下水赋存和运动关系。

3. 水文地质条件

(1) 区域水文地质条件

一般可按岩层的时代，由老至新分别汇总出含水层及隔水层的岩性、厚度、埋藏深度及分布特征，含水层类型、富水性、水位、水量，地下水的补给、径流、排泄条件，含水层与含水层之间、地下水与地表水之间的水力联系，构造破碎带的导水性，地下水的运动方向，地下水化学特征及其影响因素等。

(2) 场地的水文地质条件

报告中关于场地水文地质条件应详述以下几个方面的内容。

该场地含水层与含水岩系的岩性、厚度、埋藏条件及分布，渗透性和富水性、水量、水位、水质等，裂隙岩溶发育程度及其规律，含水层之间及地表水与地下水之间的水力联系，隔水层的分布、厚度和隔水性能等；该场地地下水类型、补径排条件及其动态变化规律；该场地地下水的水化学特征、污染现状及其变化规律；该场地主要地质构造带、裂隙带的含水性和导水性以及对地下水的影响；该场地地下水资源分布情况。

(三) 现场环境调查方案设计与基本要求

1. 初步采样方案设计

根据污染物识别阶段（第一阶段场地环境调查）的情况制定初步采样分析方案，其内容应包括核查已有信息、判断污染物的可能分布、制定采样方案、制定健康和安全防护计划、制定样品分析方案和确定质量保证和质量控制程序等。核查已有信息是指对已有信息进行核查，包括第一阶段场地环境调查中重要的环境信息，如土壤类型和地下水埋深；查阅污染物在土壤、地下水、地表水或场地周围环境的可能分布和迁移信息；查阅污染物排放和泄漏的信息。重点在于对上述信息的来源的核查，以确保其真实性和适用性。判断污染物可能分布工作的重点是根据场地的具体情况、场地内外的污染源分布、水文地质条件以及污染物的迁移和转化等因素，判断场地污染物在土壤和地下水中的可能分布，为制定采样方案提供依据。采样方案主要内容应包含采样点的布设、样品数量、样品的采集方法、现场快速检测方法，样品收集、保存、运输和储存等内容。制定健康和安全防护计划需根据国家有关危险物质使用及健康安全等相关法规，制订现场人员安全防护计划，并对相关人员进行必要的培训。现场人员须按有关规定，使用个人防护装备。严格执行现场设备操作规范，防止因设备使用不当造成的各类工伤事故。对现场危险区域，如深井、水池等应进行标识。制定样品分析方案中检测项目应根据保守性原则，按照第一阶段调查确定的场地内外潜在污染源和污染物，同时考虑污染物的迁移转化，判断样品的检测分析项目；对于不能确定的项目，可选取潜在典型污染样品进行筛选分析。一般工业场地可选择的检测项目有：重金属、挥发性有机物、半挥发性有机物、氰化物和石棉等。如土壤和地下水明显异常而常规检测项目无法识别时，可采用生物毒性测试方法进行筛选判断。现场质量保证和质量控制措施是防止样品污染工作的重要程序，包括运输空白样分析，现场重复样分析，采样设备清洗空白样分析，采样介质对分析结果影响分析，以及样品保存方式和时间对分析结果的影响分析等。

初步采样时，一般不进行大面积和高密度的采样，只是对疑似污染的地块进行少量布点与采样分析。采用判断布点方法，在场地污染识别的基础上选择潜在污染区域进行布点，重点是场地内的储罐储槽、污水管线、污染处理设施区域、危险物质储存库、物料储存及装卸区域、历史上可能的废渣地下填埋区、"跑、冒、滴、漏"严重的生产装置区、物料输送管廊区域、发生过污染事故所连累到的区域、受大气无组织排放影响严重的区域、受污染的地下水污染区域、道路两侧区域、相邻企业等区域。可根据原场地使用功能和污染特征，选择可能污染较重的若干地块，作为土壤初步采样采样点布设区域。原则上采样点位应选择地块的中央或有明显污染的部位，如生产车间、污水管线、废弃物堆放处等区域。对于污染较均匀的场地（包括污染物种类和污染程度）和地貌严重破坏的场地（包括拆迁性破坏、历史变更性破坏），可根据场地的形状采用系统随机布点法，在每个地块的中心采样。采样点水平方向的布设可参照表 6-3 进行，采样点布设时应说明采样点布设的理由。采样点位的数量与采样深度应根据场地面积、污染类型及不同使用功能区域调查结论确定。采样点数目应足以判别可疑点是否被污染，在每个疑似污染地块内或设施底部布置不少于三个土壤或地下水采样点（陈辉等，2010）。地下水采样可不只局限在厂界内，对场地内地下水上游、下游及污染区域内至少各设置一个监测井，地下水监测井设点与土壤采样点可并点考虑。

表 6-3　几种常见的布点方法及适用条件

布点方法	适用条件
系统随机布点法	适用于污染分布均匀的场地
专业判断布点法	适用于潜在污染明确的场地
分区布点法	适用于污染分布不均匀，并获得污染分布情况的场地
系统布点法	适用于各类场地情况，特别是污染分布不明确或污染分布范围大的情况

采样深度应综合考虑场地地层结构、污染物迁移途径和迁移规律、地面扰动深度等因素。若对场地信息了解不足，难以合理判断采样深度，可依据相关技术导则的要求设置采样点；在实际调查过程中可结合现场实际情况进行确定。对于每个监测地块，表层土壤和深层土壤垂直方向层次的划分应综合考虑污染物迁移情况、构筑物及管线破损情

况、土壤特征等因素确定。采样深度应扣除地表非土壤硬化层厚度，原则上建议3m以内深层土壤的采样间隔为0.5m，3～6m采样间隔为1m，地下水采样间隔为2m，具体间隔可根据实际情况适当调整。一般情况下，应根据场地环境调查结论及现场情况确定深层土壤的采样深度，最大深度应直至未受污染的深度为止。

采样点垂直方向的土壤采样深度可根据污染源的位置、迁移和地层结构以及水文地质等进行判断设置。当土层特性垂直变异较大时，应保证在不同性质土层至少有一个土壤样品，采样点一般布置在各土层交界面（如弱透水层顶部等）；当同一性质土层厚度较大或同一性质土层中出现明显污染痕迹时，应根据实际情况在同一土层增加采样点。若对场地信息了解不足，难以合理判断采样深度，可按0.5～2m等间距设置采样位置。

地下水采样一般以最易受污染的第一层含水层为主，当第二层含水层作为主要保护对象且可能会受到污染时，应设置地下水监测组井，同时采集第一层和第二层地下水样品；当有地下储存设施时，应在储存设施以下至含水层底板，最少选取二至三个不同的深度进行取样；当隔水层相对较差或两层含水层之间存在水力联系、场地内存在透镜体或互层等地质条件时，可考虑设置组井并进行深层采样。一般情况下应在调查场地附近选择清洁对照点。地下水采样点的布设应考虑地下水的流向、水力坡降、含水层渗透性、埋深和厚度等水文地质条件及污染源和污染物迁移转化等因素；对于场地内或临近区域内的现有地下水监测井，符合地下水环境监测技术规范，可作为地下水取样点或对照点。

2. 详细采样方案设计

在初步采样分析的基础上制定详细采样分析方案。详细采样分析方案主要包括评估初步采样分析工作计划和结果，制定采样方案，以及制定样品分析方案等。

评估初步采样分析工作计划和结果。分析初步采样获取的场地信息，主要包括土壤类型、水文地质条件、现场和实验室检测数据等；初步确定污染物种类、程度和空间分布；评估初步采样分析的质量保证和质量控制。

制定采样方案。根据初步采样分析的结果，结合场地分区，制定采样方案。应采用系统布点法加密布设采样点。对于需要划定污染边界范围的区域，采样单元面积不大于1600m²（40m×40m网格）。垂直方向采样深度和间隔根据初步采样的结果判断。

制定样品分析方案。根据初步调查结果，制定样品分析方案。样品分析项目以已确定的场地关注污染物为主。

详细采样工作计划中的其他内容可在初步采样分析计划基础上制定，并针对初步采样分析过程中发现的问题，对采样方案和工作程序等进行相应调整。

3. 现场采样基本要求

现场采样应准备的材料和设备包括：定位仪器、现场探测设备、调查信息记录装备、监测井的建井材料、土壤和地下水取样设备、样品的保存装置和安全防护装备等。采样前应采用GPS卫星定位仪等准确定位。可采用金属探测器或探地雷达等设备探测地下障碍物，确保采样位置避开地下电缆、管线、沟、槽等地下障碍物。采用水位仪测量地下水水位，采用油水界面仪探测地下水非水相液体。定性或半定量分析可采用便携式有机物快速测定仪、重金属快速测定仪、生物毒性测试等现场快速筛选；可采用直接贯入设备现场连续测试地层和污染物垂向分布情况，也可采用土壤气体现场检测手段和地球物理手段初步判断场地污染物及其分布，指导样品采集及监测点位布设。采用便携式设备现场测定地下水水温、pH 值、电导率、浊度和氧化还原电位等。

土壤样品采集包括采样器的选择、深层土钻孔与采样技术、封孔、废弃土、水处理及钻孔回填等方面内容。采样器的选择应根据《岩土工程勘察规范》（GB 50021—2001）（2009 年版）中的规定。对于表层土采样可采用手工采样或螺旋钻采样。

收集土壤样时，应把表层硬化和大的砾石、树枝剔除。进行深层土壤采样和地下水采样时，应根据现场所在地区的地层条件、现场作业条件和采样要求选择钻探技术。用于场地环境风险评估的钻探技术需结合场地所在地区的地层条件、场地钻探的作业条件和场地勘察的方案要求来选择经济有效的钻探方法。

封孔是指如果钻孔深度穿过弱透水层，建议用膨润土进行钻孔回填，以恢复地层的隔水性。膨润土至少应在弱透水层上、下各余出 30cm 的厚度。每向孔中投入 10cm 的膨润土颗粒就要添加水润湿。每个采样点钻探结束后，应将所有剩余的废弃土装入垃圾袋内，统一运往指定地点储存，废水同样需要用塑料桶进行收集，不得任意排放，防止造成二次污染。最后，每个钻孔均应采用无污染土料进行回填，必要时做好地面恢复工程。

地下水监测是场地土壤污染修复的重点和难点，而地下水检测井建设又是地下水监测环节的重点，地下水检测井建设过程应关注设计、钻孔、过滤管和井管的选择和安装、滤料的选择、装填、封闭、洗井固定等环节。监测井的设置包括钻孔、下管、填砾及止水、井台构筑等步骤。监测井所采用的构筑材料不应改变地下水的化学成分，不宜采用裸井作为地下水水质监测井。建井的具体技术要求及针对不同检测物质应选用的构筑材料应参照相关技术导则和规范，要充分考虑井管构成、孔径、孔深校正、填砾、止水材料、井台构筑、洗井等过程、材料的使用等。

地下水采样在采样前的洗井完成后两小时内完成。现场采样应避免采样设备及外部环境等因素污染样品，采取必要措施避免污染物在环境中扩散。取水位置建议为井中储水的中部，如果在监测井中遇见重油（DNAPL）或轻油（LNAPL）时，对 DNAPL 采样设置在含水层底部和不透水层的顶部，对 LNAPL 采样设置在油层的顶板处，以保证水样能代表地下水水质。

针对不同检测项目选择不同样品保存方式，无机物通常用塑料瓶（袋）收集样品；挥发性和半挥发性有机物宜使用具有聚四氟乙烯密封垫的直口螺口瓶收集样品，用发泡塑料包裹样品瓶防止直接碰撞，放置足量的冰块确保保温箱冷藏温度低于 4℃，实验室接样后要求测量保温箱内的温度。选择安全快捷的运输方式，保证不超过样品保留时间的最长限值。具体的土壤样品收集器和样品的保存要求见表 6-4。

表 6-4 容器、保存技术、样品体积以及保存时间的要求

监测项目	容器①	保存条件②	样品最小体积或质量	样本最大保留时间
六价铬	P, G, T	4℃低温保存	500mL（水）；227g（土壤）	24h（水）；萃取前 30d，萃取后 4d（土壤）
汞	P, G, T	加 HNO_3 使 pH 值<2，4℃低温保存	500mL（水）；227g（土壤）	28d（水和土壤）

续表

监测项目	容器①	保存条件②	样品最小体积或质量	样本最大保留时间
其他金属	P，G，T	加 HNO_3 使 pH 值<2，4℃低温保存	500L（水）；227g（土壤）	180d（水和土壤）
总石油烃（TPH）：可挥发	G，用聚四氟乙烯薄膜密封瓶盖	4℃低温保存，加 HCl 使 pH 值<2	2×40mL（水）；113g（土壤）	14d（水或土壤）；无酸保护则为 7d
总石油烃（TPH）：可萃取	G，用琥珀密封瓶盖	4℃低温保存	1L（水）；227g（土壤）	萃取前 7d，萃取后 40d（水）；萃取前 14d，萃取后 40d（土壤）
可挥发性芳香卤代烃	G，用聚四氟乙烯薄膜密封瓶盖	4℃低温保存，加 HCl 使 pH 值<2，0.008% $Na_2S_2O_3$③	2×40mL（水）；113g（土壤）	14d（水和土壤）；无酸保护则为 7d
亚硝胺	G，用聚四氟乙烯密封瓶盖	4℃低温保存	1L（水）；227g（土壤）	萃取前 7d，萃取后 40d（水）；萃取前 14d，萃取后 40d（土壤）
除草剂	G，用聚四氟乙烯密封瓶盖	4℃低温保存	1L（水）；227g（土壤）	萃取前 7d，萃取后 40d（水）；萃取前 14d，萃取后 40d（土壤）
有机氯杀虫剂	G，用聚四氟乙烯密封瓶盖	4℃低温保存	1L（水）；227g（土壤）	萃取前 7d，萃取后 40d（水）；萃取前 14d，萃取后 40d（土壤）
PCBs	G，用聚四氟乙烯密封瓶盖	4℃低温保存	1L（水）；227g（土壤）	萃取前 7d，萃取后 40d（水）；萃取前 14d，萃取后 40d（土壤）
有机磷杀虫剂/化合物	G，用聚四氟乙烯密封瓶盖	4℃低温保存	1L（水）；227g（土壤）	萃取前 7d，萃取后 40d（水）；萃取前 14d，萃取后 40d（土壤）
半挥发性有机物	G，用聚四氟乙烯密封瓶盖	4℃低温存，0.008% $Na_2S_2O_3$	1L（水）；227g（土壤）	萃取前 7d，萃取后 40d（水）；萃取前 14d，萃取后 40d（土壤）

续表

监测项目	容器①	保存条件②	样品最小体积或质量	样本最大保留时间
挥发性有机物	G，用聚四氟乙烯薄膜密封瓶盖	4℃低温保存，0.008% $Na_2S_2O_3$（对挥发性芳香烃加 HCl 使 pH 值<2）	2×40mL（水）；113g（土壤）	14d（水和土壤）；无酸保护则为 7d

注：①聚乙烯（P）；玻璃（G）；聚乙烯复合气泡垫（T）。②土壤样品一般"直接避光保存密封于4℃条件下即可；而对于需要测定重金属的水样，则需在保存前加 HCl 调 pH 值小于 2。③只有当出现余氯时才需要保存 0.008% 的 $Na_2S_2O_3$。

样品采集应防止采样过程的交叉污染；在两次钻孔之间，同一钻孔在不同深度采样时，与土壤接触的其他采样工具重复使用时等，均需清洗后使用。采样过程中要佩戴手套，每采集一个样品须更换一次手套。每采完一次样，都须将采样工具用自来水洗净后再用蒸馏水淋洗一遍。液体汲取器则为一次性使用。防止采样的二次污染每个采样点钻探结束后，应将所有剩余的废弃土装入垃圾袋内，统一运往指定地点储存；洗井及设备清洗废水应使用塑料容器进行收集，另行处置。现场质量控制规范采样操作：采样前组织操作培训，采样中一律按规程操作，现场采样质量控制样一般包括现场平行样、现场空白样、运输空白样、清洗空白样等，且质量控制样的总数应不少于总样品数的 10%。规范采样记录，将所有必需的记录项制成表格，并逐一填写。采样送检单必须注明填写人和核对人。

4. 数据评估和结果分析

实验室检测分析优先考虑委托有资质的实验室进行样品检测分析，样品分析方法首选国家标准和规范中规定的分析方法。对国内没有标准分析方法的项目，可以参照国外的方法。对于常规理化特征可以按照下列要求进行实验室分析。土壤样品分析包括土壤的常规理化特征，如土壤 pH 值、粒径分布、表观密度、孔隙度、有机质含量、渗透系数、阳离子交换量等的分析测试应按照《岩土工程勘察规范》（GB 50021—2001）（2009年版）执行。土壤样品关注污染物的分析测试应按照《土壤环境质量 农用地土壤污染风险管控标准》（GB 15618—2018）和《土壤环境监测技术规范》（HJ/T 166—2004）中的指定方法执行。污染土壤的危险废物特征鉴别分析，应按照《危险废物鉴别标准 通则》（GB 5085.7—2019）和《危险废物鉴别技术规范》（HJ 298—2019）中的指定方法执行。地下水样品、地表水样品、环境空气样品、残余废弃物样品的分析应分别按照《地下水环境监测技术规范》（HJ 164—2020）、《地表水和污水监测技术规范》（HJ/T 91—2002）、《环境空气质量手工监测技术规范》（HJ 194—2017）、《恶臭污染物排放标准》（GB 14554—1993）、《危险废物鉴别标准 通则》（GB 5085.7—2019）和《危险废物鉴别技术规范》（HJ 298—2019）中的指定方法执行。

设置实验室质量控制样主要包括：空白样品加标样、样品加标样和平行重复样。要求每 20 个样品或者至少每一批样品作为一个系列的实验室质量控制样，也可根据情况适当调整。质量控制样品，包括土壤和地下水，应不少于总检测样品的 10%。

实验室检测结果和数据质量进行分析主要包括：分析数据是否满足相应的实验室质量保证要求。通过采样过程中了解的地下水埋深和流向、土壤特性和土壤厚度等情况，分析数据的代表性。分析数据的有效性和充分性，确定是否需要进行补充采样。根据场地内土壤和地下水样品检测结果，分析场地污染物种类、浓度水平和空间分布。

整理调查信息和检测结果，评估检测数据的质量，分析数据的有效性和充分性，确定是否需要补充采样分析等。根据土壤和地下水检测结果进行统计分析，确定场地关注污染物种类、浓度水平和空间分布。

现场环境调查阶段应该重视对场地地层和水文地质条件的分析，依据场地性质和特征污染物迁移转化规律，设计采样布点计划，采用分区布点和划分风险决策单元；初步采样至详细采样，精细确定污染分界区网格；防治过度调查或调查不足，造成污染范围的夸大或缩小。对VOCs类的采样要严格遵守采样技术规范，辅助现场快速筛选和土壤气相监测，可以进行连续或小间距采样。增强现场辅助识别技术，除XRF和手持PID外，其他现场测试技术（如物探、MIP、土壤气体调查）在场地调查还未得到广泛应用，这些测试技术应该适当大胆地尝试使用。重视地下水调查，遵守地下水采样规范，地下水采样具有代表性。将区域水文地质资料作为场地水文地质调查的前提条件，结合区域水文地质资料分析场地的地下水分布，降低场地内地下水含水层调查的误差；大型或复杂的污染场地建议进行水文地质专项调查。

二、建设用地土壤污染状况调查质量控制

（一）总体要求

1. 建立健全内部质量管理制度

从事建设用地土壤污染状况调查的单位（包括采样分析工作计划、现场采样、实验室检测分析、报告编制等单位）应当制定和实施内部质量控制计划，明确内部质量控制人员和内部质量控制工作安排，严格落实全过程质量保证与质量控制措施。

2. 配合事中事后监管

从事建设用地土壤污染状况调查的单位原则上应当至少在现场采样前五个工作日，在全国土壤环境信息平台上告知地块所在地设区的市级生态环境主管部门，并提交采样分析工作计划（附采样方案）。在调查工作过程中，应当及时收集整理资料、图件、现场工作照片以及内部和外部质量控制相关记录单等材料，具体参照《建设用地土壤环境调查评估技术指南》（以下简称《调查评估指南》）。

在调查工作结束后，应当编制质量保证与质量控制报告，作为土壤污染状况调查报告（以下简称调查报告）附件或者在调查报告中编制专门篇章，并附质量控制相关照片、检查记录表、检查发现问题、改正回复单及改正说明和佐证材料等资料。若初步采样分析和详细采样分析分别编制调查报告，则应当分别编制相应的质量保证与质量控制报告或者篇章。

质量保证与质量控制报告或篇章作为调查报告的重要组成部分，应当依据《建设用地土壤污染状况调查、风险评估、风险管控及修复效果评估报告评审指南》（以下简称《报告评审指南》）纳入对调查报告的评审。

（二）采样分析工作计划

初步或详细采样分析工作计划应当按照《建设用地土壤污染状况调查技术导则》（HJ 25.1—2019）、《建设用地土壤污染风险管控和修复监测技术导则》（HJ 25.2—2019）、《调查评估指南》等文件制定。其中，采样分析工作计划制定单位应当在第一阶

段土壤污染状况调查（以下简称第一阶段调查）工作的基础上，核查已有信息、判断污染物的可能分布，编制采样方案。

内部质量控制人员检查采样方案，判断点位布设的合理性。重点检查第一阶段调查结论的合理性、支撑采样方案制定的充分性，点位数量的合规性、布点位置的合理性、采样深度的科学性、检测项目设置的全面性等。可以自行组织专家对采样方案进行审核，必要时可进行现场检查。

内部质量控制人员应当填写建设用地土壤污染状况调查采样方案检查记录表。若检查项目中有任一项不符合要求，则判定为检查不通过。调查人员需根据具体意见补充完善相关信息、补充布点或重新布点，由内部质量控制人员复审直至检查通过。

采样分析工作计划制定单位原则上至少在现场采样前五个工作日内，将修改后的采样方案（含修改说明）、确定的点位信息，上传至全国土壤环境信息平台。

（三）现场采样

现场采样相关单位应当具备相应的专业能力，应当按照 HJ 25.1、HJ 25.2、《工业企业场地环境调查评估与修复工作指南（试行）》等文件要求进行现场采样，包括土孔钻探，地下水监测井建设，土壤和地下水样品采集、保存、流转等工作。按要求实施质量保证与质量控制措施，确保现场空白样品、运输空白样品、现场平行样品等现场质量控制样品合规。

初步采样分析的现场采样过程中，应当利用调查质控 App 记录采样点位、采样深度等信息。对土孔钻探、地下水监测井建设（利用现有监测井的应当补充说明其适用性和合理性）、土壤样品采集与保存、地下水样品采集与保存、样品流转等工作环节，拍照记录现场工作过程，并通过调查质控 App 实时上传。详细采样分析的现场采样工作记录，由采样单位线下整理，不要求通过调查质控 App 实时上传。

初步采样分析现场采样时，应对样品进行二次编码。同步采集土壤和地下水密码平行样品，数量分别不低于地块内土壤或地下水样品数的 10%。原则上，每个密码平行样品应当在同一位置采集，同时采集 2 份平行样品，以密码方式送承担该地块样品分析测试任务的检验检测机构进行实验室内比对分析。需要开展实验室检测分析外部质量控制的，则需在密码平行样品采集位置同时采集 3 份平行样品，第 3 份平行样品送第三方检验检测机构进行实验室间比对分析。

内部质量控制人员通过现场旁站的方式，以采样点为对象，检查布点位置与采样方案的一致性，制定采样方案时确定布点的理由与现场情况的一致性，土孔钻探、地下水监测井建设、土壤样品采集与保存、地下水样品采集与保存、样品流转等采样过程的规范性。每个地块现场检查应当覆盖上述所有检查环节。不涉及地下水样品采集的则不检查相应环节。内部质量控制人员对初步采样分析现场采样的内部质量控制情况，应当利用调查质控 App 填写建设用地土壤污染状况调查现场采样检查记录表，同步记录检查点位、检查项目、检查结果，并拍照记录发现的问题，在采样撤场前完成上传；对详细采样分析现场采样的内部质量控制情况，不要求通过调查质控 App 上传。

若检查项目有任一项不符合要求，则该地块检查结果视为不合格。现场采样人员需根据具体意见现场即时改正或重新采样，由内部质量控制人员复审直至检查通过。

（四）实验室检测分析

检验检测机构应当遵循《检验检测机构资质认定能力评价 检验检测机构通用要求》

(RB/T 214—2017)和《检验检测机构资质认定生态环境监测机构评审补充要求》(国市监检测〔2018〕245号),按照 HJ 25.2 和所选用的具体分析方法标准要求做好实验室分析质量保证与质量控制。

土壤和地下水检测项目分析方法原则上优先选择《土壤环境质量 建设用地土壤污染风险管控标准(试行)》(GB 36600—2018)、《地下水质量标准》(GB/T 14848—2017)推荐的分析方法,对于 GB 36600—2018 和 GB/T 14848—2017 中未给出推荐方法的,可选用检验检测机构资质认定范围内的国际标准、区域标准、国家标准及行业标准方法。所选用土壤和地下水样品分析方法的检出限应当分别低于 GB 36600—2018 第一类用地筛选值要求和 GB/T 14848—2017 地下水质量指标Ⅲ类限值要求,或相关评价标准限值要求。对于同一检测项目,若存在多个分析方法,应当根据检测技术条件和数据质量要求选定,同时保证检测数据的可比性。检验检测机构应当在正式开展样品分析测试任务之前,参照《环境监测分析方法标准制订技术导则》(HJ 168—2020)的有关要求,完成对所选用分析方法的检出限、测定下限、精密度、正确度、线性范围等各项特性指标的验证,并形成相关质量记录。必要时,应编制实验室分析方法作业指导书。

检验检测机构内部质量控制包括空白试验、定量校准控制、精密度控制、正确度控制等。每批次内部质控样品分析应当与实际样品同步进行分析测试。内部质控样品的插入比例和相关指标要求应当优先满足标准分析方法的质量保证与质量控制规定。当标准分析方法无规定时,按照《重点行业企业用地调查质量保证与质量控制技术规定(试行)》(环办土壤函〔2017〕1896号)的相关要求执行。开展实验室检测分析外部质量控制的,密码平行样品由承担该地块样品分析测试任务的检验检测机构和第三方检验检测机构分别检测。检测时应尽量选用相同或等效的分析方法,以保证结果的可比性。实验室内和实验室间密码平行样品测试结果比对分析按照相关要求开展。原则上,室内密码平行样品和室间密码平行样品合格率均应达到 100%。当密码平行样品不合格时,应当查明原因,采取适当的纠正措施,必要时进行留样复测或重采重测。

分析测试原始记录应保证记录信息的充分性、原始性和规范性,可再现样品分析测试全过程,应当有检测人员和审核人员的签名。内部质量控制人员通过资料检查方式,审核数据记录完整性、一致性和异常值,关注数据的准确性、逻辑性、可比性和合理性,并考虑以下影响因素:分析方法、分析条件、数据的有效位数、数据计算和处理过程、法定计量单位和内部质量控制数据等,填写建设用地土壤污染状况调查检验检测机构检查记录表。

检验检测机构应当将所有样品测试结果(包括初步采样分析和详细采样分析)上传至全国土壤环境信息平台,第三方检验检测机构应当将室间密码平行样品测试结果上传至国家土壤环境信息平台。

三、建设用地土壤污染状况调查报告评审

(一)评审程序

1. 申请

(1)申请人

1)按照规定进行土壤污染状况调查的土地使用权人。

2）依法组织实施土壤污染风险管控和修复的地方人民政府以及有关部门和单位。

（2）申请材料

申请人提出申请时，应提交以下材料，并对材料真实性负责：

1）建设用地土壤污染状况调查报告评审申请表；

2）申请人、报告编制单位及检测报告出具单位承诺书；

3）用于评审的土壤污染状况调查报告；

4）生态环境主管部门、自然资源主管部门规定的其他相关资料。

2. 受理

评审承办单位收到申请材料后，对申请是否属于受理范围、申请材料的完整性等进行形式审查，市生态环境局根据评审承办单位的建议，作出受理或者不予受理的决定。申请材料不完整的，应一次性告知需要补正的材料。不予受理的，应说明不予受理的理由。受理或者不予受理的决定应于收到申请材料后 5 个工作日内完成。

3. 组织评审

组织评审工作应当在受理申请后 30 个工作日内完成。如需开展抽样检测（检测机构需具备相应资质）等工作的，其时间不计算在内。

（1）专家评审

专家评审的总体要求包括：专家审查的形式、专家组成、专家要求、参会人员、会前准备、会议材料、会议评审、评审结果、专家复核。

1）专家审查的形式

一般为会议审查，包括查阅资料，对于复杂或高风险地块，必要时安排专家现场踏勘。

2）专家组成

评审专家原则上不少于 3 人，复杂或高风险地块的报告，原则上不少于 5 人。

专家原则上从省级及以上土壤专家库或市生态环境保护专家库抽取/选取。专业背景应涵盖土壤环境调查、水文地质、采样检测等领域。涉及复杂或高风险地块的，应至少有 1 名熟悉相关工艺流程的行业专家（必要时可从专家库外邀请）。涉及地下水污染的，应至少有 1 名水文地质专家。专家组组长原则上应有建设用地土壤污染状况调查从业经验。

3）专家要求

评审专家应严格履行《专家评审会廉政要求》，签订《评审专家承诺书》。评审专家应按规定的评审程序，客观公正、科学严谨地出具专家意见，对出具的专家意见负责。与评审项目有直接利害关系或者有其他关系可能影响公正评审的，评审专家应当回避。

4）参会人员

地块所在地乡镇、街道、开发区相关代表，评审专家，评审承办单位相关工作人员，申请人法定代表人或委托代理人，报告编制单位项目负责人，检测报告出具单位相关负责人等。

5）会前准备

需要评审的报告及相关资料应于专家评审会前至少 2 个工作日提供给专家组所有成员。专家评审会前 1 周内，第三方专业机构须赴地块拍摄航空影像视频，未指定或委托第三方专业机构的，航空影像视频由申请人提供。

6）会议材料

包括：申请材料；航空影像视频；若开展市级监督检查的，则需提供市级监督检查结果、确认后的改正回复单及改正情况说明和相关佐证材料；其他相关材料。

7）会议评审

评审专家应依据相关法律法规、技术导则规范、标准和管理要求，并结合专业知识、实践经验及现场踏勘情况等，对报告的规范性、真实性、合理性做出整体判定。对重要技术问题、地块管理问题，参会人员可提请专家会上讨论，但不得干预专家评审。评审专家独立出具个人评审意见，个人意见要有针对性、可操作性且依据充分；专家组应在整体研判和充分讨论的基础上，形成专家组评审意见，由所有成员签字确认，专家组对其出具的意见负责。

8）评审结果

评审意见中结论包括"通过""修改确认后通过""不予通过"三种情形。报告不存在问题的，原则上评审结论为"通过"；报告存在一般性技术问题、短期内可以完成修改的，原则上评审结论为"修改确认后通过"；报告存在严重技术性缺陷、短期内无法完成修改的，原则上评审结论为"不予通过"。评审结果当场告知申请人。

9）专家复核

评审结论为"通过"的，无需专家复核。评审结论为"修改确认后通过"的，收到修改后的报告及专家意见修改清单后，评审承办单位或者第三方专业机构进行预审核，对未修改到位的，予以退回；对修改到位的，提请全部专家复核、签字。评审结论为"不予通过"的，申请人应根据专家组评审意见和专家个人评审意见进行整改，完成整改后按原流程重新申请评审。

(2) 重新评审的情形

若存在未查明的严重污染，组织评审部门可要求补充开展土壤污染状况调查并重新评审。

（二）信息管理

申请人应当在评审前将报告上传全国土壤环境信息平台。对需要进一步修改完善的报告，申请人应当在评审结束后 30 个工作日内将修改完善后的报告上传全国土壤环境信息平台，并同时落实相关信息公开要求。

生态环境主管部门应及时将报告评审情况录入国家土壤信息服务平台。

（三）档案管理

对照存档材料清单，申请人向评审承办单位报送存档材料，并填写《建设用地土壤污染状况调查报告存档审查表》。评审承办单位应对存档材料的合规性、完整性进行审查。不符合要求的，一次性告知需补齐或修改的材料。

驻各地生态环境局建立报告档案管理制度，妥善保存报告会议材料、评审材料等相关材料，保存期限不少于 30 年。重新评审的，相关材料与之前评审的材料均需存档。

（四）信息公开

市生态环境局于次年第一季度公布上年度全市报告评审情况。公开内容一般包括：报告编制单位名称、提交报告总数及一次性通过率。

第七章　土壤污染物检测分析

第一节　土壤中典型无机污染物的分析方法

一、样品的制备与分析质量控制

土壤样品的制备已如前述，将采集的土壤样品（一般不少于500g）风干，除去土样中石子和动植物残体等异物，用木棒（或玛瑙棒）研压，通过2mm尼龙筛（除去2mm以上的砂砾），混匀。用四分法取出通过2mm尼龙筛的土样约100g，用玛瑙研钵研磨至全部通过100目（孔径0.149mm）尼龙筛，混匀后备用。这里强调了"全部通过"，意为不可因制样的困难而有任何丢弃。

测定样品精密度可用平行样控制，允许的最大相对偏差如表7-1所示；测定的准确度可用中国土壤标样（如GSS系列）进行控制，其测定范围一般控制在$X\pm1S$内，不超过$X\pm2S$。

表7-1　平行双样允许最大相对偏差的控制

元素质量范围/（mg·kg^{-1}）	>100	10～100	1～10	0.1～1	<0.1
允许最大相对偏差/%	5	10	20	25	30

二、土壤中砷的测定

土壤中砷的测定方法常用的有氢化物原子吸收法、原子荧光法及分光光度法等，从方法的灵敏度、准确度、精密度、抗干扰能力及适用性上来看，这几种方法均可采用，氢化物原子吸收法与原子荧光法比分光光度法简便、快速。

（一）氢化物-原子荧光光谱法

1. 方法原理

在发生器的酸性溶液中砷（As）与还原剂硼氢化钾发生氢化反应，砷被还原成砷化氢气体由载气（氩气）导入电热石英炉原子化器。砷化氢气体进入原子化器即解离而成为砷的气态原子，砷原子受到光源特征辐射线的照射后因被激发而产生砷原子荧光，产生的荧光强度与试样中被测元素的含量成正比，因而可从标准曲线或相关方程中求得被测元素的含量。

2. 仪器

原子荧光光谱仪，仪器最佳工作条件需要参照仪器说明书并进行试验；砷特种空心阴极灯。

3. 主要试剂

分析中使用的酸和标准物质均为符合国家标准或专业标准的优级纯试剂，其他为分析试剂或去离子水。

（1）砷标准储备液

准确称取三氧化二砷（As_2O_3）1.3204g，用 50mL 0.5mol/L NaOH 溶液预溶，转入 1000mL 容量瓶中，用水稀释至刻度，摇匀备用，此溶液含 As 为 1000mg/L。

（2）硼氢化钾溶液

1.5%硼氢化钾（KBH_4）-0.2%KOH 溶液，称取 15g 硼氢化钾溶于先溶有 2gKOH 的 200mL 溶液中，过滤，然后稀释至 1L，现用现配。

（3）硫脲-抗坏血酸水溶液（10%）

称取 10g 硫脲，10g 抗坏血酸溶于去离子水中，稀释至 100mL，现用现配。

（4）盐酸-硝酸-水溶液

$HCl:HNO_3:H_2O=3:1:4$（体积），现用现配。

（5）浓盐酸（HCL）

4. 操作步骤

（1）标准曲线

用逐级稀释法稀释砷标准贮备液至含 As 浓度为 100μg/L 和 10.0μg/L 的标准液，吸取一定量稀释的 As 标准液分别于 50mL 容量瓶中，标准液含 As 分别为 0.0、0.5、1.0、3.0、5.0、10.0、20.0μg/L。分别添加 10mL 浓度为 6mol/L 盐酸，10mL 硫脲-抗坏血酸水溶液，摇匀，放置 20min，在荧光光谱仪上测定荧光强度，以相对荧光强度为纵坐标，As 浓度为横坐标作曲线。

（2）样品预处理

称取 0.100～0.5000g 土样（过 0.149mm 筛）于 25mL 刻度试管中，加少量水湿润，然后加入盐酸-硝酸-水溶液 10mL，在室温下放置过夜，再置于沸水浴中消煮 2h，其间摇动二次，取下冷却后用水定容，放置澄清。同时做空白试验。

（3）样品的测定

吸取待测液 5mL 于 25mL 容量瓶，加入 5mL 浓度为 6mol/L 盐酸，5mL 硫脲-抗坏血酸混合液，定容，摇匀，放置 20min，与标准曲线同时在荧光光谱仪上测定荧光强度或浓度。

5. 结果计算

$$C(As) = \frac{C_1 \times V \times t_s}{W \times 1000} \tag{7-1}$$

式中，$C(As)$ 为土壤砷浓度，单位为 μg/mg 或 mg/kg；C_1 为测得的砷的浓度，单位为 μg/L；V 为测定时定容体积，单位为 mL；t_s 为分取倍数；W 为样品质量，单位为 g；1000 为将 mL 换算为 L 的系数。

6. 注意事项

（1）试样酸度不宜过大，一般以浓度为 1.2mol/L 的 HCl 为宜。

（2）仪器测 As 的检测限可达 0.0060μg/L，方法检测限为 0.01mg/kg，不同仪器之间有一定差异。

(3) 土壤中总砷测定的国家标准方法（原子荧光法）可参阅《土壤质量 总汞、总砷、总铅的测定 原子荧光法 第2部分：土壤中总砷的测定》（GB/T 22105.2—2008）。

(二) 土壤总砷-二乙基二硫带氨基甲酸银分光光度法

1. 原理

As（Ⅴ）在酸性溶液中经碘化钾与氯化亚锡还原为As（Ⅲ），与新生态氢生成AsH_3气体，通过乙酸铅棉除去硫化物后，吸收于二乙基二硫代氨基甲酸银（AgDDC)-三乙醇胺-氯仿溶液中，生成红色配合物，比色测定。

2. 仪器

(1) 分光光度计，1cm比色皿。

(2) 砷化氢发生装置包括砷化氢发生瓶（150mL磨口锥形瓶），导气管（一端带有磨口塞，并有一球形泡（内装乙酸铅棉）；一端为毛细管，管口直径不大于1mm）；吸收管（内径为8mm的带刻度试管）。

3. 主要试剂

分析中使用的酸和标准物质均为符合国家标准或专业标准的优级纯试剂，其他为分析纯试剂和去离子水。

(1) 浓硫酸（H_2SO_4）、浓硝酸（NHO_3）、浓盐酸（HCl）。

(2) 碘化钾（KI）溶液

称取15g碘化钾溶于去离子水，并稀释至100mL，储于棕色瓶内。

(3) 氯化亚锡溶液

称取40g氯化亚锡（$SnCl_2 \cdot H_2O$），溶于40mL浓盐酸中，并加去离子水稀释至100mL，投入3~5粒金属锡离子保存。

(4) 乙酸铅棉

将脱脂棉浸入浓度为100g/L醋酸铅溶液[$Pb(CH_3COO)_2 \cdot 3H_2O$]中，2h后取出，待其自然干燥，储存于密封的容器中。

(5) 无砷锌粉（10~20目）

含砷在0.1mg/kg以下。

(6) 吸收液（二乙胺基二硫代甲酸银-三乙醇胺-氯仿溶液）

称取0.25g二乙胺基二硫代甲酸银（$C_5H_{10}NS_2Ag$），研碎后用少量氯仿溶解。加入1.0mL三乙醇胺[$(HOCH_2CH_3)_3N$]，再用氯仿（$CHCl_3$）稀释至100mL，静置过夜，用脱脂棉过滤至棕色瓶内，避光保存。

(7) 氢氧化钠溶液

2mol/L，储存在聚乙烯瓶中。

(8) 砷标准贮备溶液

准确称取As_2O_3 0.1320g，置于100mL烧杯中，加5mL 200g/L氢氧化钠溶液，温热至As_2O_3全部溶解后，以酚酞为指示剂，用1mol/L硫酸中和至溶液无色，再过量10mL，转入1000mL容量瓶中，用水定容，此溶液浓度为含As 100μg/mL。三氧化二砷剧毒，小心使用。

4. 操作步骤

（1）标准曲线

用逐级稀释砷标准贮备液到含 As1μg/mL 的标准稀释液。吸取 0.00、0.50、1.00、2.50、5.00、7.50、10.00mLAs 标准稀释液，各加蒸馏水至 50mL。加入 7mL 硫酸（1∶1）溶液，4mL150g/L 的碘化钾，2mL 浓度为 400g/L 的氯化亚锡，摇匀，放置 15min。于各吸收管中分别加入 5.0mL 二乙胺基二硫代甲酸银-三乙醇胺-氯仿溶液，插入塞有乙酸铅棉的导气管。迅速向各发生瓶中浸入预先称好的 4g 无砷锌粉，立即塞紧瓶塞，勿使泄漏。在室温下反应 1h。最后用氯仿将吸收液体积补充到 5.0mL，在 1h 内于 510nm 波长处，用 1cm 比色皿，以试剂空白为参比，测定吸光度，以吸光度为纵坐标，As 含量为横坐标绘制标准曲线。

（2）样品预处理

称取制备的土壤样品 0.5~2g（准确至 0.0002g）于 150mL 锥形瓶中，加少量去离子水润湿样品，加 10~15mL 浓硝酸。置电热板上加热数分钟后取出冷却，加 3.5mL 浓硫酸，摇匀，先低温消化，后逐级提高温度，消化完全的土壤样品应为灰白色（若有黑色颗粒物应补加硝酸），待作用完全并冒硫酸白烟后，移下锥形瓶冷却。用水冲洗瓶壁，再加热至冒浓白烟，以逐尽硝酸。取下锥形瓶冷却备用。同时做空白试样。

（3）样品的测定

取部分或全部消化液，置于砷化氢发生瓶中，加蒸馏水至 50mL，以下按标准曲线的步骤进行操作。

5. 结果计算

$$C（As）=\frac{m \times t_s}{W} \tag{7-2}$$

式中，C（As）为土壤砷的含量，单位为 $\mu g/g$ 或 mg/kg；m 为测试样品中的含砷量，单位为 μg；t_s 为分取倍数；W 为称取样品质量，单位为 g。

6. 注意事项

（1）AsH_3 有毒，吸收过程应在通风橱中进行。

（2）导气之前，每加一种试剂需摇匀。

（3）吸收液吸收砷化氢后在 60min 内稳定。

（4）本方法最低检出限为 0.5μg。

（5）锑和硫化物对测定有正干扰。锑在 300μg 以下，可用 $KI-SnCl_2$ 掩蔽。在试样氧化分解时，硫已被硝酸氧化分解，不再有影响。实际中可能存在少量硫化物，可用乙酸铅脱脂棉吸收除去。

（6）土壤中总砷测定的国家标准（分光光度法）可参阅《土壤质量 总砷的测定 二乙基二硫代氨基甲酸银分光光度法》(GB/T 17134—1997)。

三、土壤中镉的测定

镉（Cd）的测定方法有原子吸收分光光度法和比色法。原子吸收分光光度法具有灵敏度高、选择性好、操作简便、快速的特点，是测定土壤重金属元素的主要方法之一，根据含量的高低可分别采用火焰或无火焰来进行测定；比色法干扰因素较多，操作较烦琐，目前已很少采用。

（一）方法原理样品

样品导入原子化器后，形成的原子对特征电磁辐射产生吸收，吸收强度与被测定元素的含量成正比，将测得样品的 Cd 吸收度和标准溶液的 Cd 吸收度进行比较，即可得到样品中 Cd 的浓度。视土壤消化液中 Cd 含量的高低选择火焰法或石墨炉无火焰法进行测定。背景和基体效应的干扰较大时可采用碘化钾-甲基异丁基酮萃取富集分离后测定。

（二）仪器

原子吸收分光光度计及石墨炉无火焰装置；Cd 元素空心阴极灯；仪器使用条件可参照仪器说明书并进行试验。

（三）主要试剂

分析中使用的酸和标准物质均为符合国家标准或专业标准的优级纯试剂，其他为分析纯试剂和去离子水。

(1) 氢氟酸（HF）、硝酸（HNO_3）、盐酸（HCl）、高氯酸（$HClO_4$）；
(2) 碘化钾饱和溶液；
(3) 抗坏血酸；
(4) 甲基异丁基酮（MIBK）；
(5) Cd 标准贮备液。

准备称取 1.0000g 金属 Cd（99.99%），加入少量稀 HNO_3 溶液，在水浴上蒸干后，加 5mL 1mol/L HCl，再蒸干，加 HCl 和 H_2O 溶解残渣，用 H_2O 稀至 1000mL，控制溶液酸度为 0.5mol/L，此溶液含 Cd 1000μg/mL。

（四）操作步骤

1. 标准曲线

（1）火焰法

用逐级稀释法配制成含 Cd 10.00μg/mL 的标准液，再配制成含 Cd 0.00μg/mL、0.10μg/mL、0.20μg/mL、0.30μg/mL、0.40μg/mL、0.50μg/mL、1.00μg/mL 的标准系列，浓度为 0.5mol/L 的 HCl。在原子吸收分光光度计上测定吸光度，以相对吸光度为纵坐标，Cd 浓度为横坐标绘制标准曲线。

（2）石墨炉无火焰法

用逐级稀释法配制成含 Cd 100μg/mL 的标准液，再配制成含 Cd 0.0μg/L、2.0μg/L、4.0μg/L、6.0μg/L、8.0μg/L、10.0μg/L、12.0μg/L、16.0μg/L、20.0μg/L 的标准系列，酸度为 0.2mol/L HCl。分别吸取标准系列溶液 5.00mL 于 25mL 具塞试管中，加 4mL 水、2mL 浓度为 1mol/L 的 HCl、0.2g 抗坏血酸，摇溶，再加 4mL 饱和碘化钾溶液，激烈振荡 0.5min 后，准确加入 5.00mL 甲基异丁基酮萃取，激烈振荡 1min，静置分层后测定有机相。在原子吸收分光光度计石墨炉上测定吸光度，以相对吸光度为纵坐标，Cd 浓度为横坐标绘制标准曲线。

2. 土壤样品消化

（1）HF-$HClO_4$-HNO_3 消化法

称取经 105～110℃烘干，过 0.149mm（100 目）孔筛的土样 2g（精确至 0.001g）

置于30mL聚四氟乙烯坩埚内,加几滴去离子水润湿、10mLHF、5mL1∶1的$HClO_4$-HNO_3混合液,加盖低温消化(100℃以下)1h后,去盖,升高温度(低于250℃)继续消化至$HClO_4$大量冒烟。再加5mLHF和5mL1∶1的$HClO_4$-HNO_3混合液,消化至$HClO_4$冒浓厚白烟时,加盖,使黑色有机碳化物充分分解。待坩埚上的黑色有机物消失后,开盖驱赶白烟到近干,加5molHNO_3消化至白烟基本冒尽且内容物呈干裂状,取下趁热加5mL2mol/LHCl,加热溶解残渣(不能冒烟)。然后转移25mL容量瓶中,用去离子水定容,摇匀,并立即将消化液转移至塑料瓶中待测。同时做两份试剂空白。

(2)王水-过氯酸法

称取经105~110℃烘干,过0.149mm(100目)孔筛的土样2g(精确至0.001g),放于100mL高型烧杯中,用少量水湿润(如系石灰性土壤,可滴加适量HCl至无大量气泡产生),在通风柜中先加7.5mL浓HCl,续加2.5mL浓HNO_3,放于电热板上低温加热,待激烈反应过后,添加5mL$HClO_4$,消煮,直至近干(注意不要烧焦),此时残留物为白色或灰白色沉淀,如颜色比较深,可再加5mL$HClO_4$,继续消化至符合要求为止,在一般情况下,添加两次即已足够,取下烧杯,添加10mL1mol/LHCl,用玻璃棒搅拌并在搅拌下加热至微沸,冷却过滤至50mL容量瓶中,用去离子水洗涤数次,定容待测。

上述两种消化法,王水-过氯酸法使土壤中重金属(Cd、Co、Cr、Cu、Ni和Pb)的结果偏低,尤其对土壤背景值的测定影响较大。一般来说,测定土壤背景值时建议采用HF-$HClO_4$-HNO_3法,测定污染土壤时可采用王水-过氯酸法。

3.样品的测定

土壤消化液中Cd含量高时,可将待测液直接喷入空气-乙炔火焰中测定;当待测液中Cd含量低时可用石墨炉无火焰法测定,或取适量消化液(5~10mL)按标准曲线的方法用MIBK萃取后测定。样品液与标准曲线同时在原子吸收仪上测定吸光度或元素浓度。

(五)结果计算

$$C(Cd) = \frac{C_1 \times V \times t_s}{W} \quad (7-3)$$

式中,C(Cd)为土壤镉浓度,单位为$\mu g/g$或mg/kg;C_1为测得的镉浓度,单位为$\mu g/mL$;V为测定时定容体积,单位为mL;t_s为分取倍数;W为样品质量,单位为g。

(六)注意事项

(1)若萃取液中Cd含量超出标准曲线范围时,不可用甲基异丁基酮稀释测定,而应减少消化液的量,重新萃取,否则将带来较大的误差。

(2)高氯酸的纯度对空白值影响很大,直接关系到结果的准确度,因此在消化时所加入的高氯酸的量应保持一致,并尽可能少加,以便降低空白值。

(3)消化时应尽可能将高氯酸白烟驱尽,否则加入碘化钾时会产生大量高氯酸钾的沉淀,但少量沉淀不影响测定。

(4)原子吸收分光光度法的检出限与仪器性能有关。

(5)Cd、Co、Cr、Cu、Ni和Pb等的消解,采用HF-$HClO_4$-HNO_3全消解方法,

可在同一消化液中测定上述元素，用此法测定的土壤标样 GSS1-8 的测定结果可达"可用值±1S"范围内。此法对于大量样品的分析更为合适，可节省时间。在农田土壤质量普查中，有利于基层分析人员的掌握。

（6）土壤中镉测定的国家标准方法（石墨炉原子吸收分光光度法）可参阅《土壤质量 铅、镉的测定 石墨炉原子吸收分光光度法》（GB/T 17141—1997）。

四、土壤中铬的测定

（一）方法原理

采用 $HF-HClO_4-HNO_3$ 全分解的方法，破坏土壤的矿物晶格，使试样中的待测元素全部进入试液，并且，在消解过程中，所有铬（Cr）都被氧化成 $Cr_2O_7^{2-}$。然后，将消解液喷入富燃性空气-乙炔火焰中。在火焰的高温下，形成铬基态原子，并对铬空心阴极灯发射的特征谱线 357.9nm 产生选择性吸收，吸收强度与 Cr 的含量成正比。选择最佳的测定条件，测定铬的吸收光度，将待测液中的 Cr 吸光度和标准液的 Cr 吸光度进行比较，即可得到样品中 Cr 的浓度。

（二）仪器

原子吸收分光光度计及石墨无火焰装置；Cr 元素空心阴极灯；仪器使用适宜条件可参照仪器使用说明书。

（三）主要试剂

分析中使用的酸和标准物质均为符合国家标准或专业标准的优级纯试剂，其他为分析纯试剂和去离子水。

（1）氢氟酸、浓硝酸、高氯酸。

（2）Cr 标准贮备液

称取 1.0000g 金属 Cr（99.99%）溶于少量 HCl，用水稀释至 1L，HCl 酸价为 0.5mol/L，此溶液含 Cr1000μg/mL。

（四）操作步骤

1. 标准曲线

用逐级稀释法稀释 Cr 标准贮备液，使之标准系列 Cr 浓度分别为 0.50μg/mL、1.00μg/mL、2.00μg/mL、3.00μg/mL、5.00μg/mL，HCl 酸价为 0.5mol/L。

2. 土壤消化

土壤消化见土壤中镉的测定。

3. 样品测定

将样品消化液与标准曲线同时测定，按照仪器性能可以直接测定元素浓度或先测定吸光度，然后在相应标准曲线上查得元素含量。

（五）结果计算

$$C(Cr) = \frac{C_1 \times V \times t_s}{W} \tag{7-4}$$

式中，$C(Cr)$ 为土壤铬浓度，单位为 μg/g 或 mg/kg；C_1 为测得的铬浓度，单位为

μg/mL；V 为测定时定容体积，单位为 mL；t_s 为分取倍数；W 为样品质量，单位为 g。

（六）注意事项

（1）铬是易形成耐高温氧化物的元素，其原子化效率受火焰状态和燃烧器高度的影响较大，需使用燃烧性（还原性）火焰，观测高度以 10mm 处最佳。

（2）加入氯化铵（待测液中含 0.01g/mL）可以抑制铁、钴、镍、钒、铝、镁、铅等共存离子的干扰。

（3）样品消解中，Cr 与高氯酸或盐酸单独作用时，不会形成氯化铬酰（CrO_2Cl_2）。但用 $HClO_4$ 分解，而又存在氯化物时，络合形成二氯二氧化铬而损失，因此在铬的消解中，不能用 $HCl-HNO_3-HF-HClO_4$ 消解。可用本法、$HF-HClO_4-HNO_3$ 或碱熔法分解。

（4）碱熔法

准确称取 0.2g 土样与 1.5g 碳酸锂与硼酸（1∶2）混合物，搅匀，于石墨粉瓷坩埚或黄铂坩埚内在 950℃ 马福炉内部熔 30min，趁热取出熔块投入 30mL 浓度为 4% 的 HNO_3 溶液中，超声粉碎溶解，定容至 50mL 待测。

（5）土壤中铬测定的标准方法（火焰原子吸收分光光度法）可参阅《土壤和沉积物 铜、锌、铅、镍、铬的测定 火焰原子吸收分光光度法》（HJ 491—2009）。

五、土壤中铜的测定

（一）方法原理

采用硝酸-氢氟酸-高氯酸全分解的方法，彻底破坏土壤的矿物晶格，使试样中的待测元素全部进入试液中。然后，将土壤消解液喷入空气-乙炔火焰中。在火焰的高温下，铜（Cu）化合物离解为基态原子，该基态原子蒸气对铜阴极灯发射的特征谱线产生选择性吸收，吸收强度与 Cu 的含量成正比，选择最佳的测定条件，测定铜的吸光度，将待测液中的 Cu 吸光度和标准液的 Cu 吸光度进行比较，即可得到样品中 Cu 的浓度。

（二）仪器

原子吸收分光光度计及石墨炉无火焰装置；Cu 元素空心阴极灯；仪器使用适宜条件可参照仪器说明书进行试验。

（三）主要试剂

分析中使用的酸和标准物质均为符合国家标准或专业标准的优级纯试剂，其他为分析纯试剂和去离子水。

（1）氢氟酸、浓硝酸、浓盐酸、高氯酸。

（2）Cu 标准贮备液

称取 1.0000g 金属铜（99.99%）加入少量 HNO_3 溶解，在水浴上蒸干，加 5mL 浓度为 1mol/L 的 HCl 蒸干，用 HCl 和 H_2O 溶解，用 H_2O 稀释至 1L，HCl 浓度为 0.5mol/L，此溶液含 Cu 1000μg/mL。

（四）操作步骤

1. 标准曲线

用逐级稀释法稀释 Cu 标准贮备液至含 Cu 为 10.0μg/mL 的标准溶液，再配制成含

Cu 为 0.00μg/mL、0.50μg/mL、1.00μg/mL、1.50μg/mL、2.00μg/mL、3.00μg/mL 的标准系列，HCl 酸价为 0.5mol/L。

2. 土壤样品消化

参见土壤中镉测定方法中的样品前处理。

3. 样品测定

将样品消化液与标准曲线同时测定，按照仪器性能可以直接测定元素浓度或先测定吸光度，然后在相应标准曲线上查得元素含量。

（五）结果计算

$$C(Cu) = \frac{C_1 \times V \times t_s}{W} \tag{7-5}$$

式中，$C(Cu)$ 为土壤铜浓度，单位为 μg/g 或 mg/kg；C_1 为测得的铜浓度，单位为 μg/mL；V 为测定时定容体积，单位为 mL；t_s 为分取倍数；W 为样品质量，单位为 g。

（六）注意事项

土壤中铜测定的国家标准方法（火焰原子吸收分光光度法）可参阅《土壤质量 铜锌的测定 火焰原子吸收分光光度法》（GB/T 17138—1997）。

六、土壤中汞的测定

土壤中汞的测定方法较多，主要有冷原子吸收法、冷原子荧光法及原子荧光法等，均能满足土壤测定的要求。原子荧光法具有较高的灵敏度、较好的选择性、较小的干扰、较宽的线性范围和较快的分析速度等优点，得到广泛应用。

（一）原理方法

基态汞（Hg）原子在波长 253.7nm 紫外光激发而产生共振荧光，在一定条件下和浓度范围内，荧光强度与汞浓度成正比。样品经王水分解后，二价汞被还原剂硼氢化钾或氯化亚锡还原成单质汞，形成汞蒸气，由载气（氩气）导入未加热的石英原子化器中，测量荧光强度，将待测液中的 Hg 荧光强度和标准系列进行比较，求得样品中 Hg 的含量。

（二）仪器

原子荧光光谱仪，仪器最佳工作条件需要参照所用仪器说明书并进行试验；汞特种空心阴极灯。

（三）主要试剂

分析中使用的酸和标准物质均为符合国家标准或专业标准的优级纯试剂，其他为分析纯试剂和去离子水。

（1）汞标准贮备液

向国家认可部门购买含 Hg100μg/mL 标准贮备液。

（2）硼氢化钾溶液

0.02％硼氢化钾（KBH_4）-0.2％KOH，称取 0.2gKBH_4 溶于先溶有 2gKOH 的 200mL 溶液中，过滤然后稀释至 1L，现用现配。

(3) 盐酸-硝酸-水溶液

HCl：HNO_3：H_2O＝3：1：4，现用现配。

（四）操作步骤

1. 标准曲线

用逐级稀释法稀释汞标准贮备液至含汞 20.0μg/L 的标准液，用 5％HCl 溶液稀释。分别吸取 0.00mL、0.50mL、1.00mL、2.00mL、3.00mL、5.00mL、10.00mL 汞稀释标准液于 50mL 容量瓶中，用 5％HCl 溶液稀释到刻度定容。标准液含 Hg 分别为 0.00μg/L、0.20μg/L、0.40μg/L、0.80μg/L、1.20μg/L、2.00μg/L、4.00μg/L。在原子荧光光谱仪上测定荧光强度，以相对荧光强度为纵坐标，汞浓度为横坐标作曲线。

2. 土壤样品的消化

称取过 0.149mm（100 目）筛的风干土样 0.1～0.5g（精确至 0.00001g）于 25mL 刻度试管中，加少量水湿润，然后加盐酸-硝酸-水溶液 10mL，摇匀后置于沸水浴中消煮 2h，其间摇动两次，取下冷却至室温，用去离子水稀释至刻度定容，放置澄清。同时做空白试验。

3. 样品测定

取样品上清液与标准曲线同时测定荧光强度。

（五）计算结果

$$C(Hg) = \frac{C_1 \times V \times t_s}{W \times 1000} \tag{7-6}$$

式中，$C(Hg)$ 为土壤汞浓度，单位为 μg/g 或 mg/kg；C_1 为测得的汞浓度，单位为 μg/L；V 为测定时定容体积，单位为 mL；t_s 为分取倍数；W 为样品质量，单位为 g；1000 为将 mL 换算成 L 的系数。

（六）注意事项

(1) 玻璃对汞有吸附作用，因此反应瓶、定容瓶等玻璃仪器皿每次使用后都需用 10％的硝酸溶液浸泡，随后用去离子水洗净备用。

(2) 玻璃对汞吸附较强，因此，在配制汞标准液时，一般均加 5％硝酸－0.5g/L 重铬酸钾溶液（汞保存液）配制。由于重铬酸钾的空白值较大，在本方法中采用不加保存液，而采用标准系列溶液随用随配，且样品消化液要尽快测定。

(3) 仪器测 Hg 的检出限可达 0.0004μg/L，本法 Hg 的检出限为 0.002mg/kg，不同仪器之间有一定误差。

(4) 土壤中总汞测定的国家标准方法（原子荧光法）可参阅《土壤质量 总汞、总砷、总铅的测定 原子荧光法 第 1 部分：土壤中总汞的测定》(GB/T 22105.1—2008)。

七、土壤中镍的测定

（一）方法原理

采用硝酸-氢氟酸-高氯酸全分解的方法，彻底破坏土壤的矿物晶格，使试样中的待测元素全部进入试液。然后，将土壤消解喷入空气-乙炔火焰中。在火焰的高温下，镍（Ni）化合物离解为基态原子，基态原子蒸气对镍空心阴极灯发射的特征谱线 232.0nm 产生选择性吸收，吸收强度与 Ni 的含量成正比。选择最佳的测定条件，测定镍的吸光度，将待测液中的 Ni 吸光度和标准液的 Ni 吸光度进行比较，即可得到样品中 Ni 的浓度。

（二）仪器

原子吸收分光光度计及石墨炉无火焰装置，Ni 元素空心阴极灯。仪器使用适宜条件可参照仪器说明书并进行试验。

（三）主要试剂

分析中使用的酸和标准物质均为符合国家标准或专业标准的优级纯试剂，其他为分析纯试剂和去离子水。

（1）浓 HNO_3、$HClO_4$、氢氟酸。

（2）Ni 标准贮备液

称取 1.0000g 高纯（99.99%）金属镍，用少量 HNO_3 溶解，在水浴上蒸发至干，加入 5mLHCl 再次蒸干。用 HCl 和去离子水溶解残渣态，定容至 1L，最终 HCl 浓度为 0.5mol/L，此溶液 Ni 含量为 1000μg/mL。

（四）操作步骤

1. 标准曲线

用逐级稀释法配制成含 Ni 0.00μg/mL、0.50μg/mL、1.00μg/mL、1.50μg/mL、2.00μg/mL、3.00μg/mL 的标准系列。

2. 土样的前处理

参见土壤中镉测定的土壤前处理。

3. 样品测定

将样品消化液与标准曲线同时测定，按照仪器性能可以直接测定元素浓度或先测定吸光度，然后在相应标准曲线上查得元素含量。

（五）计算结果

$$C(Ni) = \frac{C_1 \times V \times t_s}{W} \tag{7-7}$$

式中，$C(Ni)$ 为土壤镍浓度，单位为 μg/g 或 mg/kg；C_1 为测得的镍浓度，单位为 μg/mL；V 为测定时定容体积，单位为 mL；t_s 为分取倍数；W 为样品质量，单位为 g。

（六）注意事项

（1）Ni 具有较复杂的光谱，测定时选用较小的狭缝宽度。

（2）232.0nm 处于紫外区，盐类颗粒物、分子化合物产生的光散射和分子吸收比较严重，会影响测定，使用背景校正可以克服这类干扰。如浓度允许，亦可用试液稀释法减少背景干扰。

（3）土壤中镍测定的国家标准方法（火焰原子吸收分光光度法）可参阅《土壤质量 镍的测定 火焰原子吸收分光光度法》（GB/T 17139—1997）

八、土壤中铅的测定

（一）原理

土样经消化后的溶液导入原子化器后，形成的铅（Pb）原子对特征电磁辐射产生吸收，吸收强度与 Pb 的含量成正比，将测得的样品中 Pb 的吸光度和标准溶液的 Pb 吸光度进行比较，即可得样品中 Pb 的浓度。视土壤消化液中 Pb 含量的高低选择火焰法或石墨炉无火焰法进行测定，背景和基体效应的干扰较大时可采用碘化钾-甲基异丁基酮萃取富集分离后测定。

(二) 仪器

原子吸收分光光度计及石墨炉无火焰装置，Pb 元素空心阴极灯，仪器使用适宜条件可参照仪器说明书并进行试验。

(三) 主要试剂

分析中使用的酸和标准物质应为符合国家标准或专业标准的优级纯试剂，其他为分析纯试剂和去离子水。

(1) 氢氟酸、浓硝酸、浓盐酸、高氯酸。

(2) 碘化钾饱和溶液。

(3) 抗坏血酸。

(4) 甲基异丁基酮。

(5) Pb 标准贮备液。

称取 1.0000g 金属 Pb (99.99%)，溶于少量 HNO_3 (6mol/L) 用水稀释至 1L，溶液中的 HNO_3 为 0.5mol/L，含铅量为 1000μg/mL。

(四) 操作步骤

1. 标准曲线

(1) 火焰法

用逐级稀释法稀释 Pb 标准贮备液至 50.0μg/mL 溶液，再配制成含 Pb 为 0.00μg/mL、0.50μg/mL、1.00μg/mL、1.50μg/mL、2.00μg/mL、2.50μg/mL、5.00μg/mL 的标准系列，HCl 酸价为 0.5mol/L。

(2) 石墨炉无火焰法

Pb 的标准系列可配制成 0.00μg/L、5.00μg/L、10.00μg/L、20.00μg/L、50.00μg/L、100.00μg/L、200.00μg/L，HCl 酸价为 0.2mol/L。分别吸取标准系列溶液 5.00mL 于 25mL 具塞试管中，加 4mL 水，加 2mL 1mol/L HCl，加 0.2g 抗坏血酸，摇溶，再加 4mL 饱和碘化钾溶液，激烈振荡 0.5min 后，准确加入 5.00mL 甲基异丁基酮萃取，激烈振荡 1min 静置分层后测定有机相。

2. 土壤样品的消化

见土壤中镉测定的土样前处理。

3. 样品测定

Pb 含量高的土壤样品，可将待测液直接喷入空气-乙炔火焰中测定；Pb 含量低时可用石墨炉无火焰法测定，或取适量消化液 (5~10mL) 按标准曲线的方法用甲基异丁基酮萃取后测定，样品溶液与标准曲线同时在原子吸收仪上测定吸光度或元素浓度。

(五) 结果计算

$$C(Pb) = \frac{C_1 \times V \times t_s}{W} \qquad (7-8)$$

式中，$C(Pb)$ 为土壤铅浓度，单位为 $\mu g/g$ 或 mg/kg；C_1 为测得的铅浓度，单位为 $\mu g/mL$；V 为测定时定容体积，单位为 mL；t_s 为分取倍数；W 为样品质量，单位为 g。

（六）注意事项

（1）若萃取液中 Pb 含量超出标准曲线范围时，不可用甲基异丁基酮稀释测定，而应减少消化液的量，重新萃取，否则将带来较大的误差。

（2）高氯酸的纯度对空白值影响很大，直接关系到结果的准确度，因此在消化时所加入的高氯酸的量应保持一致，并尽可能地减少加，以降低空白值。

（3）消化时应尽可能将高氯酸白烟驱尽，否则加入碘化钾时会产生大量高氯酸钾的沉淀，但少量沉淀并不影响测定。

（4）土壤中铅测定的国家标准方法（石墨炉原子吸收分光光度法）可参阅《土壤质量 铅、镉的测定 石墨炉原子吸收分光光度法》（GB/T 17141—1997）；（原子荧光法）可参阅《土壤质量 总汞、总砷、总铅的测定 原子荧光法 第 3 部分：土壤中总铅的测定》（CB/T 22105.3—2008）

九、土壤中硒的测定

土壤中硒（Se）的测定方法常用的有原子吸收分光光度法、原子分光荧光法、分光光度法、催化极谱法、高效液相色谱法、中子活化法和原子荧光光度法等。原子荧光光谱法具有设备简单、灵敏度高、光谱干扰少、工作曲线线性范围宽等优点。

（一）方法原理

样品经酸溶液消解后，其中 Se 以硒酸（H_2SeO_4）形式存在。在盐酸介质中，将试样中的 Se^{6+} 还原成 Se^{4+}，然后用硼氢化钾（KBH_4）作还原剂，将待测液中的四价 Se 还原成挥发性的硒化氢（SeH_2），由载气（氩气）导入原子化器中进行原子化，在硒的特制空心阴极灯照射下，SeH_2 分解成单质 Se，基态 Se 原子被激发至高能态，去活化回到基态时发射出特征波长的荧光，其荧光强度与 Se 含量成正比。被测元素的含量可从标准曲线或相关方程中求得。

（二）仪器

原子荧光光谱仪，仪器最佳工作条件需要参照各仪器说明书并进行试验；硒特种空心阴极灯。

（三）主要试剂

分析中使用的酸和标准物质均为符合国家标准或专业标准的优级纯试剂，其他为分析纯试剂和去离子水。

（1）硒标准贮备液

准备称取元素 Se（光谱纯）0.1000g，加 $10mol HNO_3$，在沸水浴中加热溶解，并蒸去 HNO_3，加入浓度 6mol/L 的 HCl33mL，用去离子水定容至 1000mL。此溶液含 Se 为 100mg/L，酸度为 0.2mol/L。

或购买由国家认可的 Se 标准溶液。

（2）硼氢化钾溶液

称取 10g 硼氢化钾（KBH_4）溶于先溶有 2gKOH 的 200mL 溶液中，过滤，然后稀释至 1L，现用现配。

（3）浓盐酸（HCl）、浓硝酸（HNO₃）。

（4）三价铁盐溶液

10g/L，酸度为 10%HCl 溶液。

（四）操作步骤

1. 标准曲线

用逐级稀释法稀释 Se 标准贮备液至含 Se 为 100μg/mL 标准液，分别吸取稀释的 Se 标准液 0.00mL、0.50mL、1.00mL、2.00mL、4.00mL、5.00mL、10.00mL 于 50mL 容量瓶中，加 Fe^{3+} 盐溶液 5mL，加入浓度为 6mol/L 的 HCl 溶液 19mL，然后用纯水定容，摇匀，标准液含 Se 分别为 0.00μg/L、1.00μg/L、2.00μg/L、4.00μg/L、8.00μg/L、10.00μg/L、20.00μg/L。在荧光光谱仪上测定荧光强度，以相对荧光强度为纵坐标，Se 浓度为横坐标作标线。

2. 样品预处理

称取过 0.149mm 筛 0.1000～0.5000g 土样（精确至 0.0001g）于 25mL 刻度试管中，加少量水湿润，然后加入盐酸-硝酸-水溶液（3∶1∶4）10mL，在室温下放置过夜，再置于沸水浴中消煮 2h，其间摇动二次，取下冷却至室温加 Fe^{3+} 盐溶液 2.5mL，加入浓度为 6mol/L 的 HCl 溶液 5mL，用水定容，放置澄清。同时做空白试验。

3. 样品的测定

取样品上清液与标准曲线同时测定荧光强度。

（五）结果计算

$$C(Se) = \frac{C_1 \times V \times t_s}{W \times 1000} \tag{7-9}$$

式中，$C(Se)$ 为土壤汞浓度，单位为 μg/g 或 mg/kg；C_1 为测得的汞浓度，单位为 μg/L；V 为测定时定容体积，单位为 L；t_s 为分取倍数；W 为样品质量，单位为 g；1000 为将 mL 换算成 L 的系数。

（六）注意事项

（1）试样酸价一般控制在 10%～20%HCl。

（2）仪器测 Se 的检出限可达 0.01μg/L，不同仪器之间存在一定差异。

（3）土壤中总硒测定的标准方法（原子荧光法）可参阅 NY/T 1104—2006 土壤中全硒测定。

（4）土壤消化液中 Cu、Ni 等元素对 Se 测定可能有干扰，一般可加 Fe^{3+} 盐溶液去除 Cu、Ni 等元素的干扰。

十、土壤中锌的测定

（一）原理

采用硝酸-氢氟酸-高氯酸全分解的方法，彻底破坏土壤的矿物晶格，使试样中的待测元素全部进入试液中。然后，将土壤消解液喷入空气-乙炔火焰中。在火焰的高温下，锌（Zn）化合物离解为基态原子，该基态原子蒸气对相应的空心阴极灯发射的特征谱线产生选择性吸收，吸收强度与 Zn 的含量成正比。选择最佳的测定条件，测定锌的吸光度，将待测液中的 Zn 吸光度和标准溶液的 Zn 吸光度进行比较，即可得到样品中 Zn 的浓度。

（二）仪器

原子吸收分光光度计，Zn 元素空心阴极灯。仪器使用适宜条件可参照仪器说明书并进行试验。

（三）主要试剂

分析中使用的酸和标准物质均为符合国家标准或专业标准的优级纯试剂，其他为分析纯试剂和去离子水。

（1）氢氟酸、浓硝酸、浓盐酸、高氯酸。

（2）Zn 标准贮备液

称取 1.0000g 金属 Zn（99.99%），用适量 1:1HCl 溶解，用水稀释至 1L，此溶液 HCl 酸度为 0.5mol/L，含 Zn 量为 1000μg/mL。

（四）操作步骤

1. 标准曲线

用逐级稀释法配制含 Zn 为 10.0μg/mL 的标准溶液，再配制成含 Zn 为 0.00μg/L、0.50μg/L、1.00μg/L、1.50μg/L、2.00μg/mL 的标准系列，酸度为 0.5mol/LHCl。

2. 样品的测定

将消化液与标准曲线同时测定，按照仪器性能直接测定元素浓度或先测定吸光度，然后在相应标准曲线上查得元素含量。

（五）结果计算

$$C(Zn) = \frac{C_1 \times V \times t_s}{W} \tag{7-10}$$

式中，$C(Zn)$ 为土壤汞浓度，单位为 μg/g 或 mg/kg；C_1 为测得的汞浓度，单位为 μg/L；V 为测定时定容体积，单位为 mL；t_s 为分取倍数；W 为样品质量，单位为 g。

（六）注意事项

（1）锌是一个较易污染的元素，在测定中注意。HF 溶解的样品在转移定容后，应立即倒回坩埚中或塑料瓶中，否则测定结果会偏高。

（2）土壤中锌测定的国家标准（火焰原子吸收分光光度法）可参阅《土壤质量 铜、锌的测定 火焰原子吸收分光光度法》（GB/T 17138—1997）。

第二节　土壤中典型有机污染物的分析方法

有机氯农药（OCPs）、多氯联苯（PCBs）和多环芳烃（PAHs）属于持久性有机污染物（POPs），由于其亲脂性和生物难降解性，在环境中长期残留，威胁着人类健康，成为公众最为关注的全球性的污染物。土壤中有机污染常用的化学分析方法主要有气象色谱（GC）法、高效液相色谱法（HPLC）法、气象色谱/质谱（GC/MS）法和液相色谱/质谱（LC/MS）法等。本节列举多氯联苯、多环芳烃等持久性有机污染物、磺胺类抗生素、黄酰脲类除草剂等的分析方法。其中土壤中多氯联苯的加速溶剂萃取-气相色谱法分析参考《食品安全国家标准 食品中污染物限量》（GB 2762—2022）；土壤中多环芳烃的气相色谱-质谱法分析参照美国 EPA 8270c—1996；土壤中磺胺类抗生素和黄酰脲类除草剂分别采用高效液相色谱法和液相色谱-质谱联用法检测。方法中所涉及的仪器仅仅为示例，实际分析中可采用任何合适的仪器和装置。

一、土壤中多氯联苯的气相色谱分析

（一）索氏提取-气象色谱法测定土壤中的多氯联苯

1. 原理

由于物质在气相中传递速度快、待测组分气化后在色谱柱中与相多次相互作用，并在流动相和固定相中反复进行多次分配，使分配系数本来只有微小差别的组分得到很好的分离。

2. 仪器

Agilent6890N 气相色谱仪，配双柱-双微池电子捕获检测器（GC/μECD）系统，7683 自动进样器，色谱工作站。双柱为：①毛细管柱 DB-5，30m×0.32mm×0.25μm；②毛细管柱 DB-1701，30m×0.32mm×0.32μm；柱①和②通过 Y 型管与分流/不分流进样口连接。气象色谱仪在样品测试前，进行必要的校准、核对和条件优化，并且需进同一浓度标样 5～7 次，直到 RSD<5%，始进行样品测试，以确保色谱仪的准确性。

3. 主要试剂

无水 Na_2SO_4（分析纯），在马弗炉中 500℃烘 4h，待冷至常温后，置于玻璃瓶中密封放置，供试验用；正己烷（分析纯）或石油醚（分析纯，60～90℃），及丙酮（分析纯），均在配有分馏柱的全玻璃装置中重蒸，收集馏液于棕色玻璃瓶中待用；硅胶（层析用，100～200 目），130℃烘 8h，冷却至室温，置于玻璃瓶中加入 3%的超纯水摇匀，脱活，密封放置过夜，供装柱，以分离土壤样品提取液。

4. 标准物质

多氯联苯：按照 IUPAC 命名分别为 PCB_{28}、PCB_{52}、PCB_{70}、PCB_{74}、PCB_{76}、PCB_{77}、PCB_{87}、PCB_{99}、PCB_{101}、PCB_{118}、PCB_{126}、PCB_{138}、PCB_{141}、PCB_{153}、PCB_{167}、PCB_{180}、PCB_{185}、PCB_{194} 共 18 种 PCB 同系物标准物。准确称取各种标准物分别先用少量重蒸苯溶解，再以正己烷配制浓度各约为 2000mg/L 的标准储备液，取各种储备液适量，以正己烷稀释成混合标准母液，取混合标准母液以正己烷逐步稀释，配制成标准曲线工作液，其浓度范围为 1.0～100μg/L。

5. 方法

准确称取待测土样 20.0g，用 1:1 正己烷（或石油醚）/丙酮液（V/V）60mL 于 65℃的水浴中索氏提取 6h 后，提取液转入梨形瓶，在 55℃水浴中，经旋转浓缩仪或 K-D 浓缩仪浓缩至近干，再加 15mL 正己烷继续浓缩 1～2mL，为上柱样液，待硅胶柱分离。在配有活塞 8mm×300mm 玻璃层吸柱中，底层置少许脱脂棉，加入 15mL 正己烷（或石油醚），依次填入 10mm 无水硫酸钠、1.0g（约 2.4mm）脱活塞胶、10mm 无水硫酸钠，敲实柱体并排出气泡。放出柱中溶液，弃去；待液面放至无水硫酸钠刚要露出时，将上柱样液转入柱中，用 1mL×3 正己烷洗涤容器，使上柱样液转移完全。加入 16mL 正己烷为洗脱液，控制流出速度为 1mL/min，收集前 15mL 淋出液，浓缩至约 12mL，以 N_2 吹干；然后准确加入 1mL 正己烷，在涡旋仪上摇匀，为待测液。将待测液转入 GC 样品瓶中，供测定。本方法对所选的 18 种 PCBs 同系物的回收率＞91.0%，最低检测限（DML）10ng/kg。

6. 色谱分析条件

气相色谱工作条件：载气 He，柱流速 1.5mL/min，进样口温度 240℃；检测温度 300℃；辅助气体为高纯氮气，流速为 60mL/min；柱温 165℃，保持 2min，以 2.5/min 的速度升温至 210℃，再以 15/min 的速度升温至 275℃保持 7min；进样量 3μL。PCBs 同系物在两根毛细管色谱上具有不同的保留时间，而且出峰顺序亦有不同，只有在两根柱上保留与标准样都完全吻合的组分才可确认为 PCBs。

7. 结果计算

样品的定量可选择一根柱的峰高或峰面积外标注法定量。用 Agilent6890 型色谱工作站处理数据，按以下计算公式计算土壤中多氯联苯污染物的残留量：

$$X_i = \frac{C_i \times V}{m \times R_i} \tag{7-11}$$

式中，X_i 为试样中各样多氯联苯污染物残留量，单位为 μg/kg；C_i 为待测液中多氯联苯同系物 i 的浓度，单位为 μg/L；V 为待测液体积，单位为 mL；m 为称取试样量，单位为 g；R_i 为多氯联苯同系物 i 的添加回收率，单位为%。

（二）加速溶剂萃取-气象色谱法测定土壤中的多氯联苯

1. 原理

土壤样品中的多氯联苯，使用有机溶剂在高温（100℃）和高压（10.34～13.79MPa）条件下快速提取，达到与索氏提取相对等的回收率，但使用的溶剂和时间要明显少于索氏提取。提取的多氯联苯，用气象色谱仪带电子捕获检测器（ECD）检测，根据色谱峰的保留时间定性，外标法定量。

2. 仪器

加速溶剂提取仪器；氮吹浓缩仪。

气相色谱仪，配电子捕获检测器（ECD）；色谱柱：双气相色谱柱，DB-1701（30m×0.32mm×0.25μm）和 DB-5（30m×0.32mm×0.25μm）。

3. 主要试剂

正己烷（分析纯），67～69℃，重蒸；苯（分析纯），重蒸；无水硫酸钠（分析纯），500℃烘烤 4h，冷却后置于玻璃瓶中密封放置，备用；弗罗里硅土（优级纯），100 目，使用前 130℃条件下活化 16h 以上；弗罗里硅土柱（20g，20mm.i.d.）。

4. 标准物质

多氯联苯 Arochlor 系列是多组分的商业混合物，由化学性质相似的多氯联苯组成，按照混合物中含氯百分数来命名。Arochlor1016、Arochlor1221、Arochlor1232、Arochlor1242、Arochlor1248、Arochlor1254、Arochlor1260，分别先用少量重蒸苯溶解，再以正己烷配制浓度各约 2000mg/L 标准储备液。取各种储备液适量，用正己烷稀释成浓度范围为 0.02～1.00mg/L 混合标准溶液系列，绘制标准曲线。

5. 分析步骤

称取 10～20g 土壤样品，加入一定量无水硫酸钠或颗粒状硅藻土（＜10g），混合研磨成 100～200 目粉末，装入加速溶剂提取仪萃取池，加入 10～20mL 正己烷，提取条件：炉温 100℃，压力 10.34～13.79MPa，静态提取时间 5min，淋洗体积为萃取池溶剂的 60%，氮气吹扫 1.03MPa 下 60s（时间可适当延长）。用洁净小瓶收集提取液，浓缩至 10mL，冷却。提取液用弗罗里硅土柱净化，取 20g 弗罗里硅土，加入 20mm 内径的色谱柱中，敲实，再加入 12g 无水硫酸钠。加 60mL 正己烷润湿并冲洗硫酸钠弗罗里硅土。当上液面下降至硫酸钠层顶端时，关闭色谱柱上的活塞以停止正己烷的洗脱，弃去洗脱液。将提取液转入柱中，加入 20mL 正己烷为洗脱液，控制流出速度约为 1mL/min，收集淋出液，浓缩至约 12mL，以氮气吹干；然后准确加入 1mL 正己烷，摇匀，为待测液。将待测液转入 GC 样品瓶中，供测定。

6. 气相色谱分析条件

载气 He，柱流速为 2.0mL/min；进样口温度为 260℃；不分流进样，ECD 检测器温度为 280℃；辅助气体为高纯氮气，流速为 70mL/min；柱温为 150℃，再以 10℃/min 升至 270℃保持 2min；进样量 1μL。

7. 结果计算

样本中多氯联苯的含量，按下式计算：

$$X=\frac{c\times V\times 1000}{m\times 1000\times R}=\frac{cV}{mR} \tag{7-12}$$

式中，X 为样本中多氯联苯的含量，单位为 mg/kg；c 为标准曲线上得到的被测组分的溶液质量浓度，单位为 mg/L；V 为样品提取时最后定容的体积，单位为 mL；m 为试样质量，单位为 g；R 为添加回收率，单位为%。

二、气相色谱-质谱联用测定土壤样品中的多环芳烃

（一）原理

土壤样品与无水硫酸钠混合，在索氏提取器中用二氯甲烷/正己烷（1∶1，V/V）混合液提取，用环己烷萃取提取液，再用硅胶柱净化后，利用气相色谱-质谱联用仪分析，根据选择离子丰度比和保留时间定性，内标法定量。

（二）仪器

索氏提取器；旋转蒸发器；硅胶净化柱（300mm×10mm）。

气相色谱-质谱联用仪，石英毛细管柱（30m×0.5mm×0.25μm）。

（三）主要试剂

正己烷、二氯甲烷为分析纯，使用前重蒸；环己烷、戊烷、甲醇均为色谱纯。

无水硫酸钠（分析纯），500℃烤箱 4h；硅胶（分析纯），160℃烘烤 4h，冷却后备用。

（四）标准物质

多环芳烃及氘代多环芳烃标准品，纯度＞98.0%。

以氘代多环芳烃为内标，用正己烷配制一系列不同浓度的混合标样（1.0～2000μg/L），GC/MS 分析，根据仪器相应值与化合物的浓度绘制标准曲线，以峰面积计算其含量。

(五) 分析步骤

称取土壤样品 10g 与 5g 无水硫酸钠混合,加入 1mL 氘代多环芳烃混标搅拌均匀,用 150mL 二氯甲烷/正己烷（1∶1,V/V）混合液索氏提取 24h,45℃水浴蒸发浓缩提取液;用 150mL 环己烷分 3 次萃取提取液,合并萃取液,并浓缩至 2mL;将浓缩液全部转入硅胶净化柱,用 25mL 三氯甲烷/戊烷（2∶3,V/V）洗脱,接收组分后浓缩,并用正己烷定容至 1mL,待测。

(六) 仪器分析条件

色谱工作条件:进样口温度 260℃。柱温程序:初始温度 80℃保持 4min,以 10℃/min 升至 270℃,保持 2min,再以 2.5℃/min 升至 290℃保持 1min。载气高纯氦（99.999%）,流速 1.0mL/min。不分流进样,进样量 1μL。

质谱工作条件:选择 EI 源,能量 70eV,离子源温度 230℃;四级杆温度 150℃;全扫描测定方式,扫描范围为 50~650m/z。

土壤样品中多环芳烃的最低检出限为 0.07~0.30μg/kg,内标氘代多环芳烃的回收率为 85.3%~93.2%,满足定量分析要求。

(七) 结果计算

样本中多环芳烃的含量,按下式计算:

$$X=\frac{A\times f}{m\times R_i} \tag{7-13}$$

式中,X 为样本中 PAHs 的含量,单位为 μg/kg;A 为试样色谱峰与内标色谱峰的峰面积比值对应的 PAHs 质量,单位为 ng;f 为样品稀释的倍数;m 为称样质量,单位为 g;R_i 为各种 PAHs 污染物的添加回收率,单位为%。

三、高效液相色谱测定土壤中的磺胺类抗生素

(一) 原理

土壤中磺胺类抗生素采用甲醇/EDTA-Mcllvaine 缓冲液提取,由于提取液中含有较多腐殖质的杂质,采用 LC-SAX 和 LC-18 串联固相萃取小柱净化富集;用高效液相色谱仪,以乙腈和 0.01mol/L H_3PO_4 作为流动相,于 270nm 波长处对样品进行检测。

(二) 仪器

高效液相色谱仪,配紫外检测器;固相萃取装置;LC-SAX 固相萃取小柱（3mL/500mg）;LC-18 固相萃取小柱（3mL/500mg）。

(三) 主要试剂

甲醇、乙腈均为色谱纯;试验用水均为高纯水;其余试剂为分析纯。

EDTA-Mcllvaine 缓冲液配制:称取 12.9g 柠檬酸,27.5g Na_2HPO_4,37.2g 乙二胺四乙酸二钠,溶于水中并定容到 1L（pH 值=4.0）。

(四) 标准物质

磺胺嘧啶、磺胺吡啶、磺胺甲基嘧啶、磺胺-5-甲氧嘧啶、磺胺间二甲氧嘧啶、磺胺甲恶唑,纯度>98.0%。

标准品母液的配制：准确称取 0.0100g 抗生素标准品溶于乙腈并定容至 100mL，配制成浓度为 100mg/L 的工作母液，避光冷藏保存。

工作溶液的配制：将标准品母液用流动相稀释，配制成浓度范围在 0.01～1.0mg/L 的磺胺类抗生素混合标准系列溶液，现配现用。

（五）分析步骤

将采集的土壤样品经四分法缩分，风干粉碎后过 60 目筛备用。准确称取 2.0g 样品置于 20mL 的玻璃离心管中，加入 5mL 甲醇/EDTA-McIlvaine 缓冲液（1∶1，V/V）混合液，将离心管放在高速涡旋混匀器上混匀 2min，然后把离心管置于超声波中超声 10min，在 4000r/min 转速下离心 5min 并收集上清液。残渣再用上述方法反复提取 2 次，合并提取液，浓缩至 5mL，浓缩液通过 LC-SAX 与 LC-18 串联柱（串联柱先后用 6mL 甲醇、6mL 水进行预处理）。待富集完成后，用 6mL 超纯水清洗串联柱，真空干燥 10min，拆下 SAX 小柱，用 3mL 甲醇洗脱 LC-18 小柱，收集洗脱液并浓缩至近干，用 V（甲醇）∶V（水）＝60∶40 溶液定容至 1mL，待测。

（六）液相色谱分析条件

色谱柱，ODS-C18（150mm×4.6mm），柱温，30；检测波长，270nm；进样量，20μL；流动相，V（乙腈）∶V（0.01mol/L H_3PO_4）＝20∶80。

六种抗生素在土壤中的检出限为 0.24～3.3μg/kg，土壤中的回收率 72.6%～85.3%。

（七）计算结果

样本中硫黄胺类抗生素的含量，按下式计算：

$$X = \frac{c \times V \times 1000}{m \times 1000 \times R} \tag{7-14}$$

式中，X 为样本中抗生素含量，单位为 mg/kg；c 为标准曲线上得到的被测组分的溶液质量浓度，单位为 mg/L；V 为样品提取时最后定容的体积，单位为 mL；m 为试样质量，单位为 g；R 为添加回收率，单位为%。

四、高效液相色谱-质谱法测定土壤中的磺酰脲类除草剂残留

（一）原理

土壤样品中的磺酰脲除草剂用甲醇-磷酸盐缓冲液提取，提取液在酸性条件下经固相萃取净化后，用液相色谱-质谱仪检测。根据选择离子丰度比和保留时间定性，外标法定量。

（二）仪器

高效液相色谱-质谱仪，含在线真空脱气机、二院高压梯度泵、自动进样器、恒温柱箱、二极管阵列检测器及质谱检测器（配大气压化学源和电喷雾离子源）以及色谱工作站。

超声波器；旋转蒸发器；C18-SPE 柱（200g/3L）；离心机。

（三）主要试剂

所用乙腈、甲醇均为色谱纯；KH_2PO_4、K_2HPO_4、NaOH、H_3PO_4、冰醋酸均为

分析纯；试验用水为 Mili-Q 高纯水。

（四）标准物质

磺酰脲类除草剂标准品，纯度＞98.0%。

磺酰脲类除草剂用乙腈配制成浓度为 200mg/L 标准储备液，根据检测要求用乙腈将标准储备液稀释成相应的标准工作溶液。

（五）样品处理

土壤样品为磺酰脲类除草剂产生药害的菜地采集。称取风干后过 60 目筛的土壤 10.00g 于 50mL 具塞离心管中，加入提取液 [pH＝7.8，0.2mol/L 磷酸盐缓冲液-甲醇 (8:2, V/V)] 10mL，涡旋 3min，超声波振荡 5min，离心 10min (4000r/min)，重复提取 3 次，合并上清液。用 85% H_3PO_4 调节上清液 pH 值至 2.5，并通过用 10mL 甲醇活化及 10mL 重蒸水钝化过的 C_{18} 柱，流速控制在 1mL/min，弃去淋出液。之后用 5mL 乙腈：pH 值 7.8 的磷酸盐缓冲液（9:1, V/V）淋洗吸附有除草剂的 C_{18} 柱，收集洗脱液，N_2 吹干，用乙腈定容至 1mL，待测。

（六）仪器分析条件

1. 色谱工作条件

色谱柱：ZORBAXEclipse@XDB-C18 色谱柱（250mm×4.6mm i.d.，5μm）；流动相为乙腈-水（0.2%冰醋酸），流速 1mL/min；梯度洗脱程序为 0～14min，水（0.2%冰醋酸）由 80%线性递减至 10%；14～16min，递减至 4%；16～18min 递增至 80%。柱温 30℃；进样量 10μL。

2. 质谱工作条件

采用正电子电离方式，扫描范围 100～500m/z；毛细管电压为 2.75kV，雾化电压为 3.5kV；源温度为 110℃，去容积温度为 350℃；干燥气（N_2）流速 6mL/min；检测方式 ESI（电喷雾电离）模式；每种选择离子停留时间为 0.1s。

烟嘧磺隆、噻吩磺隆、甲磺隆、甲嘧磺隆、氯磺隆、胺苯磺隆、苯磺隆、苄嘧磺隆、吡嘧磺隆、氯嘧磺隆等黄酰脲类除草剂采用 HPLC-MS 分析方法，在 0.1～10.0mg/L 范围内线性良好，添加回收率为 80.2%～104.5%，检出限在 0.6～3.5μg/kg 范围内，满足定量分析的要求。

（七）结果计算

样本中黄酰脲类除草剂含量，按下式计算：

$$X=\frac{c\times V\times 1000}{m\times 1000\times R} \tag{7-15}$$

式中，X 为样本中黄酰脲类除草剂含量，单位为 mg/kg；c 为标准曲线上得到的被测组分的溶液质量浓度，单位为 mg/L；V 为样品提取时最后定容的体积，单位为 mL；m 为试样质量数值，单位为 g；R 为添加回收率，单位为%。

五、农田土壤中除草剂丁胺的测定

（一）原理

样品中丁草胺用混合有机溶剂提取后，经液-液分配，氟里硅土柱净化等步骤除去干扰物，以配有电子捕获检测器的气相色谱仪测定。根据试样中待测组分在气相色谱柱中流动相和固定相之间分配系数的不同而达到分离的目的。以保留时间定性，峰高或峰面积外标法定量。

（二）仪器

箱式振荡机；恒温水浴锅；旋转蒸发浓缩仪；气象色谱仪，配微池电子捕获检测器（GC/ECD）系统，7683自动进样器，色谱工作站，毛细管柱DB-5或类似色谱柱，$30m \times 0.32mm \times 0.25\mu m$。

（三）主要试剂

丙酮（分析纯），重蒸石油醚（60~90℃；分析纯）；重蒸正己烷（分析纯）；重蒸乙醚（分析纯）；无水硫酸钠（分析纯），500℃高温电炉中烘制4h，冷却至室温后，收集于广口玻璃瓶密封贮藏备用；6%（质量/体积）硫酸钠水溶液，称取一定量的结晶硫酸钠（分析纯），折算成纯硫酸钠质量，以蒸馏水配制成所需浓度备用；氟罗里硅土60~100目，农残级，进口分装，高温电炉中650℃烘制2h，冷至室温后，加入适量超纯水脱活，使氟罗里硅土中水分含量为5%（重比法），摇匀，收集于全玻璃瓶中密封，静置24h后可供分离净化用；医用脱脂棉。

（四）标准物质

丁草胺标准物质（含量≥99.0%）。

丁草胺标准液的配制：准确称取丁草胺标准物质，以正己烷配制成浓度2mg/mL左右的储备液，全玻璃瓶中密封，−20℃储存。使用前用正己烷逐步稀释法来制备系列标准工作液，其浓度范围为：0.05~1.56mg/L。

（五）样品的采集与储存

在农田中多点采集耕层土壤（2~20cm），沥去过量水分，转入500mL广口玻璃瓶中，摇匀，置于冰箱中，避光、低温（4℃）保存。

（六）样品的水分含量测定

在万分之一天平上准确称取一定量鲜土，置入铝盒中，在烘箱中于105℃烘至恒重，按下式计算出以自然湿土为基数的水分百分含量（W%）：

$$W\% = \frac{S-G}{S} \times 100\% \tag{7-16}$$

式中，$W\%$为土壤以自然湿土为基数的水分百分含量；S为湿土质量，单位为g；G为烘干土壤质量，单位为g。

（七）分析步骤

1. 提取

准确称取15.0g鲜土置入具塞玻璃离心管中，加入25mL石油醚/丙酮混合液（2:3，V/V），盖紧管塞，振荡提取30min，离心3min（转速为2500~3000r/min），上清液转入盛有6%硫酸钠水溶液100mL的250mL分液漏斗中，然后再向管中加入20mL石油醚/丙酮混合液（2:3，V/V），二次振荡提取20min，离心3min后，上清液合并入分液漏斗中。

2. 分离

盛有样品的分液漏斗振荡后静置 5min，待分层后，弃去下层水相。玻璃层析柱底部置少许脱脂棉，装入约 10g 无水硫酸钠，将分液漏斗中的有机相转入层析柱中通过无水硫酸钠脱水。脱水后的有机提取液收集入梨形瓶中，在水浴（50℃）中旋转浓缩近干，加入 10mL 正己烷，再浓缩至 2mL，为待净化液。

3. 净化

具活塞玻璃层析柱底部置少许脱脂棉，加入正己烷 15mL，再依次装入 1g 无水硫酸钠、1g 脱活氟罗里硅土、1g 无水硫酸钠，打开活塞放出正己烷以预淋洗柱体，待柱中无水硫酸钠层刚露出液面时，将待净化液转入柱中，打开活塞控制过柱液体流速为 2mL/min，以 2mL×3 正己烷清理梨形瓶，使之完全转移，以 5∶95 的乙醇/正己烷（V/V）混合液 5mL 预淋洗，弃去上述所有淋出液。待柱中无水硫酸钠层刚露出液面时，加入 20∶80 的乙醚/正己烷（V/V）混合液 15mL 洗脱，收集所有淋出液，待浓缩。

4. 浓缩

淋出液在水浴（50℃）中，经旋转浓缩仪或 K-D 浓缩仪浓缩近干，氮气吹干，以 1mL 正己烷定容，为待测液。

（八）色谱分析条件

气象色谱工作条件：载气 He，流速 1mL/min；ECD 辅助气（尾吹）N_2，55mL/min。进样口温度 210℃；分流或不分流进样。柱温：程序升温模式 190℃保持 3min，以 8℃/min 速度升至 250℃保持 6min。检测器温度 300℃以 10μL 微量进样器准确抽取 2μL 系列标准工作液或待测液进样，以保留时间定性，以丁草胺峰响应值外标法定量，仪器对丁草胺检测的线性范围为：49～1560μg/L。以本方法测定土壤中丁草胺残留量，回收率≥96%。方法最小检出浓度 0.3μg/kg。

（九）计算结果

土壤中丁草胺含量以烘干土重计算：

$$X_i = \frac{C_i \times V}{m \times (1-W) \times R_i} \tag{9-17}$$

式中，X 为样本中丁草胺残留量，单位为 μg/kg；C_i 为待测液中丁草胺的浓度，单位为 μg/L；V 为待测液定容体积，单位为 mL；m 为称取试样量，单位为 g；W 为以自然湿土技术的水分百分含量；R_i 为丁草胺添加回收率。

第八章　土壤污染修复技术

第一节　土壤修复技术体系

土壤污染的治理与修复技术体系主要有三大类，分别是污染物的破坏或改变技术、环境介质中污染物提取或分离技术，以及污染物的固定化技术。这三类技术可独立使用，也可联合使用，以便提高土壤修复效率。

第一类技术主要通过热力学、生物和化学处理方法改变污染物的化学结构。这类技术可应用于污染土壤的原位或异位处理。

第二类技术主要将污染物从环境介质中提取和分离出来，包括热解吸、土壤淋洗、溶剂萃取、土壤气相抽提（SVE）等多种土壤处理技术和相分离、碳吸附、吹脱、离子交换以及联用等多种地下水处理技术。此类修复技术的选择与集成需基于最有效的污染物迁移机理达成最高效的处理方案，例如，空气比水更容易在土壤中流动，因此，对于土壤中相对不溶于水的挥发性污染物，SVE 的分离效率远高于土壤淋洗。

第三类技术主要包括稳定化、固定化、安全填埋或地下连续墙等污染物固化技术。没有任何一种固化技术是永久性有效的，因此需进行一定程度的后续维护。该类技术常用于重金属或其余无机物污染物场地的修复。

一般而言，没有任何一种技术可以独立修复整个污染场地，通常需多种技术联用而形成一条处理装置线。例如，SVE 技术可与地下水抽提和吹脱技术相结合而同时去除土壤和地下水中的污染物。SVE 系统和空气吹脱的排放气体可由单独的气体处理单元进行处理。此外，土壤中的气流可以增进自然生物活性和一些污染物的生物降解过程。在某些情况下，注入土壤饱和带或非饱和带的空气还能促进污染物的迁移和生物转化。表 8-1 中列出了常见土壤修复技术的筛选矩阵，表 8-2 为常见土壤修复技术的筛选矩阵表中符号的定义。

第二节　国内场地土壤修复技术现状及趋势

一、国内场地土壤修复技术现状

我国场地土壤修复经数年发展，修复市场上的各类修复工程数量由少变多，项目规模由小变大，业务结构由单一变综合。如今产业的整体特点是竞争态势开始显现，专业从事土壤修复的企业逐渐增多。统计 2008—2016 年我国 177 个土壤修复项目中修复技术的应用（图 8-1），可看出，我国现阶段土壤修复以污染介质治理技术（物理、化学以及物理/化学联合）为主，占 68%；污染途径阻断技术（封顶、填埋、垂直/水平阻断）占 32%。

表 8-1 土壤修复技术筛选矩阵表

修复技术		发展现状	相对性价比							非卤代 VOCs	卤代 VOCs	非卤代 SVOCs	卤代 SVOCs	燃料	无机物
			工艺	运行维护	资金	系统可靠性与维护性	相对成本	时间	可利用性						
原位生物处理	生物通风	●	●	●	●	●	●	□	●	●	□	●	○	●	○
	强化生物修复	●	●	○	□	●	●	□	●	●	●	●	□	●	□
	植物修复	●	●	●	●	□	●	○	□	□	□	□	□	□	□
原位物化修复	化学氧化	●	○	○	□	○	□	□	□	●	□	○	□	○	●
	动电分离	●	□	○	□	□	○	□	●	□	□	●	□	○	●
	压裂	●	●	○	●	□	●	□	□	●	●	●	□	●	●
	土壤淋洗	●	●	□	●	●	●	□	●	●	●	●	●	●	●
	土壤气相抽提	●	○	□	○	□	●	○	●	○	○	□	□	●	□
	固化/稳定化	●	●	□	○	□	□	●	□	□	□	□	□	□	○
原位热处理	热处理	●	●	●	●	●	●	□	●	●	●	●	●	●	●
异位生物处理	生物堆	●	●	●	●	●	●	□	●	●	●	●	□	●	●
	堆肥	●	●	●	●	●	●	●	●	●	●	●	□	●	●
	耕作	●	●	□	□	□	□	□	●	●	□	●	□	●	□
	泥相生物处理	●	●	○	□	●	●	□	●	□	□	○	□	●	○
异位物化处理	化学萃取	●	●	○	□	□	○	○	●	□	□	□	□	□	□
	化学氧化/还原	●	□	□	□	●	●	□	□	□	□	□	□	□	●
	脱卤	●	□	●	□	□	○	□	□	□	●	□	●	□	□
	分离	●	○	●	□	□	□	□	□	□	□	□	□	□	●
	土壤洗涤	●	●	□	□	○	□	□	□	□	□	○	□	□	□
	固化/稳定化	●	●	●	●	○	●	□	●	○	○	□	□	○	●

215

土壤污染与修复（第2版）

续表

修复技术		发展现状	工艺	相对性价比						非卤代VOCs	卤代VOCs	非卤代SVOCs	卤代SVOCs	燃料	无机物
				运行维护	资金	系统可靠性与维护性	相对成本	时间	可利用性						
异位热处理	热力净化	○	●	○	○	●	●	●	□	○	○	○	○	○	○
	焚烧	●	●	○	○	□	○	●	●	●	●	●	●	●	○
	高温分解	●	●	○	○	●	○	●	●	●	●	●	●	□	○
	热脱附	●	●	○	○	□	□	●	●	●	●	●	□	●	○
密闭处理	填埋盖	●	●	□	○	●	●	○	□	□	□	□	□	□	□

表 8-2 土壤修复技术筛选矩阵表中符号定义

因素		●大于平均	□平均	○小于平均	备注
发展现状		成熟，已应用于多个场地，资料充足	已应用于场地，但仍需改进	尚未应用，但已开展小试、中试，有应用前景	
工艺		独立技术（不复杂，或附加一项常规技）	相对简单，容易理解，应用广泛	复杂（多种技术、多种介质，产生大量废物）	
相对性价比	运行维护	低强度	中等强度	高强度	
	资金	低投入	中等投入	高投入	
	系统可靠性与维护性	高可靠性、低维护性	中等	较高	□有效性高度取决于特定的污染和应用/设计情况
	相对成本	较低	中等	较高	
	时间	原位土壤	<1年	1～3年	>3年	
		异位土壤	<0.5年	0.5～1年	>1年	
		地下水	<3年	3～10年	>10年	
污染物处理情况		有效	有限的有效性	无效	

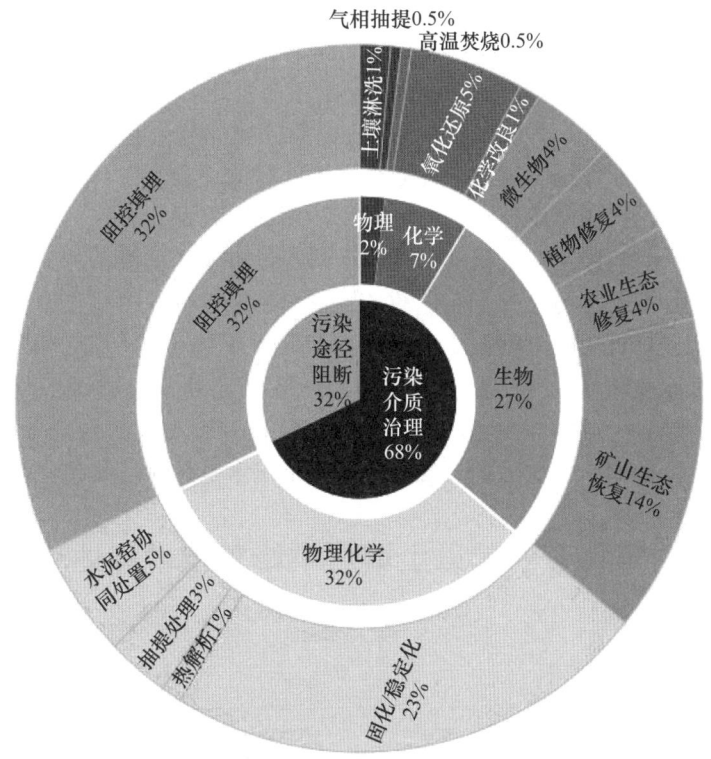

图 8-1 2008—2016 年我国土壤修复技术应用现状

从具体修复技术种类来看，固化/稳定化占 23%、水泥窑协同处置 5%、氧化还原占 5%、植物修复占 4%、抽提处理占 3%、土壤淋洗占 1%、化学改良占 1%、热解析占 1%、气相抽提占 0.5%、高温焚烧占 0.5%、矿山生态修复占 14%。

整体来看，目前我国土壤修复技术中，固化/稳定化、水泥窑协同处置、氧化还原、热脱附、抽提处理以及植物修复是应用最广泛的技术。值得一提的是在污染场地中，原位修复技术逐渐得到认可和应用，已有不少试点示范项目，并得以推广。

二、国内场地土壤修复技术发展趋势

2016 年 5 月《土壤污染防治行动计划》（简称"土十条"）发布后，我国的土壤修复技术发展方向已悄然发生变化。由于修复资金紧缺，"土十条"在强调土地利用方式，同时提出的"预防为主、保护优先、风险管控，分类管控"思路，更加强调了风险防控技术。结合"土十条"，土壤修复技术的未来发展方向及需求将主要呈现以下特点：

（1）"风险消除"下，阻断污染扩散和/或暴露途径的安全阻控技术，工程控制措施和制度控制将越来越广泛地应用到土壤修复中。

当前，污染场地的修复和管理对策已由早期的"消除污染物"转向了更加经济、合理、有效的"风险消除"。污染场地风险管理强调污染源—暴露途径—受体链的综合管理，采取安全措施阻止污染扩散和阻断暴露途径是风险管理框架中可行且经济有效的手段。如当污染暴露途径以室内蒸气入侵为主时，可以考虑在污染区域建筑物底部混凝土下方铺设蒸气密封土工膜，以阻断蒸气吸入暴露途径；当以接触表层污染土壤为主要暴露途径时，可以

考虑在污染土层上方浇注水泥地面或铺设一定厚度的干净土壤来阻隔土壤直接接触途径。

（2）原位修复技术将替代异位修复技术，成为土壤修复的主力军。

"土十条"中提出"治理与修复工程原则上在原址进行，并采取必要措施防止污染土壤挖掘、堆存等造成二次污染"。借鉴发达国家土壤修复的治理经验，我国土壤修复必然将从异位修复向原位修复过渡，并成为土壤修复的主力军。

（3）基于设备化的快速场地污染土壤修复技术得以发展。

土壤修复技术的应用在很大程度上依赖于修复设备和监测设备的支撑，设备化的修复技术是土壤修复走向市场化和产业化的基础。植物修复后的植物资源化利用、微生物修复的菌剂制备、有机污染土壤的热脱附或蒸气浸提、重金属污染土壤的淋洗或固化/稳定化、修复过程及修复后环境监测等都需要设备。尤其是对城市工业遗留的污染场地，因其特殊位置和土地再开发利用的要求，需要快速、高效的物化修复技术与设备。开发与应用基于设备化的场地污染土壤的快速修复技术是一种发展趋势。

第三节　常见土壤污染修复技术详述

一、土壤气相抽提

（一）概述

土壤气相抽提（SVE）技术通过抽真空设备产生负压驱动空气流过土壤孔隙，驱动土壤空隙中 VOCs 和 SVOCs 等挥发性污染物流向抽气系统。

根据被修复土壤的深度，可通过竖井或水平井抽出含气态污染物的空气。土壤气提法利用污染物的挥发性，使吸附相、溶解相和自由相的污染物转化为气态，然后将其抽出并进行地表处理。

典型的原位土壤气提系统利用镶嵌到排气井的吹风机或真空泵来吸收空气渗透带中的污染气体，其典型组成如图 8-2 所示。

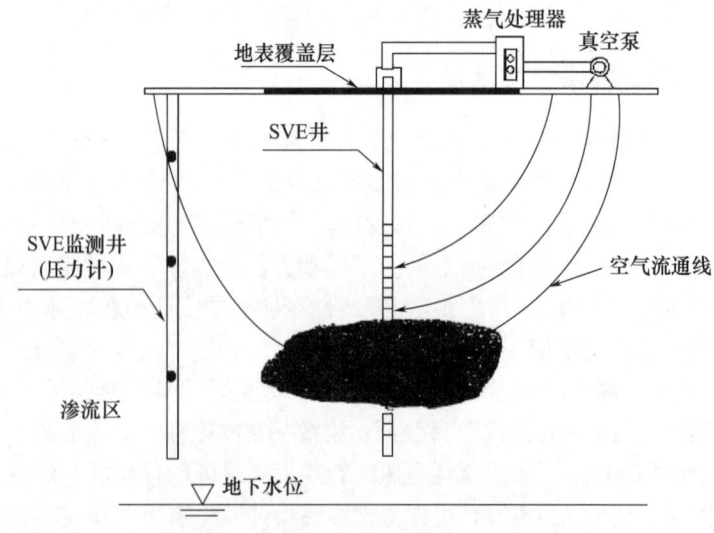

图 8-2　原位土壤气提系统的典型组成

可用于处理抽出空气中污染物的方法有很多,选择时主要依据污染物的类型、浓度及流量。影响土壤气提技术性能的基本因素包括非饱和区的气流特征、污染物组成及特性、影响和限制污染物进入气相的分配系数等。

该技术的显著优势是:成本低、可操作性强,处理污染物的范围宽,可由标准设备操作,扰动性小、不破坏土壤结构、处理污染物规模大、成本低、安装迅速、易与其他处理技术集成等。

该技术主要用于挥发性有机物(通常亨利系数大于 0.01 或者蒸气压大于 66.66Pa 的有机物)的处理,但要求土壤质地均一、渗透性好、孔隙度大、湿度小且地下水位较低。

评估土壤气提系统性能的最简单方法是监测气流、真空响应和浓度及抽出空气中污染物组分。典型土壤气提系统的监测要求和性能影响见表 8-3。

表 8-3 土壤气提系统性能的检测要求

监测项目	影响因素
流量随时间变化	每天抽出孔隙体积数量、与空气渗透系数有关的地下变化、地上空气分布
真空随时间变化	空气渗透系数和含水量的变化、诱导空气分布及影响区
抽出气体浓度随时间变化	污染物消除速率、清除速率随时间降低、污染物累计清除量、挥发相转变为扩散相、气体处理技术
抽出气体组分随时间变化	污染物清除速率、污染物分配的微观现象、挥发相转变为扩散相、达到土壤清除标准的能力、好氧、厌氧条件、O_2/CO_2 将是地下微生物生物降解活动的指示器、气体处理技术
监测井的真空测量	真空覆盖的区域范围、诱导气流的分布形式

(二)适用范围

SVE 技术能够有效去除非饱和区的 VOC,下面将重点介绍该技术的适用范围。

1. 土壤的渗透率

由于 SVE 需要引起地下的气体流动,而土壤的渗透率决定着气体在土壤中流动的难易,因此土壤的渗透率对于能否适用 SVE 技术具有决定作用。土壤渗透率越高,越有利于气体流动,也就越适用于 SVE 技术。研究表明,当 $k<10^{-10}\,cm^2$ 时,SVE 的去除作用很小;$10^{-10}\,cm^2<k<10^{-8}\,cm^2$ 时,SVE 可能有效,还需进一步评估;当 $k>10^{-8}\,cm^2$ 时,SVE 一般情况下都有效。

2. 土壤含水率

土壤水分能够影响 SVE 过程的地下气体流动。一般而言,土壤含水量越高,土壤的通透性越低,越不利于有机物的挥发。同时,土壤中的水分还能够影响污染物在土壤中存在的相态。受有机污染的土壤,污染物的相态主要有土壤孔隙当中的非水相(non-aqueous phase liquids,NAPL)、土壤气相中的气态、土壤水相中的溶解态、吸附在土壤表面的吸附态。当土壤含水量较高时,土壤水相中溶解的有机物含量也会相应增加,这不利于 VOC 向气相传递。此外,研究表明,土壤含水率并不是越低越有利于 VOC 的去除,当土壤含水率小于一定值之后,由于土壤表面吸附作用使得污染物不容易解吸,从而降低了污染物向气相的传递速率。

3. 污染物性质

污染物物理化学性质对其在土壤中的传递具有重要影响,土壤中挥发性有机污染物在地下的分配方式如图 8-3 所示。SVE 适用于挥发性有机污染的土壤,通常情况下挥发性较差的有机物不适合使用 SVE 修复。污染物进入土壤气相难易程度一般采用蒸气压、亨利常数以及沸点衡量,SVE 适用于 20℃时蒸气压大于 0.5mmHg(67Pa)的物质,即亨利常数大于 100atm(约 10^7 kPa)的物质,或者沸点低于 300℃的物质。蒸气压受温度影响很大,当温度升高时,蒸气压也会相应增大,因此出现了通入热空气或水蒸气修复蒸气压较低的污染物污染土壤的强化技术。对于一般的成品油污染,SVE 适用于汽油的污染,对于柴油效果不是很好,不适用于润滑油、燃料油等重油组分的修复。

(三)污染物在土壤各相中的传质和分配

污染物在土壤各相中的传质和分配关系如图 8-3 所示。下面重点讲述污染物传质和分配过程。

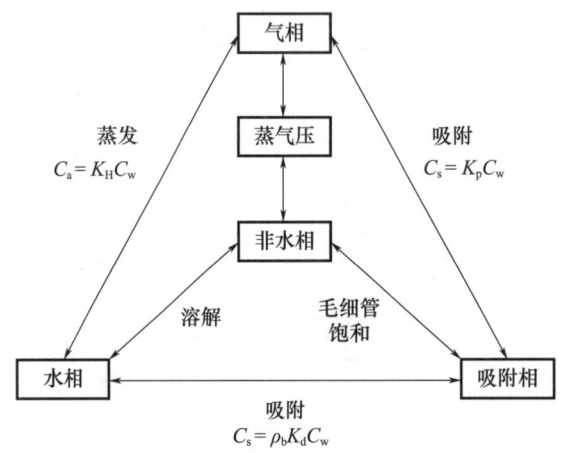

图 8-3 土壤中 VOC 在各相中的分配

其中 C_a、C_w、C_s—分别为 VOC 组分在气相、水相、固相中的浓度;K_H—亨利常数;
K_p—气-固分配系数;K_d—固-液分配系数;ρ_b—土壤的体密度

1. 土壤气相

当土壤存在 NAPL 相时,需要使用饱和蒸气压计算气相中的浓度。应用理想气体定律可以将饱和蒸气压(P_V)转换成气体的浓度(C_V):

$$C_V = \frac{MP_V}{RT} \tag{8-1}$$

式中,M 为气体的摩尔质量;R 为摩尔气体常数;T 为绝对温度。

2. 土壤水相

亨利定律描述了水相中污染物的蒸发量。亨利常数 K_H 为平衡时物质在气相中的浓度 C_a(质量/气体体积)与水相中浓度 C_w(质量/液体体积)的比值,即:

$$K_H = C_a/C_w \tag{8-2}$$

3. 土壤固-水分配

有机组分的土水分配系数(K_d)是描述有机组分在地下系统中吸附特征的重要参

数。同时，它也是物质运移模拟和环境评价中的重要参数之一。影响 K_d 的因素可概括为三个方面：土壤性质、有机组分本身特征及水相的物理化学性质。一般而言，对于非极性和弱极性有机组分，土壤中的有机质含量（f_{oc}）是影响 K_d 的最主要因素。但是，对于极性有机组分（POC），特别是在土壤有机质含量较低的情况下，土壤中矿物质的种类和含量、水化学组分特征（pH 值、离子力等）经常在吸附过程中起重要作用。下式是土壤固-水分配系数计算公式：

$$K_d = K_{oc} f_{oc} \tag{8-3}$$

式中，f_{oc} 为土壤中有机碳含量；K_{oc} 为吸附常数。

由于缺少污染组分的 K_{oc} 数据，一般使用辛醇-水分配系数 K_{ow} 关联 K_{oc}。

（四）SVE 过程的数学模拟

渗流带挥发性有机污染物通常以四相出现：以溶解态存在于土壤水中；以吸附态存在于土壤颗粒表面；以气相存在于土壤孔隙中；以自由液态的形式存在。如果以自由态出现，土壤孔隙里气相浓度可以从拉乌尔定律求得：

$$P_A = (P^{VAP})(x_A) \tag{8-4}$$

式中，P_A 为 A 组分在气相里的分压；P^{VAP} 为 A 组分纯液体的分压；x_A 为 A 组分在液相里的摩尔分数。

SVE 设计过程中抽气井的数量和位置的选择是原位土壤气相抽提系统设计的重要任务之一。SVE 的设计决定主要基于影响半径（R_1），R_1 可定义为压力降非常小（PR_1 约为 0.1MPa）的位置距抽提井的距离。特殊厂址的 R_1 值应该从稳态初步试验求得。一般场址 R_1 和抽提井的数量可以通过数学模型获得。

1. SEV 流场模拟

20 世纪 90 年代至 21 世纪初期，由于美国和欧洲等发达国家或地区土壤修复产业迅速发展，且 SVE 是应用最为广泛的技术，因此大量学者开始进一步深入研究 SVE 过程，并对 SVE 的流场和传质过程进行了数学建模和模拟，其中以 2000 年的 MISER 模型最为经典。MISER 模型是基于概念化的土壤流体系统，MISER 模拟了三种流体相：不流动的参与有机液体、流动的气相和流动的水相。由于流体通过井被抽提或者注入，或者由于自然补给及地表水灌溉所引起的压力和密度差，气相和水相可以同时流动。

这些相的流动可以用标准的宏观平均流动方程描述：

$$\frac{\partial}{\partial t}(\phi \rho_\alpha^* S_\alpha) - \nabla \times [\rho_\alpha^* \lambda_\alpha (\nabla P_\alpha - \rho_\alpha^* g)] = E_\alpha^* + \rho_\alpha^* Q_\alpha \quad (\alpha = a, g) \tag{8-5}$$

式中，α 为相态（g 表示气相，a 表示水相）；φ 为假定不可压缩土壤基质的孔隙率；ρ_α^* 为流动相的质量密度；S_α 为流动相的饱和度；$\lambda_\alpha = k_{r\alpha}/\mu_\alpha$ 为流动相流动性，k_r 为土壤内在的渗透系数张量，$k_{r\alpha}$ 为相对渗透性，μ_α 为流动相的动力学黏度；P_α 为流动压力；g 为重力加速度；$E_\alpha = \sum_c \sum_\beta E_{\alpha\beta c}^*$，其中 $E_{\alpha\beta c}^*$ 为 α 相的源或者汇。

气相的宏观流动方程[式（8-5）]可简化为以下偏微分方程的形式：

$$\nabla \times \left(\rho \frac{k_r}{\mu_\alpha} \nabla P^2\right) = \frac{\partial(\rho k_{r\alpha})}{\partial t} \tag{8-6}$$

将气相密度用理想气态方程代入，并将孔隙率、黏度作为常数，式（8-6）变成：

$$\nabla \times (k_r \nabla P^2) = 2k_{r\alpha} \mu \frac{\partial P}{\partial t} \tag{8-7}$$

对于现场操作时间长、可视为达到稳定状态的稳态流场和土壤各向同性条件下，式（8-7）简化为：

$$\nabla^2 P^2 = 0 \tag{8-8}$$

式（8-8）有解析解和数值解，下面将介绍其中的解析解。

（1）对于一维线性流动，式（8-8）简化为：

$$\frac{\mathrm{d}^2 P^2}{\mathrm{d}x^2} = 0 \tag{8-9}$$

其解析解为：

$$P^2 - P_{\mathrm{atm}}^2 = \frac{2Q_1 P^* \mu}{bk_r}(L-x) \tag{8-10}$$

式中，Q_1 为每单位长度的气相体积流率。

（2）对于一维径向流动，式（8-8）简化为：

$$\frac{\mathrm{d}^2 P^2}{\mathrm{d}r^2} + \frac{1}{r}\frac{\mathrm{d}P^2}{\mathrm{d}r} = 0 \tag{8-11}$$

其解析解为

$$p^2 - p_i^2 = \frac{Q_V P^* \mu}{\pi b k_r} \ln\left(\frac{r}{r_i}\right) \tag{8-12}$$

式中，Q_V 为空气抽提速率。

MISER 模型假设水相饱和度和残余 NAPL 相无关，只和气液两相滞留数据相关；气液两相滞留数据采用 van Genuchten 公式表达；流动水相和气相的相对渗透性表达用 Parker 等的模型估计；忽略滞留和相对渗透函数中的迟滞；不考虑有机液体的内部源/汇，假设不流动的 NAPL 饱和度的变化只在相间质量传递时存在。

NAPL 饱和度用下面 NAPL 质量平衡方程表达：

$$\frac{\partial}{\partial t}(\phi_l \rho_0^* S_0) = E_0^* \tag{8-13}$$

2. SVE 传质过程模拟

SVE 传质模拟可以获得挥发性有机物的修复过程和修复效率。许多学者建立了 SVE 过程相关的数学模型，一些模拟程序已经商业化，如 AIRFLOW/SVE、FEHM、VENT3D、T2VOC、STOMP 等商业模拟软件。采用实验室或者模拟的方法确定 SVE 的操作时间和操作条件等，成为影响 SVE 修复效果以及修复成本的重要问题。研究表明，在 SVE 初期，当还存在 NAPL 相时，传质为动力学控制，相平衡能够瞬间达到。这个阶段可以使用较大的抽气流量，抽提出的尾气浓度不会因为抽气量的增大而降低，这样可以加快修复速度。当某种物质快要完全移除时，为非平衡状态，此时应当降低抽提速度，或者停止抽提，一段时间之后再开始抽提，以降低尾气处理成本。

一般根据一些基本假设建立如下 SVE 数学模型，基本假设如下：流动与传质在恒温下进行；忽略水蒸气在土壤气相中的存在；除了生物通风研究外，一般情况下忽略污染物的生物降解和其他转化行为；只考虑土壤气相的运动，土壤水和 NAPL 视为停滞流体；SVE 过程中不考虑地下水水位变化及土壤中水分散失；土壤固相视为不可压密介质，土壤气相及有机物蒸气视为理想气体，多组分 NAPL 视为理想液体；污染物在气液固相界面处的局部平衡为 Heney 模式；忽略毛细作用力有机物蒸气压的影响。

(1) SVE 质量方程：

$$\phi \frac{\partial (S_g \rho_g f_g^i + S_W \rho_W f_W^i)}{\partial t} + \rho_b \frac{\partial C_S^i}{\partial t} = \nabla \times \left(\frac{k_{rg} k \rho_g f_g^i}{\mu_g} \nabla P \right) + \nabla \times (\phi S_g D_{g,\text{eff}}^i \rho_g \nabla f_g^i) - I_{Ng}^i - I^i \times_{NW}$$

(8-14)

(2) SVE 过程 NAPL 污染源衰减方程：

$$\phi \rho_N \frac{\partial (S_N f_N^i)}{\partial t} + \phi \frac{\partial (R_g^i S_g C_g^i)}{\partial t} = \nabla \times \left(\frac{k_{rg} k C_g^i}{\mu_g} \nabla P \right) + \nabla \times (\phi S_g D_{g,\text{eff}}^i \nabla C_g^i) \text{（平衡传质）}$$

(8-15)

$$\phi \rho_N \frac{\partial (S_N f_N^i)}{\partial t} = \lambda_i (C_g^i - C_{ge}^i) \text{（动力学传质）} \tag{8-16}$$

式中，ϕ 为土壤总孔隙度；k 为土壤内在的渗透率张量 L^2；k_{rg} 为空气的相对渗透率；μ_g 为土壤气相的黏度，量纲为 M/LT；P 为土壤气相的压强，量纲为 M/(LT^2)；S_g 为气相饱和度；S_W 为水相饱和度；S_N 为 NAPL 相饱和度；ρ_g 为气相质量密度，量纲为 M/L^3；ρ_N 为 NAPL 相质量密度，量纲为 M/L^3；ρ_b 为土壤的表观密度，量纲为 M/L^3；ρ_W 为水相质量密度，量纲为 M/L^3；f_g^i 为气相中 i 组分的质量分率；f_W^i 为水相中 i 组分的质量分率；f_N^i 为 NAPL 相中 i 组分的质量分率；$D_{g,\text{eff}}^i$ 为保守性气体在多孔介质中的有效扩散系数，$D_{g,\text{eff}}^i = \phi^{1/3} S_g^{7/3} D_g^i$；$R_g^i = 1 + \frac{S_W}{H_i S_g} + \frac{\rho_b K_D^i}{H_i S_g} + \frac{\rho_b K_G^i}{\phi S_g}$ 为气相迟滞因子；H_i 为 i 组分无因次亨利常数；K_D^i、K_G^i 分别为 i 组分液固和气固吸附常数，量纲为 L^3/M；$\lambda_i = \phi (\lambda_{gN}^i S_g + \lambda_{WN}^i S_W / H_i)$ 为复合团粒传质系数，量纲为 1/T；C_g^i 为 i 组分在气相中的浓度，量纲为 M/L^3；C_{ge}^i 为 i 组分在气相饱和浓度，量纲为 M/L^3；f_N^i 为 NAPL 相中 i 组分的质量分率；D_g^i 为开放流体（空气）中的扩散系数，量纲为 L^2/T；I_{Ng}^i、I_{NW}^i、I_{gW}^i、I_{gs}^i 分别为单位体积土壤中 NAPL-气、NAPL-液、气液、气固相间传质速率，量纲为 $M/(TL^3)$；$I_g = \sum_i (-I_{Ng}^i + I_{gW}^i + I_{gs}^i)$ 为单位体积土壤中污染物由其余相进入气相的总传质速率，量纲为 $M/(TL^3)$。

（五）SVE 工程设计和计算方法

一个场地是否适用于 SVE 技术，可通过图 8-4 的决策树进行判断。

当污染场地被确定适用于 SVE 技术修复后，就要确定如何对 SVE 系统进行设计。SVE 系统初步设计的最重要参数是抽出的 VOC 浓度、空气流速、通风井的影响半径、所需井的数量和真空鼓风机的大小等。一般进行场地修复时，需要先获得空气渗透率的数值。土壤空气渗透率通常通过以下几种方法获取：土壤物理性质相关性分析、实验室检测、现场测试等。

1. 相关性分析

土壤透气率可依据对土壤水力传导系数的相关性分析获取，其相关性如式（8-17）所示，该方法虽然便捷，但仅适用于估算。

$$K_a = K_W \left(\frac{\rho_a \cdot \mu_W}{\rho_W \cdot \mu_a} \right) \tag{8-17}$$

式中，K_a 为土壤空气渗透系数，量纲为 L/T；K_W 为水力传导系数，量纲为 L/T；ρ_a 为空气密度，量纲为 M/L^3；ρ_W 为水密度，量纲为 M/L^3；μ_a 为气体黏度，量纲为 M/LT；μ_W 为水的黏度，量纲为 M/LT。

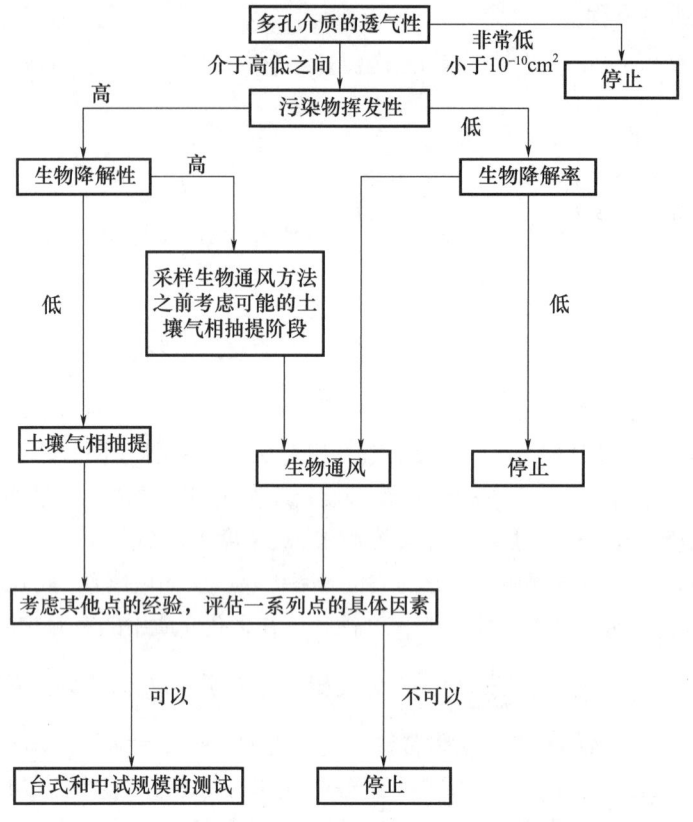

图 8-4　SVE/BV 技术决策树

2. 实验室检测

实验室测定通过土壤样品的稳定气流，在研究土样一端施加一定的气压，然后测定土体的空气流量，依据土壤空气对流方程获得土壤渗透率。由于土壤固有的非均质性，室内试验数据仅能提供一些关于孔隙几何特征和对流及传输过程之间相互作用关系，不能用于研究评估天然土壤的实质。因此最好进行现场空气渗透率试验和中性试验，表 8-4 列出了现场空气渗透率测试的优点和局限性。虽然现场空气渗透率的测试也有一些局限性，但仍然是目前最为有效的测试方法。

图 8-4　现场空气渗透率测试的优点和局限性

优点	局限性
提供最准确的透气性测量	土壤中空气渗透率可能偏低，导致随后 SVE 或 BV 操作系统水去除显著
允许测量几个地质地层的空气渗透率	只提供了地层的近似的平均渗透率，只提供点的非均匀性的间接信息
测量测试点周边的影响半径	需要制订健康和安全计划，可能需要特殊保护设备
加上分析测量时，提供初始污染物的去除速率的信息	在非 NAPL 点可能需要空气注入
提供设计中试规模试验的信息	不能用于测量饱和区域中的透气性，这种区域在应用该技术之前需脱水

(1) SVE 场地空气渗透率测试

空气渗透率测试提供了现场不同地质区域的空气渗透率数据。空气渗透率测试数据可以用于初始设计中预测通风间隔时间、气相流率和水分去除速率。另外空气渗透率测试数据也用来确定渗流区的各向导性（水平渗透性和竖直渗透性的比值），这在表面缺少密封或者整个土层需要气流的时候非常重要。

1) 透气性测试试验

尽管中试试验可以提供有关 SVE/BV 系统的操作过程信息，为了确定空气的孔隙空间的渗透性，需要设计透气性测试试验，该试验也可以用来估计空气填充的孔隙度。水在不饱和土壤的总孔隙空间的含量通常为 10%～30%或者更多。水含量会导致空气孔隙空间的减少，因此空气相对渗透性的概念更有实际意义，它小于土壤本身的渗透系数。因为虽然相对渗透率的数值在 0～1 之间变化，但作为饱和度的函数，空气渗透率的值通常在多个数值级之间的范围变化。由于大多数场地的土壤特性是不均匀的，甚至在相同的测试点根据气流的方向和测量规模的不同而不同。因此，读者应该知道在某一个位置、方向和测量规模获得的曲线不能代表另一个位置、方向，或者不同测量规模的曲线。

2) 空气渗透率的解析方法

空气的渗透率通常用异位径向流动的解析解来获得，如方程式(8-13)所示，但是需要注意适用的边界条件。例如，一维径向流的分解析解应该用于上部和下部由不可渗透边界的地质单元，如表面不渗透封边界和地下水位边界。稳态的解可用于真空度（或压力）能够快速达到平衡的场址，反之，则使用瞬态解。

3) 测量探头的设置

由于现场测试的目标是估计整个渗流区的空气渗透率，抽提井的设置位置应该位于被修复区域的范围内。设置的井抽气缝隙位置应该从接近地下水表面到接近地表处。可以用现有的监测井监测真空度（或压力），或在抽气井的不同深度、不同距离和不同方向安装额外的土壤测试探头。考虑到土壤垂直方向的相异性，监测探头要放置到不同深度的地方。点与点之间的距离随着距离井的位置呈对数增加（如 0.2m、2m、20m 等）。这种对数间隔可以快速评估井效率和确定真空度/压力的影响半径（ROI）。

4) 透气性场址的处理方法

应该注意的是，除了表面有密闭性覆盖层的场址，开放的场址和"渗漏"场址也可以用上述解析解处理。在这些情况下，有机气体回收并应该从污染的底部到污染的顶部或者表面 1.5m 以下进行抽提。具有透气性表面场址的瞬态透气性测试数据分析方法可参考 Falta 的分析程序，这些程序包括了覆盖场地、渗透场地和开放场地的稳态和瞬态数据，并被收入 GASSOLVE 软件。

5) 渗透测试关键变量

空气渗透率测试的关键控制变量主要是气相流率和抽气井真空度。瞬态透气性测试试验从启动到完成通常需要 1～4h。如果多个气流同时测定，可能需要 1～2d。一般来说，1h 以上真空度变化不大的情况下，可以是稳态条件。这可能需要几个小时至数天来达到恒定流速，即稳态条件。如果现场允许测试稳定状态，可使用 GASSOLVE 软件提出的稳态解决方案确定空气的渗透率。该法获得空气渗透性试验数据时不应该使用气提井内所观测的真空度，因为此真空度受到通气效率的影响。

6)"逐步测试"

"逐步测试"通常和空气渗透率测试联合进行。"逐步测试"是指试验过程中自最小空气流速开始,逐步提高气体流量,在不同测量点测量真空度的方法。其目的是确定真空度与抽提井气相流量之间的关系,在选择鼓风机和估计地下所需要的真空度时需要用到这些数据。"逐步测试"后即可确定真空度和气相流率,并用于空气渗透率试验。

(2) 中试试验

中试测试的目的是评价受污染的区域内污染物的去除速率和气流分布。抽气并施加真空度,然后测量产生的气流速率、土壤气体真空度的水平、土壤和空气的温度、土壤水分含量以及污染物的浓度等。鉴于许多场址土壤地层结构不同,测量抽气井影响区域内的气流空间分布特别重要。也需测量气水分离器收集的液体的数量和组成。总体而言,建议用户避免收集不必要的数据而应该明确自己的测试目标并收集与满足目标相关的数据。

1) 中试试验时间

中试试验持续的时间可以从几天到几周,在某些情况下会持续更长的时间。大多数SVE系统初始尾气排放浓度通常会达到一个尖峰,然后迅速下降到基线浓度。初始峰值通常代表了初始土壤气相浓度,次浓度是平衡分配至相对静止空气相的结果。后续的基线浓度表示平衡分配至动态的空气相浓度,从相对停滞区到流动气流区被认为是扩散限制。最初峰值浓度和随后的基线浓度之间的差异取决于许多因素,包括气流的速率、污染物的扩散性,生物降解率,停滞土壤气体区和流动土壤气体区的比例,以及在这些区域间的相互关联的程度。由于后面的因素几乎不可能预测,中试试验通常用来评估可持续基线的浓度。

2) 尾气浓度随时间变化曲线图

该图有时能明确污染源相对于测试井的位置。污染物随时间增加的水平可以指示污染物离抽提井的距离,而污染物随时间减少的水平往往表明位于井穿透地区的污染物的迁移。

3) 试验系统

试验系统的地上部分包括一个鼓风机或真空泵用来吸入空气,另外配置压力表、真空计、温度显示器、气水分离器、尾气处理设备和相应的管路。系统的地下部分由至少一个抽提和注入井以及至少三个探针或监测井,测量不同深度以及离抽提点不同距离的土壤压力,这些都应配有取样口。

4) 尾气处理系统

尾气处理系统通常采用活性炭的方法,此外根据尾气浓度高低也可以使用焚化、催化氧化、吸收或冷凝技术。中试试验也可以作为尾气技术选择和成本估算的依据。尾气中污水处理通常是通过活性炭颗粒吸附或者生物处理。现场测试通常涉及的面积从几平方米到几百平方米不等。如果该场址在全面修复实施过程中可能被覆盖,则在初步试验之前,在地面上放置一个不可渗透层,如聚乙烯以防止地上的空气发生短路。操作开始抽气后,测量作为时间函数的压力分布和气流速率,直到它们达到稳定状态;然后分析尾气处理系统前后以及在周围环境空气中的污染物浓度;检测排出气体中的水分含量和气水分离器中的水分含量。中试试验所用的系统可以用于将来实际吸附规模的SVE系统中。

5) 抽提位置

通过分析一定深度土层中抽提出来的气相浓度和流速,可以进一步细化场地概念性模型及理解土壤对地下的影响。抽提井的抽气管缝的最佳位置可通过分析不同地层污染物的去除程度来确定。气提过程中分析垂直方向的污染物浓度和气提流速可以帮助理解扩散限制的质量传输程度。例如,通过纵向的数据分析表明,多数的污染物是从地面以下5.5~6.1m抽提,但粉土层的空气流动速率比其他地方少一个数量级。在这个深度,土壤气体抽提气井首先提取的为受污染区域上方或下方更具渗透性层面的污染气体。低渗透土壤的对流传递可以忽略,因此污染的去除主要依靠从低渗透区到相邻高渗透区土壤的扩散来实现。

6) 其他注意事项

在有限时间内的中试试验期间或中试试验之后,不提倡收集验证性的土壤样品。中试试验期间为了获得污染物分布的空间差异性,需要收集大量的样本(鉴于土壤取样是一种破坏性的技术,需避免一个点采样两次)。

(3) 抽提井、监测井数量和井点布置设计

抽提井的数量、分布是 SVE 系统设计的主要任务,其与土壤的透气率密切相关。土壤的透气率决定了抽提井的影响半径。

影响半径是指单井系统运行后由于抽气负压所影响的最大径向距离,一般是以抽提井为圆心,至负压为 25Pa 的最大距离。影响半径受土壤透气性、抽气真空度以及地下水位等因素影响。可绘制抽提井及监测井的压力随径向距离的对数变化或者用下式确定影响半径:

$$P_r^2 - P_W^2 = (P_{RI}^2 - P_W^2) \frac{\ln(r/R_W)}{\ln(R_I/R_W)} \tag{8-18}$$

式中,P_r 为与抽提井的距离为 r 处的监测井压力,量纲为 $M/(LT^2)$;P_W 为抽提井的压力,量纲为 $M/(LT^2)$;P_{RI} 为最佳影响半径的压力,量纲为 $M/(LT^2)$;r 为监测井与抽提井的距离,量纲为 L;R_I 为最佳影响半径,量纲为 L;R_W 为抽提井的半径,量纲为 L。

为合理利用 SVE 系统资源,需要合理布置抽提井的位置,实际应用中一般采用"三角法"进行布井。该方法可以保证抽提井之间的有效修复范围有一定的重叠,避免修复盲区产生。例如,影响半径为 10m,按照等"三角法"计算得到抽提井间距约为 17.3m,实际间距可取 17m。通常有两种方式确定抽提井的数量。一种方法是基于抽提井均匀分布来计算,公式如下:

$$n = \frac{S}{\pi R_I} \tag{8-19}$$

式中,n 为抽提井的数量;S 为修复区域面积,量纲为 L^2;R_I 为最佳影响半径,量纲为 L。

另一种方法是基于抽气速率与一定时间内(通常 8~24h)修复区域土壤孔隙体积的交换速率来计算,公式如下:

$$n = \frac{\phi V/t}{q} \tag{8-20}$$

式中,n 为抽提井的数量;ϕ 为土壤孔隙率;V 为修复区域内土壤的体积,量纲为 L^3;

q 为单口抽提井的气体流量,量纲为 L^3/T;t 为孔隙体积交换时间,量纲为 T。

在设置抽提井间距的时候需要注意以下几点:在高浓度区适当减少井间距,以便增加污染物去除速率;如果地表存在覆盖或者准备建造覆盖层,空气不能从地表进入,而是从更远处进入,需要增大抽提井间距,同时需要增加空气注入井;当井屏越不同地层时,在透气性较低的地层需要将井屏加密。

(4)抽提井及监测井结构设计

竖直抽提井结构与地下水监测井结构类似,二者使用相同的方法安装。一般以 PVC 管作为抽提井,根据气流流量,其直径为 5～30cm,常用直径约 10cm 的管路。抽提井井屏使用纱网缠绕,防止固体颗粒进入管路,然后将井屏与井壁安装在钻孔中心。在钻孔与抽提井之间装填过滤物(一般为砾砂),过滤物一般装填至高于井屏上部 0.3～0.6m,再装填 0.3～0.6m 的斑脱土密封,之后使用水泥灰浆填满周围的孔隙,过滤物以及井屏缝隙必须考虑周围土壤颗粒的粒径。

井屏长度与位置应随地下水位、地层结构以及污染物分布变化。由于影响半径主要由土壤透气性决定,所以井屏长度一般对影响半径影响不大。但井屏开缝密度以及分布与影响半径相关。

监测井结构与抽提井结构类似,但监测井结构相对简单。由于监测井无气体抽出,可以选择较小的管径,一般 5～10cm 即可。井屏分布在关注的地层,一般 0.3～0.5m,且其外部分不需缠绕纱网。过滤物、斑脱土以及水层密封参数与抽提井相同。

(5)抽提工作点设计

1)测定泵特性曲线

气泵的特性曲线采用空测法进行测定。与井相连接的软管与大气相同,采用 U 形压力计(±1000mm,水为指示剂)测量泵吸入口的真空度,得到流量与真空度的关系。

2)测定系统的操作曲线

以其中某一抽提井为主井测试,将气泵吸入口旁路阀完全打开,井口阀门全开,调节气泵吸入主管路上的阀门,测定不同井头真空条件下,气相的抽提速率与对应井内抽提的空气量的关系。

3)工作点的确定

由步骤 1)和 2)作出泵与系统的操作曲线,找到其交点即为工作点。

(6)污染物去除速率计算

SVE 过程的污染物去除速率可通过以下方法进行计算:

污染物去除速率($R_{removal}$)可由抽提气相速率(Q)乘以气相浓度(G)得到:

$$R_{removal} = QG \tag{8-21}$$

应该注意 G 和 Q 的单位要统一,且 G 应该为质量浓度单位。

值得注意的是,一般计算得到的气相浓度是理想的平衡值。由于存在质量传递限制,整个空气流没有全部通过污染层,一般系统为非平衡状态。然而计算值仍然提供了有用的信息,可以将计算值和实际测试数据进行比较,建立两者的关系,通过修正计算公式而用于后面的预测。

例如,如果考虑空气流通过污染层的比例,污染物去除速率公式可以修正为:

$$R_{removal} = \eta QG \tag{8-22}$$

从上式求得的去除速率仍表示的是气相浓度的上限,因为没有考虑质量传递的限制。因子 η 可以认为是整个的效率因子,为流过污染层的百分数。

二、土壤热脱附技术

热脱附是一种破坏污染物结构的物理分离技术,通过加热将水分和有机污染物从土壤中分离,并由载体气体或真空系统输送到尾气处理系统。热脱附反应器内的设计温度和停留时间需确保污染物能挥发分离但不发生氧化。

基于运行温度的不同,热脱附系统分为高温热脱附(HTTD)和低温热脱附(LTTD)两种。高温热脱附系统的运行温度为 320~560℃,常与焚烧、固定/稳定化、脱卤等技术联用,能够将目标污染物的最终排放浓度降低到 5mg/kg。低温热脱附系统的运行温度为 90~320℃,能够成功修复石油烃污染土壤。在后燃室,污染物的处理效率大于 95%,如略做改进,处理效率可以满足更严格的要求。除非低温热脱附系统的运行温度接近其温度区间的上限,所分离的污染物仍保留其物理特性,处理后土壤的生物活性也能够满足后续生物修复的要求。由 CESC(Canonice Environmengtal Services Corporation)开发的 LTTA 低温热脱附系统是目前应用最广泛的低温热脱附技术之一。

与化学氧化、生物修复、电动力学修复、土壤洗涤等技术相比,土壤热脱附技术因具有高去除率、速度快等优势,而成为常见的有机污染物修复通用技术。热脱附技术可用在广泛意义上的挥发性有机物(VOC)和挥发性金属(Hg)、半挥发性有机物(SVOC)农药,甚至高沸点氯代化合物 PCBs、二噁英和呋喃类污染土壤的治理与修复上。

近年来的工程实践表明,除可通过增加加热温度或延长停留时间等方式提高脱附效果以外,同样可以通过提高真空度来提高热脱附效率,从而降低所需能耗和相应的修复成本。固定温度条件下,土壤中多环芳烃的热脱附过程复合一级动力学模型,与常压相比,在负压 0.08MPa 条件下,土壤中 2~3 环多环芳烃、4 环多环芳烃和 5~6 多环芳烃的热脱附常熟分别提高了 1.6 倍,3.1 倍和 4.6 倍,表明真空度的增加能够显著促进高分子量多环芳烃的脱附效率。因此,在设定的残留量限制条件下,提高真空度可以有效减少脱附时间,从而降低能耗。

美国"超级基金"污染场地在 1982—2008 年共采用热脱附技术 93 次,约占所有技术的 8%,其中约 3/4 采用异位热脱附技术。如何进一步降低能耗和修复成本是影响该技术工程化应用的关键因素之一。

(一)原位热脱附

1. 概述

土壤的原位热脱附是通过一定的方式加热土壤介质,促使污染物的蒸发或分解,从而实现污染物与土壤分离的目的。地下温度的升高有利于提高污染物的蒸气压和溶解度,同时促进生物转化和解吸。增加的温度液降低非水相液体的黏度和表面张力。

土壤原位热脱附技术主要包括土壤加热系统、气体收集系统、尾气处理系统、控制系统等。这种方法可视为 SVE 技术的强化,能够处理传统 SVE 技术的强化,能够处理传统 SVE 技术所不能处理的含水量较高的土壤,当污染物变为气态时,通过抽气井收集挥发的气体后,送至尾气处理部分。

使用原位热脱附技术时需注意，由于加热会造成局部压力增大，可能会造成热蒸气向低温地带的迁移，并有可能污染地下水。还需注意下潜的易燃易爆物质的危害。

2. 加热方式

主要的加热方式有蒸气注入（steam injection）、射频加热（RF）、电阻加热（electrical resistance heating）、电磁波加热（radio frequency heating）、热导加热（thermal conduction）等，也可以根据场址情况考虑其他潜在的原位加热技术。

（1）蒸气注入

蒸气注入是通过注入井将热蒸气注入污染区域，导致温度升高，产生热梯度，利用蒸气的热量降低污染物的黏度，使其蒸发或促进其挥发，蒸气注入还能增加溶解的污染物和非水相液体 NAPL 的回收。

有大量报告证明了蒸气注入的优点，整治不饱和区的注蒸气试验在利弗莫尔国家实验室取得了成功。

在深处注入蒸气能够产生向上的热对流，有助于 SVE 法除去污染物。蒸气注入法进行修复最成功实例是在加利福尼亚州维塞利亚的南加利福尼亚州木材处理厂，注入蒸气后增加了木蒸油和相关的化合物的质量回收率，约为抽出处理法的 1000 倍。在维塞利亚注入的蒸气大大增加了非水相液体 NAPL 的回收率，大多是水乳液中的 NAPL。通过挥发和 NAPL 去除了大部分的污染物，另外，由于原位加热导致了一些污染物受到水热解氧化也被认为是污染物去除机制之一。

实践工作已表明，由嗜热菌生物降解众多烃类物质也是蒸气喷射过程中的一个重要贡献，尤其是当作为土壤冷却剂的空气被作为微生物氧源时。地下土层脉冲注入蒸气并紧接着迅速降压，土层不太厚的情况下可以通过停止注入蒸气，依靠孔隙中液体的自发蒸发及通过对相邻的高渗透区土层施加高真空度所带来的突然压降，增加低渗透层的污染物的去除。单独注射热空气或蒸气喷射同时注入，都可加速土壤/地下水污染物的去除。使用热空气时较少的水被注入地下，可减少污染物的溶解和迁移，须被泵输送和处理的水也较少。但因为空气的热含量比蒸气的总热含量低得多（主要是由于从蒸气到水的相变过程中释放的热量），注入相同体积的蒸气比注入相同体积的热空气的热效应更加明显。

（2）射频加热

射频电能也可以用来加热土壤，通过蒸发和蒸气辅助联合作用造成地下温度升高，促进土壤中污染物挥发，然后可以用 SVE 系统除去挥发的污染物。电极被安装在一系列的钻孔中，和地面的点源相连接。原理上使用这种方法可以使土壤的温度大于 300℃，小试试验中射频加热过程中远高于 100℃ 的情况容易实现，但对于实际修复规模，不能在热传导器附近超过 100℃ 的温度，特别是潮湿的土壤。由于表面效应，射频电能在热传导器处被转换成热量，并且依靠热传导进行热传递，而非热辐射。射频加热过程成本的其他因素还有土壤体积、土壤水分含量和最终处理温度。根据所必需处理土壤量的不同，美国 EPA 在 CLU-IN 数据库中估算的成本为 100~250 美元/m³。当这一技术提高土壤温度达到接近水的沸点时，如蒸气注入技术一样，也会发生原位热裂解、热氧化和增强的生物降解等现象。

（3）电阻加热

土壤的电阻加热是依靠地下电流的电阻耗散加热的一种方法。当土壤和地下水被加热到水的沸点后发生汽化并产生气提作用,从孔隙空间中气提提出挥发和一些半挥发性的污染物,一般用于渗透性较差的土壤,如黏土和细颗粒的沉积物等。这一技术应用最为广泛的是六相电土壤加热。SPSH 采用电压控制变压器将传统的三相电转换成六相电,然后通过标准钻井技术安装垂直、倾斜或水平的电极传递到地下。电极被以一个或多个圆形阵列的方式插入到地下,每个阵列有六个电极。土壤毛孔中的水可以传导每对不同相电极之间的电能,电阻导致土壤加热达到 100℃ 以上。在此高温下产生蒸气并使污染物蒸发。水分蒸发后,土壤会产生一些裂缝,这增大了土壤的透气性,通过抽提井可将污染物去除。土壤水分是电流的主要载体,在电阻加热过程中需要不断地补充水分,以保证土壤水分含量。位于阵列中心的第七个中性电极同时也作为 SVE 通气孔。使用常规变压设施的六相电土壤加热技术,其成本只是射频加热(RF)或微波加热成本的 1/10～1/5。该技术现场验证是在 Savannah 河场地的位置包括被 PCE 和 TCE 污染的渗透率非常低的黏土。土壤被加热到 100℃,超过 99% 的污染物被除去,同时还以蒸气的形式除去了在土壤中存在的大量水分。该技术也显示出了提高 BV 的希望。由于干燥后,土壤的导电性急剧下降,这种技术最高能把土壤温度提高到接近的沸点,发生和蒸气注入中所发生的原位热裂解(HPO)、热氧化和增强的生物降解相同的现象。

(4) 电传导加热或原位热脱附

原位加热中,电传导加热或原位热脱附(ISTD)通过地面或地下外加热量和施加真空度使污染物蒸发,然后将污染物气相抽提到地上进行处理。地面加热如覆盖电加热毯,热毯温度可达到 1000℃,并且可通过直接接触式热传导,将地下 1m 左右的污染物变成气态。地毯表面设有气体收集系统,避免污染蒸气进入到大气中。

ISTD 最早是石油工业生产重油所开发的技术,包括使用导电加热土壤的热井,以及联合使用真空泵或者加热器把气相诱导至地下处理单元。除可融化土壤的原位玻璃化技术外,ISTD 的操作温度比其他原位加热技术的温度都高很多,温度达到接近 700℃。靠近加热器真空井附近的污染物被较长时间暴露于升高的温度下,大部分污染物被转化为二氧化碳和水。由于 ISTD 在如此高的温度下操作,它可以被用于处于大多数有机污染物。已处理的污染物包括多氯联苯、氯代溶剂、燃料油、煤焦油化合物(PAHs)、农药和二噁英等。使用 ISTD 的去除效率通常是非常高的,该技术依赖于土壤的热传导,所以它可以有效地应用于非均质和低渗透性的土壤中。

(5) 其他技术

除了上述描述的加热技术外,也可考虑其他替代技术。

热氧化装置的余热可以通过注射井用于土壤的原位加热。当然,经热处理后的取样尾气回注,会抑制微生物的降解。与水和土壤相比,空气的热容量较低,这就限制了传递地下的热量,达不到期望的温升。也可以向地下埋设发热电缆或渗透热水而引入热量。电磁波加热是原位使用电磁能加热土壤,促进污染物蒸发的一种技术。加热的能量由埋在钻孔中电极导入土壤介质,加热机理与微波炉原理类似。使用时应避免电磁波逸散,并注意所选频率不要影响正常的无线通信业务,一般使用的频率为 2～2450MHz。

(二)异位热脱附

1. 概述

异位热脱附(ex situ thermal desorption)是通过异位加热土壤、沉积物或污泥等,使其中的污染物蒸发，再通过一定的方式将蒸发的气体收集并处理，从而达到修复目的。主要由原料预处理系统、加热系统、解吸系统、尾气处理系统和控制系统等组成。主要的加热方式有辐射加热、烟气直接加热、导热油加热等。热脱附也可分为土壤连续进料型和间接进料型。热脱附可用于含有石油烃、VOC、SVOC、PCB、呋喃、杀虫剂等物质的土壤。

2. 影响因素

（1）粒径分布

划分细颗粒和粗颗粒的界限是 0.075mm，黏土和粉土中细颗粒较多。在旋转干燥系统中，细颗粒可能会被气体夹带带出，从而加大对尾气处理系统设备的负荷，有可能超过除尘设备的处理能力。

（2）土壤组成

从传热和机械操作角度考虑，粒径较大的物质，如砂粒和砾石，不易形成团聚体，有更多的表面积可暴露于热介质，比较容易进行热脱附。对于团聚的颗粒，热量不易传递到团聚颗粒内部，污染物不易蒸发，因而质量传递也较困难。一般在旋转干燥系统中，进料最大的直径为 5cm。

（3）含水量

由于在加热过程中水分蒸发会带走大量的热，因而含水量增加则能耗加大。同时，水分的蒸发也会使尾气湿度增加，会加大尾气处理的负荷和难度。在旋转热脱附系统中，原料含水量 20％以内都不会对后续操作和费用造成显著影响。当含水量超过 20％时，则需要进行含水量与操作费用的影响评价。原料含水量也不能过低，一方面少量的水分能够减少粉尘；另一方面，由于水蒸气的存在，会降低污染物气相中的分压，会促进污染物挥发。一般进料含水量为 10％～20％为宜。

（4）卤化物含量

土壤中卤化物有可能造成尾气酸化，当尾气中相应的卤代酸含量超过排放标准时，需要增加相应的除酸过程。

三、原位化学氧化

原位化学氧化技术（in-situ chemical oxidation，ISCO）技术通过向土壤中添加氧化剂，促使土壤中污染物分解成无毒或低毒的物质，从而达到修复目的。该技术既适用于不饱和区土壤修复，也适用于地下水的修复。化学氧化方法在氧化剂化学组成和使用方面的选择取决于污染物种类、数量、在地下的特征和中试试验结果。在加入氧化剂的同时，还需要使用稳定剂，以防止某些有机污染物的挥发。常用的氧化剂有过氧化氢、Fenton 试剂、臭氧以及高锰酸盐等。表 8-5 和表 8-6 分别列出了常用的氧化剂适用性及氧化性能，其中在修复中广泛使用的羟基自由基的氧化性最强。

该技术一般均包括氧化剂加入井、监测井、控制系统、管路等部分。其中氧化剂的注入最为重要。使用不同的氧化剂修复时，将氧化剂释放受到污染边界的方法很多。例如，氧化剂可以与催化剂混合后注射井或喷射头直接注入地下，或者是结合一个抽提回收系统（抽提井）将注入的催化剂进行回收并循环利用。

第八章 土壤污染修复技术

表 8-5 氧化物适用性

氧化物质	氧化势（地面水平）/V	荷兰的经验水平	污染形势	适用于	不适用于	修复持续时间和较小/中型污染占据的空间	氧化物在土壤中的稳定性	有利于使用的环境因数	不利于使用的环境因素	备注
Fenton 试剂	2.800	高，超过25个场地，超过3个承包商	源区域-可能含有纯产物，地下水含量高	（氯）乙烯，（氯）乙烷，BTEX（苯系物），轻馏分矿物油与PAH（多环芳烃），自由氰化物，酚类，邻苯二甲酸盐（或酯），MTBE（甲基叔丁基醚）	重馏分矿物油，高级烷醇，重馏分PAH（多环芳烃），PCB（多氯联苯），络合氧化物	3～6个月大地上系统，其他可能的活动很少或没有	经常少于1天	高度渗透性土壤，对于典型Fenton试剂，地下水pH值为2～6	渗透性不好的土壤，需要大量氧化剂的土壤，对于典型Fenton试剂存在石灰石时的地下水pH值为7.5～8，改性Fenton试剂适用于pH值为10	安全性是重要方面，有重金属活动的风险，氧化剂/催化剂中添加了重金属
臭氧/过氧化物	2.800	中，5～25个场地，少于3个承包商	源区域-可能存在纯产物，污染羽的地下区含量高	（氯）乙烯，（氯）烷醇，矿物油，BTEX（苯系物），轻馏分PAH（多环芳烃），自由氰化物，酚类，邻苯二甲酸盐（或酯），MTBE（甲基叔丁基醚）	重馏分PAH，PCB，络合氧化物	污染源：1～2年污染羽；2～5年小／中地下系统	1～2天	高渗透性土壤	渗透性不好的土壤，地下水pH值为8～9	安全性是重要方面，场地臭氧发生器
过硫酸盐	2.600	中，5～25个场地，少于3个承包商	源区域-可能存在纯产物，地下水含量高	（氯）乙烯，BTEX（苯系物），烷烃类，轻馏分PAH（多环芳烃），酚类，邻苯二甲酸盐（或酯），MTBE（甲基叔丁基醚）	重馏分PAH，PCB	0.5～1年小一次性注入或地下系统	几周至几个月	高渗透性土壤	渗透性不好的土壤，需要大量的氧化剂	安全性是重要方面，过硫酸盐必须是活性的

续表

氧化物质	氧化势（地面水平）/V	荷兰的经验水平	污染形势	适用于	不适用于	修复持续时间和被小/中型污染占据的空间	氧化物在土壤中的稳定性	有利于使用的环境因数	不利于使用的环境因素	备注
臭氧	2.600	中,5~25个场地,少于3个承包	源区域-可能含有纯产物,污染羽区的地下水含量高	(氯)乙烯,矿物油,BTEX(苯系物),轻馏分PAH(多环芳烃),自由氰化物,酚类,邻苯二甲酸盐(或酯),MTBE(甲基叔丁基醚)	(氯)烷醇,重馏分PAH,PCB,络合氰化物	污染源1~2年污染羽;2~5年小-地下系统	1~2天	土壤未饱和部分中的高渗透性土壤水分含量低	渗透性不好的土壤,需要大量氧化剂,地下水pH值为7.5或更高	安全性是重要方面,场地臭氧发生器
高锰酸盐	1.700	中,5~25个场地,少于3个承包	源区域-可能含有纯产物,污染羽区的地下水含量高	(氯)乙烯,BTEX(苯系物),酚类	苯,(氯)烷醇,矿物油,PAH,PCB,氰化物	0.5~1年小一次性注入或地下系统	几周	高渗透性土壤	渗透性不好的土壤,土壤氧量高,如果天然土壤需氧量超过了使用就不划算	安全性是重要方面,地下水呈紫色,氧化剂中添加了重金属

表 8-6 不同氧化剂氧化性能的比较

氧化剂	标准氧化电势/V	相对强度（Cl_2）=1.0
羟基自由基（OH·）	2.8	2.0
（SO_4·）	2.5	1.8
臭氧	2.1	1.5
过硫酸钠	2.0	1.5
过氧化氢	1.8	1.3
高锰酸盐	1.7	1.2
二氧化氯	1.5	1.1
氯气	1.4	1.0
氧气	1.2	0.9
溴	1.1	0.8
碘	0.76	0.54

1. 影响因素

化学氧化对于渗透性较好的砂土和砂砾层效果较好，在土壤黏土含量较高或者渗透性较低的地层中，氧化剂不宜与污染物接触。土壤渗透性与化学氧化的关系见表 8-7，自然界中的土壤并不是完全均质分布的，导致渗透性差异较大。土壤在大尺度和小尺度上的非均质性对修复效果也有影响。氧化剂优先进入渗透性较好的部分，如砂土土层。对于渗透性较差的部分，氧化剂不易进入，但一般这部分容易富集污染物。此外，渗透性较好的部分会成为将来土壤气体的优先流通道。因此在土壤不是均质的情况下，有必要弄清楚地下污染物的具体分布。这是确立修复目标的重要参考，如果 50% 的污染物分布在低渗透区，则不可能使用单一的修复技术达到 95% 的污染物去除率。

表 8-7 土壤渗透性与化学氧化的关系

本征渗透率与化学氧化效果		
水力传导系数 K/（ft/s）	本征渗透率 k/ft^2	化学氧化效果
$K>10^{-6}$	$k>10^{-12}$	有效到普遍有效
$10^{-6}<K<10^{-7}$	$10^{-12}<k<10^{-13}$	可能有效，需要进一步评估
$K<10^{-7}$	$k<10^{-13}$	效果较差或者没有效果

注：1ft=30.48cm。

土壤本身理化性质对化学氧化法有重要的影响。理想状态下，加入的氧化剂全部与污染物发生反应。实际上，由于将氧化剂加入后，孔隙水的稀释作用以及被非污染物的消耗，都会造成氧化效率的下降。这些非污染物降解引起的消耗称为自然氧化需求（nature oxidant demand，NOD）。土壤中天然有机质、二价铁、二价锰、二价硫等，都能够消耗氧化剂。因此需要进行批次试验，确定 NOD 值，从而达到修复目的。当污染物紧紧吸附于土壤有机质时，氧化降解难度较大。

污染物的种类也是决定化学氧化法是否可行的重要因素，同时也是选择氧化剂种类的决定因素。对化学氧化影响较大的污染物自身的性质主要是其溶解度和 K_{oc} 值。石油烃类污染物在水中溶解度一般较小，其分配于土壤有机质的量通常要远大于水中溶解的量。溶解度与K_{oc}值能够帮助判断平衡条件下污染物在有机质与水中分配的比例。化学氧化法更容易去除具有较高溶解度和较低的K_{oc}值的污染物。

2. 氧化剂

(1) Fenton 试剂

过氧化氢氧化性很强，能与有机污染物反应生成水、二氧化碳、氧气等。当过氧化氢遇到亚铁离子（Fe^{2+}）形成 Fenton 试剂时，其更加有效。土壤和地下水中都可能存在 Fe^{2+}，也可以加入 Fe^{2+} 催化相关的反应。研究发现在较低的 pH 值（2.5~4.5）条件下，会发生如下反应，该反应称为 Fenton 反应。

$$H_2O_2 + Fe^{2+} \longrightarrow Fe^{3+} + OH\cdot + OH^-$$

当 pH 值高于 5 时，Fe^{3+} 会还原成 Fe^{2+}，因此该反应需在较低 pH 值下进行。$OH\cdot$ 可以迅速并无选择地与含有不饱和键的化合物发生反应，如苯系物、PAHs 等，也可与甲基叔丁基醚（MTBE）发生反应。早期的 Fenton 反应中，过氧化氢的浓度约为 0.03%。现在修复中使用改进的无需添加 Fe^{2+} 的 Fenton，反应的过氧化氢浓度达到 4%~20%，并且反应条件为中性，避免了对土壤和地下水 pH 值的改变。在没有有机物情况下，过剩 Fe^{2+} 可与 $OH\cdot$ 发生反应：

$$Fe^{2+} + OH\cdot \longrightarrow Fe^{2+} + OH^-$$

这意味着如果 Fe^{2+} 浓度过高，试剂本身将消耗氧化剂。因此需要优化使用 Fenton 的条件。

Fenton 反应为放热反应，会加快土壤和地下水中的气体蒸发，造成气体的迁移。另外 Fenton 反应可能产生易爆气体，使用时需要注意安全。有关于使用 Fenton 试剂修复时 VOC 入侵建筑或者污染区域扩大的案例，以及关于修复石油污染场地发生爆炸的案例。

(2) 臭氧和过氧化物

臭氧和过氧化物像典型 Fenton 试样一样，由于形成自由基，臭氧反应在酸性环境中最有效。臭氧氧化性要强于过氧化氢，可与 BTEX（苯、甲苯、乙基苯、二甲基苯的合称）、PAH、MTBE 等有机污染物直接发生反应。与其他的化学修复方式不同，臭氧修复技术需要引入气体。当臭氧用于非饱和区域内时，重要的是注意湿度水平，在非饱和区域内，臭氧在低湿度水平下的分布比较高湿度水平下的分布状况好。当用于饱和区域时，由于气体向上运动，并且土壤通常水平成层，地下非均质活动造成的优先流动路径更快形成。对于臭氧和臭氧/过氧化物，土壤消耗的氧化剂量不太重要，通常不需要进行实验室试验来确定氧化剂消耗量，一般而言，每立方米土壤消耗的臭氧量大约为 15g。理想的 pH 值为 5~8，pH 值为 9 被视为上限。通常臭氧通过膜分离系统在线生成，通过喷射井注入地下，注入井通常要在污染区域附近。当污染物浓度较高时，使用臭氧进行修复也会产生热量和 VOC，因此需要类似 SVE 的系统收集气体，避免其向周围迁移。

(3) 高锰酸盐

高锰酸盐也是一种强氧化剂，常用的有 $NaMnO_4$ 和 $KMnO_4$，二者具有相似的氧化性能，只是使用上有些差别。$KMnO_4$ 是由晶体而来，因此使用最大的浓度为 4%，成本较低，便于运输和使用。而 $NaMnO_4$ 是溶液态的供给，可以达到 40% 的浓度，成本较高，若成本不是很重要的情况下，更倾向于使用 $NaMnO_4$。

高锰酸盐在较宽的 pH 值范围内可以使用，在地下起反应的时间较长，因而能够有效地渗入土壤并接触到吸附的污染物，并且通常不产生热、蒸气或者其他与健康、安全因素相关的事情。然而，高锰酸盐容易受到土壤结构的影响，因为高锰酸盐的氧化会产生二氧化锰，这在污染负荷高时，会降低渗透性。当使用高锰酸盐时，有必要在修复之前进行实验室试验，以便确定土壤消耗的氧化剂量。这一试验就是天然土需氧量（SOD 或 NOD）试验。天然土需氧量取决于试验条件下的高锰酸盐浓度，这意味着必须在多个高锰酸盐浓度下进行试验，包括进行修复的浓度。根据经验，当每千克土壤中的 NOD 值超过 $2gMnO_4^-$ 时，使用高锰酸盐进行修复成本将过高。

使用高锰酸盐进行原位氧化修复会降低局部 pH 值≈3，以及较高的氧化还原电位，这些可能使部分土壤环境中的金属发生迁移。这些金属离子可能被生成的 MnO_2 吸附。$KMnO_4$ 中可能含有砂粒，使用时注意防止其堵塞井屏。$NaMnO_4$ 浓度较高时，$NaMnO_4$ 可能会造成注入井口附近的黏土膨胀并堵塞含水层。

3. 化学氧化技术的主要优缺点

化学氧化技术能够有效处理土壤及地下水中的三氯乙烯（TCE）、四氯乙烯（PCE）等含氯溶剂，以及苯系物、PAH 等有机污染物，主要优缺点如下。

该法的主要优点是：能够原位分解污染物；可以实现快速分解、快速降解污染物的效果，一般在数周或数月达到显著的降低污染物浓度；除 Fenton 试剂外，副产物较低；一些氧化剂能够彻底氧化 MTBE；较低的操作和监测成本；与后处理固有衰减的监测相容性较好，并可促进剩余污染物的需要和厌氧降解；一些氧化技术对场地操作的影响较小。

该方法的主要缺点是：与其他技术相比，初期和总的投资可能较高；氧化剂不易达到渗透率低的地方，致使污染物不易被氧化剂氧化；Fenton 试剂会产生大量易爆炸气体，因此使用 Fenton 试剂时，需要应用其他的预防措施，如联合 SVE 技术；溶解的污染物在氧化数周之后可能产生反弹现象；化学氧化可能改变溶解的污染物羽的区域；使用氧化剂时需考虑安全和健康因素；将土壤修复至背景值或者污染物浓度极低的情况在技术和经济上可能代价较大；由于与土壤或岩石发生反应，可能造成氧化剂的大量损失；可能造成含水层化学性质的改变以及由于孔隙中的矿物沉淀而造成含水层的堵塞。

4. 原位化学氧化修复对土壤的影响及注意事项

在运用化学氧化技术时，注入的氧化剂可能对生物过程起到抑制作用。常用的氧化剂，如 H_2O_2、MnO_4^-、O_3 和 S_2O_8 都是强杀菌剂，在较低的浓度下，就能抑制或者杀死微生物，而且注入的氧化剂引起的电位和 pH 值的改变也会抑制某些微生物菌落活性，使得氧化剂消失后微生物种类比运用 ISCO 技术之前有所减少。根据经验，注入 H_2O_2 在增加生物活性方面饱受争议，因为 H_2O_2 具有较高的分解速率和微生物毒性，有限的氧气溶解度导致非饱和区 O_2 的损失，以及引起渗透率减少和过热问题等。

有学者采用短期的氧化试验——混合土壤浆批处理反应堆和流通柱方法，来研究氧化剂对微生物活动的潜在影响。这种试验方法可进行完全的液压控制并使氧化剂、地下蓄水材料和微生物群之间保持良好接触，从而了解氧化过程对微生物活性的抑制作用。

实际情况往往比较复杂，这种试验不能完全表征在非理想条件和时间较长情况下ISCO对微生物的影响。例如，在野外条件下，氧化环境比较苛刻，这会强烈地影响微生物的存活率和活性。

另外，需要关注氧化剂的存在对微生物的长期效应而非短期影响。研究表明，与单纯生物降解方法相比，长期连续使用H_2O_2做氧化剂使得多环芳烃和五氯酚降解得更快。在刚使用H_2O_2后，微生物群数量出现短期时间下降1‰~2‰；但在一周后，数量又明显增长，并超过了使用前的数量。在大田试验中，将大量高浓度的H_2O_2注入其中，微生物的数量和活性都会降低，然而六个月后都会升高。研究人员在被三氯乙烯和顺-1,2-二氯乙烷污染的土壤和地下水中注入$KMnO_4$（91.7m³，0.7％）并测量了前后微生物的变化。研究人员在注入两周后发现，地下水的氧化电位大于800mV，并且出现了能自行发育的厌氧异养菌、产烷生物和厌氧硫酸盐硝酸盐还原菌的种群，但这要比经过预氧化处理的水平低；注入三个月后，硝酸盐还原菌种群增加；注入六个月后，地下水的还原电位大约为100mV，MnO_4^-消失，需氧异养生物种群数量比经过预氧化处理的多几个数量级。在其他关于$KMnO_4$的研究中，经过处理后，生物还原三氯乙烯的速率增加，且该地区的微生物结构没有变化。

由以上研究可见，ISCO修复是否会影响土壤和地下水中微生物的活性目前还没有定论。一方面，污染物被氧化可能导致土壤的含量增加，如在荷兰，尤其是在地下水位之下数米，土壤缺氧或氧含量很低。当使用Fenton试剂、过氧化物和臭氧时，地下水中的氧含量上升，将对生物降解过程产生积极作用。另一方面，有机物质构成的细菌也被氧化了，这是不利的方面。但是，经过ISCO修复之后，土壤中的生物并没有全部死亡，可能是由于氧化剂无法进入土壤中的极其小的孔隙，细菌仍能在此生存。

除了使土壤变得更加含氧之外，使用任何氧化剂都会形成酸，降低土壤和地下水pH值。对于涉及氯代烃类的污染，会形成盐酸，降低pH值的效应会更强烈。在低pH值时，金属的活动性增加，对金属的作用产生不利影响。以上这些作用均需要考虑，尤其对于有机污染和含重金属的污染。

对于氧化剂可能引起的土壤渗透率方面的变化，实验室研究发现，氧化锰（也称为黑锰）的形成降低了土壤的渗透性。然而在实地应用高锰酸盐溶液（浓度高达4％）时，却没有发现这一现象。在实地应用Fenton试剂时发现增加了土壤渗透性，土壤渗透性的增加使氧化剂更好地分布在土壤中，但是在有机质含量高的土壤中，可能发生剧烈反应，使得土壤温度升高，导致安全风险超出可接受范围。例如，当有泥炭层时，也会有泥炭层下沉的风险；在城市中心区的电缆和管道等其他地下基础设施也会受到影响。

综上所述，化学氧化修复前需要做到以下几点工作：弄清楚待修复区污染浓度最高的区域；摸清并评价优先流的通道；清理气体可能迁移或积累区域公用设施和地下室等；确保在修复区域内无石油管线或储罐。进行化学氧化修复时，应当考虑以下因素：使用离子荧光检测器或离子火焰检测器（PID/FID）监测爆炸物的情况；当使用Fenton试剂时，安装并使用土壤气体收集系统，直到没有危险时为止；使用Fenton试剂时，安装并使用土壤气体收集系统，需在地下安装温度传感器。密切监视修复区注入的过氧化氢和催化剂，根据土壤气体和地下水的分析结果调整其注入量。注意观察地下水的水压，尽量减少化学反应造成的污染羽的扩张。但气体溶解于地下水中使得该方法的效率低于预期的效率。

5. 原位化学氧化修复设计

进行原位化学氧化（ISCO）修复设计时，我们需要关注下面所列的土壤参数信息及注入系统的设计参数。

（1）土壤参数

1）土壤结构

ISCO修复最重要的方面是使氧化剂和污染物相互接触。尽管土壤存在均质性，但主要由高渗透性砂子组成的土壤比主要由连续的砂子和黏土组成的土壤更适合于原位修复。土壤结构异质性越强，ISCO就越容易应用。

2）土壤渗透性

ISCO修复过程中土壤的渗透性越高越好。与低渗透性土壤相比，高渗透性土壤中的氧化剂分布更好更均匀。

3）地下水位

在ISCO修复期间需要注入液体和气体，由于土壤和地下水压力的存在，需要一定的反压才能注入。如果地下水位低于1.5m，反压就不足，就不可能进行注入。当地下水位低时，地下水也可能因为注入的原因而上升，增加了发生事故的风险。如果地面水平有封盖，如块石面路，即使地下水位低，也可能进行正常工作。

4）土壤消耗的氧化剂

土壤修复中使用的氧化剂氧化哪些物质通常很不具体。重要的是知道土壤将消耗多少氧化剂，以便注入足够数量的氧化剂来氧化污染物。对于任何一种氧化剂，建议在ISCO修复之前进行实验室试验，据此来确定土壤消耗氧化剂的量。预先确定ISCO修复的重要土壤参数为有机物质的含量、化学需氧量（COD）和天然土需氧量（NOD），在所有ISCO修复应用过程中，这些参数的重要性各有不同。

5）缓冲容量

尤其是使用典型Fenton试剂时，重要的是知道必须注入多少酸来产生氧化反应的最优环境。可以通过碳酸盐的含量和地下水的pH值来确定这一缓冲容量。

6）地下基础设施

在城市地区，地下基础设施也是土壤参数之一。优先流动路径的风险越大，氧化剂沿着地下基础设施到达污染物的机会就会减少。

（2）注入系统设计参数

注入点之间的水平距离：注入点之间的水平距离根据修复工程的有效半径确定。有效半径主要取决于土壤结构和注入深度。根据经验，一般有效半径取4.6m，也就是说，注入点之间的水平距离最大约为5m。使用臭氧和臭氧/过氧化物时，有效半径更大，一般为10～20m。

注入氧化剂的量：需要注入氧化剂的数量包括污染物负荷消耗的氧化剂量和土壤消耗的氧化剂量之和。当污染负荷程度已知时，可以根据氧化剂与污染物之间的化学反应来确定污染物负荷消耗的氧化剂量。至于土壤消耗的氧化剂的量，则由土壤样品的实验室试验来确定。有机物质的含量和化学需氧量（COD）也可用于确定土壤消耗的氧化剂量。使用Fenton试剂时，必须考虑足够的过量，一般注入的过氧化物只有10%～20%

参与了反应。

日注入量：日注入量决定修复期限，并在很大程度上决定修复的费用。对于高渗透性的土壤，Fenton试剂与高锰酸盐的注入量为$1\sim 1.5 m^3$未稀释溶液。

以上设计参数可以通过下述方式获得：将初步研究的化学分析和水文地质资料与为了实施修复而进行的土质调查结果一起综合考虑，在此基础上，可以确定ISCO的一般适用性。通过专门的实验室试验，包括土柱试验和批量试验，检查ISCO的适用性和证实应用该技术时的一些假设。在用高锰酸钾盐进行ISCO修复之前，可以先确定天然土需氧量。通过在注入位置进行一次试验性修复，以确定ISCO在具体的注入位置是否适用，并作为全面修复设计的重要参数。

四、土壤固化/稳定化技术

土壤固化/稳定化技术也称为土壤钝化技术，其原理是将受污染的土壤与反应性物质混合使其发生反应，并确保反应产物的机械稳定性和包裹污染物的固定。

常见的土壤固化/稳定过程包括吸附、乳化、沥青化、玻璃化、改进的硫黄水泥化等。它们一般涉及开挖和处理或原位混合。值得注意的是，上述常见的固化/稳定化过程中，以玻璃化为代表的固化/稳定过程，由于高温能耗造成处理高成本使其难以用于现场大规模污染土壤治理。

固化/稳定技术既可应用于异位修复，又可用于原位修复。异位条件下，先挖出污染土壤，筛选去除大颗粒物，使其成为均匀体，最后加入到混合器中。在混合器中，土壤与稳定剂、添加剂以及其他化学试剂一起混合。充分混匀、处理后，土壤从混合器中排出。它是一种具有很大压缩强度、高稳定性、类似于混凝土的刚性结构的固结体。而原位固化/稳定化系统则是利用机械混合器来进行混合和固化操作。

近年来，污染土壤的原位固化/稳定化系统已经成为许多污染土壤的应急处理关键技术，根据工程经验，对于土壤或重金属污染深度超过30m的场地，原位固化/稳定处理比异位处理更为节约和经济。

（一）概述

固化/稳定化（solidification/stabilization，S/S）技术通过物理或化学方式将土壤中有害物质"封装"在土壤中，降低污染物的迁移性能。该技术既能在原位使用，也能在异位进行。通常用于重金属和放射性物质的修复，也可用于有机污染物的场地。固化稳定化具有快速、有效、经济等特点，在土壤修复中已经实现了工业化应用。

固化/稳定化技术包含了两个概念。固化是指将污染物包起来，使其成为颗粒或者大块的状态，从而降低污染物的迁移性能。可以将污染土壤与某些修复剂，如混凝土、沥青以及聚合物等混合，使土壤形成性质稳定的固体，从而减少了污染物与水或者微生物之类的接触机会。稳定化技术将污染物转化成不溶解、迁移性能或毒性较小的状态，从而达到修复目的。使用较多的稳定化修复剂有磷酸盐、硫化物以及碳酸盐等。两个概念放在一起是因为两种方法通常在处理和修复土壤时联合使用。

玻璃化技术也是固化/稳定化技术的一种，是通过电流将土壤加热到1600～2000℃，使其融化，冷却后形成玻璃态物质，从而将重金属和放射性污染物固定在生成的玻璃态物质中。有机污染物在如此高的温度下通过挥发或者分解去除。

对于固化技术，其处理的要求是：固化体是密实的、具有稳定的物理化学性质；有一定的抗压强度；有毒有害组分浸出量满足相应标准要求；固化体的体积尽可能小；处理过程应该简单、方便，经济有效；固化体要有较好的导热性和热稳定性，以防内热或外部环境条件改变造成固化体结构破损，污染物泄漏。

（二）常用固化技术

根据固化基材料及固化过程，目前常用的固化技术有水泥固化、石灰固化、塑新材料固化等，分别介绍如下。

1. 水泥固化

水泥是一种硬性材料，是由石灰石与黏土在水泥窑中烧结而成，成分主要是硅酸三钙和硅酸二钙，经过水化反应后可生成坚硬的水泥固化体。

水泥固化就是一种以水泥为基材的固化方法，最适用于无机污染物的固化，其过程是：废物与硅酸盐水泥混合，最终生成硅酸铝盐胶体，并将废物中有毒有害组分固定在固化体中，达到无害化处理的目的。常用的添加剂为无机添加剂（蛭石、沸石、黏土、水玻璃）、有机添加剂（硬脂肪丁酯、柠檬酸等）。水泥固化需满足一定的工艺条件，对pH值、配比、添加剂、成型工艺有一定的要求。

当用酸性配浆水配制水泥浆时，液相中的氢氧化钙浓度积减小，延迟氢氧化钙的结晶，水化产物更容易进入液相，加快水泥熟料的水化速率。游离的钙离子和硅酸根离子结合成水化硅酸钙凝胶，使水泥石的微观结构更加紧密，提高了水泥石宏观的抗压强度。中性的配浆水不会有上述作用，碱性的配浆水反而会阻碍熟料矿物水化，增大氢氧化钙的形核，增加氢氧化钙的量，对水泥的宏观抗压强度产生不利的影响。水泥与废物之间的用量比，应该用试验来测定，水与水泥的配比要合适，一般维持在0.25。若水分过小，无法保证充分的水合作用；水分过多，容易造成泌水现象，会影响固化块的硬度。加入添加剂，可以改性固化体，使其具有良好的性能，如膨润土可以提高污泥固化体的强度，加强污泥中锌、铅的稳定性。控制固化块的成型工艺，其目的是达到设计预定的强度。对于最终固化快的处理方式不同，固化块的强度要求也不同，因而其成型工艺也不同。

水泥固化处理前，需要将原料与固化剂、添加剂进行混合均匀，以获得满足要求的固化体。水泥的固化混合方法主要有外部混合法、容器内部混合法、注入法三种方法。外部混合法是将废物、水泥、添加剂和水在单独的混合器中进行混合，经过充分搅拌后再注入处理容器中，其优点是可以充分利用设备，缺点是设备的洗涤耗时耗力，而且产生污水；容器内部混合法是直接在最终处置使用的容器内进行混合，然后用可移动的搅拌装置混合，其优点是不产生二次污染物，缺点是受设备容积限制，处理量有限，不适用于大量的操作；注入法是对于不宜搅拌的固体废物，可以将废物置于处置容器当中，然后注入配制好的水泥。

近年来，在若干方面开展了研究以改进以上缺点。例如，用纤维和聚合物等增加水泥耐久性；用天然乳胶聚合物改性普通水泥以处理重金属废物，提高水泥浆颗粒和废物间的键合力，聚合物同时填充了固化块中小的孔隙和毛细管，降低了污染物的浸出；用改性水泥处理焚烧炉灰，提高了固化体的抗压强度和抗拉强度，并且增加了固化体抵抗酸和盐（如硫酸盐）侵蚀的能力。

2. 石灰化

石灰固化指以石灰、垃圾焚烧灰分、粉煤灰、水泥窑灰、炼炉渣等具火山灰性质的物质为固化基材而进行危险废物固化/稳定化处理技术。其基本原理与水泥固化相似，都是污染物成分吸附在水化反应产生的胶体结晶中，以降低其溶解性和迁移性。但也有人认为水凝性物料经历着与沸石类化合物相似的反应，即它们的碱金属离子成分相互交换而固定于生成物胶体结晶中。该法适用于处理含重金属污泥和湿法烟气脱硫污泥等。

由于石灰固化体的强度不如水泥，因而这种方法很少单独使用。

3. 塑新材料固化

热固性塑料包容技术：利用热固性有机单体，如脲醛与粉碎后废物充分混合，并在助凝剂和催化剂作用下受热形成海绵状聚合体，在每个废物颗粒周围形成一层不透水的保护膜而达到固化和稳定化的目的。它的原料是脲甲醛、聚酯、聚丁二烯、酚醛树脂和环氧树脂等，利用热固性塑料受热时从液态小分子通过交链聚合反应生成固体大分子的不可逆反应过程实现对废物的包容过程，但并不与废物发生任何化学反应。所以固化处理效果与废物粒度、含水量和聚合反应条件有关。

热塑性塑料包容技术：利用热塑性材料，如沥青、石蜡、聚乙烯等在高温条件下熔融并与废物充分混合，在冷却成型后将废物完全包容。适用于放射性残渣（液）、焚烧灰分、电镀污泥和砷渣等。但由于沥青固化后不吸水，所以有时需要预先脱水或干化。采用的固化剂一般有沥青、石蜡、聚乙烯、聚丙烯等，尤其是沥青具有化学惰性，不溶于水，又具有一定的可塑性和弹性，对废物具有典型的包容效果。但是，混合温度要控制在沥青的熔点和闪点之间，温度太高容易产生火灾，尤其在不加搅拌时因局部受热容易发生燃烧事故。

自胶结固化：自胶结固化技术是利用废物自身的胶结特性而达到固化目的的方法。$CaSO_4$ 和 $CaSO_3$ 会结合水的形式，其自然界的存在形式为 $CaSO_4 \cdot 2H_2O$、$CaSO_3 \cdot 2H_2O$。当温度升高到一定范围的时候，两种水合物会脱水生成 $CaSO_4 \cdot 0.5H_2O$、$CaSO_3 \cdot 0.5H_2O$。这两种物质遇水后，会重新与水反应，生成二水化合物，然后迅速凝固、硬化。如果在处理的污染物中含有大量的此种物质，经过适当的处理，加入合适的添加剂，就可以利用这一特性来实现固化。这种固化具有抗渗透性高，抗微生物降解和浸出率低的特点。

美国泥渣固化技术公司（SFT）利用自胶结固化原理开发了一种名为 Terry Crete 的技术，用以处理烟道气脱硫的泥渣。其工艺流程是：首先将泥渣送入沉降槽，进行沉淀后再将其送入真空过滤器脱水。得到的滤饼分为两路处理：一路送到混合器，另一路送到煅烧器进行煅烧、经过干燥脱水后转化为胶结剂，并被送到储槽储存。最后将煅烧产品、添加剂、粉煤灰一并送到混合器中混合，形成黏土状物质。添加剂与煅烧产品在物料总量中的比例应大于 10%。

这类技术只适用于含大量硫酸钙废物，它的应用面较窄，不如水泥和石灰固化应用广泛。

4. 熔融固化（玻璃化）

熔融固化技术，也被称作玻璃固化技术，该技术是将待处理的危险废物与细小的玻璃质、如玻璃屑、玻璃粉混合，经混合造粒成型后，在高温熔融下形成玻璃固化体，借助玻璃体的致密结晶结构，确保固化体的永久稳定。在美国 EPA 提供的非燃烧处理技术中，人们对这种技术的重视程度日益提高。

熔融固化法被用于 POP 高浓度污染的土壤的修复，这项技术在原位和异位修复均适应。使用的装置即可以是固定的也可以是移动的。该技术是一个高温处理技术，它利用高温来破坏 POP，然后土壤和产物冷却玻璃化降低了处理产物的迁移能力。熔融固化法原位处理技术可在两个设备中进行，即原位玻璃化（ISV）和地下玻璃化（SPV）。两个装置都是电流加热、融化、然后玻璃化。ISV 适合 3m 以下的土壤，SPV 适合于比较浅的地方。其中 SPV 的演变技术 DEEPSPV，可以在深度超过 9m 的地下狭小的部分进行玻璃化。

处理时，电流通过垂直插入土壤中的一系列电极由土壤表面传导到目标区域。由于土壤不导电，初始阶段在电极之间加入可导电的石墨和玻璃体。当给电极充电时，石墨和玻璃体在土壤中导电，对其所在区域加热，临近的土壤熔融。一旦熔融后，土壤变得导电。于是融化过程开始向外扩散。操作温度一般为 1400~2000℃。随着温度的升高，污染物开始挥发。当达到足够高的温度后，大部分的有机污染物被破坏掉，产生二氧化碳和水蒸气，如果是有机氯化物的污染物，还会产生氯化氢气体。二氧化碳、水蒸气、氯化氢气体或在高温下挥发出来的污染物等气相反应产物，在地表被尾气收集装置收集后进行处理，处理后无害化的气体再排放至大气。当停止加热后，介质冷却玻璃化，把没有挥发和没有被破坏的污染物固定。

异位熔融处理过程又被称为容器内玻璃化。在耐火的容器中加热污染物，其上设置尾气收集装置。热量由垂直插在容器中的石墨电极产生，操作温度为 1400~2000℃。在该温度下，污染物基质融化，有机污染物被破坏或者挥发。该过程产生的尾气进入尾气处理系统。当熔融体固化后进行符合环保要求的处理。表 8-8 为常用的固化技术优缺点和适用性的对比。

表 8-8　常用的固化技术优缺点和适用性的对比

固化技术名称	适用对象	优点	缺点
水泥固化法	重金属、废酸、氧化物	固化体组织紧实，耐压性好；材料易得，成本低；技术成熟，操作简便；可处理多种污染物，处理过程所需时间较短	废物中含有特殊的盐类，会造成固化体破裂；有机物的分解造成裂缝，渗透性增加，强度减弱；水泥增大固化体的体积，体积膨胀效应明显
石灰固化法	重金属、废酸、氧化物	原料便宜；操作方便	固化体强度低，需要养护的时间长；较大的体积膨胀
塑性材料固化方法	部分非极性有机物、废酸、重金属	固化体渗透性低；疏水性强	专业性强，需要特殊的设备和专业人员；处理后，废水中如果含有氧化剂或挥发性物质，存在潜在的危害；废物需要一定的前处理
熔融固化方法	不挥发性的高危害的废物、核能废料等	玻璃体稳定、保存时间长；可对特殊的污染物进行处理	处理的物种有限制，弱挥发，不燃烧；耗能；需要特殊设备和专业人员
自胶结方法	含有大量硫酸钙和亚硫酸钙的废物	性质稳定、强度高；烧结体抗生物性，不易着火	处理的物系限定；需要专业的设备和人员

(三) 稳定化技术

通常稳定化技术与固定技术一同使用。稳定化处理技术一般表现为药剂稳定化处理。药剂稳定化处理常见的有 pH 值控制技术、氧化/还原电位控制技术、沉淀与共沉淀技术、吸附技术、离子交换技术、超临界技术等。对于有机污染物，常用的方法是添加吸附剂实现稳定化。

吸附技术是用活性炭、黏土、金属氧化物、锯末、砂、泥炭、硅藻土、人工材料作为吸附剂将有机污染物、重金属离子等吸附固定在特定吸附剂上，使其稳定并固化/稳定化处理。在治理过程中常用过的吸附剂是活性炭和吸附黏土。

1. 活性炭

Alberto 用活性炭作添加剂辅助水泥固化处理铸造污泥，结果表明活性炭能够降低污泥中有机物的溶出。His 研究了活性炭对固化处理有机物多氯代二苯并二噁英/呋喃的影响，表明加入活性炭显著地提高了废物中有机污染物的固化/稳定化。同时再生活性炭也具有较强的固定作用，可选用低廉的再生活性炭作为固化/稳定化过程的吸附剂。Vikram 等的研究表明，即使加入较低浓度的再生活性炭也会使苯酚在固化稳定相中快速吸附，而且苯酚浸出率降低 5/6。

目前，以活性炭为添加剂的无机胶结剂固化/稳定化技术主要研究对象为芳香族化合物（苯酚、苯胺、萘等）、持久性有机物（二噁英等）等，在实验室研究和工程实践中均有较好的处理效果，但较高的使用成本使技术的应用受到限制。

2. 吸附黏土

有机黏土有很强的吸附效果，可增强对有机污染物的稳定化作用，在含毒性有机物危险废物的固化/稳定化过程中应用越来越广泛。

研究者以某商业有机黏土作为添加剂对含 2-氯苯胺废水开展水泥固化/稳定化研究，在产物长时期动态浸出试验过程中，2-氯苯胺的累积浸出率远低于未添加有机黏土样品；Montgomery 采用有机膨润土对苯酚、3-氯酚两种有机物含量为 12% 的工业废物进行了预处理，取得了较好的效果。

目前，以有机黏土为添加剂的无机胶结剂固化/稳定化技术的主要研究对象包括苯、甲苯、乙苯、苯酚、3-氯酚等。有机黏土对有机污染物，尤其是非极性有机污染物具有较好的固定化效果，在含毒性有机物危害废物的固化/稳定化技术中得到广泛应用。

(四) 影响因素

影响土壤固化/稳定化修复效果的因素很多，主要有土壤的性质、污染物的性质等。

土壤性质的影响主要有：水分或有机污染物含量过高，土壤容易形成聚集体，修复剂不易与土壤混合均匀，从而降低修复效果；干燥土壤或者黏性土壤也容易导致混合不均匀；土壤中石块比例过高会影响概念股土壤与修复剂的混合效果。

污染物性质的影响主要有：不适于挥发性/半挥发性有机物；不适用于成分复杂的污染物。

五、微生物修复法

微生物修复是通过生物的代谢作用或者其产生的酶去除污染物的方式。土壤生物修复可以在好氧和厌氧的条件下进行，但是更普遍的是好氧生物修复。微生物修复需要适宜的温度、湿度、营养物质和氧浓度等条件。土壤条件适宜时，微生物可以利用污染物进行代谢活动，从而将污染物去除。然而土壤条件不适宜时，微生物可能生长较缓慢甚至死亡。为了促进微生物降解，有时需要向土壤中添加相应的物质，或者向土壤中添加适当的微生物。主要的微生物修复方式有生物通风、土壤耕作、生物堆、生物反应器等。

微生物修复可分为原位和异位。原位土壤生物修复是采用土著微生物或者注入所培养驯化的微生物的方法降解有机污染物，强化方法有输送营养物质和氧气等。异位土壤生物修复是将土壤挖出，异位进行微生物降解的方法。该法通常在以下三个典型的系统中进行：静态土壤反应堆，罐式反应器，泥浆生物反应器。静态生物反应堆是最普遍的形式，该方法用挖掘出的土壤堆积在处理场地，嵌入多孔的管子，作为提供空气的管道。为了促进吸附过程和控制排放，通常用覆盖层覆盖土壤生物堆。

微生物需要湿气、氧气（厌氧则无需氧气）、营养质和适合生长的环境因素等条件，环境因素包括 pH 值、温度和无毒条件。表 8-9 总结了生物修复的关键条件。

表 8-9　生物修复的关键条件

环境因素	最优条件
可用的土壤水	25%～85%的持水力
氧气	好氧代谢：>0.2mg/L 溶解氧，孔隙空间被空气所占应>10%体积；厌氧代谢：氧气浓度应<1%体积
氧化还原电位	好氧菌和特殊的厌氧菌：>50mV；厌氧菌：<50mV
营养	足够的 N，P 和其他营养（建议 C：N：P 比为 120：10：1）
pH 值	5.5～8.5（对大部分细菌）
温度	15～45℃

（一）生物通风

1. 概述

生物通风（bio venting，BV）是将空气或氧气输送到地下环境，促使微生物的好氧活动，以降解土壤中污染物的修复技术。1989 年美国 Hill 空军基地用 SVE 对其由于航空燃料油泄漏引起的土壤污染进行修复。修复过程中，研究者意外发现现场微生物对污染物具有很大降解性，占所去除污染物的 15%～20%。人为采取促进生物降解的措施后，生物降解贡献率上升至 40%以上。SVE 中的生物降解过程引起美国国家环境保护局和研究者的高度重视。由此，BV 在 SVE 基础上发展起来并很快应用至现场。它使用了与 SVE 相同或相近的基本设施：鼓风机、真空泵、抽提井或注入井及供营养渗透至地下的管道等。BV 技术还可与修复地下水的空气喷射（ari sparging，AS）或生物曝气（biosparging，BS）技术相结合，将空气注入含水层来提供氧支持生物降解，并且将污染物从地下水传送到不饱和区，再用 BV 或 SVE 法处理。

在 1991 年前，有关生物通风现场应用和研究的公开发表文献很有限。1992—1995 年，美国空军在 142 个地点应用了生物通风技术进行了土壤修复试验；Hinchee 等用改造的

SVE 系统增强生物降解作用，其生物降解率达到了 85%～90%；Hogg 等在新西兰成功地应用生物通风技术对含有机污染物的土壤进行修复，有机物降解速率为零级，13 个月后，土壤中的残余石油浓度比起浓度减少了 92%；Derkey 等指出生物通风是一项新兴技术，可使半挥发性有机物（如多环芳烃）显著减少；在土壤具有低渗透性的两个现场，Michael 等用单井空气注入系统进行了长期的生物通风处理，一年后，土壤污染程度明显下降，说明具有低渗透率的土壤也能被生物通风修复；Downey 等对美国内布拉斯加州的一个大型柴油泄漏场地进行了二年的生物通风，表明生物通风对油污染场地具有显著的修复效果并讨论了生物降解和挥发在通风过程中的相对贡献；Law 等应用生物通风修复被 BTEX 污染的土壤，得出随着其初始浓度的增加，O_2 的利用率逐渐减少，生物通风效果降低；Sekerka 等通过在污染羽边缘打两个空气注射/抽提井，未受污染区打一个通风井（作为背景参考点），在不同深度分别供 O_2，评价了持续 6 个月的生物通风修复 Mojave 沙漠 George 空军基地不同深度飞机燃料油污染土壤的效果，得到 O_2 的利用率最大可达 1%/d，TPH 降解率达 0.7（mg/kg）/d；Balba 等比较了土地耕作、干草堆肥和静态生物通风三种不同修复方法对科威特沙漠地区油污染土壤的修复效果，结果表明静态生物通风效果最显著；研究人员通气对石油污染土壤生物修复的影响，通过 48d 的试验后，测得通气的石油降解率达 70.19%，而未通气的石油降解率仅达 0.47%，从而说明通气能促进微生物的生长，并提高石油的降解率；Shewfelt 应用生物通风修复汽油污染土壤，并就土壤含水率、营养物的类型和浓度、微生物种群等对其降解率的影响进行了研究，得出汽油污染土壤生物通风的最佳条件是 18% 的土壤含水率和 C：N=10：1（添加 NH_4^+-N），最大的一阶降解常数是 0.12/d，并对非饱和土壤中石油烃的生物通风降解率作了总结，见表 8-10；隋红等分别以苯、甲苯、二甲苯和三氯乙烯（TCE）为目标污染物，用一维土柱试验模拟了其在生物通风过程中的行为，评价了生物通风技术对其的修复效果，并就其在生物通风修复过程中挥发和生物降解作用的贡献进行了研究，得出几种目标污染物二者的贡献比分别为 6：1、2：1、2：1 和 7：1；Byun 等监测了柴油污染土壤生物通风修复过程中脱氢酶活性、微生物数量和烷烃/类异戊二烯比值的变化，并分析了 TPH 和这些物理化学参数的相关关系，结果表明相关性很强，从而可以通过这些参数反映生物通风修复过程中 TOH 的去除情况；Suko 等以正十二烷为例研究了生物通风过程中污染物的迁移和通过对流、生物降解和挥发作用的去除，得出对于十二烷的去除在生物通风前期主要依赖于挥发作用，且持续时间较短，后期则是生物降解起主要作用。

表 8-10 发表的非饱和土壤中石油烃的生物通风降解率情况

污染物	降解率	降解类型
C8~C32 的直链烃	1.7%（32d 内）	自然衰减
	42%（32d 内）	强化生物修复
BTEX	0.24%/d	自然衰减
	0.16%/d	固有的生物修复
原油	130（mg/kg）/d	F-1 肥料的增强生物降解
汽油的挥发性组分	15～200μmol/h	生物降解

续表

污染物	降解率	降解类型
柴油	0.04/d（一阶速率常数）	营养物增强生物降解
柴油	6.8/[(mg/kg)/d]	生物通风
柴油	0.032/d（一阶速率常数）	生物通风
汽油	4.0/[(mg/kg)/d]	生物通风
汽油	15/[(mg/kg)/d]	生物通风

BV技术可以修复的污染物范围非常广泛，适用于所有可以好氧生物降解的污染物，表8-10为已发表的非饱和土壤中石油烃的生物通风降解情况。现有报道中，BV尤其对修复成品油非常有效，包括汽油、喷气式燃料油、煤油和柴油等的修复。BV技术的优势和应用限制列于表8-11中。

表8-11 BV优势和应用限制

优势	应用限制
使用设备简单，容易安装	高浓度污染物初始会对微生物有毒性作用
现场操作所产生的干扰小，因此可被用于其他技术难以进行操作的地区	对于某些现场条件不适用（如土壤渗透性低、黏土含量高）
修复所需时间不是很长；通常为6个月到2年	不是总能达到非常低的净化标准
修复费用低：每吨受污染的土壤所需费用为45~140美元	可能需要添加营养物的井
容易和其他修复饱和区的技术相结合（如空气喷射原位曝气技术、地下水多相抽提等）	不能够修复不可降解的污染组分
适当操作条件下，可以不需要地上尾气处理装置	

2. 主要的影响因素

BV作为SVE的生物强化技术，也会受到许多因素影响。主要的影响因素有土壤的pH值、土壤湿度、土壤温度、电子受体、生物营养盐、优势菌等。

（1）土壤的pH值

土壤pH值影响微生物的降解活性。微生物需要在一定的pH值范围生存，每一种微生物会有一个最适pH值，大多数微生物生存的pH值范围为5~9。pH值的变化会引起微生物活性的变化。通常降解石油污染物的微生物的最佳pH值是7，但是实际土壤环境中，偏酸或是偏碱的情况并不少见，这样就需要通过调整土壤的pH值，提高生物降解的速率。常用的方法有添加酸碱缓冲液或中性调节剂等，在酸性土壤治理中，价格低廉的石灰石常被用于提高pH值，但要注意防治N、P等元素的生物可得性。

（2）土壤湿度

土壤通风需要适宜的湿度。微生物完成代谢转化需要为它们的生长和活性提供足够的水分。实验室中研究表明，不饱和条件下，在较高的土壤湿度中生物的转化速率较大。然而，有研究者提出了与之相反的结论：在一些生物通风现场，增加土壤湿度后对生物降解速率影响很小，甚至发现适度增加后由于阻止了氧气的传递而使生物通风特性消失。另外，土壤中水分含量过高，水便会将土壤孔隙中的空气替换出来，浸满水的土壤很快从好氧条件转化为厌氧条件,不利于好氧生物降解。

(3) 土壤温度

生物活动受温度的影响较大,温度过高或过低,都不利于污染物的降解。在适宜的温度条件下,微生物的活性加强,有利于污染物的降解。对于较寒冷的地区,适当提高土壤温度,还能够提高污染物在土壤气相中的分压,利于污染物的去除。

(4) 电子受体

限制生物修复的最关键因素是缺乏合适的电子受体。土壤修复中普遍使用的电子受体是氧气。空气中氧含量高,黏度低,是将氧气输送到地下环境的理想载体。BV过程使用较低的空气流速,以使微生物有足够的时间利用所有的氧来转化有机物。增加气速可使生物修复速率增加,但在高气速下,其他因素会限制代谢速率,且微生物不能消耗所有的氧,进一步增加气速不会使生物降解更多的污染物。另外,气速增大会使挥发去除污染物的比例增大,生物降解的贡献率相对减少。因此需优化操作条件,使气速降低,但在整个受污染土壤中能够维持足够的氧水平来支持好氧生物降解。

(5) 生物营养盐

微生物生长需要N、P、K、Ca、Na、Mg、Fe、S、Mn、Zn和Cu等元素。在有机污染土壤修复中,一般有机污染物作为微生物的碳源,而N、P相对缺乏,需要加入营养盐类,以提供微生物生长所需的其他元素。

(6) 优势菌

有机污染物进入土壤后,土壤土著微生物在污染物作用下,可能会加强某些微生物的活动,也可能会抑制某些微生物的活动。如果向土壤中加入能够降解污染物的优势菌,则可大大提高生物降解速率。

3. BV过程理论

BN过程包括相间传质过程和生物降解过程,因此两种作用需同时考虑。

(1) 相间传质

对于相间传质,研究人员先后发展了局部平衡 (local equilibrium assumption, LEA) 理论,采用亨利模型的假定,使气相、液相和固相中的浓度为相平衡关系。但后来发现局部相平衡假设太过乐观,需要考虑非相平衡过程。常用的非相平衡传质方程为一级动力学传质方程,如气-水相间传质表达式为

$$E_{gw,i} = \phi S_g \lambda_{gw,i} (H_i C_{w,i} - C_{g,i}) \tag{8-23}$$

(2) 生物降解

在生物通风修复土壤过程中,微生物降解作用的大小直接影响生物通风的效果,提高微生物降解作用,可以提高整个生物通风的效率。确定微生物的生长条件,对于生物通风的现场操作具有重要的意义。对微生物进行筛选和分离可以选出降解能力较强的微生物即优势菌,在土壤中添加这些优势菌,可以在一定程度上提高微生物对污染物的降解作用。

生物降解模型从较简单的零级、一级反应动力学发展到较复杂的Monod或Michaelis-Menten表达式。Monod动力学方程跨越了零级、混合级到一级的生物降解过程,考虑了现场、污染物和微生物条件,能够更好地反映实际微生物转化过程,且模型可灵活引入生物动力学参数,因此是目前最为接受的生物降解动力学方程。当不知道哪种组分

（如基质、电子受体、营养物）是限制因素时，普遍使用多项 Monod 表达式：

$$\mu = \mu_{\max} \frac{S}{K_S + S} \tag{8-24}$$

式中，μ 为微生物比增长速率，单位为 1/s；$\mu_{\max}$ 为微生物最大比增长速率，单位为 1/s；S 为底物浓度，单位为 kg/m³；K_S 为底物半饱和常数，单位为 kg/m³。

在生物降解过程中，微生物增长是底物降解的结果，彼此之间存在着定量关系，可通过下式表达：

$$-\frac{dS}{dt} = \frac{q_{\max} X S}{K_S + S} \tag{8-25}$$

式中，$q_{\max}$ 为生长基质最大比降解速率，单位为 1/s；X 为微生物浓度，单位为 kg/m³。

在式（8-26）的基础上，当起始菌体浓度远大于每毫升 $10^6 \sim 10^7$ 个细胞数，底物起始浓度为 $1 \sim 50$ mg/L，可得到 Monod 非生长方程：

$$-\frac{dS}{dt} = \frac{q_1 S}{K_S + S}, \quad q_1 = q_{\max} X_0 \tag{8-26}$$

式中，X_0 为微生物初始浓度，单位为 kg/m³。

式（8-26）和（8-27）是目前生物修复工程中常用的两个基本动力学方程式。

用模拟 SVE 和生物通风过程的 MISER（Michigan soil vapor extraction remediation）二维模型中描述的 Monod 型动力学表达式如下：

$$B_{ac} = -F_{c1} k_1 X \left(\frac{x_{b_1}}{K_{s_1} + x_{b_1}}\right)\left(\frac{x_{b_{O_2}}}{K_{s_{O_2}} + x_{b_{O_2}}}\right)\left(\frac{x_{b_N}}{K_{s_N} + x_{b_N}}\right) I_1 I_{O_2} \tag{8-27}$$

其中下标 1、b、O_2 和 N 分别表示底物、生物相、氧和营养物；F_{c1} 是组分 c 与培养基 1 的降解使用系数（$F_{c1}=1$ 且 $c=1$）；k_1 是最大的特定底物利用率；X 是活性生物质浓度；K_{s1} 是组分 c 的半饱和系数；而 I_1 和 I_{O_2} 是下面描述的底物和氧气的抑制函数。当组分 c 是 O_2 或者 N 时，上式就总结了所有可降解的有机组成部分。MISER 能够模拟任一瞬时或有限速率的底物和氧的摄取。然而，由于缺乏大量传质信息，在此提出的所有模拟都是假设生物相从水相的摄取作为瞬时过程发生的。

在底物浓度过高或过低，或者氧气低于最小阈值限制的条件下，MISER 得出了对生物动力学的抑制效应。从底物浓度来表示抑制效应的表达式如下：

$$I_1 = \left(1 - \frac{x_{a1}^{\min}}{x_{a1}}\right)\left(1 - \frac{x_{a1}}{x_{a1}^{\max}}\right) \tag{8-28}$$

式中，$x_{a1}^{\min}$ 是底物 1 的最小检测值，而 $x_{a1}^{\max}$ 是底物 1 的抑制摩尔分数。实验室研究发现，在缺氧（氧浓度低于 2×10^{-6}）以及存在电子受体硝酸盐的条件下，芳香烃的需氧降解会大大减少或完全停止。如下的一种经验抑制效应可以用来表示在缺氧条件下降解率减少的影响：

$$I_{O_2} = \left(1 - \frac{x_{b_{O_2}}^{\min}}{x_{b_{O_2}}}\right) \tag{8-29}$$

式中，$x_{b_{O_2}}^{\min}$ 是氧气摩尔分数低于有氧代谢停止时对应的摩尔分数的临界值。

实际 BV 修复现场一般为多组分污染物并存，已有大量文献报道了多种基质之间作用对生物降解过程的影响。Chang 等总结了多种基质存在下的生物降解方式；竞争性抑制作用，同时被微生物利用以及基质之间的共代谢作用。目前为止，已公开发表文献由于所用菌株及研究体系不同，研究结果很不一致，Oh 等研究表明，无论是纯菌株还是混合菌，以苯为碳源的生长符合 Monod 动力学模型，以甲苯为碳源的生长符合抑制性（Andrew）动力学模型，然而，两者都不能对二甲苯作为生长的碳源。苯和甲苯同时存在符合竞争性抑制动力学关系，另外，苯或甲苯的存在都可以使对二甲苯被微生物共代谢利用。Oh 等用下面表达式描述密闭容器中多种基质存在下的质量守恒：

$$\frac{db}{dt}=\sum_{j=1}^{N}\mu_j(C_{Lj})b \tag{8-30}$$

$$\frac{dM_j}{dt}=\frac{1}{Y_j}\mu_j(C_{Lj})bV_L \tag{8-31}$$

$$M_j=V_LC_{Lj}+V_gC_{gj} \tag{8-32}$$

式中，b 为生物浓度，单位为 mg/L；C_{Lj} 和 C_{gj} 分别为污染物 j 在液相和气相中的浓度，单位为 mg/L；M_j 为密闭容器中污染物 j 的总质量，单位为 mg；Y_j 为生物得率，单位为 mg/mg；$\mu_j(C_{Lj})$ 为基于 j 的特定生长速率，单位为 1/h；V_L 和 V_g 分别为液相体积和气相体积，单位为 mL。

假定所有污染物在气-水相的分配可用亨利定律描述：

$$C_{gj}=m_jC_{Lj} \tag{8-33}$$

式中，m_j 为污染物 j 的气-液分配系数。

如果液相体积不受取样的影响，则污染物浓度变化和生物降解过程可用下面三个方程描述：

$$\frac{dC_{gj}}{dt}=-\frac{m_jV_L}{V_L+m_jV_g}\frac{1}{Y_j}\mu_j(C_{Lj})b \tag{8-34}$$

$$b=b_0+\frac{1}{V_L}\sum_{j=1}^{N}\left[Y_jM_{0,j}-\frac{Y_j(V_L+m_jV_g)C_{gj}}{m_j}\right] \tag{8-35}$$

$$Y_j=\frac{m_j(b-b_0)V_L}{(C_{g0,j}-C_{gj})(V_L+m_jV_g)} \tag{8-36}$$

式中，b_0 为初始生物浓度，单位为 mg/L；$m_{0,j}$ 为密闭容器中污染物 j 的初始总质量，单位为 mg；$C_{g0,j}$ 为污染物 j 的初始气相浓度，单位为 mg/L。

两种污染组分之间的相互抑制和竞争作用仍可用上面方程描述，只是特定生长速率的表达式要有如下变化：

$$\mu_j(C_{Lj})=\frac{\mu_{mj}C_{Lj}}{K_{sj}+C_{Lj}+K_{qj}C_{Lq}} \tag{8-37}$$

$$\mu_q(C_{Lq})=\frac{\mu_q^*C_{Lq}}{K_q+C_{Lq}+\frac{C_{Lq}^2}{K_{lq}}+K_{qj}C_{Lj}} \tag{8-38}$$

式中，$\mu_q(C_{Lq})$ 为基于 q 的特定生长速率，单位为 1/h；C_{Lq} 为污染物 q 在液相和气相中的浓度，单位为 mg/L；μ_{mj} 为最大特定生长速率，单位 1/h；K_{sj} 为半饱和常数，单位为 mg/L；K_{qj} 为由于 q 的存在对基于 j 的特定生长速率的相互作用常数；μ_q^* 为 Andrews 表达式中的动力学常数，单位为 1/h；K_q 为 Andrews 表达式中的动力学常数，单位为 mg/L；K_{lq} 为 Andrews 抑制常数，单位为 mg/L。

在 Alvzrez 和 Vogel 的研究中所用微生物是两种分离的纯菌，在用 *Pseudomonas*. sp. CFS-215 的情况下，甲苯的存在对苯及对二甲苯的降解有促进作用，当只有苯和对二甲苯存在时没有生物降解发生，对二甲苯的存在增加了苯和甲苯的降解滞后期；在使用 Arthrobacter. sp. HCB 时，BTX 同时存在时，经过 4~5d 的滞后期后，苯和甲苯开始降解，但是对对二甲苯在单独存在及和甲苯同时存在的情况下也不能被 HCB 降解，但是对二甲苯和苯同时存在时对二甲苯可以被 HCB 所利用。另外 Deeb 和 Alvarez-Cohen 研究了在好氧降解 BTEX 混合物时，温度对基质相互作用的影响。

(3) BV 过程数值模拟

文献中报道的 BV 模型已有不少，它们在复杂程度及所包含过程上各有不同。

解析模型包括：Jury 等推导的解析模型考虑了一级生物降解过程，但由于未考虑气相的对流而使模型应用受到极大限制。Huang 和 Goltz 使用解析的气相运移方程描述非生物过程，模型包括用一级动力学描述速率限制的相间传质。

在很长一段时间内，人们对 BV 中的通风和生物降解的研究是相互独立的。例如，Beahr 和 Huit 提出了一维多相分运移模型，能够预测三相体系中（空气-NAPL-水）的气相流动，但模型中不包括生物降解作用。Johnson 等首先数学分析了应用于处理污染区的生物通风过程，通过引入一个汇项到运移/反应方程中来反映微生物的活性，即将 BV 方程作为了通风过程的扩展。模型是基于给定的土壤质量下每一个组分在污染混合物中的摩尔平衡，方程为：

$$\frac{dM_i}{dt} = -Q^g C_i - B_i \tag{8-39}$$

上式右边的第二项 B_i 代表组分 i 的生物降解，如果 B_i 为零，则方程描述的仅为通风操作。MISER（Michigan soil vapor extraction remediation）二维模型用来模拟 SVE 和生物通风过程。模型将多相流动过程、多组分运输、非平衡相间传质及好氧生物降解相结合，但其没考虑多组分基质之间的相互作用和共代谢生物转化作用。

隋红推导了 BV 过程一般性基本控制方程，控制方程中包括了多相流动、多相分污染物运移、速率限制的相间传质及生物转化等复杂耦合过程。基于 BV 动量方程，提出了 BV 现场修复竖井非稳态流场的数学模型。将流场模拟结果与传质方程耦合，采用 OS（operator spliting）算法对污染物运移过程和生物降解过程进行二维模拟，系统研究了各种操作条件对 BV 修复效果的影响作用。同时，使用商业软件 BIOVENT，对 JP-4 燃油污染土壤的生物通风过程进行模拟，模拟所用参数列于表 8-12~表 8-14。

表 8-12　BV 修复中井的结构和空气流动基本参数

参数	数值
包括填料层的井直径/m	0.102
从地面到井屏顶部的深度/m	1.20
井屏吹扫长度/m	3.11
单井空气流量（若井为抽提井，为负值）/($m^3 \cdot d^{-1}$)	815
水平空气传导系数/($m \cdot d^{-1}$)	152.4
水平与垂直传导系数比率	10.0

续表

参数	数值
总孔隙率	0.35
气相孔隙率	0.20
井与井的距离/m	18
受污染区域半径/m	49
参比传质系数/d^{-1}	1.2

表 8-13　BV 修复中土壤受污染情况及操作系统基本参数

列项	参数	数值
初始污染物分布	初始总挥发性污染物质量/kg	29484
	受污染土壤体积/m^3	56000
	受污染土壤面积/m^2	7804
	初始总污染物体积/L	40389
	土壤中挥发性污染物平均浓度/(mg·kg^{-1})	306
操作系统基本参数	空气注入井个数	8/1
	计算中的初始时间步长/d	0.1
	修复时间/d	730
	土壤有机碳含量	0.001
	气相传质消耗指教	0.1
	最大生物降解速率/(mg·kg^{-1}·d^{-1})	0.4/0.0

表 8-14　多组分 BV 模拟中主要有机化合物性质

污染物名称	初始质量分数	相对分子质量/(g·mol^{-1})	溶解度/(mg·L^{-1})	K_{ow}/(L·kg^{-1})	摩尔分数	平衡的溶解浓度/(mg·L^{-1})	饱和气相浓度/(mg·L^{-1})	平衡气相浓度/(mg·L^{-1})
苯	0.02	78	1780	135	0.031	55.56	257.22	8.03
甲苯	0.05	92	515	490	0.066	34.08	85.86	5.68
乙苯	0.03	106	180	875	0.034	6.20	30.55	1.05
对,间,邻-二甲苯	0.1	106	180	1200	0.115	20.66	25.48	2.92

在上述所列的基本参数条件下，为了研究 BV 修复系统在去除有机物过程中微生物降解所起的贡献，分别设置最大生物降解速率为 0.4 (mg·kg^{-1}·d^{-1})（有生物降解）和 0.0 (mg·kg^{-1}·d^{-1})（无生物降解），此外，其他所有条件相同，空气注入采取连续性操作方式，并采用多井修复系统（8 个注入井）。

从土壤中污染物平均浓度变化、污染物平衡气相浓度变化可以看出，在 BV 修复过程中，由于空气的通入促进微生物降解发生时，后期修复效果好于没有生物作用的通风过程。在现场应用中，SVE 修复技术由于使用较大的空气速率，生物降解贡献率相对于 BV 技术很小，要使土壤中的残留污染物浓度达到更小，前期使用 SVE 技术，后期使用 BV 技术会收到很好的效果，因为后期可以充分利用微生物来转化不易挥发的污染物。

4. BV 场地的工程设计

BV 场地的工程设计与 SVE 相似。参照 SVE 场地的工程设计。

（二）微生物共代谢作用

三聚乙烯（TCE）是环境中普遍存在一类重要有机污染物，为无色透明液体，经常用作有机溶剂，在环境中具有持久性，对生物的毒性很强，并且具有致癌性和致突变性，被认为是危险物质。TCE 大规模的使用，使其成为地表水、地下水中分布最广泛的污染物。但到目前为止，还没有分离出能把 TCE 作为唯一碳源和能源的微生物。不过利用微生物的共代谢来降解 TCE，已经取得较大的成功。TCE 和其他氯代烃污染物本身不是微生物的营养物质，对微生物具有毒性，所以只有在共代谢基质和甲苯、苯酚和甲烷等存在的条件下，它才可以被微生物降解。

1. 共代谢的定义及其特点

共代谢指微生物利用营养基质的同时将污染物降解，Leadbetter 等最早发现了共代谢现象，并命名为共氧化（cooxidation），其含义为微生物能氧化污染物却不能利用氧化过程中的产物和能量维持其生长，必须在营养基质的存在下才能够维持细胞的生长。大部分难降解有机物是通过共代谢途径进行降解的。在共代谢过程中，微生物通过共代谢来降解某些能维持自身生长的物质的同时，也降解了某些非生长必需的物质。共代谢过程的主要特点可以概括为：微生物利用一种易于摄取的基质作为碳和能量的来源，用于微生物生长；有机污染物作为第二基质被微生物降解，此过程是需能反应，能量来自营养基质的产能代谢；污染物与营养基质之间存在竞争现象；污染物共代谢的产物不能作为营养被同化为细胞质，有些对细胞有毒害作用。

进一步的研究发现共代谢反应是由有限的几种活性酶决定的，又称为关键酶，不同类型微生物所含关键酶的功能都是类似的。例如，好氧微生物中的关键酶主要是单氧酶和双氧酶。关键酶控制着整个反应的节奏，其浓度由第一基质诱导决定，微生物通过关键酶提供共代谢反应所需的能量。

由于共代谢过程具有以上特点，因此的微生物降解过程更复杂。鉴于维持共代谢的酶来自初级基质的利用，利用次级基质的共代谢也就只能在初级基质消耗时发生。次级基质也可以和酶的活性部位结合，从而阻碍了酶与生长基质的结合。这样，在一个同时存在着两种基质的系统内，必然存在着代谢过程中酶的竞争作用，两种基质的代谢速率之间也就存在着相互作用，反应动力学将变得更为复杂。在研究 TCE 的共代谢降解时，甲苯、甲烷、氨气、苯酚和丙烷等一系列物质可以作为共代谢的第一基质即生长基质，在生长基质存在下，微生物可以降解第二基质，即 TCE。

2. 影响共代谢的因素

上面已经提到，基质浓度影响共代谢过程。研究表明，单独的 TCE 不会被降解。TCE 浓度为 $1\mu g/mL$ 时，如加入 $20\mu g/mL$ 甲苯，则有 $60\%\sim75\%$ 的 TCE 被降解，100% 的甲苯被降解；甲苯浓度为 $100\mu g/mL$ 时，TCE 降解率达 90%。但是甲苯浓度再提高至大于 $1000\mu g/mL$ 时，TCE 的降解就会停止。另外，TCE 初始浓度对共代谢也有影响，增加 TCE 的初始浓度会使甲苯降解速率降低，且滞后期延长，当 TCE 的初始浓度达到 20μg/mL 时，TCE 会停止降解。对于甲苯、苯酚、氨气、甲烷等不同的生长基质，TCE 的降解情况也不同。此外，温度也影响 TCE 的共代谢。研究表明温度在 10℃、18℃、25℃时，随着温度的升高，滞后期逐渐减少，TCE 的降解率提高，超过 32℃时，TCE 的降解率反而会降低。

六、植物修复法

（一）植物修复基本概念

植物修复（phytoremediation）是经过植物自身对污染物的吸收、固定、转化与累积功能，以及为微生物修复提供有利于修复的条件，促进土壤微生物对污染物的降解与无害化。广义的植物修复包括利用植物净化空气（如室内空气污染和城市烟雾控制等），利用植物及其根际圈微生物体系净化污水（如污水的湿地处理系统等）和治理污染土壤。狭义的植物修复主要指利用植物及其根际圈微生物体系清洁污染土壤，包括无机污染土壤和有机污染土壤。植物修复技术由以下几个部分组成，包括植物提取、植物稳定、根基降解、植物降解、植物挥发。重金属污染土壤植物修复技术在国内外首先得到广泛的研究，国内目前研究和应用比较成熟，近年来，我国在重金属污染农田土壤的植物吸取修复技术应用方面在一定程度上开始引领国际前沿研究方向，已经应用于砷、镉、铜、锌、镍、铅等重金属，并发展出包括络合诱导强化修复、不同植物套作联合修复、修复后植物处置的成套技术。这种技术的应用关键在于筛选具有高产和高去污能力的植物，摸清植物对土壤条件和生态环境的适应性。近年来国内外学者也开始关注植物对有机污染物的修复作用，如多环芳烃复合污染土壤的修复。虽然开展了利用苜蓿、黑麦草等植物修复多环芳烃、多氯联苯和石油烃的研究工作，但是有机污染土壤的植物修复技术的田间研究还很少。下面重点介绍植物修复在有机污染物中的应用。

（二）植物修复有机污染环境的基本原理

重金属污染环境的植物修复往往是寻找能够超累积或超耐受该有害重金属的植物，将金属污染物以离子的形式从环境中转移至植物特定部位，再将植物进行处理，或者依靠植物将金属固定在一定环境空间以阻止进一步的扩展。而植物修复有机物污染的机理要复杂得多，经历的过程有可能包括吸附、吸收、转移、降解、挥发等。植物根际的微生物群落和根系相互作用，提供了复杂的、动态的微环境，对有机污染物的去毒化有较大的潜力。已有的实验室和中试研究表明，具有发达根系（根须）的植物能够促进根际菌群对除草剂、杀虫剂、表面活性剂和石油产品等有机污染物的吸附、降解。

（三）植物修复类型

1. 植物提取技术

植物提取（phytoextraction, phytoaccumulation）是指种植一些特殊植物，利用其根系吸收污染土壤中的有毒有害物质并运移至植物地上部分，在体内蓄积直到植物收割后进行处理。收获后可以进行热处理、微生物处理和化学处理。植物提取作用是目前研究最多、最有发展前景的方法。该技术利用的是对污染物具有较强忍耐和富集能力的特殊植物，要求所用植物具有生物量大、生长快和抗病虫害能力强的特点，并具备对多种污染物有较强富集能力。此方法的关键在于寻找合适的超富集植物和诱导出超富集体。

环境中大多数苯系物、有机氯化剂和短链脂族化合物都是通过植物直接吸收途径去除的。

2. 植物稳定技术

植物稳定（phytostabilisation）是指通过植物根系的吸收、吸附、沉淀作用等，稳定土壤中的污染物的作用。植物稳定发生在植物根系层，通过微生物或者化学作用改变土壤环境，如植物根系分泌物或者产生的 CO_2 可以改变土壤 pH 值。植物在植物固定中主要有两种功能：保护污染土壤不受侵蚀，减少土壤渗漏来防止污染物的淋移；通过植物根部的积累和沉淀或根表吸持来加强土壤中污染物的固定。应用植物稳定原理修复污染土壤应尽量防止植物吸收有害元素，以防止昆虫、草食动物及牛、羊等牲畜在这些地方觅食后可能会对食物链带来的污染。

3. 根际降解技术

根际降解（rhizodegradation，也称为 phytostimulation、plant-assisted degradation、plant-assisted bioremediation 等），其主要机理是土壤中植物根际分泌某些物质，如酶、糖类、氨基酸、有机酸、脂肪酸等，使植物根部区域微生物活性增强或者能够辅助微生物代谢活动，从而加强对有机污染物的降解，将有机污染物分解为小分子的 CO_2 和 H_2O，或转化为无毒的中间产物。例如，有学者发现黑麦草根际增加了土壤中微生物碳的含量，从而提高植物对苯并［a］芘的降解率。根际降解的处理对象主要有多环芳烃、苯系物、其他石油类碳氢化合物、高氯酸酯、除草剂、多氯联苯等。

4. 植物降解技术

植物降解（phytodegradation，也称为 phytotransformation）是指植物从土壤中吸收污染物，并通过代谢作用，在体内进行降解。污染物首先要进入植物体，吸收取决于污染物的疏水性、溶解性和极性等。试验证明辛醇-水分配系数 lgK_{OW} 为 0.5～3.0 的疏水性适度的有机物容易被植物吸收。植物对污染物的吸收，还取决于植物种类、污染时间以及其他的土壤理化性质。吸收的效率同时取决于 pH 值、吸附反应的平衡常数、土壤水分、有机物含量和植物生理学等。植物降解的处理对象主要有军需品（TNT、DNT、HMX、硝基苯、硝基甲苯），阿特拉津，卤代化合物，DDT 等。

5. 植物挥发性

植物挥发（phytovolatilization）是植物吸收并转移污染物，然后通过蒸发作用将污染物或者改变形态的污染物释放到大气中的作用。可用于 TCE、TCA、四氯化碳等污染物的修复。

（四）有机污染物的植物降解机理

植物主要通过三种机制降解、去除有机污染物，即植被直接吸收有机污染物；植物释放分泌物和酶，刺激根际微生物的活性和生物转化作用；植物增强根际矿化作用。

1. 植物直接吸收有机污染物

植物从土壤中直接吸收有机物，然后将没有毒性的代谢中间体储存在植物组织中，这是植物去除环境中中等亲水性有机污染物（辛醇-水分配系数 $lgK_{OW}=0.5～3.0$）的一个重要机制。疏水有机化合物（$lgK_{OW}>3.0$）易于被根表强烈吸附而易被运输到植物体内。化合物被吸收到植物体后，植物根对有机物的吸收直接与有机物相对亲脂性有关。这些化合物一旦被吸收后，会有多种去向：植物将其分解，并通过水质化作用使其成为植物体的组成部分,也可通过挥发、代谢或矿化作用使其转化成 CO_2 和 H_2O,或转化成为无毒性的中间代谢物如木质素,存储在植物细胞中,达到去除环境中有机污染物的目的。环境中大多数 BTEX 化合物、含氯溶剂和短链的脂肪化合物都是通过这一途径去除的。

有机污染物直接被植物吸收取决于植物的吸收效率、蒸腾速率以及污染物在土壤中的浓度。而吸收率反过来取决于污染物的物理化学特征、污染的形态以及植物本身特性。蒸腾率是决定污染物吸收的关键因素,其又取决于植物的种类、叶片面积、营养状况、土壤水分、环境中风速和相对湿度等。

2. 植物释放分泌物和酶去除环境中有机污染物

植物可释放一些物质到土壤中,以利于降解有毒化学物质,并可刺激根际微生物的活性。这些物质包括酶及一些有机酸,它们与脱落的根冠细胞一起为根际微生物提供重要的营养物质,促进根际微生物的生长和繁殖,且其中有些分泌物也是微生物共代谢的基质。Nichols 等研究表明,植物根际微生物明显比空白土壤中多,这些增加的微生物能强化环境中有机物的降解。Reilloy 等研究了多环芳烃的降解,发现植物使根际微生物密度增加,多环芳烃的降解增加;Ryan 等的研究也得到相同的结论。Jordahl 等报道杨树根际的微生物数量增加,但没有选择性,即降解污染物的微生物没有选择性地增加,表明微生物的增加是由于根际的影响,而非污染物的影响。Siciliano 等通过研究也发现草原地区微生物对 2-氯苯甲酸的降解率升高 11%~63%。

3. 根际的矿化作用去除有机污染物

1904 年 Hilter 提出根际(rhizosphere)的概念。根际是受植物根系影响的根-土界面的一个微区,也是植物-土壤-微生物与其环境条件相互作用的场所,这个区与无根系土体的区别是根系的影响。由于根系的存在,增加了微生物的活动和生物量。微生物在根际区和根系土壤中的差别很大,一般为 5~20 倍,有的高达 100 倍,这种微生物在数量和活性的增长,很可能是使根际非生物化合物代谢降解的因素。而且植物的年龄、不同植物的根,如有瘤或无瘤,根毛的多少以及根的其他性质,都可以影响根际微生物对特定有毒物质的降解速率。

微生物群落在植物根际区繁殖活动,根分泌物和分解物养育了微生物,而微生物的活动也会促进根系分泌物的释放。最明显的例子是有固氮菌的豆科植物,其根际微生物的生物量、植物生物量和根系分泌物都有增加。这些条件可促使根际区有机化合物的降解。

植物促进根际微生物对有机污染物的转化作用,已被很多研究所证实。植物根际的菌根真菌与植物形成共生作用,有其独特的酶途径,用以降解不能被细菌单独转化的有机物。植物根际分泌物刺激了细菌的转化作用,在根区形成了有机碳,根细胞的死亡也增加了土壤有机碳,这些有机碳的增加可阻止有机化合物向地下水转移,也可增加微生物对污染物的矿化作用。另有研究发现微生物对阿特拉津的矿化作用与土壤有机碳成分直接相关。

(五)植物修复优缺点

植物修复技术最大的优点是花费低、适应性广和无二次污染物,平均每吨土壤的修复成本为 25~100 美元,能够永久地修复场地。此外,由于是原位修复,对环境的改变少；可以进行大面积处理；与微生物相比，植物对有机污染物的耐受能力更强；植物根系对土壤的固定作用有利于有机污染物的固定，植物根系可以通过植物蒸腾作用从土壤中吸收水分，促进了污染物随水分向根区迁移，在根区被吸附、吸收或被降解，同时抑制了土壤水分向下和其他方向的扩散，有利于限制有机污染的迁移等。

但这种技术也同其他技术一样有其自身缺点：修复周期长，一般在3年以上；对于深层污染的修复有困难，只能修复植物根系达到的范围；由于气候及地质等因素使得植物的生长受到限制、存在污染物通过"植物-动物"的食物链进入自然界的可能；生物降解产物的生物毒性还不清楚；修复植物的后期处理也是一个问题。目前经过污染物修复的植物作为废弃物的处置技术主要有焚烧法、堆肥法、压缩填埋法、高温分解法、灰化法、液相萃取法等。

（六）植物修复有机污染物的研究与应用

1. 植物促进农药的降解研究

植物以多种方式协助微生物转化氯代有机化合物，其根际在生物降解中起着重要的作用并可以加速许多农药以及三氯乙烯的降解。植物-微生物界面相互作用以加速降解的研究仍是一个活跃领域，也是氯代有机合物土壤修复技术的一个良好发展方向。

2. 植物促进多氯联苯降解的研究

多氯联苯（PCB）是一类性质稳定、具有急性和慢性毒性、典型的持久性有机污染物。土壤像一个人的仓库，不断接纳由各种途径输入的PCB，土壤中的PCB主要源自颗粒沉降，少量来自做肥料用的污泥、填埋场的渗滤液以及农药配方中使用的PCB等。据报道，土壤中PCB的含量一般比它上面的空气中含量要高出10倍以上。若只按挥发损失计算，土壤中PCB的半衰期可达10~20年。不同的植物对PCB的去除效果不同，这在很大程度上取决于植物本身的吸收能力，此外还受到许多因素的影响，如植物组织培养的类型、生物量、PCB的初始浓度及其理化性质等。Aslund和Zeeb的研究表明，植物的直接吸收能够显著地降低土壤中PCB的浓度，是植物修复PCB的关键机制。研究中以南瓜、莎草、高牛毛草来修复土壤中的PCB污染，初始PCB的平均浓度为46μg/g。经修复处理后，莎草内的生物累积系数达0.29，南瓜体内的生物累积系数为0.15，且离根越远的枝叶内PCB的浓度越低，三种植物都表现出对PCB的直接吸收作用。Chekol和Vough等通过室内模拟试验研究了苜蓿草、鳌豆、柳枝稷、高牛毛草等六种植物对一种多氯联苯PCB污染土壤的修复作用。经过4个月的处理后，与未种植物的对照相比，所有栽种植物的处理中PCB的生物降解性都显著提高，其中柳枝稷的降解效果最好。根际效应研究的结果表明，土壤照射并不能对PCB的生物降解造成显著影响，经过照射的和未经过照射的土壤栽种植物后都能够减少土壤中PCB的含量。

3. 植物促进硝基芳香化合物降解的研究

硝基芳香化合物的$\lg K_{OW}=0.5\sim3.0$，如2,4-DNT的$\lg K_{OW}=1.98$，TNT的$\lg K_{OW}=2.37$，理论上来说，这有利于植物修复。但由于硝基的吸电作用，硝基芳香化合物不易水解，不易发生化学或生物氧化，导致废水和污染地下水中的硝基芳香化合物难以修复。Scheidemann等研究了11种植物在八周生长期中降解污染土壤中的TNT的情况表明，低浓度TNT（10mg/L）下种紫花苜蓿可达到降解最高水平，但在500mg/L高浓度条件下，只有1种植物寻常型菜豆能够生长。土壤污染水平在10mg/L时，95%

以上的降解产物为氨基化合物,但不能确定该转变是发生在植物吸收前或吸收后。Peterson等研究了暴露于不同浓度TNT耐受强的植物种类。试验结果证明柳枝稷对TNT的耐受力要显著优于五毛雀麦草。

(七) 植物修复有机污染土壤在实际工程中应考虑的因素

尽管植物修复是实现原位修复的一种有效途径,但成功地实现修复也需要考虑到一些相关因素。

1. 土壤的理化性质

土壤颗粒组成直接关系到土壤颗粒比表面积的大小,从而影响其对持久性有机污染物的吸附能力。土壤水分能抑制土壤颗粒对污染物的表面吸附能力,促进生物可给性;但土壤水分过多,处于淹水状态时,会因根际氧分不足,而减弱对污染物的降解能力。土壤酸碱性条件不同,其吸附持久性有机污染物的能力也不同。碱性条件下,土壤中部分腐殖质由螺旋状转变为线形态,提供了更丰富的结合位点,降低了有机污染物的生物可给性;相反,当pH<6时,土壤颗粒吸附的有机污染物可重新回到土壤中,并随植物根系吸收进入植物体。矿物质含量高的土壤对离子性有机污染物吸附能力强,降低其生物可给性。有机质含量高的土壤会吸附或固定大量的疏水性有机污染物,降低其生物可给性。

2. 污染物的归趋

对持久性有机污染土壤进行植物修复前应先明确污染物的归趋问题。一些持久性有机污染物如石油烃类化合物、挥发性有机污染物等已得到了广泛的研究,其在植物体内的归趋模型得到了很好的建立,通过查阅相关的资料就能够预测植物修复的结果,然而,对许多其他的持久性有机污染物的研究还不是很多,没有建立起对应的植物修复模型。通过准确设计的实验室盆栽试验、采集原土进行的室内试验或现场的初步研究,能够观察污染物的迁移转化,从而为持久性有机污染物的原位实际修复提供信息。

3. 共存有机物

当前植物修复大多针对单一有机污染物,而复合有机污染土壤的植物修复主要研究了表面活性剂对土壤有机污染植物修复效率的影响。表面活性剂本身对植物具有一定的危害作用,但若将其浓度控制在合理范围内,将会促进疏水性有机污染物的生物可给性,提高其植物修复效率。一定浓度的表面活性剂Tw-80能提高土壤中PAH的植物吸收率和生物降解率。国际上不少学者已意识到表面活性剂在土壤有机污染植物修复领域的应用前景,并开展了初步研究。但当前的研究大多局限于比较表面活性剂应用前后修复效率的变化,对表面活性剂的作用过程、机理及其对生物危害机制的研究较少。植物-表面活性剂结合的修复技术将是土壤有机污染植物修复领域的一个发展方向。

实际环境往往是复合污染,因此研究复合污染环境的植物修复更具有实际意义。已有学者对MTBE和BTEX复合污染的生物降解进行了研究,发现其降解过程是先降解MTBE,数小时后再降解BTEX,这时MTBE的降解速率明显放慢,直到BTEX被彻底降解,MTBX的降解才得以继续进行。由此可见,复合有机污染环境的植物修复比单一有机污染环境植物修复更复杂。

4. 植物种类的筛选

植物的选择要根据所要修复的持久性有机污染物的种类及其浓度来确定。对于有机污染物的植物修复来说，要求植物生长速率快，并能够在寒冷的或干旱的气候等恶劣环境下生存，能够利用土壤水分蒸发蒸腾所损失的大量水分，并能将土壤中的有毒物质转化成为无毒的或低毒产物。在温带气候条件下，地下水生植物及湿生植物（如杂交的白杨、柳树、棉白杨树）由于其生长速率快、深及地下水的根系、旺盛的蒸腾速率以及广泛地生长于大多数国家，因而往往被用于植物修复技术。选择植物必须坚持适地适树的原则，即选择那些在生理上、形态上都能够适应污染环境要求，并能够满足人们对污染水体和污染土壤修复的目的，而且具有一定经济价值的植物。

5. 定期检查

实际工程应用中常见的错误观点就是植物修复不需要跟踪维护，这在很多失败的修复实例中得到了验证。植物修复的定期检查费用远少于常规修复，但直接关系到最终的修复结果。检查包括植物浇水、施肥、休整以及适当的使用杀虫剂等。值得注意的是，由昆虫和动物对修复植物所造成的自然破坏能够在短时间内导致整个修复计划的失败。例如，由于海狸的活动几乎毁掉了美国俄亥俄州的植物修复工程；在马里兰州的修复植物也遭到了鹿的严重破坏。因此，在动物可能造成破坏的修复区域，应该设立栅栏等对修复植物进行保护。

（八）植物修复技术的展望

综上所述，植物修复是一种环境友好、费用低的环境治理新技术，具有很大的开发潜力。植物修复研究取得了很大进展，但仍存在许多有待完善之处。

1. 深化植物修复机理

当前对植物修复机理的研究大多还处于试验现象描述阶段，对机理的探讨带有猜测性。因此，迫切需要深入研究植物修复机理，尤其需加强研究植物体内和根际降解有机污染物的过程及机制。

2. 完善植物修复模型

当前的植物修复模型均基于较多假设，侧重于模拟植物吸收有机污染物的过程，较少涉及植物根际和植物体内对有机污染物的降解过程，适用范围不广。建立适用范围广的动态模拟整个植物修复过程（包括植物根系降解、体内代谢等）的模型具有重要的理论与实践意义。

3. 加强植物-微生物协同修复的机理研究和技术应用

植物-微生物结合可提高土壤有机污染的修复效率。目前已出现一些成功的协同修复体系，但大多数停留在实验室研究阶段，实践应用较少，对其机理的探讨也局限于对试验现象的描述。

4. 利用表面活性剂提高植物修复效率

表面活性剂可提高土壤中有机污染物的生物可给性，从而提高植物修复效率，但表面活性剂的最佳用量及如何减少其本身对植物和环境的影响等都有待进一步研究。

5. 加强复合有机污染植物修复研究

当前，植物修复研究大多针对单一有机污染物，但现实环境一般为复合有机污染，因此加强复合有机污染植物修复研究具有重要的现实意义。

第九章 地下水污染修复

第一节 地下水污染修复概述及发展趋势

一、地下水资源现状及污染状况

(一) 地下水资源现状

地下水约占地球上整个淡水资源的 30%。在水资源日益紧张的今天，地下水的重要性日益突出。据统计，全球 15 亿~20 亿人的生活依赖地下水。从用水量上看，地下水占各地区用量的比例分别为美国 15%、拉丁美洲 29%、欧洲 75%、亚太地区 32%、大洋洲 15%。

地下水是我国水资源的重要组成部分，全国地下淡水的天然补给资源约为每年 8840 亿 m^3，占水资源总量的三分之一；地下淡水可开采资源为每年 3530 亿 m^3。按赋存介质划分，地下水主要有孔隙水、岩溶水和裂隙水三种类型，孔隙水天然淡水资源量每年 2500 亿 m^3，可开采资源量每年 1686 亿 m^3；岩溶水天然淡水资源量每年 2080 亿 m^3，可开采资源量每年 870 亿 m^3；裂隙水天然淡水资源量每年 4260 亿 m^3，可开采资源量每年 971 亿 m^3。总体上，中国地下水资源地域分布差异明显，南方地下水资源丰富，北方相对缺乏，南、北方地下淡水天然资源分别约占全国地下淡水总量的 70% 和 30%。北方地区 70% 生活用水、60% 工业用水和 45% 农业灌溉用水来自地下水。据统计，全国 181 个大中城市中，有 61 个主要以地下水作为供水水源，40 个以地表水、地下水共同作为供水水源，全国城市总供水量中，地下水的供水量占 30%。因此，地下水对我国的经济生活与社会发展有着重要的影响。

(二) 地下水污染状况

凡是在人类活动的影响下，地下水水质变化朝着水质恶化方向发展的现象称为地下水污染。从概念也可以得出，产生地下水污染的原因是人类活动，尽管天然地质过程也可导致地下水水质恶化，但它是不可防治的、必然的，这种异常称为"地质成因异常"。地下水污染的结果或标志是向水质不断恶化方向发展，不是只有超过水质标准才算污染，有达到或超过水质标准趋势的情况也算污染。另外，如此定义，是为了强调水质恶化过程，强调防治。地下水污染具有隐蔽性和难以逆转性的特点。即使地下水已受某些化合物严重污染，它往往还是无色、无味的，不易从颜色、气味、鱼类死亡等鉴别出来。即使人类饮用了受有毒或有害成分污染的地下水，对人体的影响也只是慢性的长期效应，不易觉察。并且地下水一旦受到污染，就很难治理和恢复。主要是因为其流速极其缓慢，切断污染源后仅靠含水层本身的自然净化，所需时间长达数十年、甚至上百年。另一个原因是某些污染物被介质和有机质吸附之后，会发生解吸-再吸附的反复交替。因此，地下水污染防治是环境污染防治中的重点也是难点。

随着人类工业化的进展，地下水的污染状况日益严重。例如，美国地下污染调查中44%的水样含挥发性有机物，38%含有杀虫剂，28%含有硝酸盐。可见地下水中的有机污染物已经相当严重。美国在20世纪90年代共有10万个地下储油罐已确认存在不同程度的泄漏，宾夕法尼亚地下储油罐使用10年以上的渗漏率达到46%，使用15年以上的渗漏率则高达71%；法国南特市使用10年以上的储油罐渗漏率在20%以上。至2005年，美国国家环保局已在全国范围内列出了1400多个污染点作为优先治理的地点，其中85%以上对地下水造成了污染。据俄罗斯环境部门统计，全球每年开采30亿吨石油，其中有7%通过各种途径又重新进入地下环境。这些油料不仅对土壤造成污染，也造成地下水的严重污染。

而在我国，90%城市地下水不同程度遭受有机和无机有毒有害污染物的污染，已呈现由点向面、由浅到深、由城市到农村不断扩展和污染程度日益严重的趋势。分析我国118个大中城市近年来的地下水监测结果得出，较重污染的城市占64%，较轻污染的城市占33%。在区域上，中国地下水"三氮"污染突出，主要分布在华北、东北、西北和西南地区，淮河以北10多个省（直辖市）约有3000万人饮用高硝酸盐水，淮河流域受污染的地下水资源量占地下水总资源量的62%，农村约有3.6亿人喝不上符合标准的饮用水。据有关部门对118个城市2~7年的连续监测统计，约有64%和33%的城市地下水遭受了重度和轻度的污染，基本清洁的城市地下水只有3%。除了地表污水下渗外，许多矿山、农场、油田、化工厂、垃圾填埋场等形成了地下水的污染源，威胁着地下水的安全。

我国地下水污染的场地数量巨大，仅就城市生活垃圾填埋场渗滤液泄露导致的地下水污染问题就十分严重，几乎所有的城市都被垃圾填埋场"包围"，而以前建设的垃圾填埋场大多没有有效的卫生防护措施，造成了浅层地下水污染的普遍问题。又如城市众多的加油站地下储油罐泄漏，以及污染水排放管线的泄漏等问题也比较普遍，造成了地下水的污染，形成了众多的污染场地。

根据污染现场调查总结的我国地下水污染场地的类型如图9-1所示。

从图9-1中可以看出，地下水的污染场地类型包括了人类经济活动的方方面面，如工业活动、农业活动、市政建设等。引起地下水污染的物质称为地下水污染物。其污染场地类型复杂，污染物质也是种类繁多。主要包括有机化合物、重金属、无机阴（阳）离子、病原体、热量以及放射性物质等。其中有机污染物的污染被认为是对人类健康的主要威胁。这类污染物主要包括饱和烃类、酚类、芳烃类、卤代烃类等。地下水中常见的有机污染物有苯、甲苯、乙苯、二甲苯等芳香族化合物，四氯乙烯、三氯乙烯、二氯乙烯等含氯碳氢化合物及多氯联苯等。这些物质中，大部分可溶于水，但有些有机化合物溶解度低，几乎不溶于水，被称为非水相。根据其密度是否大于水的密度，非水相又分为重的非水相（dense non aqueous phase liquids，DNAPL）和轻的非水相（light non aqueous phaseliquids，LNAPL）。随着现代工农业的发展，水相与非水相物质的污染越来越严重，均成为地下水修复的重点对象。

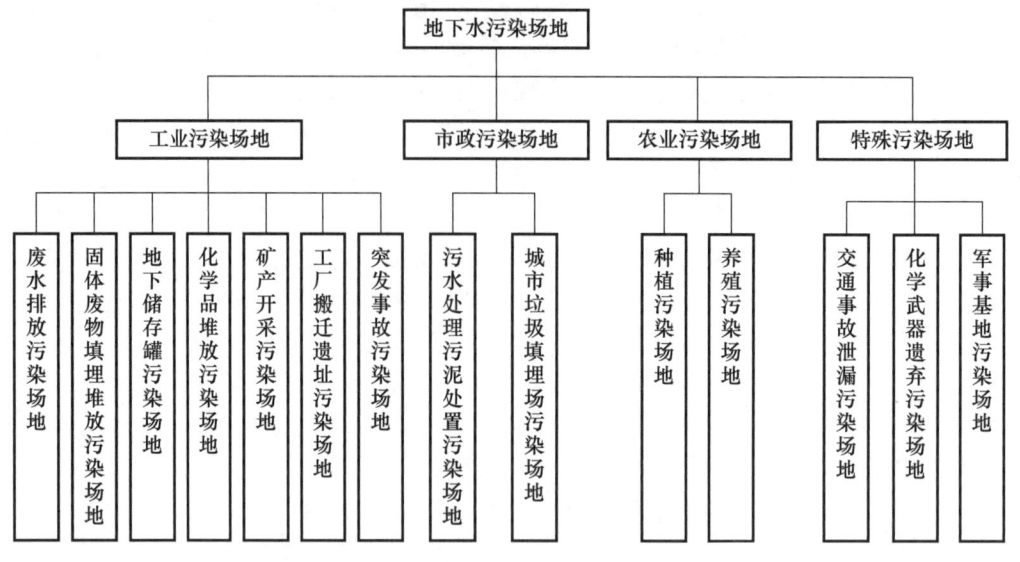

图 9-1 地下水污染场地类型

二、地下水污染修复技术概述

(一) 地下水污染修复国内外政策发展

地下水污染修复是指人类在生产、生活中产生的污染释放到环境中,通过各种技术方法对地下水实施净化,对污染物进行处理。地下水修复技术是近年来环境工程和水文地质学科发展最为迅猛的领域之一。1980 年,美国国会首次把地下水净化列为国家最优先问题之一,通过综合环境响应,赔偿和责任法案(comprehensive environment response, compensation and liability,CERCLA),即一般超级基金(Superfund)法案,用于支付净化废弃的有害废物场地。1984 年,美国国会通过了修订资源保护与恢复法案(resource conservation and recovery act,RCRA),拓展了地下水净化计划。CERCLA 和 RCRA 通过后,美国各州都相继制定了要求净化污染场地的法规,有些州的法规甚至比联邦法律还要严格。

我国于 1981—1984 年完成了全国第一轮地下水资源评价工作,随后开展"全国地下水功能区域规划"以及"全国地方病高发区地下水勘察与供水安全示范工程"工作。有关地下水保护工作方面,2005 年国家环境保护总局组织完成了 56 个环保重点城市 206 个重点水源地有机污染物的监测调查工作,建立了 113 个环保重点城市饮用水水源地水质月报制度。2011 年 8 月 24 日,国务院常务会议讨论通过了《全国地下水污染防治规划(2011—2020 年)》,该规划针对我国地下水环境质量状况的现状,对未来 10 年我国在地下水环境保护与污染防治、地下水监测体系、地下水预警应急体系、地下水污染防治技术体系及污染防治监管能力的建设进行了详细规划,对保障地下水水质安全,全面提高地下水质量等提出了更高的要求。亟须重点研究的问题主要有:健全和完善地下水污染防治的法律法规;尽快开展全国地下水污染调查工作;完善地下水污染监测体系;加强地下水污染风险评估与控制技术体系建设;加强地下水污染应急系统建设等。

（二）地下水污染修复技术

地下水污染修复技术的研究已引起国内外学者的广泛关注。地下水污染修复技术主要包括原位修复、异位修复和监测自然衰减技术。

异位修复是将受污染的地下水抽出至地表再用化学物理方法、生物反应器等多种方法治理。再对治理后的地下水进行回灌，通常所说的抽出-处理技术就是典型的异位修复法，它能去除有机污染物中的轻非水相液体，但对重非水相液体的治理效果甚微，此外，地下水系统的复杂性和污染物在地下的复杂行为常干扰此方法的有效性。这类技术在短时间内处理量大，处理效率高，能够彻底清除地下水中的污染，其缺点是长期应用普遍存在严重的拖尾、反弹等现象，降低处理效率，且严重影响地下水所处的生态环境，而且成本很高。例如，1994年美国对77个抽出-处理系统运行情况的调查结果表明，只有8处达到净化目标，其余的69处均未达标。

自然衰减法是充分利用自然自净能力的修复技术，是一种被动的修复方法，它依赖自然过程使污染物在土壤和地下水中降解和扩散。自然衰减过程包括物理、化学和生物转化（如好氧、厌氧生物降解，弥散，挥发，氧化，缩减和吸附）。但这种方法需要的时间很长，且对很多有机物来说效果比较低，特别是氯代有机物。

地下水原位修复技术则是在人为干预下省去抽出过程，在原位将受污染地下水修复的技术，其以修复彻底、时间较短、处理污染物种类多等优势在地下水修复领域崭露头角，到今天得到了广泛应用。其中包括有原位曝气技术（AS）、生物曝气技术（BS）、可渗透性反应墙技术（PRB）等，以能持续原位处理、处理组分多、价格相对便宜的优势，在地下水处理的众多领域得到了快速发展。

此外，根据主要作用原理，地下水修复技术又可以大致分为两大类，即物化法修复技术、生物法修复技术。物化法修复技术包括抽出-处理技术、原位曝气、高级氧化技术等；生物法修复技术包括生物曝气、可渗透墙反应隔栅、有机黏土法等。还有一些联合修复技术则兼有以上两种或多种技术属性的污染处理技术。

本章将重点对地下水污染修复技术中的原位曝气、生物修复、可渗透反应隔栅、高级氧化技术、抽出-处理技术、监测自然衰减技术等进行详细介绍。

地下水污染的控制与修复是我们面临的新的、极具挑战性的重要课题，需要进行多学科交叉。其中，两个问题将会影响到修复技术的应用。第一个是需要确定与水和污染物运移相关的场地水文地质条件，并分析人或环境接触这些物质可能面临的风险。例如，需要研究海水与受污染的地下水的分界面，以建立滨海地区的污染物运移模型。由于污染物浓度随时间和空间变化，因此某些人群以及生态系统都可能会接触到这些污染物。这就需要更全面地认识场地特征和相关的水文地质模型。场地的水文地质条件控制着所有修复措施的实施效果。如果这些修复系统能够为参与者和公众接受，就需要首先对系统的预测结果进行很好的统计。第二个问题是污染物成分复杂，通常会发生化学或生物反应，形成多种副产物，这样就需要随时间和空间变化选择不同的修复技术。对于非水相流体（NAPL）场地，这一点尤为重要。例如，氯代烯烃通过微生物或零价铁反应格栅发生还原脱氯，如果脱氯不完全的话，会产生副产物氯乙烯，这种物质的毒性高于母体。这样就需要采用化学氧化或好氧微生物氧化的方法作进一步处理。需要不断更新场地特征的数据，建立更好的水文地质和动力学模型，以保证污染物在还原带或氧化带停留足够时间,达到处理的目的。

因此,在选择修复技术时,需要考虑污染物的性质、运移及其反应产物。毫无疑问,识别污染物、了解场地特征、根据监测和试验建立污染羽模型有助于修复技术的发展和应用。

总之,不同修复技术的应用,实际上是考虑到污染物和水文地质条件共同作用的复杂性。管理者要与相应的机构进行合作,特别是当遇到混合污染羽或场地之间有明显的水力联系的问题时,必须严格地选择修复技术。另外,地下水修复技术在使用过程中,有一个值得重视的共同点,即必须建立监测系统,以确认修复工程的长效运行。在任何情况下,为保证修复系统达到设计要求,对含水层的性质、地球化学的可逆性、污染物的分布和流量进行详细的评价和监测是都非常重要的。

三、地下水污染修复技术发展趋势

地下水修复是一项十分有意义的污染治理技术,但目前应用方面还存在大量需要解决的问题。在国内外学者不断深入研究开发下,相关技术都得到了改进。然而,许多技术都多数集中在实验室理论与试验的基础上,尤其在我国,还缺乏大量的现场示范。有关地下水污染修复技术的发展主要有以下几个方面。

(1) 目前,单一的修复技术已经无法达到修复目标,需要采用多种修复技术。例如,渗透墙技术中的渗透墙材料可以加入化学药剂等,提高修复效果。

(2) 地下水修复机理和污染物迁移机理的复杂性、多样性,给修复模型的准确描述带来很大的困难,应加强对其机理性的研究,建立更加完善的模型,为制定修复计划提供可靠的依据。

(3) 地下水环境复杂,与周围土壤环境相接触、与地上环境的交互作用使得地下水修复后容易产生二次污染。因此应综合考虑地下水与周边环境的整体修复,确定技术配制导致的地球化学条件的改变,可能造成影响和后果。

(4) 今后的工作要强调技术的可持续发展,如采用零价铁反应格栅处理混合氯代烃污染羽。在技术应用的早期,采取最优化方法控制抽水量,但是其反应能力不可避免地下降,因而需要及时恢复处理能力。在这种假定条件下,零价铁成本较高,需要寻找代替物,或根据主要污染物的浓度、污染源和污染羽来添加活性炭,以刺激微生物脱氯。可持续能力的讨论应当集中在成本有效性、长期性和替代方案的预期成本上。

(5) 需要克服不利环境下技术的应用。修复技术的设计参数如处理能力、抽水率、抽水/注入井的位置和数量以及间隔等。然而,在不利环境下,如基岩裂隙含水层,修复技术的应用则存在许多约束条件。专业人员必须继续在处理技术的开发中进行创造性的实践,而且要认识到,所有新的处理技术都要经过反复的试验。

(6) 环境修复技术是一项庞大的系统工程,应与其他学科交叉研究,这样能大大促进环境修复技术的发展。

(7) 有的专家也提出了研发高效安全且能适用于不同特征污染物的地下水污染原位修复技术体系。但由于地下水系统的复杂性、污染场地条件的差异性等原因,地下水污染修复是一项技术含量高、需因地制宜、综合研发并顺从自然和谐状态的治理技术,没有"放之四海而皆准"的理论、技术和方法。"预防"在我国地下水污染治理方面依然是重中之重。

第二节 地下水污染修复技术

一、原位曝气

(一) 概述

原位曝气 (in situ air sparging, AS) 技术是一种有效的去除饱和土壤和地下水中可挥发有机污染物的原位修复技术。AS 是可以与土壤气相抽提 (soil vapor extraction, SVE) 互补的一种技术。它是一种将空气注进污染区域以下，将挥发性有机污染物从饱和土壤和地下水中解吸至空气流并引至地面上处理的原位修复技术。该技术可以为饱和区土壤和地下水中的好氧生物提供足够的氧气，促进本土微生物的降解作用。

AS 技术是在一定压力条件下，将一定体积的压缩空气注入含水层中，通过吹脱、挥发、溶解、吸附-解吸和生物降解等作用去除饱水带土壤和地下水中可挥发或半挥发性有机物的一种有效的原位修复技术。在相对可渗透的条件下，当饱和带中同时存在挥发性有机污染物和可被好氧生物降解的有机污染物，或存在上述一种污染物时，可以应用原位曝气法对污染水体进行修复治理。轻质石油烃大多为低链烷烃，挥发性很高，因此该技术可以有效地去除大部分石油烃污染。而且，该项技术与其他修复技术抽出-处理、化学氧化等相比，具有成本低、效率高和原位操作的显著优势。

从结构系统上来说，原位曝气系统包括以下几个部分：曝气井、抽提井、监测井、发动机等。从机理上分析，地下水曝气过程中污染物去除机制包括三个主要方面：对可溶挥发性有机污染物的吹脱；加速存在于地下水位以下和毛细管边缘的残留态和吸附态有机污染物的挥发；氧气的注入使得溶解态和吸附态有机污染物发生好氧生物降解。在石油烃污染区域进行的原位曝气表明，在系统运行前期（刚开始的几周或几个月里），吹脱和挥发作用去除石油烃的速率和总量远大于生物降解的作用；当原位曝气系统长期运行时（一年或几年后），生物降解的作用才会变得显著，并在后期逐渐占据主导地位。

AS 技术可以修复的污染物范围非常广泛，适用于去除所有挥发性有机物及可经好氧生物降解的污染物。表 9-1 给出了 AS 系统在实地应用过程中的优势与劣势。

表 9-1 **AS 系统在实地应用过程中的优势与劣势**

优势	劣势
1. 设备易于安装和使用，操作成本低	
2. 操作对现场产生的破坏较小	1. 对于非挥发性的污染物不适用
3. 修复效率高，处理时间短，在适宜条件下少于 1~3 年	2. 受地质条件限制，不适合在低渗透率或高黏土含量的地区使用
4. 对地下水无需进行抽出、储藏和回灌处理	
5. 可以提高 SVE 对土壤修复的去除效果	3. 若操作条件控制不当，可能引起污染物的迁移
6. 更适于消除地下水中难移动处理的污染物（如重非水相溶解，DNAPL）	

为保证曝气效率，曝气的场地条件必须保证注入气流与污染物充分接触，因此要求岩层渗透性、均质性较好。当土壤渗透性范围为 $10^{-10} \sim 10^{-9} \, cm^2$ 时，曝气效率较好。另

外，由于岩性差异或断裂造成的异质性会使地下水曝气法的效率下降。在曝气过程中，地下水中（Fe^{2+}）会被氧化为 Fe^{3+}，并产生沉淀，造成土壤层孔隙堵塞，也会降低土壤的渗透性，不利于注入空气的流动。一般来说，当 Fe^{2+}＜10mg/L 时曝气才有效。

曝气法的修复机理是利用加压空气使得地下水中的污染物蒸发，因此挥发性较大、溶解性较大的污染物修复效果较好。

（二）AS 技术修复影响因素

在采用 AS 技术修复污染场地之前，首先需要对现场条件及污染状况进行调查。由于 AS 技术去除污染物的过程是一个多组分多相流的传质过程，因而其影响因素很多。研究这些复杂因素的影响作用对于优化现场的 AS 技术操作具有重要意义。自 AS 技术投入实际应用十多年来，对其影响因素做过一定的研究，但对于现场应用的指导作用仍然不充分，已有的文献报道中 AS 技术的影响因素主要有下述几方面，下面分别予以介绍。

1. 土壤及地下水的环境因素

土壤及地下水的环境因素主要有土壤的非均匀性和各向异性、土壤粒径及渗透率、地下水的流动等。

（1）土壤的非均匀性和各向异性

天然土壤一般都含有大小不同的颗粒，具有非均匀性，而且在水平和垂直方向都存在不同的粒径分布和渗透性。因此，AS 技术过程中曝入的空气可能会沿阻力较小的路径通过饱和土壤到达地下水位，造成曝入的空气根本不经过渗透率较低的土壤区域，从而影响污染物的去除。Ji 等在试验中观察到：对于均质土壤，无论何种空气流动方式，其流动区域都是通过曝气点垂直轴对称的。而非均质土壤，空气流动不是轴对称的，而这种非对称性是因土壤中渗透率的细微改变和空气曝入土壤时遇到的毛细阻力所致，表明 AS 技术过程对土壤的非均质性是很敏感的。

（2）土壤粒径及渗透性

内部渗透率是衡量土壤传送流体能力的一个标准，它直接影响着空气在地表面以下的传质，所以它是决定 AS 效果的重要土壤特性。

Ji 用不同大小的玻璃珠来模拟各种土壤条件下的空气流动方式，研究表明，空气在高渗透率的土壤中是以鼓泡的方式流动的，而在低渗透率的土壤中以微通道的方式流动的。另外，曝入的空气并不能通过渗透率很低的土壤层，如黏土层。而对于极高渗透率的土壤，如砂砾层，由于其渗透率太高，从而使曝气的影响区太小，因此也不适合用 AS 技术处理。

Ji 等研究还发现，对于宏观异质分层多孔介质，空气的流动受渗透率、异质层的几何结构、大小以及曝气流量大小的影响很大。宏观异质分层土壤中，曝入的空气无法到达直接位于低渗透率层之上的区域。只有当曝气流量足够大时，空气才能穿过低渗透率层。Reddy 和 Adams 也认为在 AS 处理过程中，当空气遇到渗透率和孔隙率不相同的两层土壤时，如果两者的渗透率之比大于 10 时，当空气的入口压力不够大时，空气一般不经过渗透率小的土壤。如果两者的渗透率之比小于 10 时，空气从渗透率小的土层进入渗透率较大的土层时，其形成的影响区域变大，但空气的饱和度降低。

另外，渗透率的大小直接影响着氧气在地表面以下的传递。好氧碳氢化合物降解菌通过消耗氧气代谢有机物质，生成 CO_2 和水。为了充分降解石油产品，需要丰富的细菌群，也需要满足代谢过程和细菌量增加的氧气。

表 9-2 为土壤渗透率和 AS 修复效果之间的关系。表中的数据可以推断土壤的渗透率是否在 AS 有效范围之内。

表 9-2　土壤渗透率和 AS 修复效果之间的关系

渗透率（K）/cm^2	AS 效果
$K>10^{-9}$	普遍有效
$10^{-10} \leqslant K \leqslant 10^{-9}$	或许有效，需要进一步推断
$K<10^{-10}$	边缘效果无效

Peterson 通过二维土柱试验的研究发现，对于平均粒径为 1.1～1.3mm 的土壤，空气以离散弯曲通道的形成流动，颗粒直径微小的改变不影响空气影响区域的大小。在通过曝气点的垂直截面上，受空气影响的沉积物面积占总沉积物面积的最大百分数为 19%。另外，随着时间的增加，影响区的改变很小。对于平均粒径分别为 1.84mm、2.61mm、4.38mm 的土壤，空气的流动是弥漫性的，在喷射点附近形成了一个对称圆锥，空气影响区的面积明显增加。对于粒径为 2.61mm 的沉积物，空气影响区面积占总沉积物面积的百分数最大，接近 35%，几乎为离散弯曲通道流动形成的 2 倍。随着时间的改变，影响区面积也发生改变，但因颗粒直径的不同，各自的变化幅度不同。颗粒直径为 2.61mm 的沉积物变化幅度最大。Peterson 认为，对于 AS 最有效的土壤粒径范围应在 2～3mm。Rogers 和 Ong 的研究也表明，随着土壤平均粒径的增大，有机物的去除效率也增大，当介质的平均粒径从 0.168mm 增加到 0.305mm 时，在 168h 的 AS 处理后，苯的去除效率从 7.5% 增加到 16.2%。可见，土壤的粒径分布对于 AS 的去除效果影响也比较大。

（3）地下水的流动

在渗透率较高的土壤中，如粗砂和砂砾，地下水的流速一般也较高。如果可溶的有机污染物尤其是溶解度很大的 MTBE 滞留在这样的土壤中，地下水的流动将使污染物突破原来的污染区，而扩大污染的范围。在 AS 过程中，地下水的流动影响空气的流动，从而影响空气通道的形状和大小。空气和水这两种迁移流体的相互作用可能对 AS 过程产生不利的影响。一方面，流动的空气可能造成污染地下水的迁移，从而使污染区域扩大；另一方面，带有污染物的喷射空气可能与以前未被污染的水接触，扩大了污染的范围。Reddy 和 Adams 的研究表明，当水力梯度小于 0.011 时，地下水的流动对于空气影响区的形状和大小的作用很小。空气的流动降低了影响区的水力传导率，减弱了地下水的流动，会降低污染物迁移的梯度。同时，AS 能有效地阻止污染物随地下水的迁移。

2. 曝气操作条件

在影响地下水原位曝气技术的条件中，曝气操作条件对该技术影响较大，需根据地质条件通过现场曝气试验确定。主要的曝气操作条件包括曝气的压力和流量、气体流型以及影响半径等。

（1）曝气的压力和流量

空气曝入地下水中需要一定的压力，压力的大小对于 AS 技术去除污染物的效率有一定程度的影响。一般来说，曝气压力越大，所形成的空气通道就越密，AS 技术的影响半径越大。AS 技术所需的最小压力为水的静压力与毛细压力之和。水的静压力是由曝气点之上的地下水高度决定的，而土壤的存在则造成了一定的毛细压力。另外，为了避免在曝气点附近造成不必要的土壤迁移，曝气压力不能超过原位有效压力，包括垂直方向的有效压力和水平方向的有效压力。

曝气流量的影响主要有两个方面。一方面，空气流量的大小将直接影响土壤中水和空气的饱和度，改变气液传质界面的面积，影响气液两相间的传质，从而影响土壤中有机污染的去除。另一方面，空气流量的大小决定了可向土壤提供的氧含量，从而影响有机物的有氧生物降解过程。一般来说，空气流量的增加将有助于增加有机物和氧的扩散梯度，有利于有机物的去除。Ji 等的研究表明，空气流量的增加使空气通道的密度增加，同时，空气的影响半径也有所增加。许多研究者用间歇曝气来代替连续曝气，获得了良好的效果。这是因为间歇操作促进了多孔介质孔内流体的混合以及污染物向空气通道的对流传质。Elder 等的研究发现，在大于 10h/d 的间歇循环条件下，与连续曝气相比，间接曝气后污染物的平均浓度较低，表明污染物的去除率较高。同时还发现，运行时间较长而停止时间较短的间歇曝气对 AS 操作最有效。研究者应用 AS 技术修复地下水中甲基叔丁基醚（MTBE）的研究中发现，当曝气流量较小时，土柱中污染物去除速率较慢，去除率为 80%；当曝气流量增加到 $0.10m^3/h$ 时，去除率达 95%；而继续增加曝气流量至 $0.15m^3/h$ 时，去除效率没有明显改善，反而使操作成本增加。

（2）气体流型

曝气过程中控制污染物去除的主要机制是污染物挥发及污染物有氧生物降解。而这两种作用的大小很大程度上依赖于空气流型。在浮力作用下，注入空气由饱和带向包气带迁移，饱和带中的液相、吸附相污染物通过相间传质转化为气态，并随注入空气迁移至包气带。曝气能提高地下水环境中溶解氧的含量，从而促进污染物的有氧生物降解。空气流型的范围、形成的通道类型，都能极大地影响曝气效率。

在空气注入的最初阶段，曝气点附近的空气区是呈球形增长的，在浮力作用下，空气区向上增长的趋势开始占主导地位。当空气上升到地下水位时，越来越多的气流就会进入渗流区，空气区域内的压力就会降低，这使得曝气区域范围开始缩小。直到空气区域内的压力与外界压力达到动态平衡时，曝气区域范围内才达到稳态。若上升气流在遇到渗透较低的黏土层时一般在其下方积累，并向水平方向移动。当黏土层下方积累的空气压力大于其毛细压力或气流在水平移动过程中遇到垂直裂缝，气流就可以穿透黏土层继续向包气带扩散。Mckay 和 Acomb 利用中子探测器得到了类似的气流分布形式。

Lundegard 和 Labrecque 利用电阻层析成像（electrical resistance tomography，ERT）技术发现在相对均质的砂层介质中，气流的稳态分布是以曝气点为中心对称分布的，形状较为规则。他们同样使用 ERT 技术对由粉砂和粗颗粒沉积物相间分布的非均质冰碛物进行了观察，结果发现注入的空气主要分布在水平方向，低渗透层下方的空气饱和度大约 50%。

（3）影响半径

影响半径（radius of in-fluence，ROI）就是从曝气井到影响区域外边缘的径向距离。影响半径是野外实地修复项目的关键设计参数。如果对 ROI 估计过大，就会造成污染修复不充分；如果估计过小，就需要过多的曝气井来覆盖污染区域，从而造成资源浪费。

目前 RIO 主要有四种测定方法：地下水上涌水位的测定、地下水中溶解氧浓度的测定、渗流区中 VOC 浓度的测定及水位以下区域气相压力的测定。其中地下水水位上涌仅发生在曝气的初始阶段，不能有效地指示曝气影响区域范围。Mccray 等利用多相流模型 T2VOC 模拟均质和非均质含水层中 NAPL 的去除过程发现，水位上涌现象在曝气运行一段时间后基本能恢复到曝气前的地下水水位。而地下水中溶解氧或 VOC 浓度的测量需要在场地内不同位置采样分析，这两种测得的 ROI 精度较高，但由于采样分析的高耗费以及历时较长，一般也不采用这两种方法。

Mccray 等建议通过测定曝气时饱和区内气相压力响应来判断影响半径。他们利用多相流数值模型 T2VOC 描述正压分布和饱和区内污染物浓度范围之间的关系，将污染物去除率达到 90% 时对应的空气饱和度作为曝气最大影响范围。

Lundegard 等比较了电阻层析成像（ERT）技术和传统监测方法（水位上涌、土壤气压力、示踪气体响应等）测得的曝气影响范围数据发现，后者比前者要大 2~8 个数量级。Schima 等同样利用 ERT 技术描述了注入空气在地下的扩散分布过程，以及对孔隙水饱和度造成的影响。结果显示由 ERT 显示的曝气影响范围要小于传统测试方法得到的值。

有关曝气条件对于 AS 的影响，总体来说在相同曝气压力和流量下，曝气深度越大，影响半径越大，影响区内的气流分布越稀疏；相反，曝气深度越小，则曝气影响半径越小，在影响区内气流分布越密，越有利于污染物的去除。研究表明，曝气影响半径可以达到 5m 以上；经过 40d 的连续曝气，在气流分布密度大的区域，石油去除高达 70%，而在气流分布稀疏的区域，石油去除率只有 40%；曝气影响区地下水的石油平均去除率为 60%；对曝气前后地下水中石油组分进行色质联用分析，表明石油去除效果与石油组分及其性质有关，挥发性高的石油组分容易挥发去除，而挥发性低的石油分难于挥发去除。

3. 微生物的降解作用

原位曝气技术与地下水生物修复相联合，称为原位生物曝气（biosparging，BS）技术。其影响因素就要考虑微生物的生长环境了。AS 过程中空气的曝入增强了微生物的活性，促进了污染物的生物降解。对照 AS 与 BS 的修复效果，结果表明，在初始污染物浓度相同的情况下，微生物数量的增加直接导致了污染物总去除量的增加，降解率和降解量均得到提高。有生物降解条件下 AS 应用中，污染物由水相向空气孔道中气相的挥发是主要的传质机理，但好氧降解微生物的存在，使得通过曝气不能去除的较低浓度的污染物修复得更为彻底。

（三）AS 修复数学模拟研究

1. AS 修复过程物理模型的描述

在土壤和地下水的修复过程中，由地下储油罐的泄漏以及管线渗漏等产生的污染物绝大多数属于可挥发性有机物（VOC）。这些可挥发有机污染物主要是石油烃和有机氯溶剂，它们是现代工业化国家普遍使用的工业原料。由于石油烃和有机氯溶剂都以液态存在，并且难溶于水，被称为非水相液体（NAPL）。

污染物从储罐泄漏后在重力的作用下,在非饱和区将垂直向下迁移。当到达水位附近时,由于 NAPL 密度的差异,密度比水小的 LNAPL(轻非水相液体)会沿毛细区的上边缘横向扩散,在地下水面上形成漂浮的 LNAPL 透镜体;而密度比水大的 DNAPL(重非水相液体)则会穿透含水层,直到遇到不透水层或弱透水层时才开始横向扩展开来。无论是 LNAPL 还是 DNAPL,在其流经的所有区域,都会因吸附、溶解以及毛细截留等作用,使部分污染物残留在多孔介质中。地层中的污染物由于挥发和溶解作用在非饱和区形成一个气态分布区,而在饱和区形成污染物羽状区。

AS 修复由于有机污染物泄漏而引起的地下水污染是一个多组分相流的复杂动力学过程。AS 模型包括以下几个主要过程:对流、分子扩散和机械弥散;相间传质;生物转化。

2. AS 修复过程的数学模拟

近年来,AS 已发展成为一项修复地下水有机污染的重要技术。国外研究者对 AS 过程中气体的流动以及污染物的传递过程进行了一些实验室和实地研究,但人们对于 AS 多相流动过程中气液中污染物的传质和实际流体的流动行为认识很少,AS 的理论研究远滞后于实际应用,模型研究仍处于发展的初期。文献报道的第一个 AS 模型出现在 20 世纪 90 年代中期。

AS 模型一般分为两类:集总参数模型(lumped-parameter models)和多相流动模型(multiphase fluid fiow models)。集总参数模型经常采用简化模型方程来进行计算,因而在求解方面具有很大的优势。而多相流流动模型考虑了空气和水相间毛细压力的影响以及两相间的相互流动阻力,从而模型中能体现污染物在相间的分配和各相内污染物的传递,适用于饱和区中空气流动的严格理论计算,但计算过程复杂。

(1) 集总参数模型

AS 的集总参数模型是将流动相和各种传质过程可被分割成不同的部分,然后通过几个总体的模型参数进行模拟。集总参数模型一般是将 AS 过程分成两到三个模块,包括传质反应分块 V_M、含水相分块 V_W、气相分块 V_G 等,它们分别代表不同的方面。

在每个分块中,均满足质量守恒定律。含气相分块、水相分块和传质反应分块的守恒方程分别如式 (9-1)、式 (9-2) 和式 (9-3)。

$$V_G \frac{\partial C_G}{\partial t} = Q_G (C_G^{in} - C_G) + \chi A_2 (H_C C_W - C_G) \tag{9-1}$$

$$V_W \frac{\partial C_W}{\partial t} = Q_W (C_W^{in} - C_W) - \chi A_2 (H_C C_W - C_G) + \gamma A_1 (K_M C_M - C_W) - \eta V_W C_W \tag{9-2}$$

$$V_M \frac{\partial C_M}{\partial t} = -\gamma A_1 (K_M C_M - C_W) \tag{9-3}$$

以上各式中,V_G 为气相体积;V_W 为含水相体积;V_M 为传质反应相体积;C_G 为气相污染物浓度;C_W 为含水相污染物浓度;C_M 为传质反应相污染物浓度;Q_G 为通过气相分块的空气流量;Q_W 为通过含水相分块的空气流量;H_C 为无因次亨利常数;K_M 为传质反应相与含水相间的平衡分配系数;χ 为空气-水传质速率系数;γ 为传质反应相中传质速率系数;η 为质量流失速率系数(如生物降解等);A_1、A_2 为界面面积。

传质反应相分块常用以表示非平衡传质过程,如土壤相的吸附/解析、NAPL 相的溶解、污染物由含水层向空气通道的扩散传质等。

Wilson 等建立了一系列 AS 的集总参数模型，用以模拟 AS 过程中污染物各种传质行为。通过模拟计算，Wilson 等发现，低渗透率透镜体导致了污染物去除时间的急剧增加，去除时间取决于低渗透率土层的平均厚度。由于污染物向曝气区的扩散较慢，污染物的去除存在很长的拖尾现象。

Chao 等建立了一维集总参数模型，用以模拟气液两相的传质系数 K_Ga 和传质区域体积占饱和多孔介质总体积的分率 F。该模型用一级动力学方程来模拟水相和气相间的 VOC 非平衡传质过程。在模拟水相 VOC 时，假定在饱和多孔介质中存在两个区域，一部分为传质区（mass transfer zone，MTZ），而另一部分为主体区。在传质区，由于曝气的作用 VOC 从水相传递到气相；而在主体区，空气通道对传质没有直接的作用。研究发现，对于某几种 VOC，气液传质系数 K_Ga 在粗砂中较大。由此认为空气通道在细砂中比在粗砂中数目更少而且分布更广。通过试验测得 K_Ga 与空气流量和土壤的平均粒径成反比。细砂中的 F 值较低，为 7%～25%，粗砂中较高，大约为 50%，说明在 AS 过程中曝气的气体仅影响饱和多孔介质中很小的一部分。他们还运用各种无因次数对试验中获得的 AS 数据进行了关联，得到以下的方程：

$$\text{Sh} = 10^{-4.71} \text{Pe}^{0.84} d_0^{1.71} H^{-0.61} \tag{9-4}$$

其中：

$$\text{Sh} = \frac{K_G a (d_{50})^2}{D_G} \tag{9-5}$$

$$\text{Pe} = \frac{v_G d_{50}}{D_G} \tag{9-6}$$

以上各式中，Sh 为施伍德数；Pe 为贝克莱数；d_0 为无因次平均粒径；K_Ga 为集总气相传质系数；d_{50} 为介质平均粒径；D_G 为分子扩散系数；v_G 为平均空气流速。

Braida 等建立和应用带气液传质边界条件的一维轴扩散模型来预测污染土柱中曝气造成的 VOC 挥发。模型采用传质系数和曲折因子等试验测定的参数，并借助于 GMP 软件（continuous system modeling program）进行数学求解，得到各种无因次数关联结果，如下式：

$$\text{Sh} = 10^{-7.14} \text{Pe}^{0.16} d_0^{1.66} H^{-0.83} \tag{9-7}$$

模拟结果表明气液传质系数与 VOC 的气相扩散系数、空气流速、介质粒径和 VOC 的亨利常数成反比。由双模理论可以看出，在 AS 传质过程中，液相阻力大约占气液界面传质总阻力的 90% 以上。

Braida 等还通过单空气通道装置，对假定传质区（mass transfer zone，MTZ）的宽度进行了研究，预测 MTZ 大小的总关联式如式（9-8）所示。MTZ 的大小与 VOC 的水相扩散系数、平均粒径和不均匀系数成正比，随多孔介质中有机碳含量的增加而降低。研究结果表明 MTZ 的尺寸范围是 17～41mm。

$$\text{MTZ} = 10^{3.43} \frac{D_W d_{50}^{0.72} UC^{0.87} v_{\text{air}}^{0.05}}{D_a^{0.55}} \tag{9-8}$$

式中，D_W（D_a）为液相（气相）VOC 扩散系数；UC 为介质的均匀系数；MTZ 为传质区宽度；v_{air} 为空气流速。

Elder 等借鉴传统的双模理论，利用空气通道的特性建立了传质模型。他们将空气通道分成一系列连续的部分,每部分都由被土壤环隙包围的一个空气通道单元组成。每个单元内的传质以步进法计算,并假设空气通道单元内气体流动为活塞流。研究表明,污染物的亨利常数对 AS 过程的影响较大。对于某介质——污染物而言,间歇操作比连续操作具有更高的去除效率。在一定的空气饱和度条件下,空气通道越窄、越曲折(如在粗砂或砂砾介质中),其传质效率越高。

集总参数模型可以解释在多孔介质主体中发生的许多复杂过程,但并不能详细描述曝气空气的空间分布和 AS 相关的物理化学行为。这些模型的理论局限是分块中的充分混合假定。在许多研究中,人们发现均匀介质中所形成的空气通道多数是近似连续的,而且能进行充分的气液接触,因而在实际应用中完全混合假设是可行的。但在某些不均匀介质中,含水层完全混合假定就不完全成立。集总参数模型的另一个潜在缺陷就是它将若干个影响传质的过程合并为一个总的过程,掩盖了 AS 传质过程的某些影响因素。

(2) 多相流流动模型

在 AS 过程中水和空气的同时流动是一个多相流动过程,因此在饱和区中,空气流动的严格理论计算应考虑空气和水相间毛细压力的影响以及两相间的相互流动阻力,以便使模型能充分体现污染物在相间的分配和各相内污染物的传递。多相流动流动模型中以积分形式表示的质量守恒方程为:

$$\frac{\mathrm{d}}{\mathrm{d}t}\int_{V_1} M^K \mathrm{d}V_1 = \int_{\Gamma_1} F^K \vec{n} \mathrm{d}\Gamma_1 + \int_{V_1} q^K \mathrm{d}V_1 \tag{9-9}$$

式中,V_1 为流动区体元;Γ_1 为表面积;M^K 为单位多孔介质体元中组分 K 的质量;F^K 为组分 K 进到流动区体元的总通量;q^K 为在体元内组分 K 的生成速率;$\vec{n}$ 为流动区体元表面的外法向单位矢量。

各相质量累积:

$$M^K = \phi \sum_\beta S_\beta \rho_\beta \omega_\beta^K (\beta = g, w, \text{NAPL}) \tag{9-10}$$

$$S_g + S_w + S_{NAPL} = 1 \tag{9-11}$$

式中,ϕ 为介质总孔隙率;ρ_β 为 β 相密度;ω_β 为 β 相中组分 K 的质量分率;S_β 为 β 相饱和度。

有机物的质量累积还应包括土壤对有机物的线性平衡吸附,则

$$M^c = \rho_b \rho_w \omega_w^c K_D + \phi \sum_\beta S_\beta \rho_\beta \omega_\beta^c (\beta = g, w, \text{NAPL}) \tag{9-12}$$

总质量通量:

$$F^K = \sum_\beta F_\beta^K (\beta = g, w, \text{NAPL}) \tag{9-13}$$

Darcy 定律:

$$F_\beta^K = \frac{-k k_{r\beta} \rho_\beta}{\mu_\beta} \omega_\beta (\nabla P_\beta - \rho_\beta g Z) \ (\beta = g, w, \text{NAPL}) \tag{9-14}$$

式中,k 为介质内在渗透率;$k_{r\beta}$ 为 β 相相对渗透率;μ_β 为 β 相黏度;P_β 为 β 相压力;g 为重力加速度;Z 为高度。

由于表示多相流动的方程具有强烈的非线性,为了获得分析结果,一般需进行许多简化假设。这些假设包括:稳态的空气流动、相对渗透率关系式和毛细压力关系式的简化、流动空气的不可压缩、忽略水相流速、介质均匀性和各向同性以及某些控制方程的

线性化。

van Dijke 运用两相流方法以两相 Richards 等式的混合形式为数值基础模拟了在水位以下均匀多孔介质中的连续曝气。模型中假定空气和水是两个不互溶不可压缩流体，并且在宏观上为连续流体。模型以达西定律和质量守恒定律为基础。

达西定律：

$$\vec{U}_j = -\frac{K_{abs}k_{rj}}{\mu_j}\nabla(P_j - \rho_j gZ) \quad (j = w, a) \tag{9-15}$$

质量守恒：

$$\phi\frac{\partial S_j}{\partial t} + \nabla \times \vec{U}_j = 0 \quad (j = w, a) \tag{9-16}$$

其中，毛细压力和相对渗透率的计算采用 van Genuchten-Parker 非润湿流体的经验公式：

$$P_c(S_w) = \frac{\rho_w g}{\alpha}(S_w^{-1/m} - 1)^{1-m} \tag{9-17}$$

$$k_{rw}(S_w) = S_w^{\frac{1}{2}}[1 - (1 - S_w^{1/m})^m]^2 \tag{9-18}$$

$$k_{ra}(S_a) = S_a^{\frac{1}{2}}[1 - (1 - S_a^{1/m})^m]^{2m} \tag{9-19}$$

以上各式中，$\vec{U}_j$ 为流体 j 的 Darcy 流速；K_{abs} 为介质的绝对渗透率；k_{rj} 为流体 j 的相对渗透率；P_c 为毛细压力；P_j 为流体 j 的压力；μ_j 为流体 j 的黏度；ρ_j 为流体 j 的密度；m、α 为 van Genuchten 常数；S_j 为流体 j 的饱和度。

Mei 等也在质量守恒和达西定律基础上建立了同轴地下水曝气稳态过程的流动模型。他们假定在 AS 过程中空气是流动的，而水是静止的，但由于毛细压力与空气饱和度的非线性关系，水饱和度的变化在模拟过程中是不可忽视的。

Falta 采用双介质多相流的方法对 AS 过程中的局部相间传质进行模拟。Falta 认为该方法可用于模拟多孔介质中的两相或三相流动，将多孔介质看作由渗透性不同的两种介质组成，一种介质是低渗透率、高毛细压力的体积微元，另一种是高渗透率、低毛细压力的体积微元，两种体积微元间是简单的一维连接。在两相流条件下，非润湿流体（气相）在高渗透率体积微元中流动，而润湿流体（水相）存在于低渗透率体积微元中，两种微元中气体饱和度的差异导致水相污染物的弥散传质。

多相流流动模型有助于人们更深入地了解控制空气分布的各种因素。但以往的研究中没有全面考虑非平衡质量传递，而且也没有考虑生物转化或者仅假设为一级降解动力学，这使得 AS 的理论模型研究还不完善。

郑艳梅以质量守恒和动量守恒为基础，运用流体力学和传质理论，系统分析和研究有机污染物在土壤-水-气-NAPL-微生物环境中进行迁移转化的各个过程，即对流、水动力弥散、相间传质、生物转化的机理，建立一个较完整的 AS 数学模型。该模型的提出基于一定假设。例如，由于地下水的温度仅随季节变化出现很小的波动，假定整个 AS 过程是在恒温下运行；地下水是连续且不断补充的，AS 过程土壤中水分散失相对于整个地下水是极小量的，因此该模型不考虑土壤中水分的散失。AS 的操作压力很小，可以假设土壤气相及有机物蒸气均为理想气体，多组分 NAPL 为理想溶液，符合拉乌定律。污染物在气液（water）界面处的局部相平衡符合 Henery 定律等。其建立的 AS 过程中污染物的迁移耦合控制方程建立在连续介质中流体及组分的质量和动量微分衡算的基础上，在提出的耦合控制方程中充分考虑了多相流、多组分污染物在介质中的对流、分子扩散、机械弥散、相间传质和生物转化等复杂过程，扩散了以往的 AS 模型。

1) 组分质量守恒方程

AS 系统中污染物在地下环境中的传输过程实际上是在包含非水相流体在内的地下水环境系统中进行的，包括固相、气相、水相和 NAPL 相等四相的传输，其控制方程可用式（9-20）表示：

$$\frac{\partial(\phi S_\alpha \rho_\alpha x_\alpha^i)}{\partial t} = -\nabla(\phi S_\alpha \rho_\alpha x_\alpha^i v_\alpha) + \nabla[\phi S_\alpha \rho_\alpha D_\alpha \nabla x_\alpha^i] + I_{\alpha\beta}^i + B_\alpha^i \quad (9\text{-}20)$$

式中，α 为气相、NAPL 相和水相；ϕ 为介质的总孔隙率；S_α 为 α 相的饱和度；ρ_α 为 α 相的质量密度，量纲为 M/L^3；x_α^i 为 α 相中 i 组分的质量分率；v_α 为 α 相的平均孔隙流速，量纲为 L/T；D_α 为 α 相的水力弥散系数，量纲为 L^2/T；$I_{\alpha\beta}^i$ 为单位体积土壤中 i 组分在 α、β 相之间的传质速率，量纲为 $M/(TL^3)$；B_α^i 为因生物转化所消耗组分 i 的速率，量纲为 $M/(TL^3)$。

式（9-20）中左侧表示污染物的累积，右侧第一项对流项，第二项为水动力弥散项，第三项为相间传质项，第四项为生物转化项。以下对各项进行详细描述。

①对流

根据连续介质流体动力学理论，流动相的孔隙流速可用达西定律表示：

$$v_\alpha = -\frac{kk_{r\alpha}}{\phi S_\alpha \mu_\alpha}(\nabla P_\alpha + \rho_\alpha g \nabla z) \quad (9\text{-}21)$$

式中，P_α 为土壤流动相压力，量纲为 $M/(LT^2)$；k 为土壤的内在渗透率张量，量纲为 L^2；$k_{r\alpha}$ 为 α 相的相对渗透率；μ_α 为 α 相黏度，量纲为 $M/(LT)$；g 为重力加速度，量纲为 L/T^2；z 为高度单位向量，量纲为 L。

在 AS 系统中，一般假设 NAPL 为不动相，因此流动相的 Darcy 流速定义为：

$$v_w = -\frac{kk_{rw}}{\phi S_w \mu_w}(\nabla P_w + \rho_w g \nabla z) \quad (9\text{-}22)$$

$$v_g = -\frac{kk_{rg}}{\phi S_g \mu_g}(\nabla P_g + \rho_g g \nabla z) \quad (9\text{-}23)$$

van Genuchten 在多孔介质水力半径模型假定的研究基础上，提出了气相相对渗透率的经验公式：

$$k_{rg} = \overline{S}_g^{1/2}[1-(1-\overline{S}_w^{1/m})^{1/m}]^{2m} \quad (9\text{-}24)$$

水相的相对渗透率采用经验公式 [式（9-25）] 表示：

$$k_{rw} = \overline{S}_w^{1/2}[1-(1-\overline{S}_w^{1/m})^m]^2 \quad (9\text{-}25)$$

$$m = 1 - \frac{1}{n} \quad (9\text{-}26)$$

式中，n 为 van Genuchten 经验常数；$\overline{S}_w = \dfrac{S_w - S_r}{1 - S_r}$ 为标准水相饱和度；$\overline{S}_g = \dfrac{S_g}{1 - S_r}$ 为标准气相饱和度；S_r 为残余水饱和度。

②水动力弥散

AS 系统中水相和气相介质中将发生水动力弥散，水动力弥散包括分子扩散和机械弥散。

分子扩散和机械弥散分别用式（9-27）和式（9-28）表示：

$$J = -D_{\text{eff}}^a \rho_a \nabla(\phi_a S_a x_a^i) \tag{9-27}$$

$$J_h = -D_h \rho_a \nabla(\phi_a S_a x_a) \tag{9-28}$$

式中，J 为扩散通量，量纲为 M/(L²T)；J_h 为弥散通量，量纲为 M/(L²T)；D_{eff}^a 为有效分子扩散系数，量纲为 L²/T；D_h 为弥散系数，量纲为 L²/T。一般认为弥散系数与速度的 n 次幂成正比：

$$D_h = \alpha |v|^n \tag{9-29}$$

式中，n 为常数，一般为 1～2，常近似取 1；α 为弥散度，量纲为 L，是一个与介质性质相关的常数。

在各相同性介质中水动力弥散系数是一个二阶张量，其表达式为：

$$D_{xx}^a = \alpha_L^a \frac{v_x^2}{v} + \alpha_T^a \frac{v_y^2}{v} + D_{\text{eff}}^a \tag{9-30}$$

$$D_{yy}^a = \alpha_T^a \frac{v_x^2}{v} + \alpha_L^a \frac{v_y^2}{v} + D_{\text{eff}}^a \tag{9-31}$$

式中，$v = \sqrt{v_x^2 + v_y^2}$；α_L^a 为径向弥散系数，量纲为 L；α_T^a 为横向弥散系数，量纲为 L；v_x^2、v_y^2 为各方向孔隙水流速，量纲为 L/T。

经验表明，在地下水流速中 α_L 为 0.2～0.6cm，也有报道为 10cm 或更大；α_L 是 α_T 的 4～21 倍。有效分子扩散系数 D_{eff} 可以通过试验测得。

③相间传质

多相系统之间的分配主要依赖于固相对于液相（水相、NAPL 相、气相）的可湿性，一般来说，含水层和饱和渗流区最初是被水润湿。污染物一旦泄漏进入地下就会分配到各相中并试图达到平衡状态。任意两相之间的传质可以用双模模型表示。两个混合均匀的相 A、B 在通过阻滞膜的时候是一个速率限制过程。Power、Sleep 等的研究均表明采用推动力的一级表达式作为总传质动力学的方程是足够精确的。若考虑传质过程的方向性，i 组分在单位体积土壤中 A 相的通量等于 B 相的通量（负值），用通式（9-32）表达：

$$D_A \frac{(C_A - C_{A/B})}{Z_A} = -D_B \frac{(C_{B/A} - C_B)}{Z_B} \tag{9-32}$$

式中，左侧项表示相 A 与相间边界的质量通量，右侧项表示相 B 与相间边界的质量通量，D_A 和 D_B 分别表示污染物在 A 相和 B 相的分子扩散系数，C 为溶液浓度。

非平衡过程的 α-β 相间传质的一级动力学通式为：

$$I_{\alpha\beta}^i = \phi S_a \rho_a k_{\alpha\beta}^i (x_{\alpha\beta}^e - x_\alpha) \tag{9-33}$$

式中，$I_{\alpha\beta}^i$ 为单位体积土壤介质中，i 组分从 β 相到 α 相的质量传质速率，量纲为 M/(L³T)；$k_{\alpha\beta}^i$ 为 i 组分在 α-β 相间传质的团粒传质系数，量纲为 1/T；$x_{\alpha\beta}^e$ 为与 β 相摩尔分率平衡的 α 相中 i 组分质量分率。

以下分别讨论污染物 i 组分在各相传质的表达式。为简化起见，以下表达式省略符号 i。

气-水相传质过程表达式为：

$$I_{gw} = \phi S_g \rho_g k_{gw} (x^e_{gw} - x_g) = \theta_g k_{gw} (HC_w - C_g) \tag{9-34}$$

式中，I_{gw} 为 i 组分由水相到气相的挥发速率，量纲为 M/(L^3T)；k_{gw} 为气-液（water）挥发速率常数，量纲为 1/T；θ_g 为土壤水相的体积含率；C_g 为 i 组分在气相中的浓度，量纲为（M/L^3）；C_w 为 i 组分在水相中的浓度，量纲为 M/L^3；H 为无因次亨利常数。

挥发速率常数 k_{gw} 可以用 Chao 的经验公式计算：

$$k_{gw} = 10^{-2.49} D_{mg}^{0.16} v_g^{0.84} d_{50}^{0.55} H^{-0.61} \tag{9-35}$$

式中，D_{mg} 为气相分子扩散系数，量纲为 L^2/T；d_{50} 为介质平均粒径，量纲为 L。

气相分子扩散系数可以用 Schwarzenbach 的关系式确定：

$$D_{mg} = 10^{-3} \frac{T^{1.75} \left(\frac{1}{m_{air}} + \frac{1}{m_0}\right)^{1/2}}{P (\overline{V}_{air}^{1/3} + \overline{V}_0^{1/3})^2} \cdot 101.325 \cdot 10^3 \cdot 10^{-4} \cdot 3600 \cdot 24 \tag{9-36}$$

式中，T 为绝对温度，量纲为 K；m_{air} 为空气平均摩尔质量，量纲为 M/mol；m_0 为有机物的摩尔质量，量纲为 M/mol；P 为气相压力，量纲为 Pa；$\overline{V}_{air}$ 为空气的平均摩尔体积，量纲为 L^3/mol；$\overline{V}_0$ 为有机物的摩尔体积，量纲为 L^3/mol。

水-固相传质过程表达式为：

$$I_{ws} = \phi S_w \rho_w k_{ws} (x^e_{ws} - x_w) = \theta_w k_{ws} (C_s/K_d - C_w) \tag{9-37}$$

式中，I_{ws} 为 i 组分由水相到固相的传质速率，量纲为 M/L^3T；k_{ws} 为水-固相传质速率常数，量纲为 1/T；K_d 为组分在土壤吸附分配系数，量纲为 L^3/M；C_s 为固相中 i 组分浓度，量纲为 M/L^3；x^e_{ws} 为与固相摩尔分率平衡的水相中组分 i 的摩尔分率。

吸附速率常数 k_{ws} 可用 Bruddeau 和 Rao 的经验公式计算：

$$k_{ws} = 10^{0.301} K_d^{-0.0668} \tag{9-38}$$

NAPL-气相传质过程表达式为：

$$I_{gN} = \phi S_g \rho_g k_{gN} (x^e_{gN} - x_g) = \phi S_g \rho_g k_{gN} (k^e_{gN} x_N - x_g) \tag{9-39}$$

NAPL-气相挥发速率常数 k_{gN} 可用式（9-40）的经验公式计算：

$$k_{gN} = 10^{-0.42} D_{mg}^{0.38} v_g^{0.62} d_{50}^{0.44} \tag{9-40}$$

NAPL-水相传质过程表达式为：

$$I_{wN} = \phi S_w \rho_w k_{wN} (k^e_{wN} x_N - x_w) \tag{9-41}$$

式中，I_{wN} 为组分从 NAPL 相到水相的溶解速率，量纲为 M/(L^3T)；k_{wN} 为 NAPL-水相间的挥发速率常数，量纲为 1/T。

NAPL-水相溶解速率常数 k_{wN} 可用 Powers 的经验公式计算：

$$k_{wN} = 10^{-2.69} D_{mw} v_w d_{50}^{-0.73} U^{0.37} \tag{9-42}$$

其中，D_{mw} 由关系式（9-43）确定：

$$D_{mw} = \frac{0.0001326}{\mu_w^{1.14} \cdot (\overline{V}_0)^{0.589}} \cdot 10^{-4} \cdot 3600 \cdot 24 \tag{9-43}$$

式中，D_{mw} 为水相分子扩散系数，量纲为 L^2/T；μ_w 为水的黏度，量纲为 M/(LT)。

AS 过程中，一般假定固相和气相之间没有相间传质发生，而有机相和固相之间有一层水膜相隔，也没有相间传质发生。

当两种相间传质系数很大时，污染物在两相间能迅速建立平衡，这时可以采用以下的局部相平衡假定描述。

a. 气-水相之间的平衡分配可用亨利定律（Henry's law）表示：

$$C_g = H C_w \tag{9-44}$$

式中，H 为无因次亨利常数；C_g 为气-水平衡体系的气相浓度，量纲为 M/L^3；C_w 为气-水平衡体系的水相浓度，量纲为 M/L^3。

b. 水-固相平衡分配，表示土壤固体表面上平衡的吸附能力，用 Freundlich 等温线方程描述：

$$C_s = K_d (C_w)^n \tag{9-45}$$

式中，C_s 为固相中 i 组分浓度，量纲为 M/L^3；C_w 为水相中 i 组分浓度，量纲为 M/L^3；K_d 为 i 组分土壤吸附分配系数；n 为 Freundlich 指数，当 $n=1$ 时便为线性 Freundlich 等温吸附。

c. 水-NAPL 相平衡分配。有几组分在水相中的溶解假定是在理想流体行为下进行。对于溶解性较小的有机物，可以认为它们的活度系数是常数，其他共存溶剂对于这种污染物组分溶解能力和活度系数的影响可以忽略，因此平衡的水-NAPL 相分配系数可以表述为：

$$k_{wN}^e = \frac{x_w}{x_N} = x_w^{sol} \tag{9-46}$$

式中，x_w^{sol} 为组分 i 在水相中的以质量分率表示的最大溶解度。

d. 气-NAPL 相平衡分配。NAPL 混合物中某一组分的蒸气压可由 Raoult 定律得到：

$$P_V = x_N P^0 \tag{9-47}$$

式中，P_V 为 i 组分在混合物中的分压，量纲为 $M/(LT^2)$；P^0 为纯组分 i 的饱和蒸气压，量纲为 $M/(LT^2)$；x_N 为组分 i 在混合物中的质量分率。

组分 i 在混合物中的分压可以用理想气体方程表示：

$$P_V = \rho_g x_g RT \tag{9-48}$$

将式（9-48）带入式（9-47）中，整理方程得到气-NAPL 相平衡分配系数为

$$k_{gN}^e = \frac{x_g}{x_N} = \frac{P^0}{\rho_g RT} \tag{9-49}$$

④生物转化速率

AS 过程中，生物转化过程对于修复低浓度污染物及难挥发污染物尤其有效。生物降解是一个很复杂的过程，目前对污染物的生物降解机理已经做过一定研究。Borden 等提出了双 Monod 方程可以很好地描述生物降解过程，具体方程如下：

$$B_W = -\mu_{max} X \left(\frac{C_w}{K_s + C_w}\right)\left(\frac{C_{w,O_2}}{K_{s,O_2} + C_{w,O_2}}\right) \tag{9-50}$$

$$B_W^{O_2} = -\mu_{max} F X \left(\frac{C_w}{K_s + C_w}\right)\left(\frac{C_{w,O_2}}{K_{s,O_2} + C_{w,O_2}}\right) \tag{9-51}$$

$$\frac{dX}{dt} = Y \mu_{max} X \left(\frac{C_w}{K_s + C_w}\right) - k_d X \tag{9-52}$$

式中，μ_{max} 为基质的最大比生长速率，量纲为 $1/T$；Y 为基质的生物得率，量纲为 M/M；C_w 为基质在水相中的浓度，量纲为 M/L^3；C_{w,O_2} 为氧在水相中的浓度，量纲为 M/L^3；X 为微生物浓度，量纲为 M/L^3；K_s 为基质的半饱和常数，量纲为 M/L；K_{s,O_2} 为氧的

半饱和常数，量纲为 M/L；F 为供微生物所用的氧和电子供体的质量比；k_d 为微生物衰减速率，量纲为 1/T。

方程中考虑了溶解氧浓度作为速率限制因素。在 AS 过程中，通过连续曝气，溶解氧是随时补充的，因此，原位曝气过程中氧并非速率限制因素，上述方程中溶解氧的部分可以忽略。方程式（9-50）可转化为

$$B_a = -\mu_{\max} X \left(\frac{C_w}{K_s + C_w} \right) \tag{9-53}$$

2) 流动方程

AS 系统中假设 NAPL 相是不动相，因此流动相的连续性方程可以通过达西定律表示为

$$\frac{\partial (\phi S_a \rho_a)}{\partial t} = -\nabla [\rho_a q_a] + I_a \tag{9-54}$$

式中，q_a 为 α 相的 Darcy 流速或 α 相体积通量，量纲为 L/T；$I_a = \sum_i \sum_\beta I_{a\beta}$，$I_{a\beta}$ 为单位体积介质中，从所有邻相 β 到 α 相传质速率。

Darcy 流速 q_a 与孔隙流速 v_a 的关系为：

$$q_a = \phi S_a v_a \tag{9-55}$$

将式（9-21）和式（9-55）代入式（9-54）中，可以得到各流动相（水和气）在 AS 过程的流动方程。

气相中的连续性方程：

$$\frac{\partial (\phi S_a \rho_a)}{\partial t} = \nabla \left[\frac{k k_{rw}}{\mu_w} \rho_g (\nabla p_g + \rho_g g \nabla z) \right] + I_{gN} + I_{gw} \tag{9-56}$$

水相中的连续性方程：

$$\frac{\partial (\phi S_w \rho_w)}{\partial t} = \nabla \left[\frac{k k_{rw}}{\mu_w} \rho_w (\nabla p_w + \rho_w g \nabla z) \right] + I_{wN} + I_{wg} + I_{ws} \tag{9-57}$$

3. 补充方程

除了以上所包含的基本方程外，还必须加上以下几个补充方程，也可称为归一化方程，才能导出 AS 的控制方程。方程如下：

$$S_g + S_w + S_N = 1 \tag{9-58}$$

$$\sum_i f_{a,i} = 1 (\alpha = g, w, N) \tag{9-59}$$

式（9-20）～式（9-59）是描述 AS 过程的详细的数学模型，使用有限差分法和 OS 算法编程即可对其进行求解，便可以得到污染物在 AS 修复过程中的去除变化，以及不同曝气条件、不同场地结构等对 AS 修复效果的影响。

二、可渗透反应格栅

（一）概述

根据美国国家环境保护局的定义，可渗透反应格栅和可渗透反应墙（permeable reactive wall，PRB）统称为 PRB 技术，PRB 是一个被动地填充有活性反应介质的原位处理区，当地下水中的污染物组分流经该活性介质时能够被降解或固定，从而达到去除污染物的目的。通常情况下，PRB 置于地下水污染羽状体的下游，一般与地下水流方向

垂直。污染地下水在天然水力梯度下进入预先设计好的反应介质，水中溶解的有机物、金属离子、放射性物质及其他污染物质被活性反应介质降解、吸附、沉淀等。PRB 处理区可填充用于降解挥发性有机物的还原剂、固定金属的络（螯）合剂、微生物生长繁殖的营养物或用以强化处理效果的其他反应介质。

PRB 技术的研究发展，其思想可追溯到美国国家环境保护局 1982 年发行的《环境处理手册》，但直到 1989 年，经加拿大滑铁卢大学对该技术进一步开发研究，并在试验基础上建立了完整的 PRB 系统后才引起人们的重视。之后，短短十几年内，该技术就在发达国家得到了广泛应用，目前在全世界已有上百个应用实例。国内在此方面的研究才刚刚开始。

与其他原位修复技术相比，PRB 技术的优点在于：就场地修复，工程设施较简单，不需要任何外加动力装置、地面处理设施；能够达到对多数污染物的去除作用，且活性反应介质消耗很慢，可长期有效发挥修复效能；经济成本低，PRB 技术除初期安装和长期监测以便观察修复效果外，几乎不发生任何费用；可以根据含水层的类型、含水层的水力学参数、污染物种类、污染物浓度高低等选择合适的反应装置。其主要缺点在于：设施全部安装在地下更换修复方案很麻烦；反应材料需定期清理、检查更换；更换过程可能产生二次污染。

PRB 技术的适用范围较广，可用于金属、非金属、卤化挥发性有机物、BTEX、杀虫剂、除草剂以及多环芳烃等多种污染物的治理。

（二）PRB 的安装形式

按照 PRB 的安装形式，可分为垂直式和水平式两种。垂直式 PRB 系统是指在被修复地下水走向的下游区域内，垂直于水流方向安装该系统，从而截断污染羽状流。当污染地下水通过该系统时，污染物组分与活性介质发生吸附、沉淀、降解等作用，达到治理污染地下水的目的。

在一些情况下，污染地下水羽位于含水层的上部，如污染源为包气带的轻质非水相液体（LNAPL）或挥发性液体，那么 PRB 系统只需截断羽状体即可。在某些特殊情况下，重质非水相液体（DNAPL）穿过含水层进入黏土层。由于黏土层中发育很多裂隙，使得 DNAPL 穿过黏土层继续向下迁移，此时若采取垂直式 PRB 系统显然无法截断污染羽状流，治理功能失效。为此可以在羽状流前端的裂隙黏土层中，采用水压致裂法修建一水平式 PRB 系统，就可达到与前者同样的治理效果。

（三）PRB 的结构类型

一般情况下，PRB 分为两种结构类型：连续反应墙式（continuous reactive wall）和漏斗-导水式（funnel-and-gate）。具体采用何种结构修复污染的地下水，取决于施工现场的水文地质条件和污染羽状流的规模。

1. 连续反应墙式

连续反应墙是指在被修复的地下水走向的下游区域，采用挖填技术建造人工沟渠，沟渠内填充可与污染组分发生作用的活性材料。垂直于羽状流迁移途径的连续反应墙将切断整个污染羽状流的宽度和深度。需要指出的是，连续反应墙式 PRB 只适合潜水埋藏浅且污染羽状流规模较小的情况。

2. 漏斗-导水式

当污染羽状流很宽或延伸很深时，采用连续反应墙处理则会造成大的资金消耗乃至技术不可行。为此可使用漏斗-导水式结构加以解决。漏斗-导水式结构由不透水的隔水墙（如封闭的片桩或泥浆格栅）、处理单元（活性材料）和导水门（如砾石）组成。此外，该结构还可以把分布不规则的污染物引入 PRB 系统处理区后，实现浓度均质化的作用。在漏斗-导水式 PRB 设计时，应充分考虑污染羽状体的规模、流向，以便确定隔水墙与导水门的倾角，防止污染羽状体从旁边迂回流出。加拿大 Waterloo 大学已于 1992 年在世界许多国家申请了该结构的 PRB 系统专利。

根据要修复地下水的实际情况，漏斗-导水式系统可以分为单处理单元系统和多处理单元系统。多处理单元系统又有串联和并联之分。如被修复的污染羽状流很宽时，可采用并联的多处理单元系统；而对污染组分复杂多样的情况，则可采用串联的多处理单元系统，针对不同的污染组分，串联系统中每个处理单元可填充不同的活性材料。

上述两种结构只适合于潜水埋藏浅的污染地下水的修复治理，而对于水位较深的情况，则可采用灌注处理带式的 PRB 技术。它是把活性材料通过注入井注入含水层，利用活性材料在含水层中的迁移并包裹在含水层固体颗粒表面形成处理带，从而使得污染地下水流过处理带时产生反应，达到净化地下水的目的。

（四）PRB 的修复机理

按照 PRB 修复机理，可分为生物和非生物两种，主要包括吸附、化学沉淀、氧化还原和生物降解等。根据地下水污染组分的不同，选择不同的修复机理并使用装填不同活性材料的 PRB 技术。

1. 吸附反应 PRB

格栅内填充介质为吸附剂，主要包括活性炭颗粒、草木灰、沸石、膨胀土、粉煤灰、铁的氢氧化物、铝硅酸盐等。其中应用较多的沸石既可吸附金属阳离子，又可通过改性吸附一些带负电的阴离子，如硫酸根、铬酸根等。这类介质反应机理为主要利用介质材料吸附性，通过吸附和离子交换作用达到除去污染的目的。这种吸附性介质材料对氨氮和重金属有很好的去除作用。

因为吸附剂受其自身吸附容量的限制，一旦达到饱和吸附量就会造成 PRB 的修复功能失去作用。另外，由于吸附了污染组分的吸附剂会降低格栅的导水率，因此格栅内的活性反应材料需及时更换，而被更换下来的反应介质如何进行处理是一个需要解决的问题，如果处理不当，有可能对环境造成二次污染。因而实际运用中在吸附性介质中加入铁，通过铁的还原作用将复杂的大分子有机物转化为易生物降解的简单有机物，从而满足吸附条件。

ORC-GAC-Fe^0修复技术是将 ORC（释氧化合物与水反应生成氧气的化合物）、GAC（活性炭颗粒）和 Fe^0-PRB 联合起来使用。该技术的优势在于能使温度、压力和二氧化碳的浓度保持一定的稳定性，不易形成沉淀，可防止"生物堵塞"。ORC-GAC-Fe^0修复技术是比较新的技术，现处于试验摸索阶段，但有不错的研究前景。

2. 化学沉淀反应 PRB

格栅内填充介质为沉淀剂。此类格栅主要以沉淀形式去除地下水中的微量重金属和 NH_4^+。使用的沉淀剂有羟基磷酸盐、石灰石等。反应机理如下：

$$3Ca^{2+} + 3HCO_3^- + PO_4^{3-} \longrightarrow Ca_3(HCO_3)_3PO_4$$
$$2Ca^{2+} + HPO_4^{2-} + 2OH^- \longrightarrow Ca_2HPO_4(OH)_2$$
$$5Ca^{2+} + 3PO_4^{3-} + OH^- \longrightarrow Ca_5(PO_4)_3OH$$
$$Ca^{2+} + HPO_4^{2-} + 2H_2O \longrightarrow Ca_2HPO_4 \cdot 2H_2O$$
$$Mg^{2+} + NH_4^+ + HPO_4^{2-} + 6H_2O \longrightarrow MgNH_4PO_4 \cdot 6H_2O + H^+$$

该系统要求所要去除的金属离子的磷酸盐或碳酸盐的溶度积必须小于沉淀剂在水中的溶度积。采用化学沉淀 PRB 修复污染的地下水时，沉淀物会随着反应时间的进行而在系统中不断积累，造成格栅导水率的降低、活性介质失活。更换下来的反应介质有必要作为有害物质加以处理或采用其他方式予以封存，以防止造成二次污染。

3. 氧化还原反应 PRB

格栅内填充的介质为还原剂，如零价铁、二价铁和双金属等。它们可使一些无机污染物还原为低价态并产生沉淀；也可与含氯烃产生反应，其本身被氧化，同时使含氯烃产生还原性脱氯，如脱氯完全，最终产物为乙烷和乙烯。目前研究最多的还原剂是零价铁。零价铁是一种最廉价的还原剂，可取材于工厂生产过程的废弃物，实验室则常用电解铁颗粒作为活性材料。主要用于去除无机离子以及卤代有机物等。

（1）去除无机离子

重金属是地下水重要的无机污染物之一，在过去的十几年里受到广泛重视。零价铁与无机离子发生氧化还原反应，可将重金属以不溶性化合物或单质形式从水中去除。当前试验报道的可被零价铁去除的重金属污染物有铬、镍、铅、硒、锰、镉、砷、铜、锌等。例如，Mcrae 等发现砷和硒在零价铁存在下可被迅速去除，2h 内 As 的浓度从 $1000\mu g/L$ 降至 $3\mu g/L$ 以下，Se 的浓度则从 $1500\mu g/L$ 降至更低水平。

零价铁与一些无机离子之间的化学反应如下：
$$Fe(s) + UO_2^{2+}(aq) \longrightarrow Fe^{2+} + UO_2(s)$$
$$Fe(s) + CrO_4^{2-}(aq) + 8H^+ \longrightarrow Fe^{2+} + Cr^{3+} + 4H_2O$$

零价铁对一些无机阴离子，如硝酸根、硫酸根、磷酸根、溴酸根和氯酸根也有一定的还原作用，其去除速率为 $BrO_3^- > ClO_3^- > NO_3^-$。董军等利用 PRB 技术，以零价铁、活性炭和沸石为活性介质，对被垃圾渗滤污染的地下水进行了研究。试验结果表明，氨氮去除率可达到 78%～91%，总氮从 50mg/L 降到 10mg/L 以下。在零价铁强还原作用下，NO_3^- 的可能转化形式有：
$$2NO_3^- + 5Fe + 6H_2O \longrightarrow 5Fe^{2+} + N_2 + 12OH^-$$
$$NO_3^- + 4Fe + 7H_2O \longrightarrow 4Fe^{2+} + NH_4^- + 10OH^-$$
$$NO_3^- + Fe + H_2O \longrightarrow Fe^{2+} + NO_2^- + 2OH^-$$

（2）去除卤代有机物

自 20 世纪 90 年代零价铁被用于 PRB 技术后，国外兴起了一股"铁"研究热。当前利用 PRB 技术去除地下水中的有机污染物多集中在对卤代烃、卤代芳烃的脱卤降解作用上。在降解过程中，零价铁失去电子发生氧化反应，而有机污染物为电子受体，还原后变为无毒物质。其主要反应如下所述。

当地下水中溶解氧含量较高时：
$$2Fe + O_2 + 2H_2O \longrightarrow Fe^{2+} + 4OH^-$$

$$4Fe^{2+} + 4H^+ + O_2 \longrightarrow 4Fe^{3+} + 2H_2O$$

当地下水中缺氧时：

$$Fe + 2H_2O \longrightarrow Fe^{2+} + 4OH^- + H_2$$

通过电子转移，卤代原子被氢原子取代或被氢氧根取代而发生脱卤或氢解反应：

$$Fe + H_2O + RCl \longrightarrow RH + Fe^{2+} + OH^- + Cl^-$$

$$Fe + 2H_2O + 2RCl \longrightarrow 2ROH + Fe^{2+} + H_2 + 2Cl^-$$

上述几个反应都产生 OH^-，从而引起水体 pH 值升高，其结果是：无论是在缺氧还是富氧条件下，零价铁作为活性介质，都有不可避免的缺点。例如，形成的 $Fe(OH)_2$、$Fe(OH)_3$ 或 $FeCO_3$ 由于沉淀和吸附作用，会在零价铁和反应处理单元的导水性能。

对于多组分共存的污染地下水，利用零价铁作为反应介质可以起到很好的修复效果。例如，1996 年在美国北卡罗来纳州莎白城受到铬和三氯乙烯（TCE）严重污染的某地，修建安装了长 46m，深 7.3m，宽 0.6m 的连续 PRB 系统，其中格栅内填充 450t 铁屑。通过近 6 年的监测发现该系统运行状况良好，格栅上下游的地下水中，铬和 TCE 的浓度由 10mg/L、6mg/L 分别降为 0.01mg/L 和 0.005mg/L，且该系统预计还可有效运行几十年。

双金属系统是在零价铁基础上发展起来的，目前此研究主要停留在实验室研究阶段。双金属是指在零价铁颗粒表面镀上第二种金属，如镍，称为 Ni/Fe 双金属系统。研究发现，双金属系统可以使某些有机物的脱氯速率提高近 10 倍，且可以降解多氯联苯等非常难降解的有机物。然而，由于镍金属的高成本、对环境潜在的新污染以及由于镍金属的钝化而导致整个系统反应性能降低等问题，使得双金属系统很难用于污染现场修复。

4. 生物降解反应 PRB

在自然条件下，由于受到电子给体、电子受体和氮磷等营养物质的限制，土著微生物处于微活或失活状态，因而对于地下水中的污染组分没有明显的降解作用。生物降解 PRB 的基本机理就是消除上述这些限制，利用有机物作为电子给体，并为微生物提供必要的电子受体和营养物质，从而促进地下水中有机污染物的好氧或厌氧生物降解。

生物降解反应 PRB 中作为电子受体的活性材料一般有两种：释氧化合物或含释氧化合物的混凝土颗粒，如 MgO_2、CaO_2 等。此类过氧化合物与水反应释放出氧气，为微生物提供氧源，使有机污染物产生好氧生物降解。含 NO_3^- 的混凝土颗粒，该活性材料向地下水中提供 NO_3^- 作为电子受体，使有机污染物产生厌氧生物降解。

（1）好氧生物降解

石油烃类是地下水中常见的污染物，利用好氧生物降解 PRB 技术可以有效地降解 BTEX、氯代烃、有机氯农药等有机污染物。Rasmussen 等用体积分率为 20% 的泥炭和 80% 的砂作为渗透格栅的反应材料，对受到杂酚油污染的地下水进行了研究。试验模拟地下水流速为 600mL/d，在 2 个月的时间内多环芳烃的降解率达到 94%～100%，而含 N/S/O 的杂环芳烃的降解率也到达了 93%～98%。此外，水中溶解氧含量由最初的 8.8～10.3mg/L 降至 2.3～5.7mg/L 表明，对于好氧生物降解，提供足够的电子受体是发生生物降解的必要前提。

Kao 等通过柱试验,建立了生物格栅系统来修复受到四氯乙烯(PCE)污染的地下水,PCE 在该系统中的去除过程由厌氧和好氧降解两个阶段组成。研究发现,PCE 在厌氧降解阶段发生脱氯反应,产物为三氯乙烯、二氯乙烯异构体和氯乙烯等;在好氧降解阶段,脱氯产物进一步完全降解,最终产物为乙烯。PCE 在此生物格栅系统中的去除率高达 98.9%。

(2) 厌氧生物降解

对于受到氮素污染的地下水,可以直接利用 NO_3^- 作电子受体进行污染物的生物降解,而不需外加其他电子受体。张胜等以河北正定某处受到 NO_3^--N 污染的地下水为研究对象,加入培养分离后的硝酸盐还原细菌,在厌氧条件下生物降解硝酸氮。研究结果发现,加入不同试剂作为微生物生长所需的碳源,NO_3^--N 的去除速率有很大差别;以乙酸钠为营养碳源的脱单效果较好,地下水中 NO_3^- 的浓度由初始的 96.53mg/L 降至 1.94mg/L,去除率可达 98%,且有效降解时间很长;而以食用白糖为营养碳源的厌氧降解,最大去除率仅为 18.8%。

(五) PRB 修复效果影响因素

由于 PRB 去除污染物的过程涉及物理化学反应、生物降解、多孔介质流体动力学等多学科领域,因此在设计 PRB 时需要考虑的因素很多。研究这些复杂的影响因素对于 PRB 的现场安装、稳定运行等具有重要意义。总结已有文献和应用实例,PRB 的影响因素可归纳为下述主要几个方面。

1. 现场水文地质特征

现场水文地质特征主要包括含水层地质结构和类型、地下水温度、地下水的 pH 值、营养物质的类型及地下水微生物的种群数量等。

(1) 含水层地质结构和类型

天然土壤一般都含有大小不同的颗粒,具有非均匀性,而且在水平和垂直方向都存在不同的粒径分布和渗透性。含水层的这种各向异性可能会造成 PRB 各部分的承受能力不同,影响其最终修复效果。含水层的类型关系到 PRB 结构形式的选取;如果是比较深的承压层,采用灌注处理带式 PRB 最为合适;如果是浅层潜水,则 PRB 的形式可灵活多样。

(2) 地下水温度

微生物生长速率是温度的一个函数,已经证实在低于 10℃时,地下微生物的活力极大降低,低于 5℃时,活性几乎终止。大多数对石油烃降解起重要作用的菌种在温度超过 45℃时,其降解也会减少,在 10~45℃,温度每升高 10℃,微生物的活性提高 1 倍,对于利用生物降解的 PRB,微生物生活的地下环境可能经历只有轻微季节变化的固定水温。

(3) 地下水的 pH 值

适合微生物生长的最佳 pH 值为 6.5~8.5,如果地下水的 pH 值在这个范围之外,如使用金属过氧化物作为供氧源的 PRB,则应调整酸碱度。同时在这个过程中,由于地下水系统的自然缓冲能力,酸碱度调整也会有意料不到的结果,因此对地下水的 pH 值要不断地进行调整和监测。

(4) 地下水中营养物质类型

微生物需要无机营养液以维持细胞生长和生物降解过程。在低下含水层,经常需要加入营养液以维持充分的细菌群。然而过多数量的特定营养液可能抑制新陈代谢。C、N、P的比例在100∶10∶1到100∶1∶0.5的范围内，对于增强生物降解是非常有效的，这主要是由生物降解过程中的组分和微生物所决定的。

(5) 微生物的种群

土壤中的微生物种类繁多、数量巨大、很多受污染地点本身就存在具有降解能力的微生物种群。另外，在长时间与污染物接触后，土著微生物能适应环境的改变而进行选择性的富集和遗传改变生物降解作用。土著微生物对当地环境适应性好，具有较大的降解潜力，目前已在多数原位生物修复地下水工程中得到应用。但是土著微生物存在生长速度慢，代谢活性低的弱点，因此在一些特定场所可以通过接种优势外来菌加以解决。

2. 活性反应介质

活性反应介质的选择是关系PRB修复成败的关键因素。一般认为，活性反应介质应具有以下特征：①活性反应介质与地下水中的污染组分之间有一定的物理化学或生化作用，从而保证污染物流经原位处理区时能够被有效去除。要确定PRB系统的处理能力，必须进行实验室相关研究。试验的目的就是了解反应过程产物、污染物的半衰期和反应速率、反应动力学方程、污染物在介质与水相间的分配系数以及影响反应的地球化学因素，如地下水中的溶解氧、pH值、温度等。②活性反应介质的水力特征，即渗透性能。为使活性材料能与现场的水文地质条件相匹配，介质要选取合适的粒径，使处理区的导水率至少是周围含水层的5倍，对于零价铁来讲，一般选用0.25～2.0mm的铁屑填充于处理区，其渗透性能不仅可以通过掺混粗砂提高，也可在处理区的上下游位置增加砾石层得到改善；活性反应介质在地下水环境中的活性及稳定性。PRB是一个相对持久的地下水污染处理系统，一经实施，其位置和结构很难改变，因此介质活性的长效性、稳定性和抗腐蚀性等是非常重要的考虑因素。

目前，PRB介质材料主要有零价铁、铁的氧化物和氢氧化物、双金属、活性炭、沸石、黏土矿物、离子交换树脂、硅酸盐、磷酸盐、高锰酸钾晶粒、石灰石、轮胎碎片、泥煤、稻草、锯末、树叶、黑麦籽、堆肥以及泥炭和砂的混合物等。最常用的是零价铁，由于它能有效还原和降解多种重金属和有机污染物，且容易获得，已经得到了广泛重视和实际应用。由于具有资源丰富、价格低廉、污染少等优点，沸石、石灰石、磷灰石等矿物材料作为介质材料也被广泛研究。稻草、锯末、树叶、黑麦籽、堆肥等是农业残、废料或低廉农产品，由于它们的使用达到了废品再生利用的目的，也在工程上得到了应用。

除上述影响因素外，对现场地下水中污染物种类和浓度、污染羽状体规模及范围的调查也是PRB设计的基础。污染物种类和浓度决定活性反应介质的选择和系统停留时间的长短。另外考虑地面建筑影响，对于较宽的污染羽状体可采用分段的连续墙式PRB或并联的漏斗-导水式PRB系统。

三、土壤-地下水联合修复技术

(一) 概述

有机物一般是不溶于水的液态污染物，属于非水相液体（NAPL）。进入土壤环境后，首先吸附在土壤那个大孔隙及各种有机无机颗粒表面，然后逐渐扩散到土壤孔隙中。随着与土壤接触时间的增加，除部分残留在非饱和区外，大部分在重力作用下将继续向下运移进入到饱和区。有机污染物根据相对水相密度大小，可分为两类：密度小于水相的称为轻质非水相流体（LNAPL），如汽油、柴油、燃料油及原油等，密度大于水相的称为重质非水相流体（DNAPL），如煤焦油、三氯乙烯等。由于密度上的差异，LNAPL 和 DNAPL 在地下的分布截然不同。LNAPL 穿过非饱和区后在地下水面上形成浮油带，而 DNAPL 则由于比水重，到达地下水面后还将继续向下运移，最终在基岩上形成 DNAPL 池。

地下介质中 NAPL 污染源的存在将在相当长的时间内持续而缓慢地向地下水中释放 NAPL 污染物，对饮用水源构成极大的威胁，且有机污染具有滞后性、累积性、地域性和治理难而周期长等特点。以往研究多数偏重修复污染地下水或土壤，未考虑污染物质在两种介质中的迁移规律。单纯修复受污染土壤或地下水都可能使环境中受污染地下水受毛细张力等作用滞留于土壤中，或滞留于土壤中的石油类污染物经淋滤作用进入地下水引起二次污染。因此，对污染区和地下水修复应用同步进行。

然而，污染物质的物理特性与化学特性的不同，再加上地质的不均匀与多变性，使得处理土壤及地下水同步工作，相对提高其难度。而如何掌握污染物特性与选择适合的联合修复技术是达到有效且经济修复目标的先决条件。土壤、地下水联合修复技术通常是将土壤修复技术与地下水修复技术根据污染物类型、地质条件等情况，选择有效修复方法结合起来。本节选用几种常见的联合修复技术进行详细介绍，分别是土壤气相抽提-原位曝气/生物曝气联合修复技术（SVE-AS/BS）、生物通风-原位曝气/生物曝气联合修复（BV-AS/BS）、双相抽提（dual-phase extraction，DPE）、表面活性剂强化处理技术（SEAR）。

（二）土壤气相抽提-原位曝气/生物曝气联合修复（SVE-AS/BS）

土壤气相抽提（SVE）的第一个专利产生于 20 世纪 80 年代。该技术被美国国家环境保护局列为具有"革命性"的环境修复技术，具有成本低、可操作性强、不破坏土壤结构等特点，得到迅速发展。近年来，SVE 又开始深入到生物修复与土壤和地下水修复等多学科交叉领域，其应用前景广阔。

SVE 的运行机理是利用物理方法去除不饱和土壤中挥发性有机物（VOC），用引风机或真空泵产生负压驱逐空气流过污染的土壤孔隙，从而夹带 VOC 流向抽取系统，抽提到地面，然后进行收集和处理。该技术目前已被发达国家广泛应用于土壤及地下水修复领域的实际工程中，并与原位曝气/生物曝气（AS/BS）、双相抽提等原位修复技术相结合，互补形成了 SVE 增强技术，并且日益成熟和完善。AS/BS 主要用于处理有机物造成的饱和区土壤和地下水污染，主要是去除潜水位以下地下水中溶解的有机污染物质，BS 是 AS 的衍生技术，利用土壤微生物降解饱和区中的可生物降解有机成分。将空气（或氧气）和营养物注射进饱和区以增加本土微生物的生物活性。BS 系统与 AS 系统组成部分完全相同，但 BS 系统强化了有机污染物的生物降解。Brian 等通过 SVE/AS 修复技术对皮德蒙特草原进行了三年半的现场试验，确定去除石油烃不同组分的土壤蒸气速率和气相抽提速率，结果表明，大部分污染物能够通过 SVE 方法从非饱和区去除，BTEX 和可燃性烃类（TCH）能够有效地从高渗透性和高污染的非饱和区界面去除，其中生物修复占 SVE-AS 总去除的 23%。

SVE-AS 联合修复系统的基本程序是，利用垂直或水平井，用气泵将空气注入水位以下，通过一系列的传质过程，使污染物从土壤孔隙和地下水中挥发进入空气中。含有污染物的悬浮羽状体在浮力的作用下不断上升，到达地下水位以上的非饱和区域，通过 SVE 系统进行处理从而达到去除污染物的目的。

1. 适用范围

空气在高渗透率的土壤中是以鼓泡的方式流动的，而在低渗透率的土壤中是以微通道的方式流动。单就 SVE 技术而言，SVE 对土壤孔隙越大的地质越适合，对黏土质则效果很差。但就 AS 技术而言，曝入空气不能通过渗透率很低的土壤层，如黏土层。对于高渗透率的土壤，如砂砾层，由于其渗透率太高，从而使曝气的影响区太小，以至于不适合用 AS 技术来处理。

天然土壤一般都含有大小不同的颗粒，具有非均匀性，而且在水平和垂直方向都存在不同的粒径分布和渗透性。因此，在 AS 过程中，当曝入的空气遇到渗透率和孔隙率不相同的两层土壤时，空气可能会沿阻力较小的路径通过饱和土壤到达地下水位；如果两者的渗透率之比大于 10 时，除非空气的入口压力足够大，空气一般不经过渗透率小的土壤。如果两者渗透率之比小于 10 时，空气从渗透率小的土层进入渗透率较大的土层时，其形成的影响区域变大，但空气的饱和度降低，影响污染物去除效果。因此，SVE-AS 技术不能胜任渗透率太高或太低的土壤，而适用于土壤粒径均匀且渗透率适中的土壤。

SVE 技术不适用于低挥发性和低亨利常数污染物，适用于苯系物、三氯乙烯、挥发性石油烃和半挥发性的有机污染物以及汞、砷等半挥发性金属污染物。AS 法不适用于自由相（浮油）存在的场址，空气注入系统对于均匀相高渗透水性的土壤及自由含水层的污染物，及好氧微生物可降解的 VOC 最为有效。但此技术对于部分异质性地质、低至中透水性分层的含水层也有部分效果。其主要去除的污染物为挥发性有机物及部分的燃料油。以三氯乙烯为例仅具有气提作用，以汽油为主要成分 BTEX 为例，则同时具有气提与生物分解作用。一般而言，高挥发性污染物主要去除机制是挥发，而低挥发性污染物主要去除机制则是生物降解。因此在修复的初期，蒸气抽除是移除机制的主要控制因子，而生物促进作用，则是修复后期的控制因子。

2. 修复效果影响因素

由于 SVE-AS/BS 去除污染物的过程是一个多相传质过程，因而其影响因素很多。目前，人们普遍认为 AS 去除有机物的效率主要依赖于曝气所形成的影响区域的大小。BS 修复效果影响因素除了 AS 的影响因素外，还需考虑微生物降解方面的影响，因此该联合修复技术修复效果的影响因素，应该同时考虑 SVE、AS、BS 修复效果的影响因素。

(1) SVE 修复效果的影响因素主要有以下几个方面：土壤的渗透性、土壤湿度及地下水深度、土壤结构和分层及其土壤层结构的各向异性、气相抽提流量、蒸气压与环境温度等。

(2) AS 去除有机物的效率主要依赖于曝气所形成的影响区域的大小，影响此区域的因素主要有土壤类型和粒径大小、土壤的非均匀性和各向异性、曝气的压力和流量及地下水的流动。

(3) 影响 BS 修复效果的因素除了有影响微生物生长的土壤和地下水环境，包括土壤的气体渗透率、土壤的结构和分层、地下水的温度、地下水的pH值水平、地下水中营养物质的类型和电子受体的类型等，还有污染物的浓度及可降解性和微生物的种群，上述因素均会影响该联合修复的处理效果。

3. 关键技术

虽然SVE-AS系统各不相同，但典型的SVE-AS系统包含空气注入井、抽提井、地面不透水保护盖、空气压缩机、真空泵、气/水分离器、空气及水排放处理设备等，抽出的污染物可能需要进行地上处理。SVE-AS系统的设计及操作，所需考虑的参数包含场地地质特性、注入空气的流率、注入空气的压力等一系列因素，通常须在场地建立模型测试，以决定空气流入系统的设计参数。系统建立后，需要不断监测和系统调整，以最大限度地提高系统性能。系统主要设计及操作关键技术包含以下几点。

(1) 空气注入井

空气注入井有垂直、巢式、水平、水平/垂直或探针等形式，依赖场地条件和成本而定。其中垂直井最常用，直径多为50mm以上，井筛的长度建议值为0.3~1.5m。垂直井的配制由场地注入影响区而定，在粗粒土壤中，影响区大多为1.5~9m，成层土壤中影响区在18m以上。注入气流在靠近井筛顶端处压头最小，路径随场地地质条件而定。垂直井的安装通常使用中空螺旋钻法的技术安装，如果地下水位高低经常变动的场址，可设计多重深度开口的方式，以让空气注入不同的深度。井筛顶端的安装深度应在修复区域低静水位以下1.5m处。

(2) 空气压缩机或真空泵

空气压缩机或真空泵的选择，需要考虑到供应注入空气的压力和流量，一般空气注入的压力由注入点上端的静水头、饱和土壤所需的空气入口压力及注入的空气流量所决定。注入压力太高，会使污染扩散至未污染区。细粒土壤通常需要更高的入口压力，为最小入口压力的2倍或2倍以上。最大压力应该是井筛顶端的土壤管柱质量所得压力计算值的60%~80%。

(3) 系统监测装置

应特别设置当SVE系统失效时，空气注入系统能自动关闭的监测装置。因为当空气注入系统在抽提系统失效后，会使污染区的污染物扩散，甚至进入邻近建筑物或公用管线中，产生爆炸危险。

此外，通常AS/SVE系统的操作需要进行监测，才能将系统成效调节至优化状态。系统的监测项目通常包含：空气注入压力及真空压力；地下水的水位；微生物的种群及活性；空气流量及抽提率；真空抽屉井和注入井的影响区；地下水中溶氧及污染物浓度；抽出气体及土壤中的氧气、二氧化碳及污染物浓度；地表下气体通路分布的追踪气体图及SVE系统的捕捉效率。

(三) 生物通风-原位曝气/生物曝气联合修复 (BV-AS/BS)

1989年，美国某空军基地用SVE对其由于航空燃料油泄漏引起的土壤污染修复中发现了生物降解作用。由此，SVE中的生物降解过程引起美国国家环境保护局和研究者的高度重视，并在SVE基础上发展起来了土壤修复的生物通风（BV）技术，被广泛用于地表的挥发性碳氢化合物的去除，特别是地下水位线以上的非饱和区和渗流区土壤的修复。

BV 实际上是一种生物增强式 SVE 技术，将空气或氧气输送到地下环境以促进生物的好氧降解作用。SVE 的目的是在修复污染物时使空气抽提速率达到最大，利用污染物挥发性将其去除；而 BV 的目的是优化氧气的传送和使用效率，创造好氧条件促进原位生物降解。因此，BV 使用较低的空气速率，以增加气体在土壤中的停留时间，促进微生物降解有机污染物。生物通风也利用土壤渗流外加营养元素或其他氧源来强化降解，可大大降低抽提过程尾气处理的成本，同时拓宽了处理对象的范围，不仅可应用于挥发性有机污染物，而且也可以应用于半挥发性或不挥发性有机污染物，受污染的土壤可以是大面积的面源污染，但污染物必须是可生物降解的，且在现场条件下其速率可被有效检测出来。

和 SVE 技术一样，BV 技术也可与修复地下水的 AS 或 BS 技术相结合，对饱和区和不饱和区同时进行修复。将空气注入含水层来提供氧支持生物降解，并且将污染物从地下水传送到渗流区，在渗流区污染物便可用 BV 法处理。Mckay 比较了在阿拉斯加的艾尔森空军基地 BV 法和 BV-AS 法对非饱和区污染物的去除状况，两个场地一个建立了大规模的生物通风系统，空气被注射进入饱和区，研究了空气注入饱和区后潜水层上和潜水层下的空气分布；在另一个场地，大规模生物通风系统是将空气引入到不饱和区中。通过两个现场的修复效果对比发现，将空气注入波动的潜水层下的 BV-AS 法加速了不饱和区的修复进程。

1. 适用范围

BV 技术适用于能好氧生物降解的污染物，不仅能成功用于轻组分有机物，还能用于重组分有机物，另外还适用于挥发性或半挥发性组分污染的治理。在污染现场，已被 BV 成功处理的有机污染物有喷式染料油、汽油、BTEX 化合物、多环芳烃有机物、五氯苯酚等。有机燃料油的轻组分是生物通风最普遍的修复对象。

BV-AS/BS 技术主要用于土壤不饱和区和饱和区中挥发性、半挥发性和不挥发性可生物降解的有机污染物的联合修复，根据需要加入营养物质添加井，然而污染物的初始浓度太高会对微生物有毒害作用，修复后，污染物的浓度也不是总能达到非常低的净化标准。此外，同 SVE-AS 技术一样，BV-AS/BS 技术也不适用于处理低渗透率、高含水率、高黏度的土壤。

2. 修复效果影响因素

BV-AS/BS 技术现场修复效果的影响因素更多，除了影响 SVE-AS 修复效果的土壤渗透性、土壤结构和类型、曝气压力、气相抽提量等物理因素外，还有和微生物生长有关的生物因素。主要影响因素包括以下几个方面。

（1）土壤湿度

微生物需要足够的水分以供其生长代谢需求，生物转化速率和土壤湿度之间的依赖关系根据污染物不同而不同。在许多 BV 修复现场，添加土壤水分后增加了生物降解速率。但过度增加土壤湿度，土壤中的水分会将土壤孔隙中空气替换出来，浸满水的土壤条件变为厌氧条件，不利于好氧生物降解，使得生物通风失去作用。

（2）土壤温度

土壤温度和含氧量是去除土壤中污染物的重要因素。温度与污染物组分的气相分压有关，在适当范围内增加土壤温度，既能提高微生物降解活性又能增加污染物的挥发性，凑够两方面促进污染物从土壤中脱除。在温度成为主要限制因素的寒冷地区，可通过热空气注射、蒸气注射、电加热和微波加热等办法提高土壤温度。

(3) 土壤 pH 值

pH 值关系着微生物的生长及酵素的产生。一般使用生物通气法时，pH 值范围最好介于 6~8。若 pH 值超出这个范围，则必须进行调整。

(4) 电子受体

微生物氧化有机物时需要电子传递中接受电子的物质，土壤中的氧、硝酸盐、硫酸盐等可作为微生物降解有机污染物的电子受体。原位生物降解很大程度上受以空气形式的氧气输送速率的影响，根据土壤渗透性设计适当的通风量，维持受污染土壤中氧含量，能为微生物的好氧降解提供足够的电子受体。

(5) 营养物质

添加无机营养盐如铵类或磷酸盐可支持细胞生长，从而促进生物降解。Breedveld 等比较了分批、实验室土柱和现场规模研究中加入营养物质对生物通风的影响。比较发现，污染现场生物通风一年后，添加营养物质的情况下 TPH 含量减少 66%，未添加营养物质的情况下只有极少轻组分被去除。

(6) 微生物

土壤中通常蕴藏大量的微生物族群如细菌、原生动物、菌类及藻类等。在通气性良好的土壤中，通常存在着好氧性微生物，这些微生物极为适合进行生物通气法。在修复进行之前，需要评估土壤中的微生物数目，通常微生物达到一定数目时，生物通气法才会有效率，必要时添加优势菌可大幅度提高修复效果。

3. 关键技术

BV-AS/BS 使用时会设计一系列的注入井或抽提井，将空气以极低的流速通入或抽出，并使污染物的挥发性降至最低，且不致影响饱和层的土壤。当使用的系统为抽提井时，则生物通风法的程序与 SVE 法极为相似。生物通风法可以去除 SVE 法无法去除的低浓度的可生物降解的化合物。当使用正压系统注入空气时，必须避免挥发性有机物被送至未受污染的土壤区域。

(1) 典型的 BV-AS/BS 系统设计一般包括抽提井或注入井、空气预处理、空气处理单元、真空泵、仪器仪表控制、监测地点、可能的营养输送单元。真空抽提井：真空抽提井的井口真空压力一般为 $0.07~2.5 kg/cm^2$。与 SVE 一样，分为垂直井和水平井。当污染物分布深度小于 7.5m 时，采用水平井比垂直井更为有效；当污染物在 1.5~45m 分布、地下水深度大于 3m 时，一般采用垂直井。

(2) 空气注入井：空气注入井的井口压力一般为 $0.7~3.5 kg/cm^2$。与抽提井的设计相似，但可设计一个更长的筛板间隔以保证气体的均匀分布。

(3) 真空泵：真空泵所选的类型和大小应根据要求实现的井口设计压力（包括上游和下游管道损失）；起作用的抽提井或注入井的总流速。

(4) 系统监测：通常监测的参数包括压力、气体流速、抽提气体中二氧化碳和/或氧气浓度、污染物质量抽提率、温度、营养抽提率等。

(5) 营养输送：如需营养物质促进微生物生长或调节土壤酸碱度，营养物质一般采用手工喷洒或灌溉的方法通过横向沟渠或井注入。设计与水平抽提井类似，在小于

0.3m 的土壤浅层砾石铺设的沟渠里设置开槽或穿孔的 PVC 管。

（四）双向抽提

1. DPE 技术简介

双向抽提（dual-phase extraction，DPE）是指同时抽出土壤气相和地下水这两种类型污染介质，对污染场所进行处理的一种技术，相当于土壤 SVE 和地下水抽提技术的结合。DPE 技术因增加了非饱和区的氧气供应而刺激石油污染物的降解，类似于生物通风。DPE 技术作为一种创新技术，有潜力成为比传统修复技术更具有成本效益的技术，一般在饱和区和不饱和区都有修复井井屏的情况下使用。由于系统中逐渐增加的真空压力梯度传递至地下液体，连续相的液体如水和自由相石油污染物将流向真空井并形成液压梯度，真空度越高，液压梯度越大，液体的流动速率越大。抽提井的真空度不仅抽出了土壤气相、净化了土壤气相，而且也促进了地下水的修复。一方面 DPE 可用于处理饱和区和非饱和区的污染物，另一方面 DPE 也可处理残留态、挥发态、自由态和溶解态的污染物。在相同仪器设备条件下，DPE 与传统的地下水抽提技术相比，提高了地下水的修复速率，增加了修复井的影响半径。

DPE 工艺根据地下液相和土壤中气相是以高流速双相流从单一泵中一同抽提出来，还是气液两相分别从不同的泵中抽提出来分为单泵双相抽提和双泵双相抽提两种类型，也有采用增加一个泵辅助抽取漂浮物质的三泵系统，但结构与双泵系统基本一致，本节重点讨论单泵系统和双泵系统。

(1) 单泵 DPE 系统

单泵系统只是简单的土壤 SVE 的地下水修复技术的结合，通过高速的气相抬举悬浮的液滴克服抽提管道的摩擦阻力到达地表。单泵 DPE 系统法主要用以处理石油类污染物所造成的自由移动性 LNAPL 污染的地下水层，并可增加不饱和层中非卤族挥发性或半挥发性有机物的去除。该技术在地下水水位波动较大的场地难以实施，最常用含有细颗粒至中等颗粒土壤的低渗透率场地，但也曾成功应用于含中等颗粒至粗大颗粒土壤的场地。表 9-3 为单泵 DPE 系统的优缺点。

表 9-3　单泵 DPE 系统的优缺点

优点	缺点
适用于低渗透性土壤，不需要井下泵	处理中、高渗透性土壤费用高
对场地扰动最低	地下水位波动较大的场地难以应用
处理时间短	被抽出气体的处理和油水分离处理费用较高
显著增加地下水抽提率	抽提出大体积需要处理的地下水
可用于受自由移动性 LNAPL 污染的场地，并可结合其他技术，如空气注入法等	要求专业的设备和高端的控制技术
可于建筑物底下进行，并可用于无法挖掘的区域	操作时要求复杂的监测和控制
采用借助气体的剔除减少地下水的处理费用	

(2) 双泵 DPE 系统

比较传统的双泵 DPE 系统，土壤中的气相和液相采用一个"管中管"分别通过泵和风机抽提至地表，潜水泵悬挂于抽提 NAPL 或地下水等液体的井中，并通过液体抽提管将液体输送至气相处理系统前，先进入气液分离器进行处理。其他的 DPE 设施也很常见，如运用抽吸泵（在地表运用的双隔膜泵）将井中的水相抽出，而不是潜水泵；再加运用线轴涡轮泵抽提井中水，提供一个足够的浅层地下水位。双泵 DPE 系统相对于单泵 DPE 系统能够适用于更广泛的场地类型，但是设备费用更高。表 9-4 为双泵 DPE 系统的优缺点。

表 9-4 双泵 DPE 系统的优缺点

优点	缺点
经过许多条件下验证的现成设备	应用于低渗透性土壤或缺少足够地表信息时，有效性会稍差
对场地扰动最低	抽出的气体在排放前处理起来可能较贵
处理时间短	油水分离和地下水处理起来较贵
显著增加地下水抽提率	操作时要求繁杂的监测和控制
灵活地应用于地下水位波动较大或土壤渗透性范围较宽的场地	
可用于受自由移动性 LNAPL 污染的场地上，并可结合其他技术，如空气注入法和生物修复法	
可于建筑物底下进行，并可用于无法挖掘的区域	

2. 系统设计、技术分析

现场试验的结果显示，LNAPL 及蒸气的回收与抽取时负压的程度有关。此外，一些重要的场地特性必须在系统设计前事先调查。须对 LNAPL 分析其中的 BTEX 及其他碳氢化合物的沸点分布；需获得土壤粒径分布、容积密度、孔隙率、水分含量、污染物初始浓度等数据；以抽提回收试验决定 LNAPL 的回收率；用土壤气体渗透性试验决定抽取井的影响半径（ROI）。

设计地下修复系统的首要依据是需要达成的修复量和污染物清除水平，污染物浓度必须达到人类健康和环境无害的程度。DPE 系统的设计主要是以同一程序将地下水、自由移动性 NAPL 及土壤气体同时抽取。其主要组成包括：抽提井的方位和多种形式的管道；可抽除液体及蒸气的真空泵；液体/气体及油/水分离单元；必要时需设置水及气体处理单元；需要时可设置表面密封和注入井。

系统设计时应重点考虑以下因素。

1）抽提井的数量和间距设计

方法一：抽提井影响半径（ROI）法

尽管水平抽提井可用于空气曝气或者需要时添加营养物质，但 DPE 一般采用垂直抽提井。对于复杂的 DPE 系统，需要采用数值模拟的方法计算地下空气流量和地下水流量。对于地下水位较浅的场地，可用需要修复场地面积除以单井影响面积，因此，抽提井的影响半径（ROI）是一种判断抽提井数量和间距的简单方法。设计 ROI 是在流动的空气能维持修复效率时，气相抽提井的最大距离。一般来说，与设计 SVE 及 BV 系统的抽提井一样，设计 DPE 的单井 ROI 从 1.5m 至 30.5m；对于地质分布的场地，应由自主土壤类型决定。

方法二：土壤孔隙体积法

计算抽提井数的第二种方法即采用土壤孔隙体积计算。土壤孔隙体积及抽提流量用来计算单位体积的交换率，设计的抽提流量除以单位体积的土壤孔隙体积即为单位体积的交换率，交换出土壤中单位孔隙体积所需时间采用下式计算：

$$t=\frac{\varepsilon V}{Q} \tag{9-60}$$

式中，t 指孔隙体积交换时间，单位为 h；ε 指土壤孔隙率，单位为 m^3 气体/m^3 土壤；V 指需处理的土壤体积，单位为 m^3 土壤；Q 指总气相抽提流量，单位为 m^3 气体/h。

因此，所需抽提井数：

$$N=\frac{\varepsilon V/t}{q} \tag{9-61}$$

式中，q 指单井气体交换量，单位为 m^3/h。

该方法同样可用于计算地下水系统。

2）抽提井真空压力

真空抽提井的井口真空压力一般为 0.06~6.5m 水压，透水性差的土壤需要较高的真空压力。真空泵所选的类型和大小应根据：要求实现的井口设计压力；起作用的抽提井或注入井的总流速。离心式真空泵适用于高流量、低真空的条件，因此离心式真空泵只适用于双泵 DPE 系统，真空度较高则采用单泵 DPE 系统。再生涡轮真空泵适用于真空度要求中等的场合，转子真空泵和其他容积式真空泵适用于真空度要求高的情况。

3）气体抽提速率

电信的气体抽提速率是每口井 0.06~1.5m^3/min，地下水抽提速率以污染物浓度到达地下水标准或达到对人类健康和环境无害为准。对于高渗透率的土壤，地表密封的设计可以防止地表水渗透，降低空气流速，减少无组织排放，并增加空气的横向流动程度，但同时会形成压力梯度，需要高真空度抽提或者注入井的设置。空气注入井是通过向抽提井提供空气以提高空气流速的，可用来帮助减少地下空气短路和消除空气流动死区。

4）气体处理

抽提的气体包含冷凝物，夹带的地下水和颗粒物会破坏风机部件及影响下游处理系统的有效性，因此通常气体在进入真空泵之前，需要通过水分分离器和颗粒过滤器去除水分和颗粒物。真空泵抽提出气体的处理可选择活性炭、催化氧化和热氧化等方法处理。活性炭法简单有效，但是污染物浓度过高时该方法不够经济，可改用热氧化法。也可以采用容积吸收法，将有机物回收利用。

5）其他考虑因素

土壤中污染物初始浓度应通过土壤样本估计，并以此估计污染物去除率及治理所需时间，确定治理过程是否会向大气中排放污染物。修复所需时间也会影响系统设计，设计者可通过减少抽提井间距的办法以提高修复效果。此外，监测和限制排放，还有施工的局限性，如建设地点、公用工程、填埋等因素，也必须在系统设计中予以考虑。

3. 技术分析

根据污染物类型、污染程度、土壤类型、修复目标等因素设计 DPE 修复体系后，需在 DPE 进行时监测下列重要因子，以了解修复效果，并依据监测数据调整系统设计，最终达到污染物去除目标。抽出的蒸气及液体的体积及组成；不同深度土壤中所含蒸气及液体组成；抽提井中及其四周土壤的真空程度；受污染区及其四周的地下水水位。

表 9-5 为美国研究者应用双泵和单泵 DPE 系统修复 NAPL 的两个案例，表中列出了不同处理量、不同地质条件、不同污染物浓度下的系统设计和技术性能、技术成本等数据，对于 DPE 修复技术设计具有重要参考意义。表 9-6 为 DPE 系统的系统成本。

表 9-5 DPE 系统修复案例分析

场地名称	弗吉尼亚州里士满国防供应中心	新罕什尔州伦敦德里超级基金场地
处理技术	双泵 DPE	单泵 DPE
污染物	三氯乙烯、四氯乙烯 1, 2-二氯乙烯	三氯乙烯、四氯乙烯
处理量	面积约 1486m^3	体积约 6881m^3
时间	1997.7 至 1998.7	1994.11 至 1995.9
地质条件	地表以下 0~7m 由粉质黏土、细砂、粗砂和砾石组成	覆土层由粉质黏土、细砂及中级砂组成，地表以下 4m 是风化的变质基岩
地下水深度	地表以下 3~7m	地表以下 1.5~1.8m
含水层参数	导水率 $4\times10^{-4} \sim 5.4\times10^{-4} m^2/s$	$K=3.5\times10^{-6}$（淤泥和黏土） $K=3.5\times10^{-5}$（砂土） $T=1.3\times10^{-4} m^2/s$（基岩）
地下水中污染物浓度	三氯乙烯 890μg/L、四氯乙烯 3300μg/L，1, 2-二氯乙烯 26μg/L	土壤中总 VOC：最大 652×10^{-6} 地下水总 VOC：最大 42×10^{-6}
处理目标	三氯乙烯≤5μg/L，四氯乙烯≤5μg/L	总 VOC≤5×10^{-6}
系统设计	12 个抽提井，6 个空气注入井；井口直径 0.15m；井屏为 0.0005m 间隔，长 3.05m；空气注入采用低压旋转叶轮泵，潜水泵抽取地下水	25 个浅层抽提井，8 个深层抽提井，抽提井间隔 9.14m，射流泵抽提地下水，尾气处理采用 4 个活性炭罐吸附
技术性能	影响半径 182.88~243.84m，地下水抽提平均流速 2.33×10^{-3}，在 1.07m 水柱真空压力下，气相平均流速为 $0.15m^3/s$，累积抽提 64400m^3 地下水，地下水位最大降幅 1.2m	在 1.73m 水柱真空压力下，抽提流速在 $0.24m^3/s$，操作中气相 VOC 平均含量 1.7×10^{-6}，地下水中 VOC 平均含量 81×10^{-9}，累积抽提 4240m^3 地下水
总 VOC 去除量	VOC 被去除 65.77kg，其中 81% 由 SVE 的气相抽提去除，19% 由地下水抽提去除	土壤中总 VOC 去除 21.89kg，地下水中总 VOC 去除 2.27kg
技术成本	前期调查 134092 美元，双相 DPE 系统设计 73198 美元，系统建造成本 205743 美元，启动成本 24309 美元，一年操作和维护费用 10148 美元，回收和处理地下水成本 7.93 美元/m^3	实际成本 222.34 美元/m^3，以 6881m^3 处理量计为 150 万美元

表 9-6 DPE 系统成本项目

固定成本	变动成本	废物处理成本
抽提井及真空泵设置 采样点设置 油/水分离槽设置 尾气处理系统设置	操作维护工人工资 工具 场地管理 场地品质保证及健康安全 采样及分析控制	场地处置有机液体处理后水排放费用尾气处理

（五）表面活性剂增强修复处理技术（SEAR）

1. SEAR 技术简介

由于一些被吸附在含水层介质上的污染物以及被截流在介质里的非水溶性流体（NAPL）并不随水流动，而是缓慢地解吸或溶解到水中，且含水层非均质传统的处理系统常出现拖尾（tailing）和回弹（rebound）现象，要达到处理目标耗时长、耗资大。20 世纪 90 年代后开展起来的表面活性剂增效修复（surfactant enhanced remediation，SEAR）技术有效地解决了这些问题。表面活性剂增效修复技术利用表面活性剂溶液对憎水性有机污染物的增溶液作用（solubilization）和增流作用（mobilization）来驱除地下含水层中的非水溶相液体和吸附于土壤颗粒物上的污染物。抽出处理与表面活性剂溶液联合应用，现场修复速率提高 1000 倍，再经过进一步处理后，可以达到修复受污染环境的目的。

SEAR 技术修复土壤及地下水中 NAPL 污染的工艺中，在地面混合罐中配制表面活性剂与助剂（如醇、盐等）的水溶液，将其由注入井注入地下。表面活性剂水溶液在地下介质与 NAPL 污染物作用后由抽提井抽至地面，在地面处理单元首先需要从抽出物中分离 NAPL 污染物，然后再将回收的表面活性剂和经物化或生物法处理后的水回送至混合罐循环使用。

表面活性剂增效修复（SERA）的机理有增溶和增流两种途径，现分述如下。

（1）增溶作用

表面活性剂具有亲水亲油的性能。表面活性剂易集聚在水和其他物质的界面，使其分子的极性端和非极性端处于平衡状态。当表面活性剂以较低浓度溶于水中，其分子以单体形式存在。烃链不能形成氢键，干扰邻近的水分子结构，产生了围绕在烃链周围的具有高熵值的"结构被破坏"的水分子，从而增加了系统的自由能。如果这些烃链全部或部分地被移除或被有机物吸附，使其不与水接触，则自由能可实现最小化。当表面活性剂以较高浓度存在时，水的表面没有足够的空间使所有的表面活性剂分子集聚，表面活性剂分子集聚成团，形成胶束，使得系统的自由能也会降低。胶束呈球形，亲油的非极性端伸向胶束内部，可避免与水接触；亲水的极性端朝外伸向水，内部能容纳非极性分子。而极性的外部能使其轻易地在水中移动，胶束形成的表面活性剂浓度为临界胶束浓度（CMC）。当溶液中的表面活性剂浓度超过 CMC 时，能显著提高有机物的溶解能力。Fountain 研究发现，当表面活性剂加入使四氯乙烯有最大溶解度时，四氯乙烯和表面活性剂水溶液的界面张力降低到最小值。因此在选择表面活性剂溶液时，需要选对污染物有良好溶解度的表面活性剂。

（2）增流作用

造成 NAPL 在地下水介质滞留的原因是土壤孔隙的毛细管作用。毛细管作用的大小与油-水界面张力成正比，当界面张力较大时，则注入井和抽提井之间的水力梯度较大。表面活性剂能降低 NAPL 和水的界面张力，使土壤孔隙中束缚 NAPL 的毛细管力降低，从而增加了污染物的流动性。此外，表面活性剂有助于难溶有机化合物从土壤颗粒上的解吸，并溶解于表面活性剂胶束溶液中，从而提高与微生物的接触概率，为难溶有机化合物的生物降解提供可能的途径。

然而，当表面活性剂应用于 DNAPL 污染地区的修复时，表面活性剂在 DNAPL 和水的界面自发形成乳液。这种行为对于污染物修复有正反两面的作用。乳液增加了水和污染物的界面面积，使表面活性剂轻易地把非极性污染物吸附到胶束内部，从而有助于修复过程；如乳液被地下水带走，则有助于从土壤和地下水中去除胶束污染复合体。但当乳液层太厚时，乳液将阻碍修复过程的进行，此外乳液还能阻塞细粒土壤的孔隙，从而阻滞污染物/胶束混合物被快速地抽出。

2. 表面活性剂选择

表面活性剂（surface active agent，surfactant，detergent）是指显著降低溶剂（一般为水）表面张力和液-液界面张力并具有特殊性能的物质，它具有亲水亲油的双重特性，易被吸附、定向于物质表面，能降低表面张力、渗透、湿润、乳化、分散、增溶、发泡、消泡、洗涤、杀菌、润滑、柔软、抗静电、防腐、防锈等一系列性能。由于 NAPL 在水中有较低的溶解度和较高的界面张力，使其从土壤和地下水中去除困难。而表面活性剂能改变这两种特性。它同时拥有极性端和非极性端的大分子，分子的极性端伸向水中，非极性端吸引 NAPL 化合物。

表面活性剂有阴离子表面活性剂、阳离子表面活性剂、两性表面活性剂及非离子表面活性剂四种类型。应当注意，阴离子型和阳离子型表面活性剂一般不能混合使用，否则会发生沉淀而失去表面活性作用。

由于化学合成表面活性剂受原材料、价格和产品性能等因素的影响，且在生产和使用过程中常会严重污染环境及危害人类健康。因此，随着人类环保和健康意识的增强，近二十年来，对生物表面活性剂的研究日益增多，发展很快。国外已就多种生物表面活性剂及其生产工艺申请了专利，如乙酸钙不动杆菌产生的一种胞外生物乳化剂已有了成品出售。国内对生物表面活性剂的研制和开发应用起步较晚，但近年来也给予高度重视。生物表面活性剂是由酵母或细菌从糖、油类、烷烃和废物等不同的培养基产生的，以新陈代谢的副产品产生，结构和产量依赖于发酵罐设计、pH 值、营养结构、培养基和使用温度。生物表面活性剂具有独特的优势，其高度专一性、生物可降解性和生物兼容性比合成的表面活性剂更有效。化学合成表面活性剂通常是根据它们的极性基团来分类，而生物表面活性剂则通过它们的生化性质和生产菌的不同来区分。一般可分为五种类型：糖脂、磷脂和脂肪酸、脂肽和脂蛋白、聚合物及特殊表面活性剂。这些化合物是阴离子型或中性的，只有很少一部分含胺基团和阳离子型。分子的憎水部分分为长链脂肪酸或羟基脂肪酸；亲水部分分为糖类、氨基酸、环缩氨酸、磷酸、羧酸或醇。它们的 CMC 通常变化范围为 $1 \sim 200 mg/L$，相对分子质量为 $500 \sim 1500$。欧阳科等考察了蒽高效降解菌中不添加表面活性剂、添加化学表面活性剂、添加生物表面活性剂三种情况下蒽的生物降解效果，结果表明，生物表面活性剂促进蒽高效降解菌降解受蒽污染土壤的效果要优于化学表面活性剂，其对 135.2mg/L 蒽 6d 降解率达 54.08%。van Dyke 等研究表明，将铜绿假单胞菌产生的鼠李糖脂加到受污染的砂土和泥浆中，可使烃类的回收率分别提高 25%～70% 和 40%～80%。生物表面活性剂具有可降解性、无污染性和低毒性等优良特性，可有效地促进生物对难降解有机物，如石油烃、卤代烃、多环芳烃等的降解；能对低溶解性的有机物污染物增溶。因此，生物表面活性剂在地下水和土壤修复中具有较大的应用潜力。

选取适当的表面活性剂及助剂，调配合适的微乳液体系是 SEAR 技术的关键。选择表面活性剂时考虑的主要因素包括两大方面。一方面是表面活性剂本身的性质，另一方面是现场应用需考虑的因素。其中，表面活性剂本身性质包括：表面活性剂的有效性；成本要低，可采用临界胶束浓度低的表面活性剂，从而降低试剂的消耗，降低成本；生物毒性低，环境友好；生物可降解性；本身在地下介质表面吸附量要小，如果吸附量大则其有效浓度将大大降低，导致修复成本增加；低温活性，耐硬度特性好；易于回收。现场应该用需要考虑的因素包括：修复现场的土壤类型；水和污染物的界面张力；污染物在地下水的溶解度；污染物类型。

3. NAPL 污染物的分离与表面活性剂的回收技术

SEAR 修复技术的主要成本来自表面活性剂的消耗。因此，如果能将表面活性剂有效地回收使用，将可大大节约修复成本。Jawitz 等的研究表明，循环利用表面活性剂可以节约 70% 的成本。而能否有效循环利用则取决于污染物的分离效率及有效的表面活性剂回收技术。在回收使用表面活性剂之前，必须将污染物从抽出液中分离。目前认可的回收标准是污染物分离效率应达到 95%。

分离 NAPL 污染物的方法有（空气/蒸气/真空）吹扫法、渗透蒸发法、液-液萃取法和吸附法等。处理方法的选择依赖于表面活性剂的回收必要性和污染物的特性。这些方法各有利弊。

吹扫法技术成熟，适于分离挥发性强的 NAPL 污染物。但表面活性剂的存在降低了亨利常数，影响分离效果，也容易形成泡沫。近年来发展的渗透挥发技术在传统吹扫法的基础上增加了膜分离技术，可以有效避免泡沫及乳化作用的影响。但在采用膜处理时，可采用紫外消毒和化学改良来消灭微生物以防止生物堵塞，避免影响处理过程。液-液萃取法用途广泛，适用于不同挥发性的污染物。但界面稳定性差，萃取剂再生困难。在吸附分离技术中，由于活性炭对污染物和表面活性剂的吸附都很强，所以不宜选用。离子交换树脂在吸附带有相反电荷的离子型表面活性剂的同时也吸附了表面活性剂分子层内的污染物，导致分离效率偏低。

表面活性剂的回收处理单元主要包括蒸发、超滤、纳滤、胶束促进超滤、泡沫分馏等，一般要求处理后的表面活性剂浓度为 4%～5%，回收率为 60%～70%。胶束强化超滤技术可以回收表面活性剂胶束，具有成本低的优点，但由于表面活性剂单体仍残留在滤液中，造成容积的损耗。同时，胶束中可能包容的 NAPL 污染物需要进一步处理。纳滤技术不仅可以回收表面活性剂胶束，也可以回收单体，较超滤的回收率高。但纳滤允许的膜通量低、需要的压力大，因此成本偏高。泡沫分馏技术成本低，但处理量小，适于表面活性剂单体的回收。

综上所述，为提高回收率降低成本，宜采用联合回收技术，如胶束强化超滤-泡沫分馏联合技术。

一旦污染物或可气提物被去除，可采用生物处理法在足够的停留时间内对剩余表面活性剂进行降解。更典型的方法是在允许排放浓度范围内，与其他含消泡剂的废液一起排放。在缺少消泡剂时，也可以浓缩回收后现场回用表面活性剂。除了水相有机污染物去除装置外，预处理和辅助装置还包括滤水装置或 NAPL 分离装置、用来调节 pH 值和加入分散剂的药剂计量装置、中间储罐及意外事故储罐等。回收后的表面活性剂回用于注入过程。

4. SEAR 技术修复效果影响因素

表面活性剂促进土壤中 PCBs 的洗脱受到多方面影响，包括表面活性剂的结构性质 [如类型、CMC、亲水亲油平衡值（hyddrophile-lipophile balance，HLB）]、溶液质量浓度、组成，以及土壤本身的性质作用。

（1）表面活性剂结构性质的影响

由于表面活性剂有阴离子型、阳离子型、非离子型和生物表面活性剂之分，它们所表现出来的物理化学性质不尽相同，因此，对不同有机物的释放效果的强弱也不尽相同。Deshpande 关于表面活性剂对有机物解吸效果的研究中，为了达到相同的解吸率，阴离子表面活性剂的使用量是非离子表面活性剂的 10～100 倍。生物表面活性剂结构相比于化学表面活性剂更复杂，单个分子占据的空间更大，能促进 PCB 进入疏水基团中，因而对 PCB 的增溶效果更为显著。Rouse 等比较了单亲水基和双亲水基阴离子表面活性剂对萘的增溶作用，结果表明，双亲水基烷基二苯基二磺酸钠不仅比单亲水基的十二烷基硫酸钠的增溶能力强，而且抗硬水能力也强。黄卫红等研究比较了阴离子型表面活性剂 SDBS、非离子型表面活性剂 Tween80 和阳离子表面活性剂 HTAB 对土壤中 PCB 强化解析作用，发现单种表面活性剂的使用，对 PCB 解吸作用由强到弱依次为 Tween、SDBS、HTAB，即非离子型表面活性剂的作用大于阴离子型大于阳离子型，主要原因为非离子型表面活性剂具有较小的 CMC，较强的增溶和乳化能力。朱利中等研究 TritonX100、Brij35、TritonX305 三种非离子表面活性剂对多黄芳烃（PAH）的增溶作用，发现增溶作用的大小与表面活性剂的亲水亲油平衡值（HLB）呈负相关，结构上的差异也会影响增溶效果。

（2）表面活性剂浓度的影响

溶液中表面活性剂的浓度大小也会影响有机物增溶效果的大小。施周研究了非离子型表面活性剂和阴离子型表面活性剂对 PCB 的增溶效果，发现无论是在 CMC 以上还是以下，表面活性剂都有增溶作用。当浓度在 CMC 以上时，增溶作用显著增加，随着表面活性剂浓度增大，PCB 的溶解度成正比线性增长。而当浓度在 CMC 以下时，表面活性剂的增溶作用却不显著。这表明当表面活性剂的浓度大于 CMC 时形成的胶束是增加了难溶憎水性有机物的溶解度的主要原因。当表面活性剂的浓度高于 CMC 时，会减小有机物的分配系数，同时增大有机物在水中的溶解度。但表面活性剂溶液质量浓度过高时，会在水溶液中形成絮凝物，然后与有机物结合成黏性乳状液，这种乳状液会堵塞土壤中的孔隙，从而减慢溶液的流速，降低洗脱效果。

（3）表面活性剂组成的影响

与单一表面活性剂相比，不同类型的表面活性剂的混合使用，能产生协同增溶作用，而同种类型表面活性剂的混合则会出现减溶效果。赵高峰研究了 NPE10 与 LAS 混合、AE9 与 NPE10 混合和 NPE10、LAS、AE9 单独使用时对 PCB 的增溶作用，结果发现 NPE10 和 LAS 混合使用的增溶效果最为显著，主要原因是 LAS 和 NPE10 这两种不同的表面活性剂混合形成混合胶束，非离子型表面活性剂 NPE10 插入胶束中，减弱阴离子型表面活性剂 LAS 之间的斥力，使 CMC 降低，表面张力减小，溶质在混合胶束中的分配系数增大。而 AE9 和 NPE10 混合使用的效果甚至不如 AE9 和 NPE10 的单一使用，可能是因为这两种同种类型的表面活性剂共存时，彼此相互占据了亲油性胶囊的空间，阻碍了与 PCB 的接触，产生了拮抗现象。马满英等研究发现，生物表面活性剂和非离子表面活性剂的混合使用也产生协同增溶作用，协同增溶作用的大小与其中非离子型表面活性剂的亲水亲油平衡值（HLP）呈负相关。

(4) 土壤性质的影响

用表面活性剂溶液洗脱土壤中的难溶憎水性有机污染物是在土壤的孔隙中进行的，因此，土壤的介质特性、孔隙结构特征都会影响表面活性剂在孔隙中的运移，从而影响洗脱效果，因此土壤种类（特别是黏土矿物种类）是决定表面活性剂能否增强难溶憎水性有机污染物解吸的关键因素。表面活性剂在增加难溶憎水性有机污染物溶解度的同时，其中一部分表面活性剂也会吸附在土壤中，而吸附的表面活性剂会阻碍土壤中有机污染物与水溶液中表面活性剂的有效接触，从而对土壤中难溶憎水性有机污染物与水溶液中表面活性剂的有效接触，从而对土壤中难溶憎水性有机污染物的释放产生负面影响。例如，对鼠李糖脂和 TritonX100 洗脱土壤中杀虫剂的影响因素中研究了吸附作用的影响。当表面活性剂的量接近饱和量时就会增强对杀虫剂的影响因素中研究了吸附作用的影响。当表面活性剂的量接近饱和量时就会增强对杀虫剂的洗脱作用，而当表面活性剂浓度远低于土壤饱和量时，表面活性剂就会被土壤吸附，对杀虫剂洗脱作用就会减弱。Ou 等发现，十二烷基苯磺酸盐浓度低于 500mg/L 时既可以增大也可以减少菲的吸附。关键在于与土壤接触的 LAS 顺序不同。先加入 LAS 时，吸附量比单纯用量低，可能是由 LAS 占据了强烈憎水吸附区；LAS 后加入土壤时，菲的吸附增大，主要是由于土壤表面形成 LAS 半胶束。LAS 浓度大于 500mg/L 时，两种添加顺序都会降低菲的吸附作用。因此，为了增强土壤中难溶憎水性有机污染物的解吸，就要使用较高的表面活性剂浓度，使得水体中的表面活性剂对难溶憎水性有机污染物的解吸强化作用大于土壤中吸附态表面活性剂对难溶憎水性有机污染物的解吸抑制作用。一些研究表明，表面活性剂溶液在土壤中的解吸曲线为 S 形等温曲线，而 Narikis 等曾经通过非离子型表面活性剂在土壤中的吸附得到 Langmuir 等温曲线和 S 型等温曲线，这说明被吸附的表面活性剂的浓度与其浓度呈正相关关系。此外，选用生物表面活性剂洗脱 PCB 污染土壤的试验表明，土壤对表面活性剂的吸附还与土壤本身的有机碳含量有关，土壤中的有机碳含量越高，则吸附的表面活性剂越多。

第十章　建设用地土壤污染修复管理体系

第一节　建设用地土壤修复管理需求分析

近 30 年来，随着我国工业化、城市化、农业高度集约化的快速发展，土壤环境污染日益加剧，呈现多样化的特点。我国土壤污染点位在增加，污染范围在扩大，污染物种类在增多，出现了复合型、混合型的高风险区，呈现出城郊向农村延伸，局部向流域蔓延的趋势，形成了点源和面源共存，工矿企业排放、肥药污染、种植养殖污染与生活污染叠加，多种污染物相互复合、混合的态势。近年来，随着公众环保意识逐渐增强，由污染建设用地对人体造成的伤害而引起的民事纠纷不断增多。可以看出，污染建设用地正严重威胁着居住环境安全和公众健康的同时，也阻碍城市建设和经济发展。

面对污染建设用地目前存在的问题，中央及地方政府颁布了一系列法律法规、技术标准和规范对其进行管理。我国的污染建设用地管理相关工作，尤其是土壤污染控制、污染法规完善和应用方面，与发达国家仍存在较大差距；由于污染建设用地总数未知，污染建设用地基础资料缺失等原因，无法进行系统分类、分级以及综合管理；污染建设用地再利用管理体系，也存在一定程度的缺失，亟待完善。另外，污染建设用地修复管理资金来源渠道尚未形成体系、投入不足等是土壤污染修复管理进一步发展的瓶颈。

基于我国建设用地土壤环境呈现多样性、复合性、区域化特征，面对现阶段和未来相当长一段时期显性或潜在的建设用地土壤污染问题，应以创新国家土壤环境科学、技术与管理体系为宗旨，以土壤环境调查与分析、风险评估、基准与标准制定、污染控制与修复、信息集成与应用、环境监管等关键技术为重点，统筹建设用地土壤污染治理、生态及人居环境健康保障。坚持以防为主，点治、片控、面防相结合；坚持建设用地土壤污染分区分类防治；依靠科技进步，推动土壤环境保护法治建设，提高公众的环境保护意识；分阶段、分步骤、全面、系统地构建适合我国国情的建设用地土壤污染修复管理体系。

在借鉴、归纳国内外建设用地土壤污染管理方法的基础上，结合实践工作经验，笔者梳理并制定了建设用地土壤污染修复管理体系架构。该架构在遵循建设用地土壤污染修复基本流程（包括污染物识别、建设用地调查、建设用地风险评估、建设用地治理与修复方案制定、招投标、建设用地修复工程实施、修复结果验收以及中长期管理等）的基础上，全方位考虑了业主、公众、政府管理部门、政府工作人员、评审专家、调查与修复参与企业、企业专业技术人员、施工人员等多方的责任与利益；创新性地指出（确定责任业主、专项资金筹措、详细采样方案评审、建设用地调查结果验收与评估、风险评估结果审核、环境影响评价与社会稳定风险评价、修复策略的选择、修复技术筛选与评估、建设用地土壤修复方案评估、组建招标委员会、招投标、建设用地土壤修复施工组织方案评估、建设用地土壤修复工程监理方案审核、建设用地土壤修复效果评价与验收、建设用地土壤修复中长期监管等）关键节点，这些关键节点均是业主、环保部门管理的要点。建设用地土壤污染修复管理体系架构如图10-1所示。

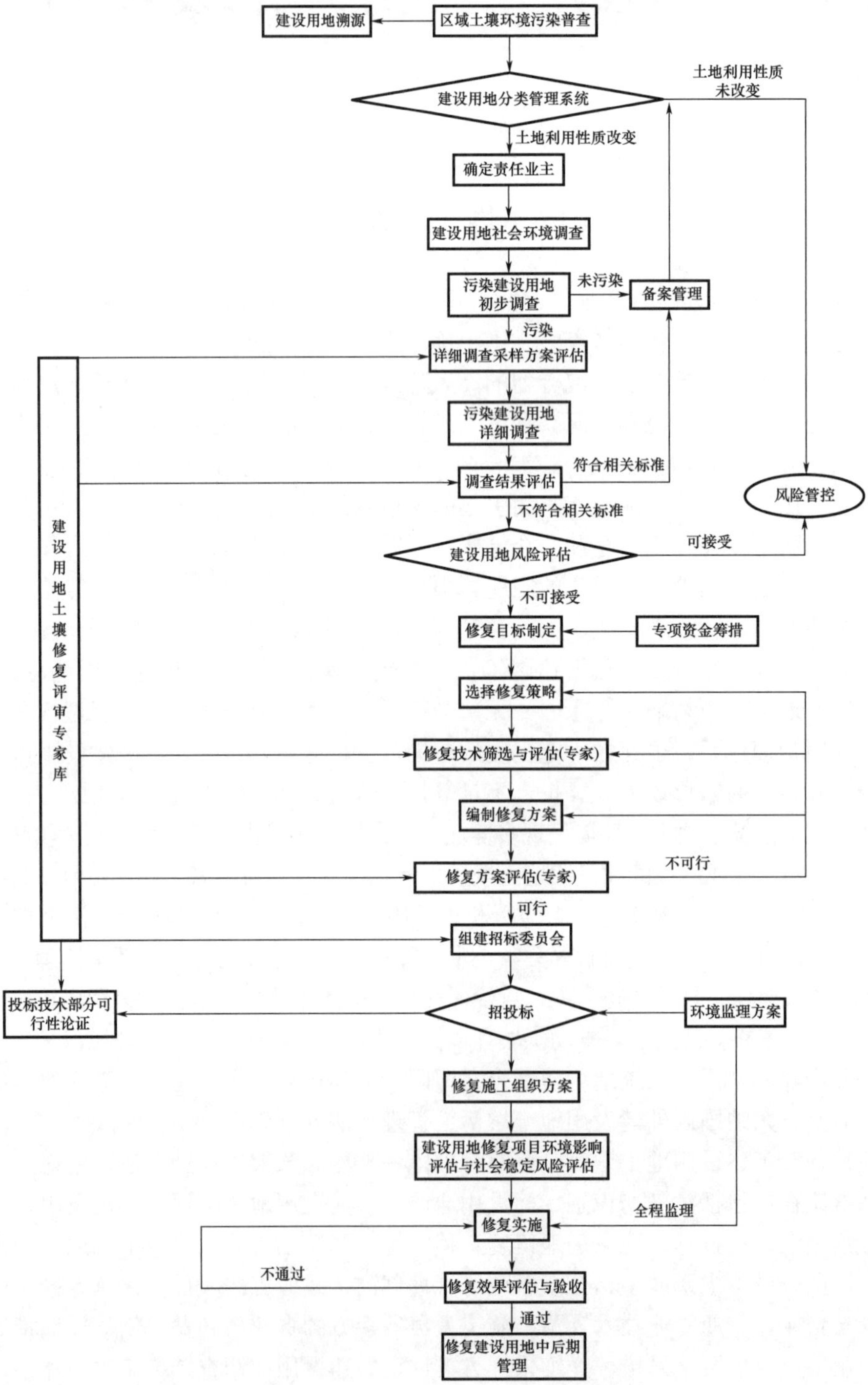

图 10-1 建设用地土壤污染修复管理体系架构

第二节　建设用地土壤修复管理基本流程

一、开展区域土壤环境调查

2016年,"土十条"[①] 在千呼万唤中出台。当时,恰逢"十三五"开局,也是这一年,"常州事件"等一系列"毒地"事件曝光,为我国污染建设用地管理敲响警钟。整体而言,我国建设用地土壤污染修复尚处于起步阶段,全面的建设用地土壤污染修复是不切实际的。作为管理者,有必要充分咨询业内专家意见和建议,组建专业技术团队对区域土壤开展摸底调查工作。

区域土壤环境调查成果,不仅可以与城市规划结合来防患于未然,还可为建设用地土壤污染修复行业健康发展奠定基础。通过对历史遗留建设用地的历史资料搜集、现场踏勘、专家论证、初步采样调查以及建设用地溯源等工作,建立健全"区域建设用地土壤污染源数据库"。利用该数据库,相关管理者不仅可以对污染建设用地对症下药、集中修复,还可以对其进行分类风险管控;相关从事建设用地土壤污染修复的科研机构和企业,不仅可在相关管理者允许下对典型污染建设用地进行试验性修复,还可向相关土壤类型提供适宜的修复技术调试参数以及现场中试机会。

二、污染建设用地分类管理

欲对污染建设用地进行分类管理,必须依托区域土壤环境调查的成果——"区域建设用地土壤污染源数据库",将区域内所有污染建设用地分为无明确"业主"的历史遗留建设用地和有"业主"的近期污染建设用地。对于近期污染建设用地,管理部门可以依据相关土地利用标准、企业建设时该建设用地利用性质或现阶段周边相似建设用地利用性质,作为该建设用地的修复目标,并责令"业主"限时自行修复。对无明确"业主"的历史遗留建设用地,虽需有效修复,但客观上无法做到全面、有效修复,可以科学、合理地对其按照修复迫切程度进行再分类,对迫切需要修复的,通过专项资金支持开展相应的示范性修复项目,通过对示范建设用地进行不同技术的现场中试,找出一些符合当地土壤特征、实用性强、安全可靠的修复技术,最终"先易后难、土洋结合、分期治理、治建结合"的治理模式进行集中专项修复。对不需要迫切修复的建设用地进行实时监测,控制污染物扩散,也能在无形中降低修复成本。

实际管理过程中,可确定优先修复污染建设用地。应将最具风险和亟须开发的污染建设用地作为优先修复污染建设用地,对于低暴露、低风险的污染建设用地应采用制度控制等手段进行管理,从而实现低成本、高效率的污染建设用地修复与管理目标。

三、建设用地土壤污染的预防和修复

各种工业活动在没有实现清洁生产时都会对土壤质量产生干扰。首先是通过排放废气、废液和固体废物直接污染土壤;其次是通过对大气、水的污染、人畜利用后间接造成土壤污染。解决建设用地土壤污染的根本方法是控制污染物的排放,实行全程清洁生

---

① 2016年,国务院印发《土壤污染防治行动计划》(简称"土十条")。

产、物质循环利用和控制污染物排放。综合考虑我国土壤环境保护与污染防治的现状和实际需要，我国现阶段的土壤环境保护与防治迫切需要完整的立法，须从土壤污染预防和治理两个方面加以规范。

四、建设用地土壤环境调查

在研究国内外建设用地土壤环境调查技术的基础上，结合实际调查方案评审的经验，笔者总结出建设用地土壤环境调查工作主要包括污染物识别、现场环境调查和补充采样调查等环节。其中污染物识别又称为第一阶段调查，现场环境调查又称第二阶段调查。具体建设用地土壤污染环境调查工作流程如图10-2所示［参考《建设用地土壤污染状况调查技术导则》（HJ 25.1—2019）］。

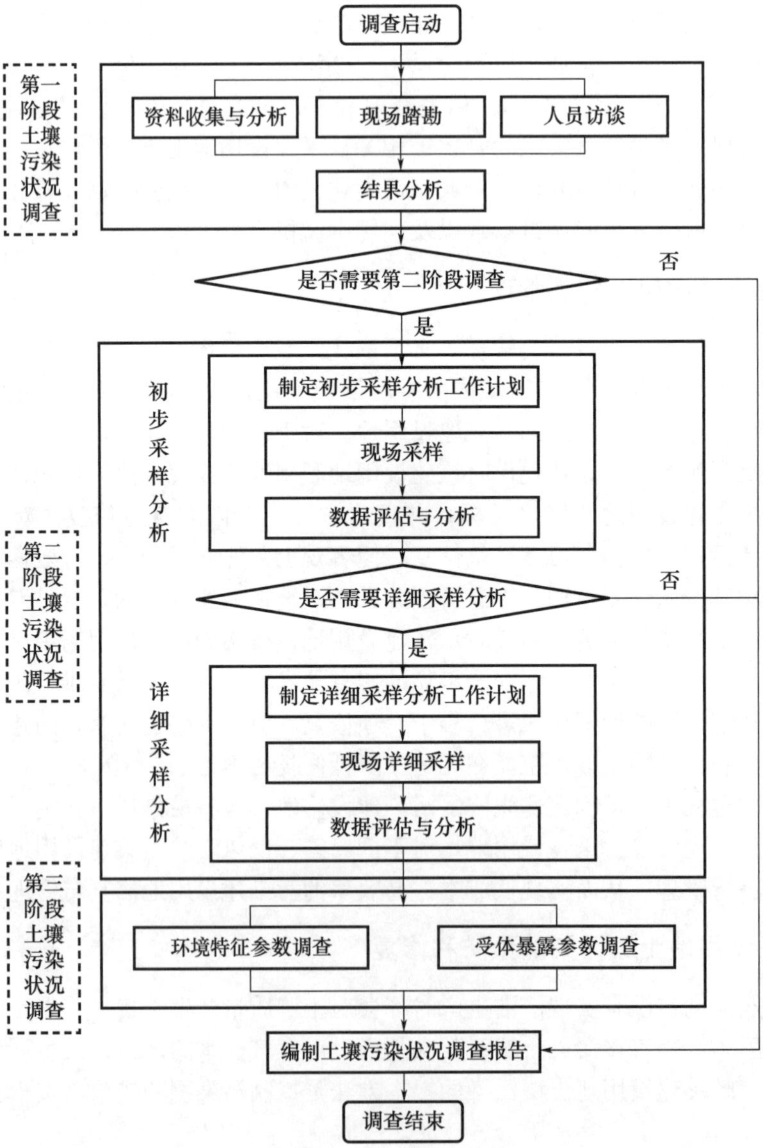

图 10-2　建设用地土壤污染环境调查工作流程

污染物识别主要是通过人员访谈、历史资料搜集、现场勘探等手段，旨在对建设用地土壤污染状况（包括污染物类型、浓度、大概分布范围等）做初步掌握，并对调查结果做初步风险评估，确定是否需要进一步的现场调查。

现场环境调查分为初步采样调查和详细采样调查，均需严格的调查步骤和可行的调查方案作指导。现场环境调查的目的是进一步确定污染物的种类、浓度以及扩散边界，并结合国家相关标准和未来建设用地规划用途来综合分析是否需进一步进行风险评估，最后以报告的形式展示调查的内容及结论。

在对现场详细采样数据进行分析、论证得出该建设用地需要开展风险评估工作时，如有需要，则进行建设用地补充采样调查。补充采样调查主要内容包括建设用地特征参数调查和受体暴露参数调查，其目的是获得满足风险评估及土壤、地下水修复所需的参数。

五、建设用地土壤污染风险评估

一般而言，建设用地土壤污染风险评估是在建设用地土壤污染环境调查数据的基础上，通过危险识别、风险暴露评估和毒性评估、风险表征以及控制值计算等环节，确定该建设用地中污染物的种类和浓度是否给周围受体带来健康风险，并判断风险能否接受，如不可接受则依据建设用地利用性质或规划用途，制定初步修复目标值，划定修复范围。建设用地土壤污染风险评估总流程如图10-3所示［参照《建设用地土壤污染风险评估技术导则》（HJ 25.3—2019）］。

危害识别主要是根据污染物识别和现场环境调查获取的资料，结合建设用地未来土地利用性质，进而确定目标污染物及其空间分布，识别敏感受体类型，完善建设用地概念模型。

风险暴露评估和毒性评估主要是在危害识别的基础上，分析建设用地内目标污染物迁移、转化途径和危害敏感受体的可能性，确定土壤和地下水中污染物的主要暴露途径、暴露评估模型及评估模型参数取值，计算土壤和地下水中污染物基于敏感受体的暴露量；并结合不同受体在不同暴露情景下的健康危害程度，按照致癌和非致癌进行毒性评估并确定污染物参数。

风险表征的主要内容是根据暴露评估和毒性评估已得出的暴露量及污染物参数，分别计算每种污染物在单一或多种暴露途径下的致癌风险和危害商。统计每种污染物的致癌风险和危害商，综合分析该建设用地所有污染物的致癌风险和危害商，并与相关国家标准进行对比，最终通过专家讨论决定该建设用地土壤污染风险是否可以接受。如果该建设用地土壤污染风险不可接受，则进一步计算其不可接受污染物的风险控制值。

六、管理策略选择

若某一建设用地详细调查结果与风险评估结果表明，建设用地存在污染物超标且该污染物的人体健康风险不可接受，则必须对该建设用地提出明确的管理策略。管理策略包括风险管控和治理与修复。风险管控的内容包括编制风险管控方案（二次污染防治方案、环境应急方案、长期跟踪监测方案、修复时机成熟的标志）、风险管控方案评审、风险管控工程实施、长期跟踪监测等内容。治理与修复内容包括修复资金筹措（专项资金申请）、修复目标制定、选择修复策略、编制修复方案、招投标、修复施工组织设计

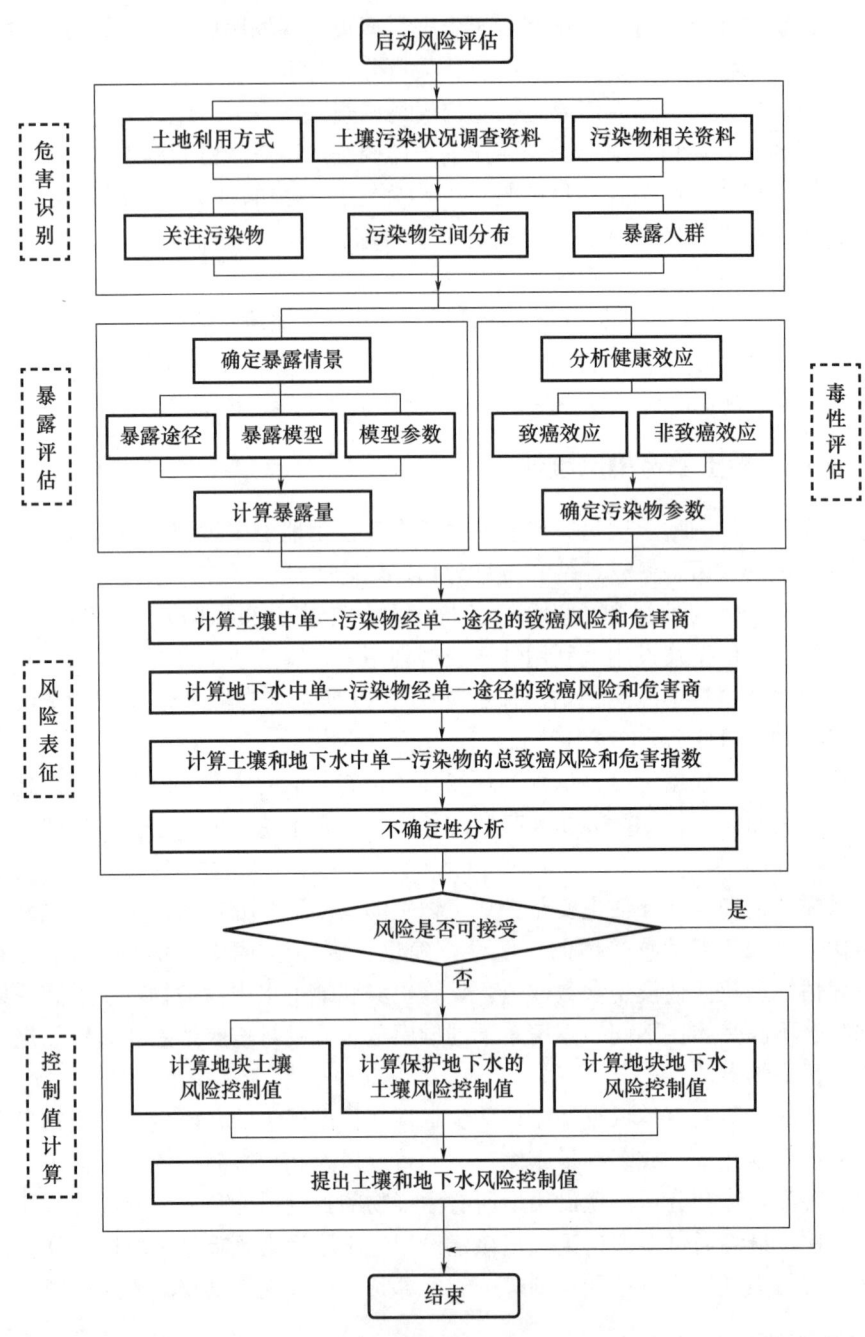

图 10-3 建设用地土壤污染风险评估总流程

方案、专项工程评估、建设用地修复项目污染评估与控制及社会稳定风险评估、修复工程实施、修复效果评估与验收以及修复建设用地中后期管理等内容。

七、建设用地土壤污染修复方案编制

结合实际工作中参与评审修复方案的经验，参考《建设用地土壤修复技术导则》（HJ 25.4—2019）有关建设用地土壤污染修复方编制要求，总结、归纳出建设用地土壤

修复方案编制的一般流程（包括确定建设用地土壤修复模式、筛选修复技术、评估修复技术可行性、制定修复方案）。

（一）建设用地土壤修复模式确定

建设用地土壤修复模式，即建设用地土壤污染修复方案制定的总体思路或总体框架，是基于建设用地土壤污染调查数据和建设用地土壤污染风险评估结果，参考建设用地土壤污染特征条件、主要控制污染物、修复目标、修复范围和修复工期等因素的综合影响，进而制定的总体修复思路。其主要类型有原位修复、原地异位处置、异位（地）修复、自然修复、污染阻隔、居民防护和制度性控制等。

（二）修复技术筛选

地方政府尤其是环保部门，应尽快建立自己的修复技术分类办法与修复案例档案。修复经验的累积，有利于建设用地修复活动中修复技术的快速筛选，特别是对于污染源类型、污染建设用地的特征和污染物暴露途径相近的建设用地，通过对修复案例的总结，获得推荐性的修复技术，在同类型建设用地中进行推广应用，从而能为建设用地修复节约修复时间、经费，缩短修复周期。

笔者认为，修复技术筛选必然是建立在明确的优先修复清单的基础上，对症下药，制定出相对科学合理的修复目标，综合考虑建设用地被污染的介质（地下水、土壤、地表水）中污染物的迁移转化速率、修复技术的适用性及实施性、修复周期、社会可接受程度、成本收益等因素，最终采用多技术联合修复方案，或选择最为适宜的修复技术。

对具体的污染建设用地而言，每种修复技术或修复技术组合会强化某些因素，同时弱化某些因素，很难找到一个完全满足所有因素的最优方案。通常，修复技术筛选是在众多修复技术的比较中获得一个或数个较优的修复技术或修复技术组合。修复技术较多采用多目标决策方法对指标进行评价，最终获取最佳修复技术或修复技术组合。

建设用地土壤修复技术筛选方法较多，各有优劣。目前，国内建设用地土壤污染修复行业并未对修复技术筛选有一个统一的认识，一般都是结合实际修复工作，考虑技术指标、社会指标、经济指标，通过对可操作性、技术成熟度、总费用、修复时间、资源需求、可接受性、二次污染/环境影响等影响因子并分别给予不同权重，采用如Topsis法等方法筛选出适宜的建设用地土壤修复技术。

（三）修复技术可行性评估

对于已确定的修复技术，可通过实验室小试、现场中试、应用案例的专家论证分析、多标准分析、成本效益分析、环境效益净值分析、生命周期评估法，以及开发一些定量和半定量评估软件或系统等进行可行性评估。在修复技术适用性确定的前提下，针对该建设用地土壤特征进行现场中试，以便最终获得土壤修复工程设计所需要的参数；中试必须兼顾到该建设用地不同污染区域、污染物类型、浓度和土壤类型。在土壤修复技术适用性不确定的情况下，首先，应以该建设用地污染土壤和地下水为样本，针对修复技术的关键环节和关键参数开展实验室小试；其次，对制定的试验方案进行可行性评估；最后，开展相应的现场中试来验证修复技术的实用性。需要特别强调，采用相同或类似建设用地土壤污染修复技术的应用案例进行专家论证分析时，要加大现场考察权重。

(四) 修复方案制定

一般而言，修复方案制定基本流程是根据已定修复技术，制定相应的土建设用地土壤污染修复技术路线，调试相应的建设用地土壤污染修复技术的工艺参数，估算相应的工程量，编制二次污染防治方案、应急预案等，最终形成初步修复方案，以供招标或进一步论证。

由于污染物在建设用地中的迁移是一个渐进的过程，每个污染建设用地都既存在高风险区，又存在低风险区，对不同区域应区别对待，选择最为适宜的修复技术方案。但在综合考虑后，人们往往会采用多技术联合的修复方案。同时，修复方案也应对修复工程的验收提出明确的思路和要求，特别是要对有关环保内容的验收提出较为详细的目标。

八、招投标

建设用地土壤污染修复工程虽涉土方工程内容，但更多的还是涉及污染物迁移转化、二次污染控制等不确定因素，其招投标实质是业主对环保专业技术服务的采购。目前我国在该方面尚未形成规范的招标模式，也无专门的机构管理建设用地土壤修复招投标工作。

国内现有的建设用地土壤修复工程招投标完全归类于建设项目，其招标流程主要包括组建招标机构、标段划分与合同打包、确定合同关系、确定招标方式、编制招标文件、编制招标标底、投标、组建评标委员会和开标工作组、组织评标及定标等环节。

上述建设项目式的修复工程招标文件中一般对竞标单位有严格的行业资质要求。如此一来，使得原本应由从事建设用地土壤污染修复的专业企业为主体投标和工程施工工作，变成由有资质但不从事建设用地土壤修复的企业联合土壤污染专业企业进行投标和项目施工，出现专项修复资金被多方既得利益方"瓜分"的怪相。

建设用地土壤污染修复工程量大、周期长，对招标项目进行工程单项分割和标段划分是必要的，但我国建设用地土壤污染修复行业处于起步阶段。由于相关业主或招标机构缺乏对段划分和修复工程单项分割经验，以及相关建设用地土壤污染修复工程单项工程单价制定行业标准缺失，业主或招标机构通常采用传统招投标模式。而在传统招标模式中，商务部分占比过大，使得对技术部分考虑不足，加之由于商务部分容易导致恶性价格竞争，致使整个招标结果事与愿违，难以保障筛选出专业企业、专业人员和"合适"的技术。

综上所述，现阶段我国采用的建设用地土壤修复招标模式存在较多弊端，为未来环境及周边受体埋下巨大隐患。为保证我国建设用地土壤污染修复行业良性发展，相关管理者或决策者必须对招标模式和管理体系进行探索、改革。

首先，在现有制度框架下，招投标时必须设置若干条件对非专业企业进行限制，因为建设用地土壤修复并非简单的土方工程，而是包含土方工程、污水处理工程、废气处理工程、固废处理工程、社会稳定等的综合工程，不仅需要完善的施工组织方案和"资质证书"，更需要有核心技术、专业人才队伍以及大型修复经验。选择符合建设用地土壤特征的修复技术以及对该修复技术有相关专利和技术团队的企业，既是对业主负责，更是对长远的社会利益、环境利益负责。结合多年招投标方案制定、评审经验，可以这样讲，最低价竞标不符合当前建设用地土壤修复模式，因此，在不违反当前招标政策等相关规定的前提下，组建以地方主要领导为组长，包含土地、财政、环保、规划、建设以及行业专家在内的土壤修复专门工作小组，统筹考虑，通过政策制定、目标管理、技术把关等，规避恶性低价中标等行为，保障公众、业主、社会、环境等利益。

九、施工组织方案

施工组织方案由修复企业制定，需经专家审议，并经业主、管理部门同意的系统施工措施文件，是建设用地土壤修复工程施工的指导手册，更是建设用地土壤修复工程验收、评估、备案的核心依据。

以某建设用地异位修复+原位修复施工组织方案为例，施工组织方案的内容包括总论（项目概况、项目背景、建设用地概况、修复目标与范围、编制依据）、建设用地修复工程方案总体设计（建设用地修复技术路线、污染土壤异位修复方案设计、污染土壤原位修复方案设计、污染地下水修复方案设计）、施工现场防止二次污染的技术装备保证措施（施工过程二次污染识别、防止大气污染的技术装备保证措施、防止水污染的技术装备保证措施、防止噪声污染的技术装备保证措施、防止固废污染的技术装备保证措施）、工程施工现场有害物质对周边环境和居民危害防护管理措施（施工现场周边环境及敏感点分布、施工现场有害物质识别、有害物质对环境和人体的影响分析、防止有害物质对环境造成影响的措施、防止有害物质对人体造成伤害的措施）、施工作业人员安排、工期计划及安全防护措施（施工作业人员安排、施工进度计划、施工人员安全防护措施）、井点降水和基坑废水治理及达标排放技术措施（井点降水和基坑废水治理分析、总体工艺方案的选择与确定、废水的监测和检测措施、废水治理技术的科学性和可行性）污染土壤运输方案及运输过程中二次污染防护措施（污染土壤外运计划、污染土壤外运方式及运输途径科学性分析、运输过程的监测和控制措施、外运土壤二次污染防护措施、运输过程中突发事件的应急响应）、外运污染土壤堆放建设用地安全处理方案（外运土壤堆放建设用地及周围环境、堆放后污染土壤的安全防护措施、污染土壤堆放过程废气污染防治措施）、污染土壤治理在水泥窑前处置技术装备（前处置技术装备、前处置监控设施、前处置报警设施、水泥窑改造）、原位修复技术装备（原位修复二次污染防治措施的技术可行性、治理过程添加物质对后续建筑材料的安全性）、污染土壤治理修复过程事故风险防范措施、应急方案和措施（事故风险分析、事故风险防范、事故发生后的应急预案、事故发生后的应急措施）、污染土壤水泥窑协同处置治理方案及质量控制措施（水泥窑协同处置污染土壤全过程方案的完整性、水泥窑协同处置污染土壤全过程方案的可行性分析、处理过程中防止有害物质及有害气体扩散的处置措施、处理后有害物质的检验措施、未达逾期效果的技术修正措施）等内容。

十、建设用地修复项目污染评估与控制及社会稳定风险评估

建设用地修复项目污染评估与控制及社会稳定风险评估的节点为修复工程施工组织设计方案编制阶段；评估主要内容包括施工组织设计方案、主体工程以及环保专项工程

等；评估主要细则包括修复实施过程中可能造成的环境污染进行分析、预测和评估，提出预防对策和措施，并对危害社会稳定的诸因素进行评估。建设用地修复项目污染评估与控制流程及社会稳定风险评估流程分别如图10-4和图10-5所示。

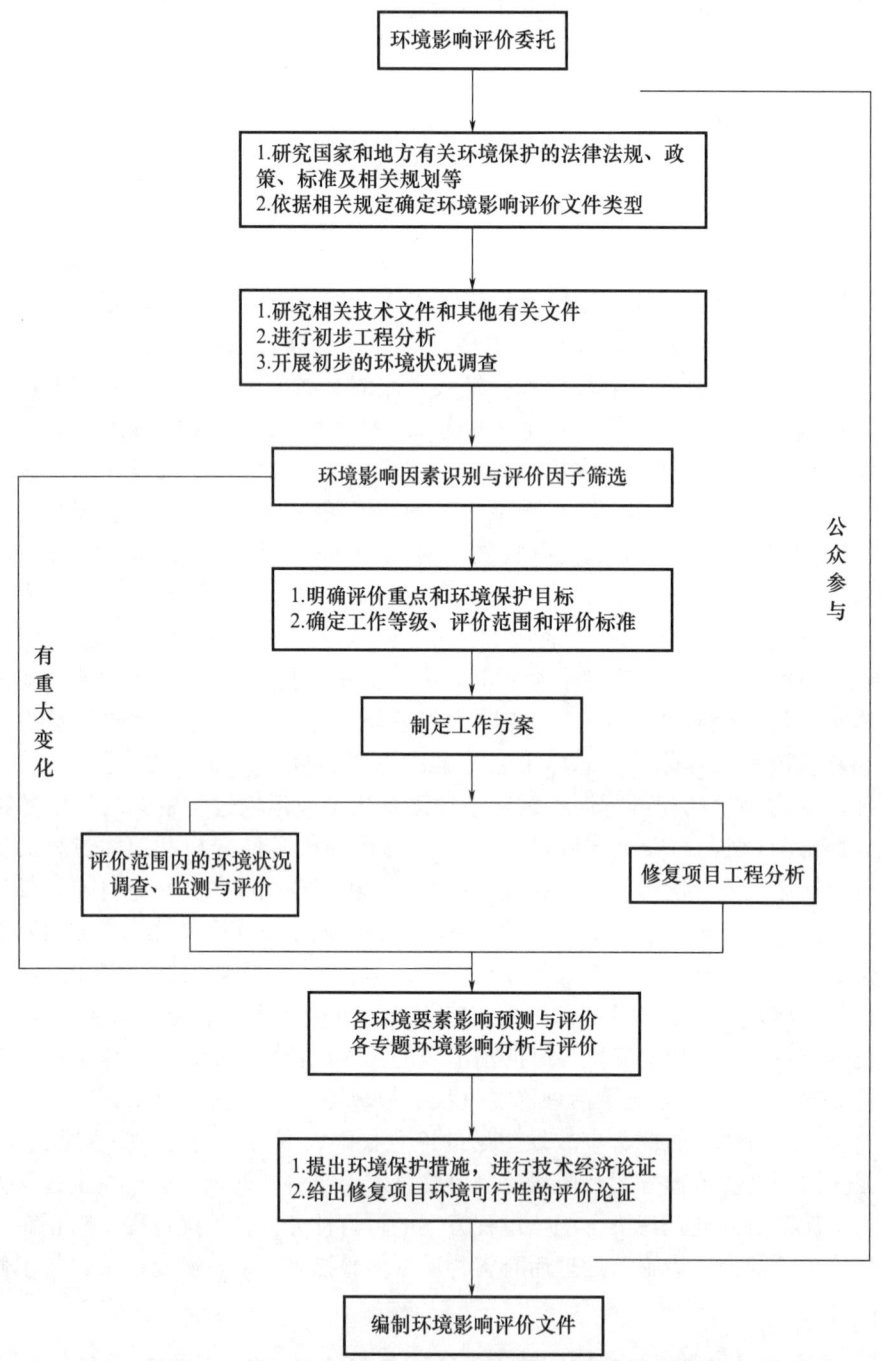

图10-4　建设用地修复项目污染评估与控制的工作流程

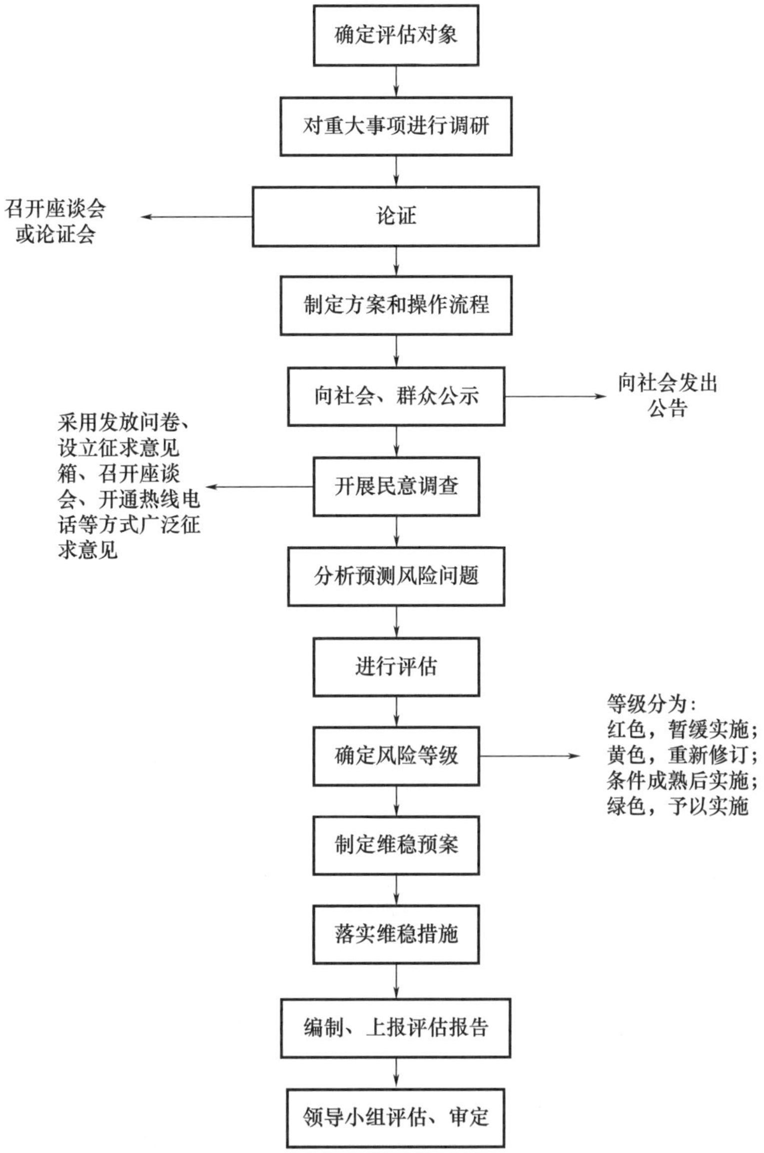

第十章 建设用地土壤污染修复管理体系

```
                    ┌──────────────┐
                    │ 确定评估对象 │
                    └──────┬───────┘
                           ↓
                    ┌──────────────────┐
                    │ 对重大事项进行调研 │
                    └──────┬───────────┘
                           ↓
  召开座谈会         ┌──────────┐
  或论证会    ←─────│   论证   │
                    └─────┬────┘
                          ↓
                    ┌──────────────────┐
                    │ 制定方案和操作流程 │
                    └──────┬───────────┘
                           ↓
                    ┌──────────────────┐      向社会发出
                    │ 向社会、群众公示 │ →      公告
                    └──────┬───────────┘
  采用发放问卷、           ↓
  设立征求意见       ┌──────────────┐
  箱、召开座谈  ←──│ 开展民意调查 │
  会、开通热线电     └──────┬───────┘
  话等方式广泛征            ↓
  求意见             ┌──────────────────┐
                    │ 分析预测风险问题 │
                    └──────┬───────────┘
                           ↓
                    ┌──────────────┐
                    │  进行评估   │
                    └──────┬───────┘
                           ↓                  等级分为：
                    ┌──────────────┐         红色，暂缓实施；
                    │ 确定风险等级 │ →       黄色，重新修订；
                    └──────┬───────┘         条件成熟后实施；
                           ↓                  绿色，予以实施
                    ┌──────────────┐
                    │ 制定维稳预案 │
                    └──────┬───────┘
                           ↓
                    ┌──────────────┐
                    │ 落实维稳措施 │
                    └──────┬───────┘
                           ↓
                    ┌──────────────────┐
                    │ 编制、上报评估报告 │
                    └──────┬───────────┘
                           ↓
                    ┌──────────────────┐
                    │ 领导小组评估、审定 │
                    └──────────────────┘
```

图 10-5 社会稳定风险评估工作流程

建设用地修复项目污染评估与控制工作流程的主要要点有建设用地修复过程中可能产生的二次污染包括废水、废气、废渣、噪声等是否有相应控制措施；异位处理是否采取大棚覆盖、负压运行等措施抑制挖掘过程中产生的扬尘和挥发性物质的散发，并保证运输车辆的密闭性，防止抛洒滴漏；气相抽提、多相抽提、热处理技术进行土壤修复是否配备完整的尾气处理设施；施工建设用地周围是否设置截水沟截留雨水径流和施工废水，施工建设用地环保专项工程是否制定相应的验收标准以及排放标准，以及污水、废气妥善处理后是否达标，以及是否合理排放；施工建设用地是否设置监测点位，对修复过程中产生的污染物进行动态监测；建设用地实施组织设计方案是否制定了监管制度和污染防治举措，包括定期检查制、工程进展周报制、污染土壤转移联单制度、治理现场视频监控。

十一、建设用地土壤修复环境工程监理

笔者和研究团队首次提出修复工程全程监理模式。该模式是以引入相关环境监理为核心，通过具有专业环保监理资质、经验的第三方机构，授权其负责全程修复工程监理。建设用地土壤修复施工监理包括建设用地土壤污染修复工程监理和环境监理。建设用地土壤修复工程监理的内容主要包括质量、进度、投资控制和信息、合同管理。建设用地土壤修复工程环境监理重点在于，依据修复技术方案，严格执行确定技术的实施、药剂使用，以及施工过程中"二次污染"的防治、突发环境危害事件处理等与环保相关的各项内容。

十二、建设用地土壤污染修复工程验收

建设用地土壤修复工程验包括工程验收和环保措施验收两方面。工程验收较为简单，环保措施验收相应要求较高，应包括修复企业自检和第三方验收；这里的第三方应具有相应资质和经验。第三方验收应包含文件审核、采样方案审核、采样结果审核、修复采样、修复效果评价、修复工作记录检查等环节。建设用地土壤修复工程的验收标准应以已经确定的修复目标值为基准。

根据建设用地土壤污染修复方案中修复方式的不同，建设用地验收时段也应有所区别，例如，进行原位修复的建设用地应在修复工程完工后进行验收，而进行异位修复的建设用地，应在污染土壤外运并回填后进行验收；无须回填的建设用地，应在开挖、外运后即时验收。验收范围应与建设用地土壤修复方案中确定的修复范围相一致，如若遇到建设用地土壤污染修复工程发生变更时，应根据实际情况对验收范围进行调整。建设用地土壤污染修复工程验收对象一般为建设用地土壤修复范围内的土壤和地下水。建设用地土壤污染修复工程验收工作流程图如图10-6所示。

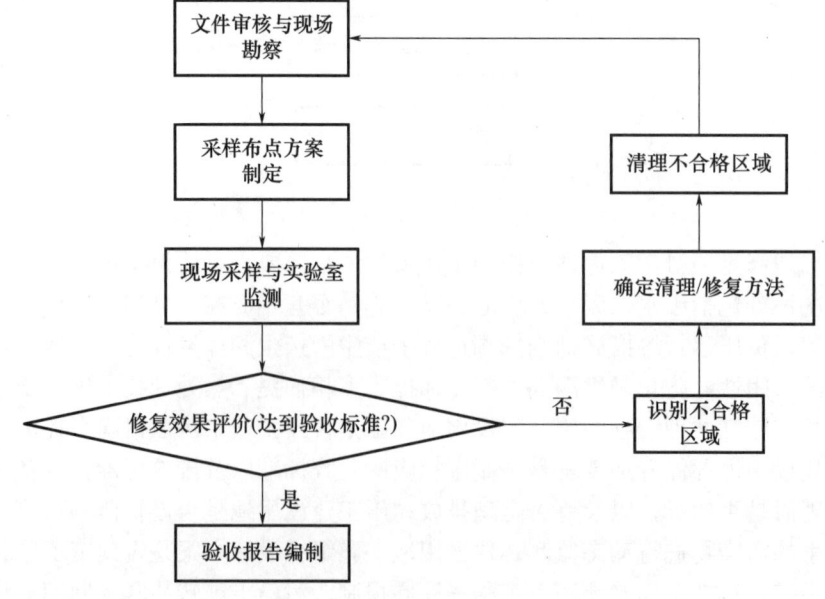

图10-6　建设用地土壤污染修复工程验收工作流程

十三、建设用地土壤污染修复中长期监测

通过查阅、分析相关学者的研究成果,得出建设用地土壤污染修复中长期监测对象可以分为以下几种情况。

(1) 对受污染面积大、污染物种类繁多、污染物浓度高等原因进行分期修复的建设用地,当每期修复工程结束后需对已修复区域、未修复区域和已修复区域边界进行中期监测。

(2) 对于污染建设用地因受修复资金短缺、修复技术不成熟等因素限制,造成建设用地土壤污染修复工程施工长期停滞的建设用地,需进行中期监测。

(3) 建设用地土壤污染修复工程虽完工,但未通过建设用地土壤污染修复工程验收,需重新进行修复的建设用地,在进行再次修复工程实施之前需对该建设用地进行中期监测。

(4) 由于条件限制,只是对土壤污染建设用地进行土壤、地下水等的使用限制,或采取反应墙、物理阻隔等工程控制措施的建设用地,需要进行长期监测。

建设用地土壤污染修复中长期监测时间段因建设用地土壤污染修复工程修复目标而定,对于修复目标为建设用地的建设用地一般在修复完成后建设用地开发建设阶段介入,而对同一建设用地进行分期修复的需在上一周期建设用地土壤污染修复工程验收合格下一周期修复启动时介入。建设用地土壤污染修复中长期监测时间段的制定,需紧密结合相关政策要求、综合考虑建设用地修复方案、周边受体变化等因素。

第三节 明确各方责任与权益

笔者认为,在地方层面上,建立环保、国土、规划等参与的多部门协同监管体系、建立多方参与的合作与权衡机制,不仅能推进污染建设用地调查信息公开、推动建设用地环境管理和建设的公众参与;还能让包括业主、公众、政府管理部门、政府工作人员、评审专家、调查与修复参与企业、企业专业技术人员、施工人员甚至金融贷款机构等利益方共同参与,协商交流,以缓解环境冲突。但必须指出,需对各利益方的责任与权益做出明确说明,以便达到污染建设用地得以治理与修复,地方经济得以发展,调查、修复企业既获得能保障工程质量也能获得利润,公众健康得以保障,达到多元互益的目标。

一、业主

业主是指建设用地污染法律责任承担者,建设用地污染土壤调查、修复等环节所需资金的提供者,更是建设用地土壤修复工作的重要管理者。一方面,由于业主对前期生产过程中造成污染负有责任,必须通过修复治理补偿公共资源(土地)损失、公众利益受损部分;另一方面,业主可获得直接利益,即通过变迁补偿或建设用地修复后的土地再利用、土地使用权转让等环节获得相应的经济、社会收益。就现阶段而言,由于政策变化等问题,在很大程度上,诸多历史遗留问题导致的部分污染建设用地,政府土地管理部门或主动或被动变为"业主",政府土地管理部门作为业主,其责任更重大,不仅

要承担建设用地调查、修复等环节涉及的资金,还要承担更大的社会责任。

二、公众

公众是土壤修复效果的直接参与者和得益者,但在我国土壤污染修复与治理工作中,公众参与不够广泛、不够深入、不够具体,监督制约作用发挥不足,因土壤污染发生的环境权益侵害事件时有发生,健康和财产损害救济机制还不完善,公益诉讼机制尚不健全,公众参与土壤污染防控的积极性、主动性和巨大能量没有得到充分发挥。另外,由于专业知识限制和各种信息差异、误导等因素,导致公众盲从、误信等,引起一些混乱甚至群体性事件。这一方面与我国公众环境意识觉醒不够有关,另一方面,也与环境信息公开、公众参与机制建设不到位有很大关系。

公众权益包括知情权、确保生存安全和长期安全、监督权等,应该通过媒介、公益宣讲等形式,让公众充分了解其自身权益,并鼓励其积极主动参与到建设用地土壤修复环节中来,发挥其监督权利。

三、政府管理部门

建设用地土壤修复管理工作中,政府管理部门的职责主要是土地管理、土地规划与开发、环境监管等。应建立跨部门的特别工作组,协调制定区域土壤环境保护和污染控制的法律法规和相关制度。该工作组将协调处理区域土壤环境保护问题,构建维护污染控制的监督管理体系。特别工作组最重要的是机构设置及其权职划分,特别是环保与农业、国土资源、水利、财政、国防及交通等部门之间的职责分工。同时,应明确土壤环境监管中各主体的基本权利和义务,规定土壤环境保护的基本法律原则和法律制度,规定预防土壤污染及受污染土壤进行修复或整治的基本要求和基本措施。另外,还应当明确规定建设用地土壤污染的防治纠纷的处理及违反土壤污染防治立法所应承担的不良法律后果。

政府管理部门无法规避管理、监管的责任,面对越来越多的建设用地土壤污染事故,一方面要增加行政处罚的种类、加大行政处罚力度;另一方面要重视对行政管理部门及其工作人员责任的合法、合理追究,也要保护管理人员在合法、合理的范畴执行监管责任。

四、政府工作人员

政府相关工作人员在建设用地土壤修复工作中是直接参与者,在建设用地土壤修复全过程中扮演着监督者及决策者。政府相关工作人员充分发挥领导决策能力的同时,应注意自身所承担的法律责任、社会责任和领导责任;利用法律赋予的职权协调好政府、业主、公众及环境等各方的利益,实现社会、环境、公众效益最大化,应是其工作的核心内容。

五、评审专家

评审专家应是在土壤、土壤污染、土壤修复技术、土壤修复工程、环境科学、环境工程、生物毒理等多领域颇有建树,必须对土壤修复领域的发展状况、修复管理程序及修复技术有足够的了解，并在建设用地土壤修复工作某些环节，如建设用地土壤环境调查、建设用地土壤风险评估、建设用地土壤修复方案编制、建设用地土壤修复工程施工、建设用地土壤修复技术应用等方面有深入研究和丰富从业经验的学者、研究人员或工程师，同时必须具备足够的"良知"和社会责任感，从而构建完善的咨询专家库。

建设用地土壤修复工作中需评审专家评审的环节主要包括：建设用地土壤环境调查详细采样方案可行性论证、建设用地土壤环境调查结果审核、建设用地土壤风险评估结果审核、建设用地土壤修复策略选择与评估、建设用地土壤修复技术可行性论证、建设用地土壤修复方案可行性论证、建设用地土壤修复施工组织方案可行性论证、建设用地修复效果评价与验收等环节。

评审专家在社会中处于知识源地位，是创新知识的主要载体，在建设用地土壤修复工作中，能提供专业技术支持与科学参考。但目前建设用地土壤修复行业对评审专家资源的管理仍然处于较低层次，评审专家知识的共享一般限于科学共同体的圈内活动，如专业协会进行、开展学术交流、举行学术论坛等。而评审专家与企业、社会之间在交流则缺乏相关渠道。

我国建设用地土壤修复刚刚起步，相关制度很不完善，在此建设用地土壤修复评审专家库，有助于为建立健全我国建设用地土壤修复管理体系把脉、导航；更有助于对具体的修复工程项目安全、环保以及经济实施保驾护航。专家库中关于评审专家的指标体系应包含个人基本情况指标（通常指其学术研究水平和科研能力）、修养指标（个人品质、对待学术的态度）以及评议水平方面内容。

最后特别指出，针对具体修复项目中各环节，抽选评审专家时，必须考虑以下最基本、最重要的五点原则：同行性原则，一般的评审专家尽量请"小同行"；代表性原则，不同区域、不同机构和不同的研究侧重点应该兼顾；回避性原则，与被评议对象有利益关系的专家应该回避；效用性原则，评审专家的数量一般不少于五人，且为奇数；轮换原则，即同行评议专家应该定期轮换。

六、调查与修复参与企业

作为一个发展中国家，如果没有一段时间的高速经济增长，不具备一定的经济实力，人民生活就不能改善，甚至改革也无法继续下去。改革开放的初期，我国所面临的主要问题就是经济发展。因此，和许多发达或新兴工业化国家一样，我国选择了在一段时间里通过支付更大的经济和社会成本的方式换取较快的经济增长。但是，当经济发展取得了一些成就，我们开始面对一个不同的局面，例如，强调经济增长、强调效率，牺牲公平和环境安全；高能耗、高污染的粗放型经济发展模式破坏了生态甚至危及了人们的健康。人们对企业所带来的一系列问题反映强烈，社会对企业的期望提高，希望企业能够承担社会责任。相比而言，从事建设用地土壤环境调查与建设用地土壤修复的企业在利益得到保障的前提下，除主动承担其自身责任外，更应该承担相应的社会责任。

企业是有利益诉求的经济实体，在建设用地土壤调查及修复过程中，企业利益可以通过合理、合法的招投标体系以及相应的服务得到保障。企业责任是其作为主体在社会生活中应该承担的责任，以及对企业所选择的不良行为所承担的后果。建设用地土壤修复企业责任不能仅限于经济责任，也不能主要以企业股东的利益为关注对象，企业实现利润最大化的责任是企业谋求股东利益最大化的责任,但其承担的社会责任必然在企业具备"良知"的前提下才能实现。近年来环保行业很多企业在追求利润最大化的过程中引发的社会问题日趋突出,唯利是图的企业忽视法律、伦理和公益等行径所引起的不满情绪日渐高涨。企业对利润的追求不能建立在践踏法律、无视伦理和公益的基础上,企业除了对股东负责之外,还应对股东以外的相关利益者负责,即应负有巨大的社会责任。

企业社会责任是指涉及建设用地土壤修复领域的企业应在创造企业自身经济效益的同时,处理好与建设用地修复相关的各种利益群体的利益关系,实现企业与社会的和谐与可持续发展。而这种责任可以从建设用地土壤调查方案、建设用地土壤修复工程施工方案的完备性上所体现,同时应该指出,参与建设用地土壤修复的企业必须有完整施工团队,拒绝东拼西凑,必须有自己的核心修复技术,必须有充足的预算和完善的管理体系。

七、企业专业技术人员

专业技术人员的责任主要体现在其必须具备建设用地土壤施工所需的知识、资质和经验积累等的要求,必须是建设用地土壤修复领域的资深从业者,必须具备丰富的一线修复工作经验;能够具备一定的处理环境突发事件的能力和知识。

八、施工人员

无论多么完美修复施工组织方案,都需要施工人员一步步实施完成,建设用地土壤修复工程本身是一个高危工程项目,安全无小事,因此必须做好工程安全防护措施和二次污染防护措施,保证施工人员的人身安全。

第四节 建设用地土壤修复工作管理切入点

结合多年工作经验,我们提出了"建设用地土壤修复工作管理切入点",旨在为相关管理者和利益方在建设用地土壤修复管理中节约成本,使得管理工作有的放矢,起到事半功倍的效果。在明确建设用地土壤修复基本流程和各方责任和权益后,各方利益相关者应该最关心的莫过于自己在建设用地土壤修复管理体系中扮演的角色,以及享有的权利。而本节将会是各方利益一窥自己角色定位的最好窗口。

建设用地土壤修复工作管理切入点,源于建设用地土壤修复基本流程,但有别于建设用地土壤基本流程,其在工作流程上与建设用地土壤修复基本流程一致,内容上更侧重于抓住基本流程各环节的要点。例如,建设用地土壤修复工作管理切入点包含:明确责任业主、专项资金筹措、详细采样方案评审、建设用地调查结果验收与评估、风险评估结果审核、环境影响评价与社会稳定风险评价、修复策略的选择、修复技术筛选与评估、建设用地土壤修复方案评估、组建招标委员会、招投标、建设用地土壤修复施工组织方案评估、建设用地土壤修复工程监理方案审核、建设用地土壤修复效果评价与验收、建设用地土壤修复中长期监管等内容;涉及管理者包括环保部门、业主、评审专家、财政部门、规划部门、国土部门、修复企业、调查企业、第三方监理机构、第三方验收机构等。

建设用地土壤修复工作各环节管理介入流程中应明确环保部门是整个建设用地土

修复工作的主要管理者，是建设用地土壤污染的发现者、执法者以及监管者。除业主自愿修复以外的污染建设用地，涉及建设用地土壤修复的第一管理者必须是环保部门，在环保部门的授权下，从专家库中随机筛选出的专家，是对详细采样方案评审、建设用地调查结果验收与评估、风险评估结果审核、修复技术筛选与评估、建设用地土壤修复方案评估、建设用地土壤修复施工组织方案评估、建设用地土壤修复工程监理方案审核、建设用地土壤修复效果评价与验收等工作的间接管理者；而业主是专项资金筹措、修复策略选择以及招投标等环节的关键管理者。具体的建设用地土壤修复工作管理切入点如图 9-7 所示。

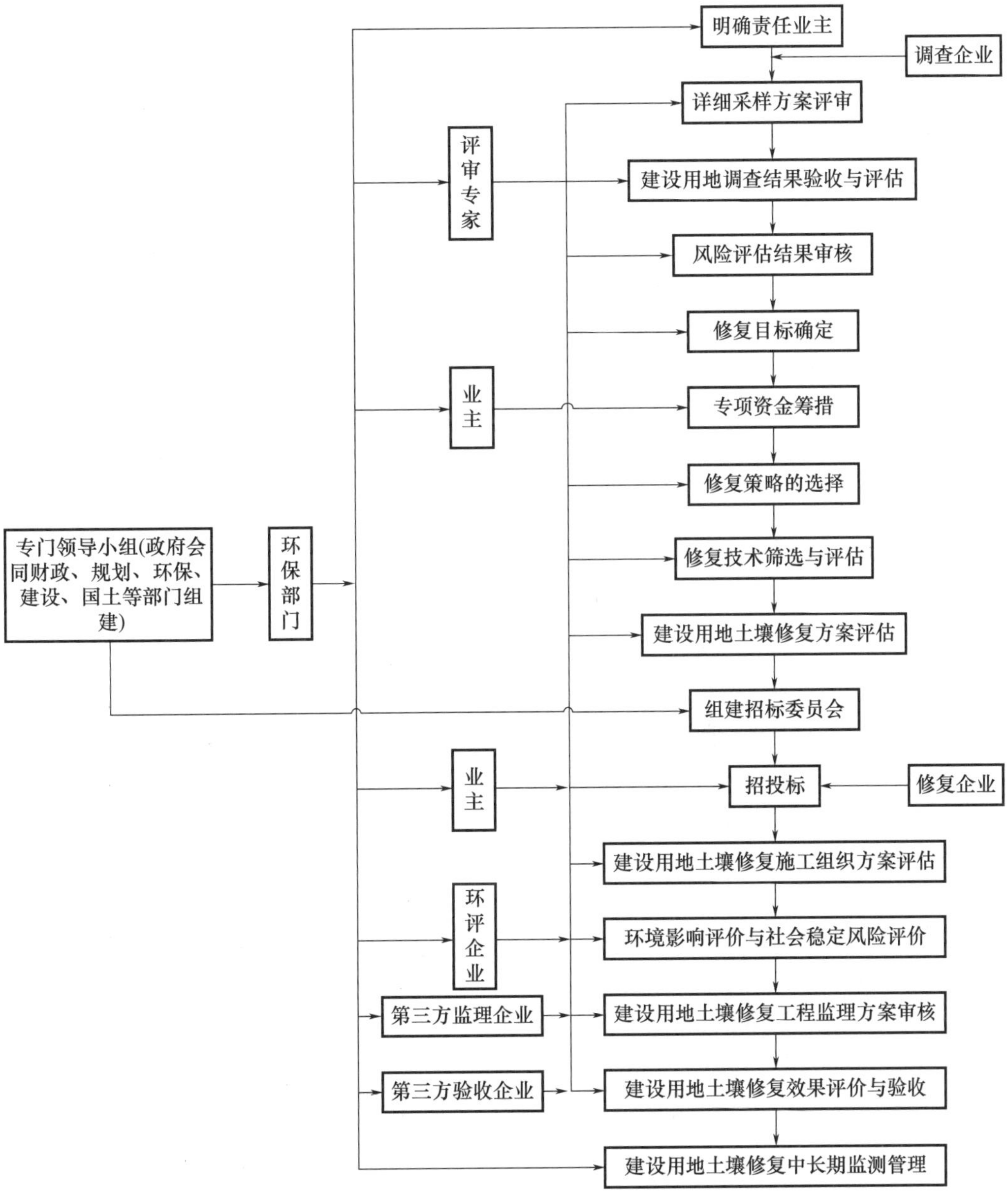

图 10-7　建设用地土壤修复工作管理切入点

一、开展立法工作

任何好的管理体系必须有法可依,建设用地土壤污染修复管理体系也不例外。笔者认为,完善我国土壤环境保护法律体系,为建设用地土壤污染修复管理提供法律依据。应以国内现行土壤污染防治法律规范为基础,借鉴国际社会等有关土壤环境保护和污染控制的先进立法经验,制定一部专门的土壤环境保护与污染防治法。这部法律应当是对中国多年来在建设用地土壤污染防治活动中所取的政策、措施、办法及其他管理经验或教训的依次集中总结。其中,被实践证明成功的政策、措施、办法及有效管理经验,将通过制定本法而上升为法律规范,用法律的形式固定下来,成为人们在建设用地土壤污染防治活动领域的行为准则。在制定土壤环境保护与污染控制专项法律时,应注意与我国现有法律的链接、交叉,避免与之相矛盾或冲突。

二、明确责任业主

责任业主的确定需要土地、环保等管理部门来界定,而环保部门界定的依据应是污染责任追究机制,我国的土地归国家所有,因此国际通用的土地所有者负担原则在中国不能完全采用,否则所有的建设用地修复都将由政府承担。中国的污染建设用地管理应该在国外"土地所有者"归责的基础上,结合我国污染建设用地发展和研究的特点以及土地所有权特性等,实施"污染者"负担、政府承担和受益者承担等综合责任体系。

(一)"污染者"负担原则

"污染者"负担原则有效地改善了企业的环境保护行为,从而有效地预防了新污染建设用地的产生。我国目前主要指导污染建设用地工作的几个核心规范性法律文件都规定了"污染者"负担原则,要求建设用地的原生产和经营单位承担责任,并且《污染地块土壤环境管理办法(试行)》认定了两类责任人:一类是污染者,另一类是土地的使用权人。当责任人无法找到或者破产时,由当地政府承担建设用地修复责任。

(二)政府承担原则

政府承担原则是指政府部门是建设用地管理中的决策者,不仅要保障公众健康和环境安全免受污染危害,还应根据经济发展的需要对原厂地进行再开发,促进经济和建设发展。根据《中华人民共和国土地管理法》规定由各级人民政府负责对土地进行利用规划和管理,因此应当由地方政府对遗留建设用地进行管理。在管理过程中,由环保部门给地方政府的管理提供技术、能力建设和实际操作等方面的支持。政府部门应充分发挥监督责任,对行政范围内的污染建设用地要追究相关责任人的法律责任,并监督其完成污染建设用地转让、再利用中的污染修复工作;在无明确责任人或责任人丧失责任能力的情况下,政府应该承担被污染土壤的修复及费用。因土地土壤污染造成严重人生伤害、无法确定责任人或责任人丧失责任能力的,政府可给予适当补偿,具体的补偿办法及补偿费用应该在相关法律法规中加以规定。同时还应建立健全环境民事和行政公诉制度。

(三)受益者负担原则

受益者负担原则是指开发利用环境资源或者排放污染物,对环境造成不利影响和损害者，应当支付其活动所造成的环境损害费，并承担治理其造成的环境污染与破坏的责任。受益者负担原则包括"谁开发谁保护，谁破坏谁恢复，谁利用谁补偿，谁污染谁治理"四个方面的内容。

三方责任结合不仅符合中国目前的形势，而且也可以对企业产生威慑作用，预防新污染建设用地的产生。《污染地块土壤环境管理办法（试行）》将土地所有权人定义为除污染者之外的责任人，建议我国在规定土地所有权人的责任时，应该考虑如何清楚定义此类责任人在何种情况下承担责任，以及如何规定责任豁免权的问题，以确保潜在的土地开发商愿意开发污染建设用地，从而形成中国污染建设用地开发与利用的良性模式。

三、建设用地土壤修复评审专家库建设

（一）建设用地土壤修复评审专家库建设需求分析

我国建设用地土壤修复刚刚起步，相关制度很不完善，建设同行评议专家库，有助于为建立健全我国建设用地土壤修复管理体系把脉、导航，更有助于对具体的修复工程项目安全、环保以及经济实施保驾护航，更是为衔接详细采样方案评审、建设用地调查结果验收与评估、风险评估结果审核、修复策略的选择、修复技术筛选与评估、建设用地土壤修复方案评估、组建招标委员会、招投标、建设用地土壤修复施工组织方案评估、建设用地土壤修复工程监理方案审核、建设用地土壤修复效果评价与验收、建设用地土壤修复中长期监管等环节相关评审工作提供助力。

本书中所指评审实质是指学术上的"同行评议"，是一种以提高某一领域工作或事物质量为目的，由相同或相近领域的人们对该项工作或事物进行评价的过程（郭碧坚等，1994）。"同行"一词本身是指具有相同地位和相同能力的人，但是在"同行评议"中，"同行"一词则是指在某领域中具有较强能力或较高层次的人们。关于"同行评议"的定义，国内学者从不同的角度进行了阐述。郭碧坚和韩宇指出，同行评议是指某一领域或者若干领域的专家采用一种评价标准，共同对涉及上述领域的一项事物进行评价的活动。而参与评价的专家必须对该领域的发展状况、研究活动程序及研究人员有足够的了解。

专家在知识型社会中处于知识源地位，是创新知识的主要载体，在社会生产活动中，为各个领域提供专业技术支持与科学参考。但目前社会对专家资源的管理仍然处于较低层次，专家知识的共享一般限于科学共同体的圈内活动，如专业协会进行、开展学术交流、举行学术论坛等。而专家与企业、社会之间在交流则缺乏相关的强渠道，主要是专家、企业组织与个人之间因存在对专业技术领域知识的供需关系而自发产生的合作过程。其中存在一些问题：专家自身所拥有的知识资源、关系资源没有得到充分的利用，其对社会的知识贡献率较低；科学共同体具有一定的封闭性，不利于跨专业领域的知识交流与融合。利用信息技术，通过构建专家库的方式，可以从资源共享的层面解决上述问题。

（二）评审专家库在专家评审中的重要地位

随着建设用地修复行业的发展和人们对建设用地修复领域的不断探索研究，专家评议作为一种不可或缺的项目、工程评价方式发挥着重要的作用。一个完整合理的同行评

议评价体系应由评价主体、评价客体、评价目的、评价方法、评价标准及指标和评价制度六大要素组成。任何事物都不是完美无缺的，同行评议也不例外，它所存在的一些缺陷如人情关系网、欠公正性、偏保守性等，都需要通过对同行评议实施过程中所涉及的各个要素进行规范从而逐渐完善这种评价方式，在评价客体、评价目的、评价方法、评价标准和评价制度已经确定的前提下，评价主体即同行评议专家的选择对评价结果起着至关重要甚至决定性的影响，而同行评议专家通常选自已经构建完成的同行评议专家库，因此，作为提供评议专家的来源系统，进行同行评议专家库的建设是非常必要的。

1. 评审专家的指标体系

专家识别是专家选择的前提，评审专家指标体系的构建是评审专家库的基础。根据要求选择专家，在描述专家信息时不仅需要专家的个人特征和科研能力指标，还应有专家参加评议活动的指标和对专家参加具体评议后的反馈信息。赵黎明等指出评审专家的指标体系可归纳为基本情况指标、修养指标和评议工作业绩指标三个方面。其中，基本情况指标包括专家所发表的文献、所从事的科研课题以及所获得的科研奖励和学位；修养指标主要包括品德修养、认知素质、意志品质、智能修养以及知识素养；评议工作业绩指标主要通过参加评议项目的累计数、命中率、离散率和成功率进行综合评价。2003年，马晓光等人初步建立了一套专家识别标准与指标体系。在该指标体系中专家的社会属性、学术水平、评议水平和专家参加评估活动所反映出的态度构成了一级指标，社会属性包括学科、技术职称、专业研究时间、所在单位性质、行政级别和年龄；学术水平包括学位和研究成果；评议水平包括评估总量、评估质量以及评估阅历；态度则包括学术态度和合作态度。同年，柏涌海等人针对军队医学科研管理中评审专家遴选工作的不足，拟定了军队评审专家指标体系，包括四个一级指标，即基本情况指标、科研能力指标、评议业绩指标、道德修养指标。其中，基本情况指标包括年龄、职称、学历、学术任职以及研究领域；科研能力指标包括论文发表、科研项目、获得奖项、获得专利；评议业绩指标包括累计数、命中率、成功率和离散率；道德修养指标包括科学道德、科学态度以及工作作风。2009年，陈媛等建立了一套包括科研活跃程度、评审业绩和工作态度三个方面的评审专家指标体系。其中，科研活跃程度通过论文科研能力和项目科研能力予以体现；评审业绩主要通过评审准确性以及评审共识性进行衡量；工作态度则通过专家反馈评审结果的准时性及其所拟定的评语所体现的态度进行衡量。

2. 评审专家的产生方式

在入库专家的指标体系确定之后，涉及的就是评审专家的产生方式。2000年，张守著在对国家自然科学基金领域专家管理进行研究时提出可以参考意大利国际理论物理中心（ICTP）在发展中国家聘请专家的管理模式，将评审专家初步划分为五个等级，即初评议专家、协联评议专家、资深评议专家、评审专家和顾问评议专家，这五个级别的同行评议专家主要通过四种方式产生：接受个人的直接申请；接受专家和单位的推荐；每年科学基金新资助项目的主持人；通过国家科技情报中心查询等。2002年，王志强在对于完善评审议制度的思考中认为，评审的专家应该由学部与科学处推荐，也可以由各个科研部门的学术委员会推荐，还可以考虑由项目申请者提出可供参考的同行评议专家。2008年齐丽丽等提出借鉴德意志研究联合会（DFG）选择评审的方式，即先经过拉网式选举和推荐建立预选专家数据库，然后再经过评审互选和选举委员会的层层筛选，最终确定评审准专家库。

3. 评审专家库的组织方法和技术

作为支撑平台，组织方法和技术是专家库构建的一个关键所在。陈燕等人设计了一个基于 ASP.NET 的专家人才库管理系统，该系统采用 B/S 结构，以 Windows2003 Server 为服务器操作系统，IIS5.0 及以上版本为 Web 服务器，Microsoft Visual Studio.NET 2003 为开发工具，拥有专家查询、新用户注册、用户登录、管理员登录、专家信息管理、用户信息管理、管理员信息管理七个功能模块，具有较好的可扩展性和可定制性。2008 年程慧俐等人采用 PowerBuilder 技术设计实现了基于 C/S 模式的项目评审专家库管理系统，该系统具有专家信息录入、查询统计、专家抽取和专家管理四个模块，其中专家抽取模块是核心，包括随机抽取和专家补抽两个子模块。软件设计模式引入到气象科技专家库的设计中，采用 JSP+ Servlet +JavaBean 实现 MVC 的体系结构，该系统包括专家信息录入、专家信息编辑、专家查询和专家筛选四个模块，具有较高的可靠性与稳定性，不仅能有效地管理专家信息资源，同时能够快速全面地提供准确的专家信息。廖开际等出于建立一个方便行政管理部门和社会公众查询专家详细信息的目的，以 B/S 模式为基本架构，选用 SQLServer2005 为数据库，采用 JSP 技术设计开发了面向知识管理的专家库。

除了从软件技术平台角度对评审专家库的构建进行研究，还有一部分研究者对其他领域的新技术在专家库构建中的应用也进行了探索性的研究，如陆伟和韩曙光借鉴文本检索国际会议（TextRetrieval Conference，TREC）专家检索的基本方法，设计实现了从数据资源采集、规整、索引、检索到可视化的组织专家检索系统模型。该框架模型可以定义组织内外表征专家信息的资源列表，设定资源动态更新周期，实现信息的动态采集，并结合组织内部专家列表，智能识别与检索组织专家。

4. 评审专家库的专家遴选

关于评审专家库中专家遴选要充分考虑对专家的定性分析和新技术、新方法的应用。

专家遴选的定性分析。在选择评审专家时需要考虑回避政策、集中与分散相结合、大同行和小同行、权威性、知名度与中青年学者以及不同学术观点的专家等问题。根据实际工作经验可得省级评审专家选择的现实情况与理论要求具有一定的差距，主要表现在两个方面，一是参加评审的专家并非完全的同行，二是多数评审专家的科研能力偏低，没有站在学术的前沿。在选择评审专家时，首先需要考虑从哪个范围中遴选专家；其次，需要考虑专家的年龄和科研经历，"老中青结合"是一种相对理想的模式；最后，所选择的专家应该具有较高的学术造诣、优良的学风、严谨求实的工作态度。要注意挑选不同观点的评审专家，注意观点平衡，并适当增加学科覆盖面，同时还应该考虑评审专家的单位和地区分布。可以到高新技术企业寻找评审专家。

评审专家的选择应该考虑以下五点原则：同行性原则，一般的评审尽量请"小同行"；代表性原则，不同区域、不同机构和不同的学术观点应该兼顾；回避性原则，与被评议对象有利益关系的专家应该回避；效用性原则，评审专家的数量一般不少于五人，且为奇数；轮换原则，即评审专家应该定期轮换。

新技术与方法在专家遴选中的应用研究。2007 年李杏姣以农业专家信息为研究对象，对农业科技咨询专家库智能管理系统中的模糊查询、查询优化和自动分类等技术进行了研究，实现了专家的动态优化管理，并运用KNN算法对专家信息进行自动分类，为专家的定向遴选提供便利。王俭等人提出将线性概率模型（Line-ar probability model，LPM）应用于评审专家的选择中，能够较真实地反映评价专家的个体属性与评价结果之间的因果定量关系，为专家的遴选提供了一定的依据。实践操作中，可充分考虑不同专家的专业知识水平、工作经验、所属区域、所属行业、拥有的职称、社会责任感、大局观等综合评判，构建满足土壤调查、修复、评估、社会需求的专家咨询库。

综上所述，通过对国内有关评审专家库的研究可以看出，在构建评审专家库时所涉及的四个问题中，关于同行专家指标体系的构建，基本都包含三个主要部分，即个人基本情况指标（通常指其学术研究水平和科研能力）、修养指标（个人品质、对待学术的态度）以及评议水平，指标内容大体相同，只是表达方式和划分标准稍有不同。关于评审专家的产生方式，通常包括个人申请、单位推荐、拉网式搜集专家信息等渠道。关于评审专家库的组织方法与技术，主要采用B/S模式或C/S模式、利用SQL Server数据库、Java、PowerBuilder、JSP等技术。关于如何从评审专家库中遴选专家的研究主要集中在两个方面，一是从定性角度分析遴选专家时要注意的问题，二是采用一些新的技术和方法帮助选择合适的专家进行评审，如线性概率模型、KNN算法、可视化著者同被引技术、社会网络分析、语义索引技术等。

随着科学技术的发展，建设用地土壤污染修复工程实施开展，今后还可以从以下几个方面进行对评审专家库的完善：首先，在建立一套通用同行专家指标体系的基础上分别构建适合不同修复工作环节（如建设用地调查结果评估、风险评估结果论证、修复方案可行性论证、投标技术部分可行性论证、建设用地修复结果验收论证等）的专家指标体系；其次，借鉴和利用一些新技术和方法如主题地图、社会网络分析、语义网的优势提高专家遴选的合适性；最后，在对新建立的评审专家库试验模型进行充分的实证研究之后将其逐渐推向实践层面。

四、土壤环境分析方法与标准物质体系

实用、快速、经济、绿色分析方法以及完善、成熟的标准物质体系是对建设用地土壤环境调查、风险评估、环境监理、修复结果验收以及中长期监测结果可靠性的有力保证。因此，土壤环境分析方法与标准物质体系的完善和发展实用、快速、经济、绿色分析方法是当下亟须解决的问题。

（一）与国外的研究差距分析

西方国家土壤环境分析方法相对应的土壤重金属和有机污染物标准物质体系较为完善，能满足土壤环境分析质量控制的需求。国外土壤环境分析技术发展的方向为注重分析方法实用、快速、经济、绿色，注重实验室质量控制。

我国的土壤环境分析技术体系尚未健全，对土壤基本理化性质分析、土壤常量元素分析、土壤微量元素分析等土壤分析方法发展较快，而土壤环境分析方法相对来说发展滞后。20世纪90年代，我国制定了土壤中铬、镉、汞、铜、铅、锌、砷、镍等金属元素和六六六、DDT几种化学污染物分析方法的国家标准。在实际操作中，大多数参考《土壤理化分析》（1978）、《环境监测分析方法》（1983）和《土壤元素的近代分析方法》

(1992)中相关规定的方法执行。与此同时，我国对土壤环境标准物质和标准样品方法的研究存在严重不足。目前只有重金属分析的土壤环境标准样品，土壤有机污染分析的标准样品相当缺乏。相对国外发展趋势，国内存在的差距主要表现在以下几个方面。一是理念上的差距，国内的研究比较偏向于追求分析测试方法的水平、检测设备的先进性，追求总量和全量的测定；而国外研究比较注重土壤环境分析方法的通用性、实用性和经济性，注重对环境有活性的量的测定，更加关注从事实验室分析人员的健康，提倡绿色操作。二是国外追求土壤环境分析方法的多成分、少试剂、快速、原位方向发展。三是国外重视实验室质量管理体系建立与实际运行，有先进的质量保证和质量控制措施，数据质量有保证。国内实验室在管理和质量控制方面有进步，但差距仍然明显。

（二）未来发展方向

综合分析国内外土壤环境分析技术体系发展状况，结合我国目前土壤环境管理的实际需求，未来我国要加强土壤环境分析技术体系建设，明确发展方向，制定研究方案和计划。高度认识建立我国土壤环境分析技术体系的重要性和迫切性，土壤环境分析技术是土壤环境保护工作的重要基础，是土壤环境管理的重要手段。土壤环境分析技术反映了一个国家土壤环境科学研究和环境管理的水平。

土壤环境分析技术体系建设要与土壤环境监管相适应。建立适合中国国情的土壤环境分析技术体系，统筹规划、协调发展、全面推进，土壤环境分析技术体系要与土壤环境质量标准制定和土壤管理思路相适应。土壤环境分析技术体系建设要跟踪国外发展趋势，与国际接轨，同时走中国特色道路。要兼顾分析方法的先进性、实用性和经济性。科研采用的分析方法、环境检测采用的分析方法、第三方采用的分析方法要协调发展。

1. 土壤污染分析的标准方法体系

在土壤重金属分析测定方面，要完善土壤重金属全量分析测试方法，建立土壤重金属可提取态分析测定方法。在土壤有机污染物分析测定方面，建立挥发性和半挥发性有机污染物测定方法、建立土壤中特征性有机污染物（农药残留、工业生产过程中化学中间体和产品等）分析检测方法。

2. 土壤环境分析标准物质研发体系

建立健全土壤重金属分析的标准物质研发体系，重点建立我国土壤有机污染物分析的标准为研发体系。

3. 土壤环境分析质量控制与质量保证体系

建立健全我国土壤环境分析实验室的土壤环境分析质量控制与质量保证体系，重点建立土壤环境样品采集与前处理过程中的质量控制与质量保证体系。

五、制定修复目标

建设用地土壤修复目标是建设用地土壤修复工程的核心，是建设用地土壤修复工作开展的依据，其制定不仅牵涉到业主的承担能力、资金能力，还涉及区域未来发展规划、土地利用性质、土地变更、转让。因此制定修复目标时，应对土地未来的利用途径有充分的了解，区别对待不同的利用途径对土地质量的要求，使修复目标科学合理，避免过度修复。

六、专项资金的筹措

建设用地土壤修复是一项耗资巨大且周期较长的工程,因此,在建设用地土壤环境调查开始之前就应该筹措相应的专项修复资金,而专项资金的筹措必须依靠建设用地土壤污染修复资金机制,建立土壤污染修复资金机制,最终的目标都是环境外部问题内部化,让污染者承担土壤污染产生的成本。

(一)税费机制

随着经济的发展,我国目前土壤污染状况较为严峻,土壤污染产生的环境问题时有发生。按照污染的来源划分,主要的建设用地土壤污染类型可以分为两类:工业污染、生活污水及废弃物污染。可以根据这两类污染源的特点分别设计税费管理机制。

根据税收的类型和环境税的基本形式,可分为生活废弃物税费、工业污染源税费、污染源税三类。环境税针对生产经营及消费行为的污染排放单独征收的税费,如碳税、硫税和能源税等。与环境相关的税种,如消费税、资源税及车船税等,可以间接达到保护环境的目的。与环境相关的税收政策,如增值税、企业所得税等,通过税率的变动鼓励人们从事较为环保的活动。税费机制不是筹集资金的主要手段,其目的是引导人们减少污染物的排放,规范污染物的分类回收及处理,保障土壤污染防治规章制度的执行和最终目标的实现(骆永明等,2015)。

税收的具体管理模式有待完善,在税收过程中执行效率和执行成本可能是限制其实施的主要因素。任何一种税费模式如果执行成本过高或效率低下,将毫无意义。税收不应该采用统一的税率,因以一定的环境为代价换取经济发展是不可避免的,在经济不发达地区尤为如此,应该在穷困地区适当放松税收强度,换取较快的经济增长及人们生活水平的改善;在较富裕地区加强环境破坏监管,达到环境质量目标。我国市场机制还不完善,通过税收产生的价格扭曲,改变人们的行为,在这个过程中需要充分发挥市场机制作用,一旦税收的价格调节无法传递至具体的经济实体中,便会使税收的目标难以实现。

(二)污染者付费机制

建立一套财政保险机制,要求生产过程中可能对土壤造成污染的企业必须证明其有足够的资金支付土壤污染修复支出,包括土壤修复和受害者的偿付。目前,我国的金融体系较国外发达国家有很大的差距,因此在财政保险机制的设计和实施方面将有诸多限制,应建立相应的信用机制、保险公司担保机制、诉讼机制和债权人偿付机制。

(三)污染建设用地开发机制

污染建设用地开发机制是指有再开发利用价值的建设用地在开发过程中,必须使建设用地土壤质量达到目标使用标准。对于土壤质量不符合要求的建设用地,则先进行土壤修复,土壤质量达到标准后再开发。由于污染建设用地是具有开发价值的建设用地,土壤修复的资金支付方面,可以由原土地使用者和土地开发商共同承担。污染建设用地土壤修复资金的分担基本原则是原土地使用者负责将污染建设用地土壤恢复到当前使用土壤标准所需的费用;土壤开发商承担的费用是当前使用土壤标准修复到目标土壤标准所需费用。在实际操作过程中,各方面可以进行协商共同承担修复费用。在污染建设用地开发过程中，政府机构同样需要出台一些相关的法律法规，鼓励污染建设用地的开发。参考美国宗地开发鼓励计划，计划主管机构不仅仅有环保署，还可以是住房城乡建设部、国防部、能源部、农业农村部等部门。

建议政府研究并推广相应的税收刺激计划、建设用地调查支持计划、低息贷款计划等。同时建立保险机制，通过风险共担的方式为建设用地修复过程出现的特殊情况而造成的资金缺口提供支持。

七、详细采样方案评审

详细采样方案评审的主体是环保部门授权并在评审专家库随机抽选的评审专家，详细采样方案不仅是建设用地土壤污染程度评估的数据来源，更牵扯到业主、管理部门、公众等多方利益。因此，必须对采样方案中涉及的土壤、地下水采样点位布设做出充分、专业的可行性论证。需要特别强调的是，详细采样方案必须以初步采样调查结果和该建设用地水文地质调查结果为依据，以确定污染物种类、分布、扩散范围、污染边界为基本工作内容，详细调查采样应尽量做到一步到位，避免重复性工作。

八、建设用地调查结果验收与评估

调查结果的验收须由任务委托方或环保部门组织相关专家进行评估，给出明确的意见，当地环保部门至少必须参加验收会议。专家应是具有一定从业年限的专业技术人员，专家的筛选必须充分考虑其专业特点、从业经验、职业道德等。

建设用地土壤环境调查结果表明调查方案中提出的污染物浓度均低于修复限值的，县级环境保护行政主管部门应当及时书面通知污染建设用地责任人不需要对建设用地进行治理与修复。如若对全部或部分污染物浓度高于修复限值的，县级环境保护行政主管部门应当及时书面通知污染建设用地责任人启动污染建设用地土壤治理与修复工作，并在省级环境保护行政主管部门备案。

九、风险评估结果审核

建设用地风险评估审核主体是环保部门从评审专家库随机抽选的评审专家，审核内容是建设用地风险评估结果。需要特别指出的是，建设用地风险评估应以现有的最新土壤质量标准等文件为依据，充分考虑该建设用地土壤特性和水文地质条件，切不可随意采用不同级别的不同标准。评审专家应发挥自己专业特长，充分考虑当前我国环境污染物检测技术水平和标准物质研发进程，特别是对当前检测技术不成熟以及标准物质缺失的污染物，应结合建设用地土壤特征给出建设性的风险评估指导意见。

十、风险管控

风险管控与治理修复都是建设用地土壤修复管理的重要举措。风险管控主体为因现阶段业主无承担能力、治理与修复资金不足、修复技术不成熟以及土地利用性质不明，或因未来一段时间内该建设用地开发潜力不足等诸因素，造成建设用地现阶段不具备治理修复条件或暂不开发利用的已经被确定存在人体健康危害的污染建设用地。

风险管控与治理可同时进行，业主首先应根据污染物种类、数量、分布范围、建设用地详细调查数据与结论、污染建设用地风险评估结果等编制风险管控方案，风险管控方案中应重点考虑具有易挥发、疏水特性污染物，制定相应的密闭封盖、负压运行等阻隔控制措施。如污染物易溶于水，渗入土壤污染地下水，并随着地下水迁移对周边饮用水水源地水质安全构成威胁，需综合考虑污染程度、扩散范围及水文地质条件，采取地下水抽出处理、可渗透反应屏障等措施能有效降低环境风险。风险管控方案还应包括二次污染防治方案、环境应急方案、长期跟踪监测方案、修复时机成熟的标志等相关内容。特别指出风险评估方案应经相关评审专家评审通过后方可实施。

同时应该指出，风险管控的底线是污染物不扩散、不对周边敏感目标造成直接或间接伤害。在此基础上可以综合开发一些诸如生态公园、停车场、物流仓储地等基础性工程。风险管控要区分不同用途，不能简单禁用。

十一、修复策略的选择

在分析前期污染建设用地环境调查和风险评估资料的基础上，根据污染建设用地特征条件、目标污染物、修复目标、修复范围和修复时间长短，选择确定污染建设用地修复总体思路。同时进行确认建设用地，确认建设用地需要开展核实建设用地相关资料、现场考察建设用地状况、补充相关技术资料等方面的工作。

修复目标主要包括确认目标污染物、提出修复目标值、确认修复范围等内容。通过对前期获得的建设用地环境调查和风险评估资料进行分析，结合必要的补充调查，确认污染建设用地土壤修复的目标污染物、修复目标值和修复范围。

十二、修复技术筛选与评估

建设用地土壤污染修复技术筛选原则是为指导与规范筛选过程而制定的。目前我国尚没有正式制定具体的关于污染建设用地修复技术的政策和原则，根据我国现有的相关规定、导则等，参考美国超级基金的"九原则"，确定以下我国污染建设用地修复技术筛选原则：建设用地风险可接受，修复至建设用地再利用风险可接受对应的污染物浓度水平即可；修复技术易操控，修复技术操作控制性强，处理过程中意外情况出现少；对周边影响较小；工程规模、投资合理；在不大幅度增加修复费用的前提下尽量缩短修复时间。此外，我国污染建设用地修复技术还不成熟，在修复技术筛选过程中还需考虑技术的可操作性因素。通过对修复技术实施干扰性较大的因素进行评价，确定修复实施的因素程度。一般考虑的因素包括土壤特性、污染深度、污染分布和污染特性等。

依据制定的筛选原则，借鉴欧美发达国家修复技术选择的发展历程并结合我国当前的技术和经济实力，主要从技术指标、社会环境和经济指标三个方面建立污染建设用地修复技术筛选指标体系。

十三、建设用地土壤修复方案评估

建设用地土壤修复方案制定后为了检验和比较各个方案的可行性与可操作性，可以通过费用-效益分析、修复后建设用地环境承载力分析、方案可行性分析与目标可达性分析，对修复方案进行综合评价，建设用地土壤修复方案的评估主体为环保部门或业主委托的在评审专家库中随机抽选的评审专家，评审专家应利自身专业知识、经验为最佳修复方案的选择与决策提供科学依据。

十四、组建招标委员会

建设用地土壤污染修复不单单是土方工程，更是一项民生工程，其治理的结果直接影响着周边居民长期的生命安全。就工程招标而言，价格越低越好，凡事有利有害，趋利避害实乃人之常情，但对建设用地土壤修复工程招标不能一味地追求价格最低，应该追求业界具有"工匠精神"的企业，在能保证相对合理的利益的同时，将土壤修复工程做成良心工程。这好比伯乐与千里马。在建设用地土壤修复领域，伯乐便是"招标委员会"。招标委员会应以当地主要领导为重要领导，成员应囊括财政、税务、国土、建设、规划、环保、交通以及业内知名专家。相信这样强大的招标委员会，所识别的"千里马"定当是价格合理、业绩优良、修复水准一流的"工匠"企业。

十五、污染建设用地信息管理系统

我国应需尽快完成污染建设用地状况的全面调查，摸清全国污染建设用地的建设用地类型、土壤特征、重点区域分布和危害等基础信息，初步建立全国污染建设用地土壤环境监测网络，该系统应该具备如下功能：建立定期更新的国家层面的污染建设用地信息档案，基本准确并动态掌握我国污染建设用地的区域分布、时空分布、污染面积、污染类型和污染程度等方面的统计数据；向公众公布可能导致建设用地污染的化学物质或污染源、可能采取的修复措施及修复进展，为污染建设用地进行全国统一的土壤修复管理提供依据。

参考文献

[1] 尹雅芳,刘德深,李晶,等.中国地下水污染防治的研究进展[J].环境科学管理,2011,36(6):27-30.

[2] 王站强.地下水曝气(AS)及生物曝气(BS)处理有机污染物的研究[D].天津:天津大学,2002.

[3] 黄国强.土壤气相抽提(SVE)中有机污染物的运移与数学模拟研究[D].天津:天津大学,2002.

[4] 季泰.我国水污染状况与防治[J].城市地质,2007,2(4):16-28.

[5] 赵勇胜.地下水污染场地污染的控制与修复.长春工业大学学报(自然科学版),28(7):116-123,2007.

[6] 张文静,董维红,苏小四,等.地下水污染修复技术综合评价[J].水资源保护,2006,22(5):1-4.

[7] 刘晓娜,程莉蓉.地下水曝气技术(AS)的国内外研究进展[J].中国安全生产科学技术,2011,7(5):56-61.

[8] 郎印海,曹正梅.地下石油污染物的地下水曝气修复技术.环境科学动态,2011(2):17-20.

[9] 郑艳梅.原位曝气去除地下水中MTBE及数学模拟研究[D].天津:天津大学,2005.

[10] 王志强,武强,邹祖光,等.地下水石油污染曝气治理技术研究[J].环境科学,2007,28(4):754-760.

[11] 李韵珠,李保国.土壤溶质运移[M].北京:科学出版社,1998.

[12] 李刚,黄翔,郭雅妮.浅析原位生物修复技术及应用[J].环境与可持续发展,2009(3):34-37.

[13] 涂书新,韦朝阳.我国生物修复技术的现状与展望[J].地理科学进展,2004(6):20-32.

[14] 田雷,白云玲,钟健江.微生物降解有机污染物的研究进展[J].工业微生物,2000,30(2):46-50.

[15] 杨茜,高廷雄,杜敏娜.地下水-土壤原位生物修复技术研究进展[J].广州化工,2010,38(7):14-17.

[16] 李继洲,胡磊.污染水体的原位生物修复研究初探[J].四川环境,2005(1):17-19.

[17] 霍炜洁,肖晶晶,黄亚丽,等.微生物技术修复水污染的研究进展[J].生物技术通报,2008(4):23-26.

[18] 张瑞玲,廉景燕,黄国强,等.共代谢基质对甲基叔丁基醚降解的影响[J].天津大学学报,2007,40(4):463-467.

[19] 胥思勤,王焰新.土壤及地下水有机污染生物修复技术研究进展[J].环境保护科学,2001(2):22-23.

[20] 林舜隆,黄德煌,陈大麟,等.释氧剂在地下水中之扩散行为:现场模拟实验[Z].

[21] 束治善,袁勇.污染地下水原位处理方法:可渗透反应墙[J].环境污染治理技术与设备,

2002，3（1）：47-51.

[22] 刘涉江．生物固化双层PRB技术去除地下水中MTBE的研究［D］．天津：天津大学，2007.

[23] 董军，赵勇胜，赵晓波，等．垃圾渗滤液对地下水污染的PRB还原处理技术［J］．环境科学，2003，24（5）：151-156.

[24] 张德莉，黄应平，罗光富，等，Fenton及Photo-Fenton反应研究进展［J］．环境化学，2006，25（2）：121-127.

[25] 邱立萍，王文科．超声波：高锰酸钾降解地下水中硝基苯的机理与效果［J］．工业安全与环保，2012，38（1）：1-5.

[26] 杨世迎，陈友媛，胥慧真，等．过硫酸盐活化高级氧化新技术［J］．化学进展，2008，20（9）：1433-1438.

[27] 毕二平，张雅萍．甲基叔丁基醚在地下水系统中的自燃衰减［J］．生态环境学报，2011，20（5）：986-990.

[28] 赵勇胜．地下水污染模拟及污染的控制和处理［M］．北京：科学出版社有限公司，2022.

[29] 焦珣．地下水土有机污染MNA修复研究综述［J］．上海国土资源，2011，32（2）：30-35.

[30] 杨乐巍．土壤气相抽提（SVE）现场实验研究［D］．天津：天津大学，2006.

[31] 赵保卫，朱利中．表面活性剂增效修复土壤有机污染研究进展［J］．环境污染治理技术与设备，2006，7（3）：30-35.

[32] 赵国玺．表面活性剂物理化学［M］．北京：北京大学出版社．1991.

[33] 欧阳科，张甲耀，戚琪，等．生物表面活性剂和化学表面活性剂对多环芳烃蒽的生物降解作用研究［J］．农业环境科学学报，2004，23（4）：806-809.

[34] 黄卫红，李勇，杨刚钦．表面活性剂强化土壤中PCBs的解吸研究［J］．安徽农业科学，2010，38（6）：3025-3027.

[35] 朱利中，冯少良．混合表面活性剂对多环芳烃的增溶作用及机理［J］．环境科学学报，2002，22（6）：774-778.

[36] 施周，GHOSHMM．表面活性剂溶液中多氯联苯溶液的特性［J］．中国科技论文在线，2001，21（5）：456-465.

[37] 赵高峰，徐盈．雨水和表面活性剂的淋溶对河道底泥中多氯联苯迁移的影响［J］．分析科学学报，2005，17（2）：466-470.

[38] 马满英，刘有势，施周．生物与化学表面活性剂对多氯联苯的协同增溶作用［J］．生态环境，2008，17（2）：466-470.

[39] 钱斌，刘贵荣，孙晓菲．表面活性剂对土壤中多氯联苯洗脱影响研究进展［J］．水科学与工程技术，2011（4）：16-18.

[40] 秦传玉，赵勇胜，郑苇．表面活性剂强化空气扰动技术修复机理［J］．土木建筑与环境工程，2012，34（2）：138-142.

[41] 薛敏，鄢贵权．地下水污染防控技术的进展［J］．资源环境与工程，2008，22（1）：61-64.

[42] 付融冰．场地精准化环境调查方法学［M］．北京：中国环境出版集团，2022.

[43] 施维林，等．场地土壤修复管理与实践［M］．北京：科学出版社，2016.

[44] 隋红，李洪，李鑫钢，等．有机污染土壤和地下水修复［M］北京：科学出版社，2013.

[45] 陈怀满．环境土壤学［M］．2版．北京：科学出版社，2010.

[46] 陈文新．土壤和环境微生物学［M］．北京：中国农业大学出版社，1990.

[47] 高拯民．土壤-植物系统污染生态研究［M］．北京：中国环境科学出版社，1986.

[48] 龚子同，等．中国土壤系统分类［M］．北京：北京师范大学出版社，1999.

[49] 黄昌勇．土壤学［M］．北京：中国农业出版社，2000.

[50] 李学垣．土壤化学［M］．北京：高等教育出版社，2001．

[51] 王红旗．土壤环境学［M］．北京：高等教育出版社，2007．

[52] 陈武，邹云，张占恩．污染场地土壤修复工作过程及修复技术研究［J］．山东工业技术，2015（19）：59．

[53] 国家环境保护部．关于发布《工业企业场地环境调查评估与修复工作指南（试行）》的公告［R］．

[54] 谷朝君，宋世伟．生态类项目工程环境监理管理模式探讨［A］．北京：中国环境科学出版社，2007．

[55] 环境保护部自然生态保护司．土壤修复技术方法与应用［M］．第二辑．北京：中国环境出版社，2012．

[56] 中华人民共和国环境保护部．环境影响评价技术导则 总纲：HJ 2.1—2016［S］．北京：中国环境科学出版社，2017．

[57] 黄铭洪，等．环境污染与生态修复［M］．北京：科学出版社，2003．

[58] 何跃，林玉锁，徐建，等．我国污染场地土壤修复工程质量控制与评估体系构建［Z］．

[59] 贾建丽，于妍，薛南冬，等．污染场地修复风险评价与控制［M］．北京：化学工业出版社，2015．

[60] 骆永明，李广贺，李发生，等．中国土壤环境管理支撑技术体系研究［M］．北京：科学出版社，2015．

[61] 李广贺，李发生，张旭，等．污染场地环境风险评价与修复技术体系［M］．北京：中国环境科学出版社，2010．

[62] 沈德中．污染环境的生物修复［M］．北京：化学工业出版社，2002．

[63] 许伟，沈桢，张建荣，等．污染场地修复工程环境监理实践与探索［J］．环境监测管理与技术，2016，28（2）：61-64．

[64] 张文君，蒋文举，王卫红，等．区域环境污染源评价预警与信息管理［M］．北京：科学出版社，2012．

[65] 周启星，宋玉芳．污染土壤修复原理与方法［M］．北京：科学出版社，2004．

[66] 周启星，孔繁翔，朱琳．生态毒理学［M］．北京：科学出版社，2004．

[67] 赵景联．环境修复原理与技术［M］．北京：化学工业出版社，2006．

[68] 李天杰．土壤环境学：土壤环境污染防治与生态保护［M］．北京：高等教育出版社，1995．

[69] 牟树生，青长乐．环境土壤学［M］．北京：中国农业出版社，1993．

[70] 韩士杰，董云社，蔡祖聪．中国陆地生态系统碳循环的生物地球化学过程［M］．北京：科学出版社，2008．

[71] 鲁如坤，等．土壤-植物营养学原理和施肥［M］．北京：化学工业出版社，1998．

[72] 骆亦其，周旭辉．土壤呼吸与环境［M］．北京：高等教育出版社，2006．

[73] 中国农业百科全书编委会．中国农业百科全书（土壤卷）［M］．北京：中国农业出版社，1996．

[74] 朱兆良，文启孝．中国土壤氮素［M］．南京：江苏科学技术出版社，1992．

[75] 蔡道基．农药环境毒理学研究［M］．北京：中国环境科学出版社，1999．

[76] 戴树桂．环境化学［M］．北京．高等教育出版社，1997．

[77] 林玉锁，龚瑞忠，朱忠林．农药与生态环境保护［M］．北京：化学工业出版社，2000．

[78] 苏少泉．除草剂概论［M］．北京：科学出版社，1989．

[79] 王晓蓉．环境化学［M］．南京：南京大学出版社，1993．

[80] 乔玉辉．污染生态学［M］．北京：化学工业出版社，2008．

[81] 修伍德，皮克福特，威尔基．传质学［M］．时钧，李盘生，等译．北京：化学工业出版

社，1988.
- [82] 刘兆昌，张兰生，聂永丰，等．地下水系统的污染与控制［M］．北京：中国环境科学出版社，1991.
- [83] 王洪涛．多孔介质污染物迁移力学［M］．北京：高等教育出版社，2008.
- [84] 贝尔．多孔介质流体动力学［M］．李竞生，陈崇希，译．北京：中国建筑工业出版社，1983.
- [85] 张永祥，陈鸿汉．多孔介质溶质运移动力学［M］．北京：地震出版社，1999.
- [86] 施周，杨朝晖，陈世洋．地下水污染-迁移与修复［M］．北京：中国建筑工业出版社，2010.
- [87] 李俊亭．地下水流数值模拟［M］．北京：地质出版社，1989.
- [88] 中华人民共和国环境保护部，国家质量监督检验检疫总局．含多氯联苯废物污染控制标准：GB 13015—2017［S］．北京：中国环境科学出版社，2017.
- [89] 城乡建设环境保护部环境保护局．环境监测分析方法［M］．北京：中国环境科学出版社，1986.
- [90] 鲁如坤．土壤农业化学分析方法［M］．北京：中国农业科技出版社，2000.
- [91] 中国环境监测总站．土壤元素的近代分析方法［M］．北京：中国环境科学出版社，1992.
- [92] 中国环境监测总站．中国土壤元素背景值［M］．北京：中国环境科学出版社，1990.
- [93] 沈同，王镜岩．生物化学［M］．北京：高等教育出版社，1998.
- [94] 孙铁珩，周启星，李培军．污染生态学［M］．北京：科学出版社，2001.
- [95] SQUILLACE P J, SCOTT J C, MORAN M J, et al., VOC, pesticides, nitrate, and their mixtures in groundwater used for drinking water in the United States［J］. Environmental Science and Technoilgy, 2002, 36（9）：1923-1930.
- [96] BARCEDONA M J, XIE G. In situ lifetimes and kinetics of a reductive whey barrier and an oxidative ORC barrier in the subsurface［J］. Enviromental Science and Technology, 2001, 35（16）：3378-3385.
- [97] DEVLIN J T, RUSSELL R P, DAVIS M H, et al., Susceptibility-induced loss of signal: Comparing PET and fMRI on a semantic task［J］. Neuroimage, 2000, 11（6）：589-600.
- [98] PULS R W, PAUL C J, POWELL R M, The application of in situ permeable reactive (zerovalentiron) barrier technology for the remediation of chromate-contaminated groundwater: a fieid test［J］. Appl Geochem, 1999, 14（8）：989-1000.
- [99] SARR M G, KENDRICK M L, NAGORNEY D M. Cystic neoplasms of the pancreas: benign to malignant epithelial neoplasms［J］. Surgical Clinics of North, 2001, 81（3）：497-509.
- [100] NYER E K, SUTHERSAN S S. Air sparging: Savior of ground water remediation or just blowing bubbles in the bath tub［J］. Groundwater Water Monitoring and Remedation, 1993, 13（3）：87-91.
- [101] BAUSMITH D S, CAMPBELL D J, VIDIE R D. In situ air stripping: using air sparging and other in situ methods calls for critical judgments［J］. Water Environment and Technology, 1996, 8（2）：45-54.
- [102] JI W, DAHMANI A, AHLFIELD D P, et al., Laboratory study of air sparging: air flow visualization［J］. Ground Water Monitoring and Remediation, 2001, 13：115-126.
- [103] PETERSON J W, LEPCZYK P A, LAKE K L. Effect of sediment size on area of influence during groundwater remediation by air sparging: a laboratory approach［J］. Environmental Geology, 1999, 38（1）：1-6.
- [104] LUNDEGARD P D, LABRECQUE D. Air sparging in a sandy aquifer (Florence, Oregon, USA) Actual and apparent radius of influence［J］. Contaminant Hydrology, 1995, 19（1）：1-27.

[105] SCHIMAS J, LABRECQUE D D, LUNDEGRARD P. Monitoring air sparging using resistivity tomography [J]. CWMR, 1996, 16 (2): 131-138.

[106] BRAIDA W J, ONG S K. Air sparging effectiveness: air-water mass transfer coeffiecient Water Resources Research, 1998, 34 (12): 3245-3253.

[107] PARKER J C, LENHARD R J, KUPPUSAMY T. A parametric model for constitutive properties governing multiphase fiow in porous media [J]. Water Resources Research, 1987, 23: 618-624.

[108] REDDY K R, ADAMS J A. Effects of soil heterogeneity on airflow patterns and hydrocarbon removal during in situ air sparging [J]. Journal of Geotechnical and Geoenvironmental Engineering, 2001, 127 (3): 234-247.

[109] ELDER C R, BENSON C H. Modeling mass removal during in situ air spairging [J]. Journal of air fiow through saturated porous media. Journal of Hazardous Materials, 2000, 72: 179-215.

[110] MCKAY D. Anaiysis of bioventing at Elelson Air Force Base, Alaska. In situ bioremediation of petroleum hydrocarbon and other organic compounds [J]. Columbus: Battelle press.

[111] LUNDEGARD P D, LABRECQUE D. Air sparging in a sandy aquifer (Florence, Oregon, USA) Actual and apparent radius of influence [J]. Contaminant Hydrology, 1995, 19 (1): 1-27.

[112] SCHIMAS J, LABRECUQUE D D, LUNDEGRARD P. Monitoring air sparging using resistivity tomography [J]. GWMR, 1996, 16 (2): 131-138.

[113] WILSON D J. Groundwater cleanup by in-situ sparging. II. modeling of dissolved volatile organic compound removal [J]. Separation Science and Technology, 1992, 27 (13): 1675-1690.

[114] CHAO K P, ONG S K, Protopapas A. Water-to-air mass transfer of VOC: laboratory-scale air sparging system. Journal of Environmental Engineering, 1998, 124 (11): 1054-1060.

[115] BRAIDA W J, ONG S K. Air sparging: air-water mass transfer coeffiecient [J]. Water Resources Research, 1998, 34 (12): 3245-3253.

[116] VAN DIJKE M I J, VAN DER ZEE S E A T M. Multi-phase flow modeling of air sparging [J]. Advances in Water Resources, 1995, 18 (6): 319-333.

[117] MEI CC, CHENG Z, NG C O. A model for flow inded by steady air venting and air sparging [J]. Applied Mathematical Modelling, 2002, 26: 727-750.

[118] FAITA R W. Numerical modeling of kinetic interphase mass transfer during air sparging using a dual-media approach [J]. Water Resources Research, 36 (12): 3391-3400.

[119] POWER S E, LOUREIRO C P, ABRIOLA L M. Theoretical study of the significance of non-equilibrium sissolution of nonaqueous phase liquids in subsurface systems [J]. Water Resources Research, 1991, 27: 463-477.

[120] BORDEN R C, BEDIENT P B. Transport of dissolved hydrocarbous influedced by oxygen-limited biodegradation, 1. Theoretical development. Water Resources Reserrch, 1986, 22 (13): 1973-1982.

[121] KAO C M, CHEN S C, WANG J Y, et al. Remediation of PCE-contaminated aquifer by an in situ two-layer biobarrier: Laboratory batch and colum studies. Water Research, 2003, 37: 27-38.

[122] ANDERSON T A, COSTS J R. Bioremediation through Rhizosphere Technology [M]. Washington D. C. American Chemical Society, 1994.

[123] ADAMS J A, PATTISON J M. Nitrate Ieachinglosses under a lengume-baced crop rotation in

Central Canterbury [J]. New Zeal J Agr Res, 1985, 28: 101-107.

[124] ESWARAN H, VAN DEN BERG, REICH P. Organic carbon in soils of the worid [J]. Soil SciSoc Am [J]. 1993, 57: 192-194.

[125] MELILLO J M, FIELD C B, MOLDAN B. Interaction of the major biogeochemical cycles: global change and human impacts [M]. Washington: Island Press, 2003.

[126] LAL R. Soil carbon sequestration impacts on global cliamate change and food security [J]. Science, 2004, 304: 1623-1627.

[127] Post W M, Emanuel W R, Zinke P J et al. Soil carbon pools and world life zones. Nature, 1982, 2008: 156-159.